玩转机器人系列丛书

U0830914

玩转机器人：基于 Proteus 的电路原理仿真（移动视频版）

刘 波 编著

電子工業出版社
Publishing House of Electronics Industry
北京 • BEIJING

内 容 简 介

本书主要介绍使用 Proteus 进行机器人电路设计和仿真的方法，内容涉及 Proteus 软件的基础操作、Keil 软件的基础操作、数字电路的基础知识及仿真、模拟电路的基础知识及仿真、51 系列单片机的应用和 Arduino 系列单片机的应用。书中仿真验证了部分数字电路和模拟电路的基础知识，同时也完整介绍了 5 个利用 Proteus 进行设计的机器人电路实例，包括循迹机器人电路、遥控机器人电路、多自由度机器人电路、扫地机器人电路和上肢康复机器人电路。读者可以在熟悉 Proteus 操作的同时体会机器人的设计思路，为 DIY 机器人电路打下基础。

本书适合对机器人电路设计感兴趣或参加电子设计比赛的人员阅读，也可作为高等院校相关专业和职业培训的实验用书。

图书在版编目（CIP）数据

玩转机器人：基于 Proteus 的电路原理仿真：移动视频版/刘波编著. —北京：电子工业出版社，2020.1
ISBN 978-7-121-38206-2

Ⅰ. ①玩… Ⅱ. ①刘… Ⅲ. ①机器人－电子电路－计算机辅助设计－研究 Ⅳ. ①TP242②TN702

中国版本图书馆 CIP 数据核字（2020）第 002599 号

策划编辑：李　洁
责任编辑：刘真平
印　　刷：三河市华成印务有限公司
装　　订：三河市华成印务有限公司
出版发行：电子工业出版社
　　　　　北京市海淀区万寿路 173 信箱　邮编　100036
开　　本：787×1 092　1/16　印张：17.25　字数：441.6 千字
版　　次：2020 年 1 月第 1 版
印　　次：2020 年 1 月第 1 次印刷
定　　价：58.00 元

凡所购买电子工业出版社图书有缺损问题，请向购买书店调换。若书店售缺，请与本社发行部联系，联系及邮购电话：（010）88254888，88258888。

质量投诉请发邮件至 zlts@phei.com.cn，盗版侵权举报请发邮件至 dbqq@phei.com.cn。

本书咨询联系方式：lijie@phei.com.cn。

前言

<<<<<< PREFACE

21 世纪以来，国内外对机器人技术的发展越来越重视。机器人技术被认为是对未来新兴产业发展具有重要意义的高技术之一。2019 年迎来机器人革命，“机器人革命”有望成为“第三次工业革命”的一个切入点和重要增长点，将影响全球制造业格局。与机器人相关的技术势必会成为技术工程师和科研工作者关注的焦点。

Proteus 作为当今最优秀的 EDA 电路设计软件之一，具有电路仿真和 PCB 绘制等功能。本书主要介绍使用 Proteus 进行机器人电路设计和仿真的方法，内容涉及 Proteus 软件的基础操作、Keil 软件的基础操作、数字电路的基础知识及仿真、模拟电路的基础知识及仿真、51 系列单片机的应用和 Arduino 系列单片机的应用。

本书主要分为两大部分内容，共 8 章。

第一部分为第 1～3 章，主要介绍数字电路和模拟电路的基础知识。第 1 章介绍 EDA 软件 Proteus 及其使用方法，使读者对 Proteus 软件有个整体的认知；第 2 章介绍数字电路的基础知识及仿真，包含逻辑电路仿真、触发器电路仿真、模数转换电路仿真、数模转换电路仿真和波形发生电路仿真，意在通过实例使读者充分理解数字电路的基础知识。第 3 章介绍模拟电路的基础知识及仿真，包含三极管放大电路仿真、MOSFET 放大电路仿真、运算放大电路仿真、滤波器电路仿真和直流电源电路仿真，意在通过实例使读者充分理解模拟电路的基础知识。

第二部分为第 4～8 章，本部分由简单到复杂，循序渐进地讲解机器人电路综合实例的设计，包含循迹机器人电路、遥控机器人电路、多自由度机器人电路、扫地机器人电路和上肢康复机器人电路。同时，每一章又完整地包含电路设计、单片机程序设计和整体仿真测试等详细过程，从而保证每一章机器人电路的完整性和独立性。学习完本部分后，读者可 DIY 机器人电路。

玩转机器人系列丛书将会引领读者 DIY 一个完整的机器人系统。如果把机器人比作人体系统，三维模型就是骨骼，PCB 就是肌肉，电路原理就是神经，程序就是思想。本书是玩转机器人系列丛书之一，讲解如何 DIY 机器人的“神经”和“思想”，其中《玩转机器人：基于 UG NX 的设计实例》已经出版，是讲解如何 DIY 机器人的“骨骼”的，读者可以将本书与之结合起来进行系统化学习。同时，对本书电路设计和仿真部分的重点、难点附加了配套的移动视频，可通过微信、QQ 社交软件扫描二维码进行查阅。本书取材广泛、内容新颖、实用性强，作为机器人电路设计的入门级教程，全面介绍了机器人电路的设计和仿真过程，对零基础的读者起到抛砖引玉的作用。本书适合对电子设计感兴趣或参加电子设计比赛的人员阅读，也可作为高等院校相关专业和职业培训的实验用书。

本书的顺利出版离不开广大朋友的支持与帮助。首先，感谢李洁编辑在玩转机器人系列丛书构思和本书编写过程中提供的宝贵经验。其次，感谢同窗好友刘强、刘敬、韩涛对本书提出的宝贵建议。最后，感谢天津科技大学夏初蕾和重庆大学邓筑利在机器人技术方面提供的技术支持。当然，更需要感谢我的家人，谢谢他们给予我的支持与帮助。

由于作者水平有限，加之时间仓促，书中难免有错误和不足之处，敬请读者批评指正。如发现问题及错误，请与作者联系（刘波：1422407797@qq.com）。为了更好地向读者提供服务及方便广大电子和机器人爱好者进行交流，读者可以加入技术交流QQ群（玩转机器人&电子设计：211503389）。

编著者

2019年7月

目录

<<<<<< CONTENTS

第 1 章 Proteus 软件基础操作

1.1 进入 Proteus 主界面

Proteus 是英国著名的 EDA 工具（仿真软件），从原理图布图、代码调试到单片机与外围电路协同仿真，一键切换到 PCB 设计，真正实现了从概念到产品的完整设计。它是目前世界上唯一一个将电路仿真软件、PCB 设计软件和虚拟模型仿真软件集于一体的设计平台，其处理器模型支持 8051、HC11、PIC10/12/16/18/24/30/DsPIC33、AVR、ARM、8086 和 MSP430 等，2010 年又增加了 Cortex 和 DSP 系列处理器，并持续增加其他系列处理器模型。在编译方面，它也支持 IAR、Keil 和 MATLAB 等多种编译器。

1.1.1 主菜单介绍

主菜单包括【File】菜单、【Edit】菜单、【View】菜单、【Tool】菜单、【Design】菜单、【Graph】菜单、【Debug】菜单、【Library】菜单、【Template】菜单、【System】菜单和【Help】菜单，如图 1-1-1 所示。

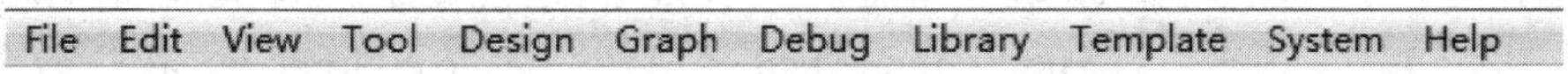

图 1-1-1 主菜单

【File】菜单中包含“New Project”命令、“Open Project”命令、“Open Sample Project”命令、“Import Legacy Project”命令、“Save Project”命令、“Save Project As”命令、“Explore Project Folder”命令、“Close Project”命令、“Import Image”命令、“Import Project Clip”命令、“Export Graphics”命令、“Print Design”命令、“Print Setup”命令、“Printer Information”命令、“Mark Output Area”命令、“Edit Project Description”命令和“Exit Application”命令，如图 1-1-2 所示。

【Edit】菜单中包含“Undo Changes”命令、“Redo Changes”命令、“Find/Edit Component”命令、“Select All Objects”命令、“Clear Selection”命令、“Cut To Clipboard”命令、“Copy To Clipboard”命令、“Paste From Clipboard”命令、“Align Objects”命令、“Send to Back”命令、“Bring To Front”命令和“Tidy Design”命令，如图 1-1-3 所示。

【View】菜单中包含“Redraw Display”命令、“Toggle Grid”命令、“Toggle False Origin”命令、“Toggle X-Cursor”命令、“Snap 10th”命令、“Snap 50th”命令、“Snap 0.1in”命令、“Snap 0.5in”命令、“Center At Cursor”命令、“Zoom In”命令、“Zoom Out”命令、“Zoom To View Entire Sheet”命令、“Zoom To Area”命令和“Toolbar Configuration”命令，如图 1-1-4 所示。

【Tool】菜单中包含“Wire Autorouter”命令、“Search & Tag”命令、“Property Assignment Tool”命令、“Global Annotator”命令、“ASCII Data Import Tool”命令、“Electrical Rules Check”命令、“Netlist Compiler”命令和“Model Compiler”命令，如图 1-1-5 所示。

【Design】菜单中包含“Edit Design Properties”命令、“Edit Sheet Properties”命令、“Edit Design

Notes”命令、“Configure Power Rails”命令、“New（Root）Sheet”命令、“Remove/Delete Sheet”命令、“Goto Previous Root or Sub-sheet”命令、“Goto Next Root or Sub-sheet”命令、“Exit to Parent Sheet”命令、“Goto Sheet”命令和“Root sheet 1”命令，如图 1-1-6 所示。

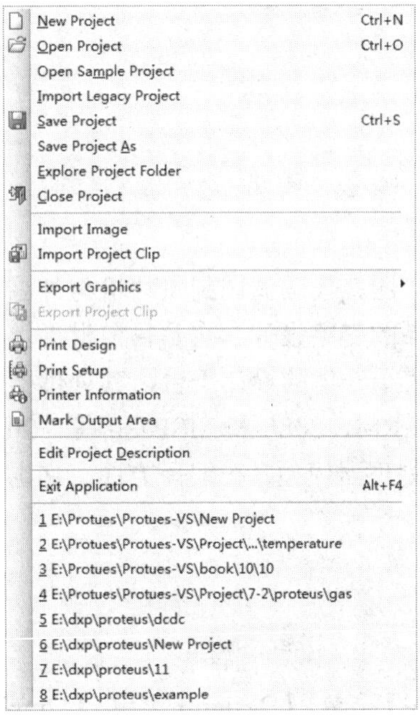

图 1-1-2 【File】菜单

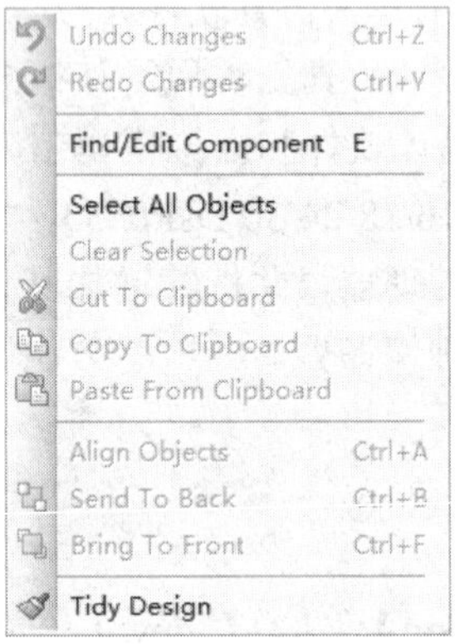

图 1-1-3 【Edit】菜单

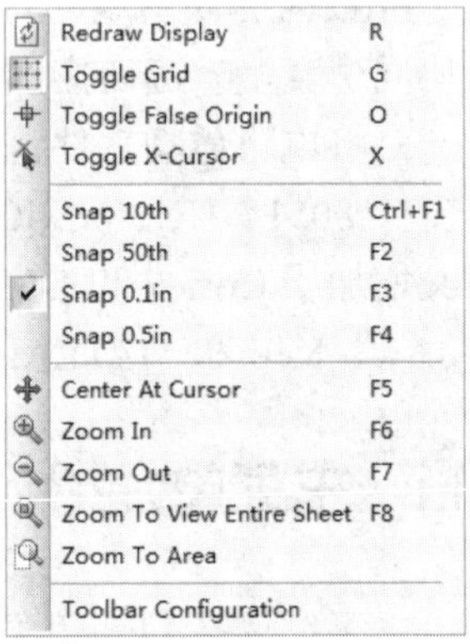

图 1-1-4 【View】菜单

【Graph】菜单中包含“Edit Graph...”命令、“Add Traces...”命令、“Simulate Graph”命令、“View Simulation Log”命令、“Export Graph Data...”命令、“Clear Graph Data...”命令、“Verify Graphs”命令和“Verify Files”命令，如图 1-1-7 所示。

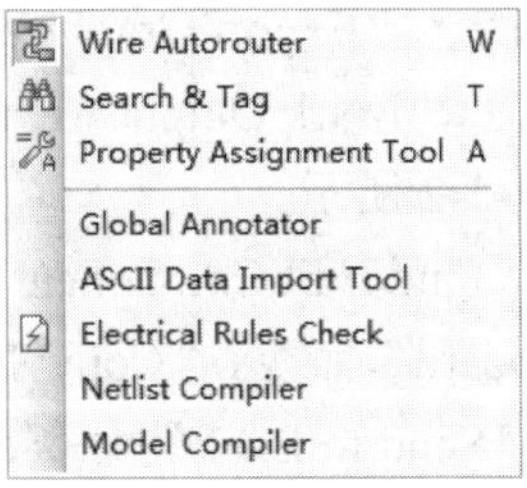

图 1-1-5 【Tool】菜单

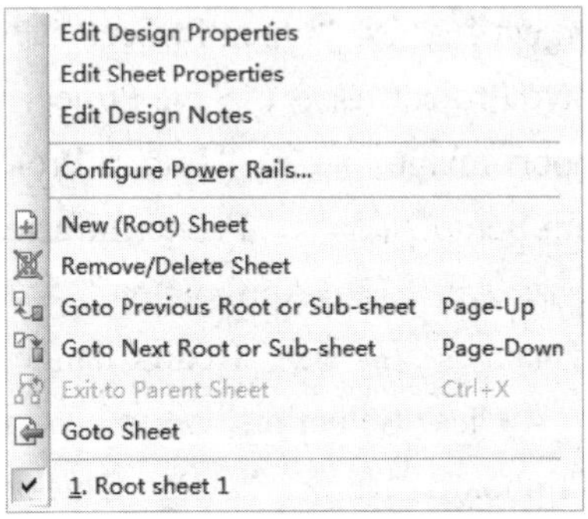

图 1-1-6 【Design】菜单

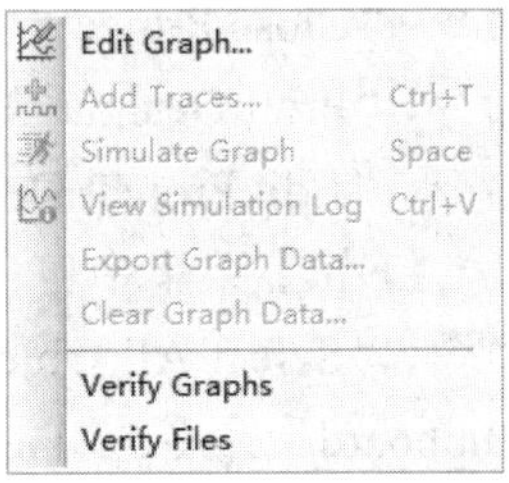

图 1-1-7 【Graph】菜单

【Debug】菜单中包含“Start VSM Debugging”命令、“Pause VSM Debugging”命令、“Stop VSM Debugging”命令、“Run Simulation”命令、“Run Simulation(no breakpoints)”命令、“Run Simulation（timed breakpoint）”命令、“Step Over Source Line”命令、“Step Into Source Line”命令、“Step Out from Source Line”命令、“Run To Source Line”命令、“Animated Single Step”命令、“Reset Debug Popup Windows”命令、“Reset Persistent Model Data”命令、“Configure Diagnostics”命令、“Enable Remote Debug Monitor”命令、“Horz. Tile Popup Windows”命令和“Vertical Tile Popup Windows”命令，如图 1-1-8 所示。

【Library】菜单中包含“Pick parts from libraries”命令、“Make Device”命令、“Make Symbol”

命令、“Packaging Tool”命令、“Decompose”命令、“Import BSDL”命令、“Compile To Library”命令、“Place Library”命令、“Verify Packagings”命令和“Library Manager”命令，如图 1-1-9 所示。

【Template】菜单中包含“Goto Master Sheet”命令、“Set Design Colours”命令、“Set Graph & Trace Colours”命令、“Set Graphic Styles”命令、“Set Text Styles”命令、“Set 2D Graphics Defaults”命令、“Set Junction Dot Style”命令、“Apply Styles From Template”命令和“Save Design as Template”命令，如图 1-1-10 所示。

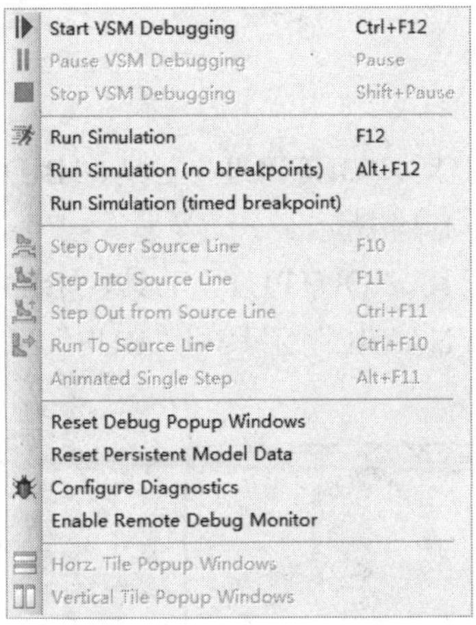

图 1-1-8 【Debug】菜单

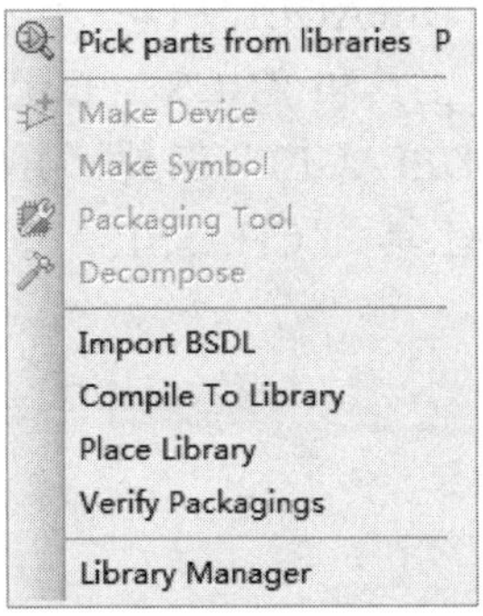

图 1-1-9 【Library】菜单

图 1-1-10 【Template】菜单

【System】菜单中包含“System Settings”命令、“Text Viewer”命令、“Set Display Options”命令、“Set Keyboard Mapping”命令、“Set Property Definitions”命令、“Set Sheet Sizes”命令、“Set Text Editor”命令、“Set Animation Options”命令、“Set Simulation Options”命令和“Restore Default Settings”命令，如图 1-1-11 所示。

【Help】菜单中包含“Overview”命令、“About Proteus 8”命令、“About Qt”命令、“Schematic Capture Help”命令、“Schematic Capture Tutorial”命令、“Simulation Help”命令和“VSM Model/SDK Help”命令，如图 1-1-12 所示。

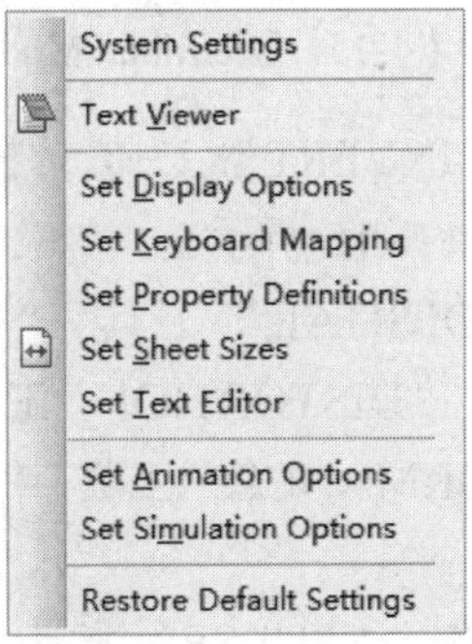

图 1-1-11 【System】菜单

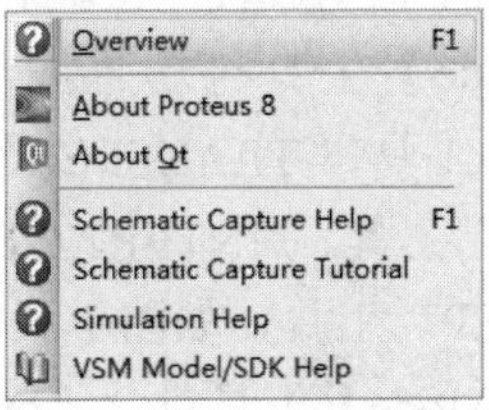

图 1-1-12 【Help】菜单

1.1.2 工具栏介绍

工具栏主要包括【Selection Mode】工具、【Component Mode】工具、【Junction Dot Mode】工具、【Wire Label Mode】工具、【Text Script Mode】工具、【Buses Mode】工具、【Subcircuit Mode】

工具、【Terminal Mode】工具、【Device Pins Mode】工具、【Graph Mode】工具、【Active Popup Mode】工具、【Generator Mode】工具、【Probe Mode】工具、【Instruments】工具、【2D Graphics Line Mode】工具、【2D Graphics Box Mode】工具、【2D Graphics Circle Mode】工具、【2D Graphics Arc Mode】工具、【2D Graphics Closed Path Mode】工具、【2D Graphics Text Mode】工具、【2D Graphics Symbols Mode】工具和【2D Graphics Markers Mode】子菜单，如图 1-1-13 所示。

图 1-1-13　工具栏

部分工具介绍如下。

【Subcircuit Mode】工具包含“DEFAULT”工具、“INPUT”工具、“OUTPUT”工具、“BIDIR”工具、“POWER”工具、“GND”工具和“BUS”工具，如图 1-1-14 所示。

【Terminal Mode】工具包含“DEFAULT”工具、“INPUT”工具、“OUTPUT”工具、“BIDIR”工具、“POWER”工具、“GND”工具、“CHASSIS”工具、“DYNAMIC”工具和“BUS”工具，如图 1-1-15 所示。

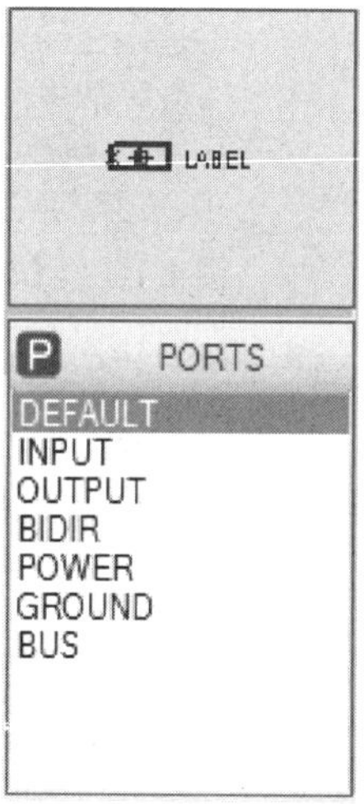

图 1-1-14　【Subcircuit Mode】工具

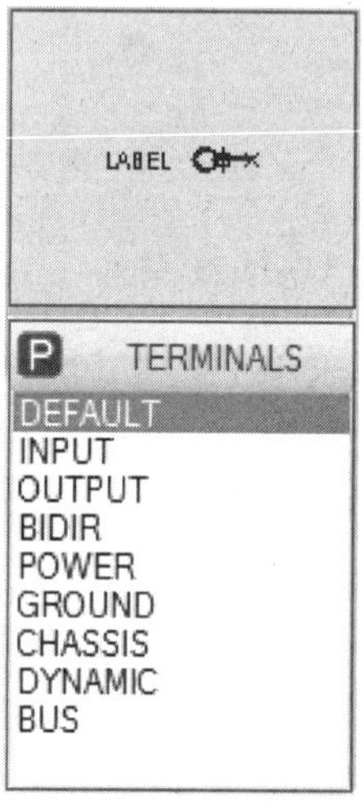

图 1-1-15　【Terminal Mode】工具

【Device Pins Mode】工具包含“DEFAULT”工具、“INVERT”工具、“POSCLK”工具、“NEGCLK”工具、“SHORT”工具和“BUS”工具，如图 1-1-16 所示。

【Graph Mode】工具包含“ANALOGUE”工具、“DIGITAL”工具、“MIXED”工具、“FREQUENCY”工具、“TRANSFER”工具、“NOISE”工具、“DISTORTION”工具、“FOURIER”工具、“AUDIO”工具、“INTERACTIVE”工具、“CONFORMANCE”工具、“DC SWEEP”工具和“AC SWEEP”工具，如图 1-1-17 所示。

【Generator Mode】工具包含“DC”工具、“SINE”工具、“PULSE”工具、“EXP”工具、“SFFM”工具、“PWLIN”工具、“FILE”工具、“AUDIO”工具、“DSTATE”工具、“DEDGE”工具、“DPULSE”工具、“DCLOCK”工具、“DPATTERN”工具和“SCRIPTABLE”工具，如图 1-1-18 所示。

【Probe Mode】工具包含“VOLTAGE”工具、“CURRENT”工具和“TAPE”工具，如图 1-1-19 所示。

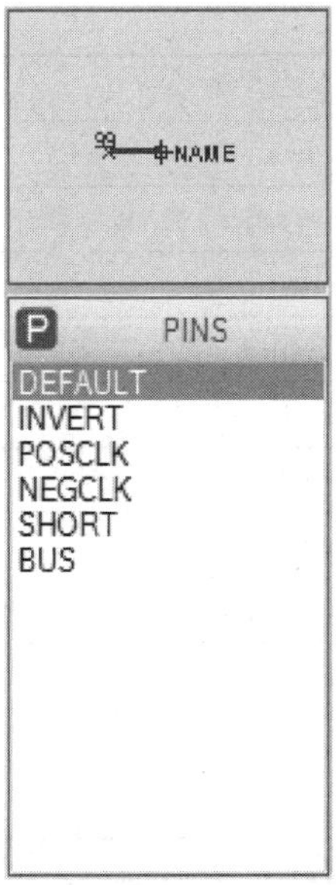

图 1-1-16 【Device Pins Mode】工具

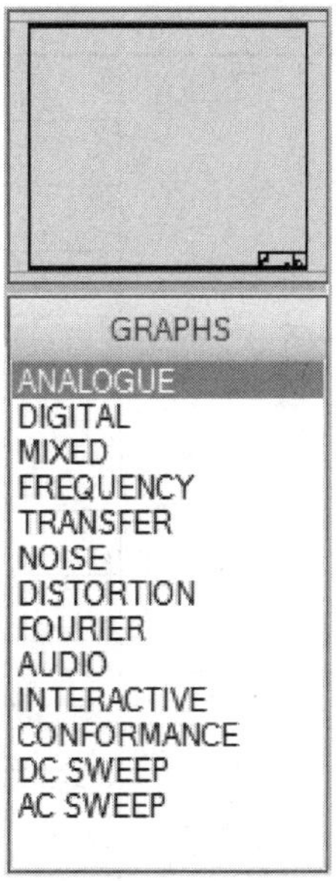

图 1-1-17 【Graph Mode】工具

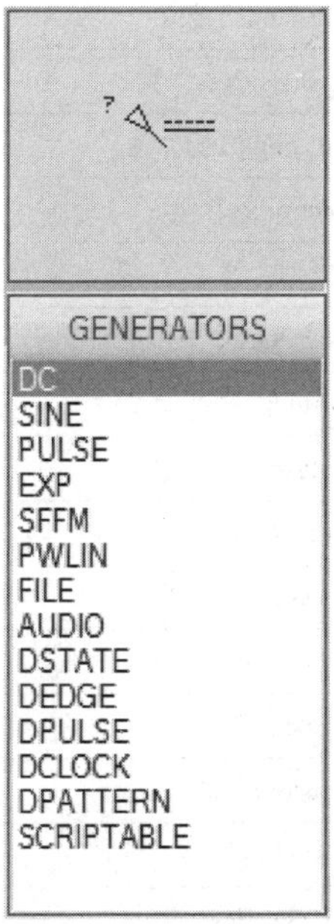

图 1-1-18 【Generator Mode】工具

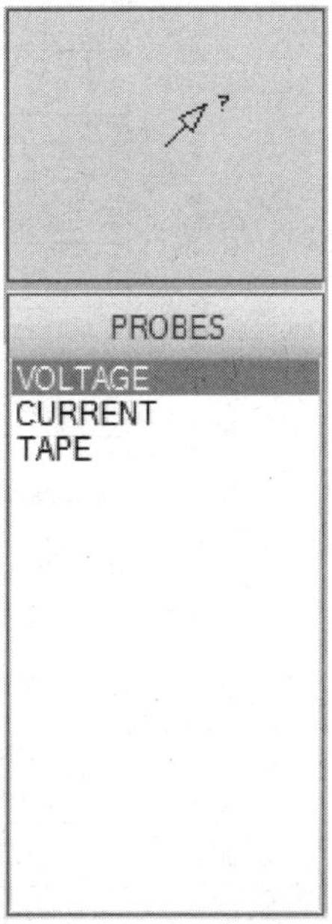

图 1-1-19 【Probe Mode】工具

Proteus 中还有其他的工具，例如“OSCILLOSCOPE”工具、“LOGIC ANALYSER”工具、“COUNTER TIMER”工具、“VIRTUAL TERMINAL”工具、“SPI DEBUGGER”工具、“I2C DEBUGGER”工具、“SIGNAL GENERATO”工具、“DC VOLTMETER”工具、“DC AMMETER”工具、“AC VOLTMETER”工具、“AC AMMETER”工具和“WATTMETER”工具。

1.1.3　元件分类

Proteus 软件包含了多种元件。元件库大类分类如表 1-1-1 所示，其中部分小类包含的主要元器件如表 1-1-2 所示。

表 1-1-1 元件库大类分类

元件库大类	“Analog ICs”类
	“Capacitors”类
	“CMOS 4000 series”类
	“Connectors”类
	“Data Converters”类
	“Debugging Tools”类
	“Diodes”类
	“ECL 10000 Series”类
	“Electromechanical”类
	“Inductors”类
	“Laplace Primitives”类
	“Mechanics”类
	“Memory ICs”类
	“Microprocessor ICs”类
	“Miscellaneous”类
	“Modelling Primitives”类
	“Operational Amplifiers”类
	“Optoelectronics”类
	“PICAXE”类
	“PLDs & FPGAs”类
	“Resistors”类
	“Simulator Primitives”类
	“Switches & Relays”类
	“Switches Devices”类
	“Themionic Valves”类
	“Transducers”类
	“Transistors”类
	“TTL 74 series”类
	“TTL 74ALS series”类
	“TTL 74AS series”类
	“TTL 74CBT series”类
	“TTL 74F series”类
	“TTL 74HC series”类
	“TTL 74HCT series”类
	“TTL 74LS series”类
	“TTL 74S series”类

表 1-1-2 元件库小类包含的主要元器件

类 别	主要元器件
"Analog ICs"类	"Amplifiers"类元器件
	"Comparators"类元器件
	"Display Drivers"类元器件
	"Filters"类元器件
	"Miscellaneous"类元器件
	"Multiplexers"类元器件
	"Regulators"类元器件
	"Timers"类元器件
	"Voltage References"类元器件
"Capacitors"类	"Animated"类元器件
	"Audio Grade Axial"类元器件
	"Axial Lead Polypropene"类元器件
	"Axial Lead Polystyrene"类元器件
	"Ceramic Disc"类元器件
	"Decoupling Disc"类元器件
	"Electrolytic Aluminum"类元器件
	"Generic"类元器件
	"High Temp Radial"类元器件
	"High Temperature Axial Electrolytic"类元器件
	"Metallised Polyester Film"类元器件
	"Metallised polypropene"类元器件
	"Metallised Polypropene Film"类元器件
	"Mica RF Specific"类元器件
	"Minature Electrolytic"类元器件
	"Multilayer Ceramic"类元器件
	"Multilayer Ceramic C0G"类元器件
	"Multilayer Ceramic NPO"类元器件
	"Multilayer Ceramic X5R"类元器件
	"Multilayer Ceramic X7R"类元器件
	"Multilayer Ceramic Y5V"类元器件
	"Multilayer Ceramic Z5U"类元器件
	"Multilayer Metallised Polyester"类元器件
	"Mylar Film"类元器件
	"Nickel Bamer"类元器件
	"Non Polarised"类元器件
	"Poly Film Chip"类元器件
	"Polyester Layer"类元器件
	"Radial Electrolytic"类元器件

续表

类　别	主要元器件
“Capacitors”类	“Resin Dipped”类元器件
	“Tantalum SMD”类元器件
	“Thin film”类元器件
	“Variable”类元器件
	“VX Axial Electrolytic”类元器件
“CMOS 4000 series”类	“Adders”类元器件
	“Buffers & Drivers”类元器件
	“Comparators”类元器件
	“Counters”类元器件
	“Decoders”类元器件
	“Encoders”类元器件
	“Flip-Flops & Latches”类元器件
	“Frequency Dividers & Timers”类元器件
	“Gates & Inverters”类元器件
	“Memory”类元器件
	“Misc. Logic”类元器件
	“Multiplexers”类元器件
	“Multivibrators”类元器件
	“Phase-Locked-Loops(PLLs)”类元器件
	“Registers”类元器件
	“Signal Switches”类元器件
“Connectors”类	“Arduino Connectors”类元器件
	“Audio”类元器件
	“D-Type”类元器件
	“DIL”类元器件
	“FFC/FPC Connectors”类元器件
	“Header Blocks”类元器件
	“Headers/Receptacles”类元器件
	“IDC Headers”类元器件
	“Miscellaneous”类元器件
	“PCB Transfer”类元器件
	“PCB Transition Connectors”类元器件
	“Ribbon Cable”类元器件
	“Ribbon Cable/Wire Trap Connector”类元器件
	“RJ45 Connectors”类元器件
	“SIL”类元器件
	“Terminal Blocks”类元器件
	“USB for PCB Mounting”类元器件

续表

类　　别	主要元器件
“Data Converters”类	“A/D Converters”类元器件
	“D/A Converters”类元器件
	“Light Sensors”类元器件
	“Sample & Hold”类元器件
	“Temperature Sensors”类元器件
“Debugging Tools”类	“Breakpoint Triggers”类元器件
	“Logic Probes”类元器件
	“Logic Stimuli”类元器件
“Diodes”类	“Bridge Rectifiers”类元器件
	“Generic”类元器件
	“Rectifiers”类元器件
	“Schottky”类元器件
	“Switching”类元器件
	“Transient Suppressors”类元器件
	“Tunnel”类元器件
	“Varicap”类元器件
	“Zener”类元器件
“Inductors”类	“Femte Beads”类元器件
	“Fixed Inductors”类元器件
	“Generic”类元器件
	“Multilayer Chip Inductors”类元器件
	“SMT Inductors”类元器件
	“Surface Mount Inductors”类元器件
	“Tight Tolerance RF inductor”类元器件
	“Transformers”类元器件
“Laplace Primitives”类	“1st Order”类元器件
	“2nd Order”类元器件
	“Controllers”类元器件
	“Non-Linear”类元器件
	“Operators”类元器件
	“Poles/Zeros”类元器件
	“Symbols”类元器件
“Memory ICs”类	“Dynamic RAM”类元器件
	“EEPROM”类元器件
	“EPROM”类元器件
	“FIFO”类元器件
	“I2C Memories”类元器件
	“Memory Cards”类元器件

续表

类　　别	主要元器件
“Memory ICs”类	“SPI Memories”类元器件
	“UNI/O Memories”类元器件
“Microprocessor ICs”类	“68000 Family”类元器件
	“8051 Family”类元器件
	“ARM Family”类元器件
	“AVR Family”类元器件
	“BASIC Stamp Modules”类元器件
	“Cortex-M0”类元器件
	“Cortex-M3 Family”类元器件
	“DSPIC33 Family”类元器件
	“HC11 Family”类元器件
	“i86 Family”类元器件
	“LUA Processors”类元器件
	“MSP430 Family”类元器件
	“Peripheras”类元器件
	“PIC10 Family”类元器件
	“PIC12 Family”类元器件
	“PIC16 Family”类元器件
	“PIC18 Family”类元器件
	“PIC24 Family”类元器件
	“TMS320 Piccolo Family”类元器件
	“Z80 Family”类元器件
“Modelling Primitives”类	“Analog(SPICE)”类元器件
	“Digital(Buffers & Gates)”类元器件
	“Digital(Combinational)”类元器件
	“Digital(Miscellaneous)”类元器件
	“Digital(Sequential)”类元器件
	“Mixed Mode”类元器件
	“PLD Elements”类元器件
	“Realtime(Actuators)”类元器件
	“Realtime(Indicators)”类元器件
“Operational Amplifiers”类	“Dual”类元器件
	“Ideal”类元器件
	“Macromodel”类元器件
	“Octal”类元器件
	“Quad”类元器件
	“Single”类元器件
	“Triple”类元器件

续表

类 别	主要元器件
"Optoelectronics"类	"14-Segment Displays"类元器件
	"16-Segment Displays"类元器件
	"7-Segment Displays"类元器件
	"Alphanumeric LCDs"类元器件
	"Bargraph Displays"类元器件
	"Dot Matris Displays"类元器件
	"Graphical LCDs"类元器件
	"Lamps"类元器件
	"LCD Controllers"类元器件
	"LCD Panels Displays"类元器件
	"LEDs"类元器件
	"Miscellaneous"类元器件
	"Optocouplers"类元器件
	"Serial LCDs"类元器件
"Resistors"类	"0.6W Metal Film"类元器件
	"10 Watt Wirewound"类元器件
	"2 Watt Metal Film"类元器件
	"3 Watt Wirewound"类元器件
	"7 Watt Wirewound"类元器件
	"Chip Resistor"类元器件
	"Chip Resistor 1/10W 0.1%"类元器件
	"Chip Resistor 1/10W 1%"类元器件
	"Chip Resistor 1/10W 5%"类元器件
	"Chip Resistor 1/16W 0.1%"类元器件
	"Chip Resistor 1/16W 1%"类元器件
	"Chip Resistor 1/16W 5%"类元器件
	"Chip Resistor 1/2W 5%"类元器件
	"Chip Resistor 1/4W 1%"类元器件
	"Chip Resistor 1/4W 10%"类元器件
	"Chip Resistor 1/4W 5%"类元器件
	"Chip Resistor 1/8W 0.05%"类元器件
	"Chip Resistor 1/8W 0.1%"类元器件
	"Chip Resistor 1/8W 0.25%"类元器件
	"Chip Resistor 1/8W 0.5%"类元器件
	"Chip Resistor 1/8W 1%"类元器件
	"Chip Resistor 1/8W 5%"类元器件
	"Chip Resistor 1W 5%"类元器件
	"Chip Resistor anti-surge 5%"类元器件

续表

类　别	主要元器件
“Resistors”类	“Generic”类元器件
	“High Voltage”类元器件
	“NTC”类元器件
	“PTC”类元器件
	“Resistor Network”类元器件
	“Resistor Packs”类元器件
	“Variable”类元器件
	“Varistors”类元器件
“Simulator Primitives”类	“Flip-Flops”类元器件
	“Gates”类元器件
	“Sources”类元器件
“Switches & Relays”类	“Keypads”类元器件
	“Relays(Generic)”类元器件
	“Relays(Specific)”类元器件
	“Switches”类元器件
“Switches Devices”类	“DIACs”类元器件
	“Generic”类元器件
	“SCRs”类元器件
	“TRIACs”类元器件
“Thermionic Valves”类	“Diodes”类元器件
	“Pentodes”类元器件
	“Tetrodes”类元器件
	“Triodes”类元器件
“Transducers”类	“Distance”类元器件
	“Humidity/Temperature”类元器件
	“Light Dependent Resistor(LDR)”类元器件
	“Light Sensor”类元器件
	“Pressure”类元器件
	“Sound”类元器件
	“Temperature”类元器件
“Transistors”类	“Bipolar”类元器件
	“Generic”类元器件
	“IGBT”类元器件
	“JFET”类元器件
	“MOSFET”类元器件
	“RF Power LDMOS”类元器件
	“RF Power VDMOS”类元器件
	“Unijunction”类元器件

续表

类　别	主要元器件
“TTL 74 series”类	“Adders”类元器件
	“Buffers & Drivers”类元器件
	“Comparators”类元器件
	“Counters”类元器件
	“Decoders”类元器件
	“Encoders”类元器件
	“Flip-Flops & Latches”类元器件
	“Gates & Inverters”类元器件
	“Misc.Logic”类元器件
	“Multiplexers”类元器件
	“Multivibrators”类元器件
	“Registers”类元器件
“TTL 74ALS series”类	“Buffers & Drivers”类元器件
	“Comparators”类元器件
	“Counters”类元器件
	“Decoders”类元器件
	“Encoders”类元器件
	“Flip-Flops & Latches”类元器件
	“Gates & Inverters”类元器件
	“Misc.Logic”类元器件
	“Multiplexers”类元器件
	“Transceivers”类元器件
	“Registers”类元器件
“TTL 74AS series”类	“Buffers & Drivers”类元器件
	“Counters”类元器件
	“Decoders”类元器件
	“Flip-Flops & Latches”类元器件
	“Gates & Inverters”类元器件
	“Misc.Logic”类元器件
	“Multiplexers”类元器件
	“Registers”类元器件
	“Transceivers”类元器件
“TTL 74F series”类	“Adders”类元器件
	“Buffers & Drivers”类元器件
	“Comparators”类元器件
	“Counters”类元器件
	“Decoders”类元器件
	“Flip-Flops & Latches”类元器件

续表

类　别	主要元器件
“TTL 74F series”类	“Gates & Inverters”类元器件
	“Multiplexers”类元器件
	“Registers”类元器件
	“Transceivers”类元器件
“TTL 74HC series”类	“Adders”类元器件
	“Buffers & Drivers”类元器件
	“Comparators”类元器件
	“Counters”类元器件
	“Decoders”类元器件
	“Encoders”类元器件
	“Flip-Flops & Latches”类元器件
	“Gates & Inverters”类元器件
	“Misc.Logic”类元器件
	“Multiplexers”类元器件
	“Multivibrators”类元器件
	“Phase-Locked-Loops(PLLs)”类元器件
	“Registers”类元器件
	“Signal Switches”类元器件
	“Transceivers”类元器件
“TTL 74HCT series”类	“Adders”类元器件
	“Buffers & Drivers”类元器件
	“Comparators”类元器件
	“Counters”类元器件
	“Decoders”类元器件
	“Encoders”类元器件
	“Flip-Flops & Latches”类元器件
	“Gates & Inverters”类元器件
	“Misc.Logic”类元器件
	“Multiplexers”类元器件
	“Multivibrators”类元器件
	“Phase-Locked-Loops(PLLs)”类元器件
	“Registers”类元器件
	“Signal Switches”类元器件
	“Transceivers”类元器件
“TTL 74LS series”类	“Adders”类元器件
	“Buffers & Drivers”类元器件
	“Comparators”类元器件
	“Counters”类元器件

续表

类 别	主要元器件
“TTL 74LS series”类	“Decoders”类元器件
	“Encoders”类元器件
	“Flip-Flops & Latches”类元器件
	“Frequency Dividers & Timers”类元器件
	“Gates & Inverters”类元器件
	“Misc.Logic”类元器件
	“Multiplexers”类元器件
	“Multivibrators”类元器件
	“Oscillators”类元器件
	“Registers”类元器件
	“Transceivers”类元器件
“TTL 74S series”类	“Adders”类元器件
	“Buffers & Drivers”类元器件
	“Comparators”类元器件
	“Counters”类元器件
	“Decoders”类元器件
	“Flip-Flops & Latches”类元器件
	“Gates & Inverters”类元器件
	“Misc.Logic”类元器件
	“Multiplexers”类元器件
	“Oscillators”类元器件
	“Registers”类元器件

1.2 新建工程文件

1.2.1 新建原理图工程

依次选择“开始”→“所有程序”→“Proteus 8 Professional”，单击 Proteus 8 Professional 图标，如图 1-2-1 所示，启动 Proteus 8 Professional 软件，打开 Proteus 主窗口，如图 1-2-2 所示。由于操作系统不同，快捷方式位置可能会略有变化。

执行 File → New Project 命令，弹出“New Project Wizard：Start”对话框，在“Name”栏输入“New Project”作为工程名，在“Path”栏选择存储路径“E:\机器人\机器人电路仿真\工程\1”，如图 1-2-3 所示。

小提示

◎ 扫描右侧二维码可观看选择路径的过程。

单击“New Project Wizard：Start”对话框中的 Next 按钮，进入“New Project Wizard:Schematic Design”对话框，如图 1-2-4 所示。由于本例只讲述新建原理图过程，可在“Design Templates”栏中选择“Landscape A4”。

图 1-2-1 快捷方式所在位置

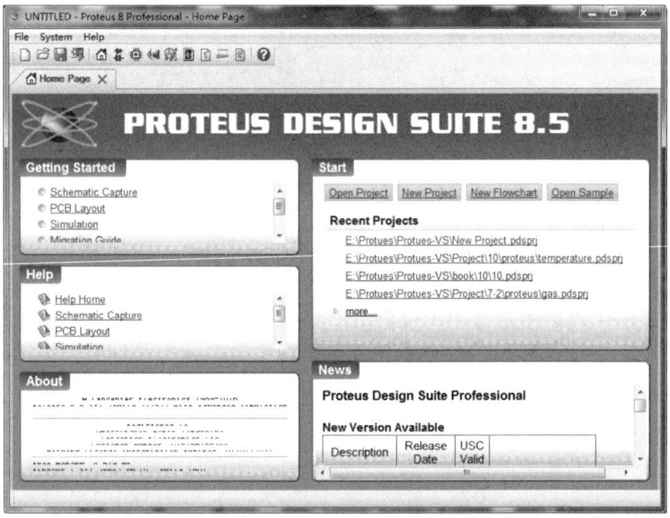

图 1-2-2 Proteus 主窗口

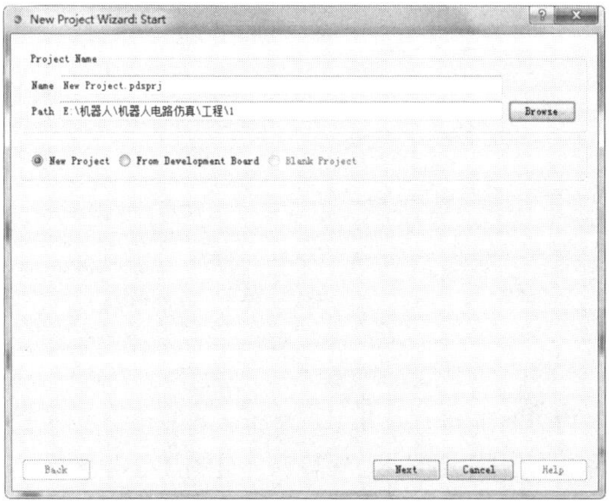

图 1-2-3 “New Project Wizard：Start”对话框

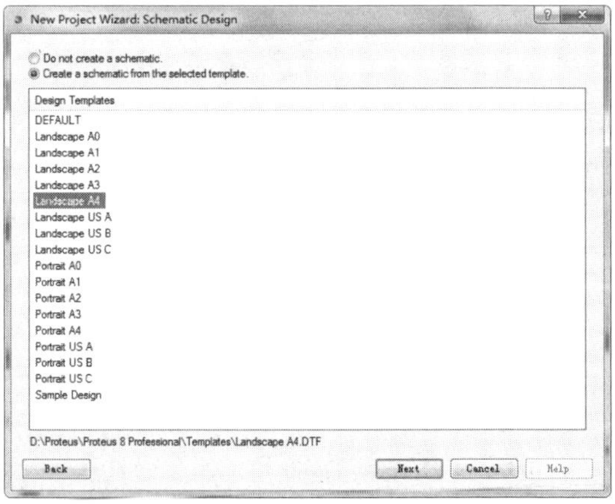

图 1-2-4 “New Project Wizard：Schematic Design”对话框

单击“New Project Wizard：Schematic Design”对话框中的 Next 按钮，进入“New Project Wizard：PCB Layout”对话框，如图 1-2-5 所示。选中“Do not create a PCB layout”，并选择“Layout Templates”。

单击“New Project Wizard：PCB Layout”对话框中的 Next 按钮，进入“New Project Wizard：Firmware”对话框，选择“No Firmware Project”，如图 1-2-6 所示。

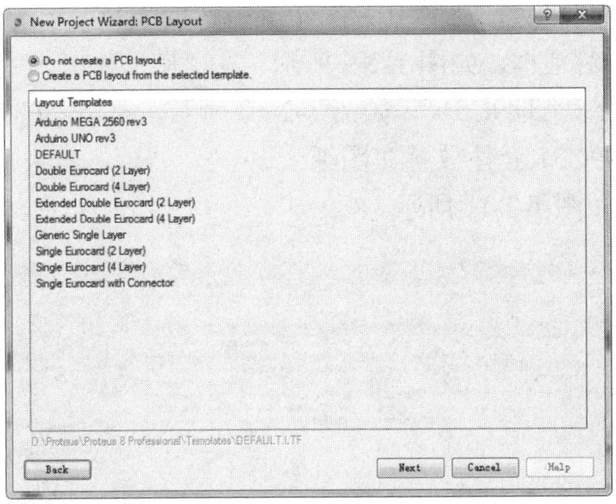

图 1-2-5　“New Project Wizard：PCB Layout”对话框

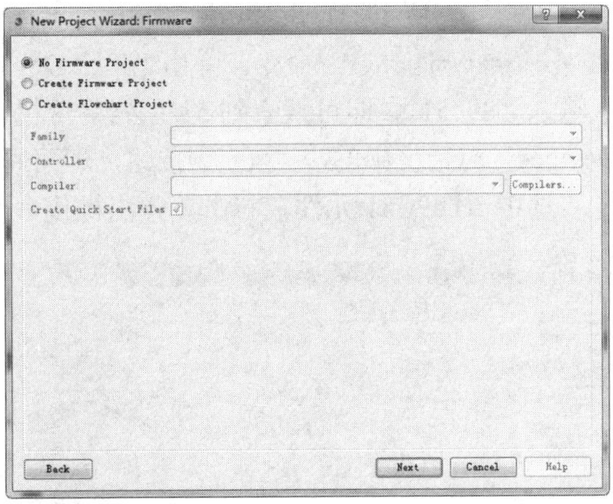

图 1-2-6　“New Project Wizard：Firmware”对话框

单击“New Project Wizard：Firmware”对话框中的 Next 按钮，进入“New Project Wizard：Summary”对话框，如图 1-2-7 所示。单击该对话框中的 Finish 按钮，即可完成新工程的创建，进入 Proteus 软件的主窗口。

至此，已经完成了新建工程。

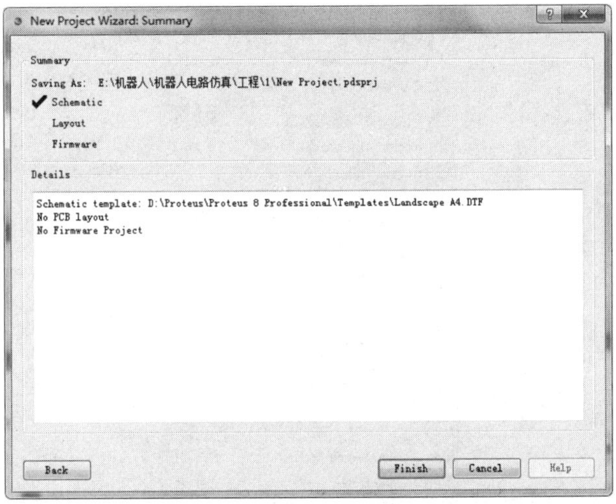

图 1-2-7　“New Project Wizard：Summary”对话框

1.2.2　原理图工程命令介绍

鼠标左键主要用于选中命令或者元件；鼠标右键主要用于快速调出菜单；鼠标滚轮向前滚动可以缩小当前图纸，鼠标滚轮向后滚动可以放大当前图纸，按住鼠标滚轮可以移动当前图纸。

右击图纸弹出如图 1-2-8 所示快捷菜单，包括“Place”命令、“Select All Objects”命令、“Clear Selection”命令、“Cut to Clipboard”命令、“Copy to Clipboard”命令、“Paste From Clipboard”命令和“Root sheet1”命令。

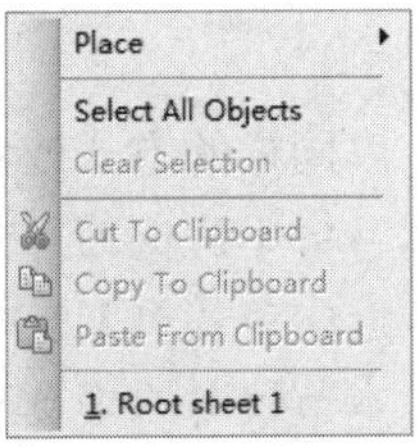

图 1-2-8　弹出的快捷菜单

为了方便进行命令讲解，在原理图中随意放置几个元件。执行 Library → Pick parts from libraries P 命令，弹出“Pick Devices”对话框，如图 1-2-9 所示。在“Keywords”栏中输入“89c51”，即可搜索到 51 系列单片机，选择“AT89C51”，如图 1-2-10 所示。单击“Pick Devices”对话框中的 OK 按钮，即可将 AT89C51 元件放置在图纸上。

选中 AT89C51 元件，右击，弹出操作命令，如图 1-2-11 所示。

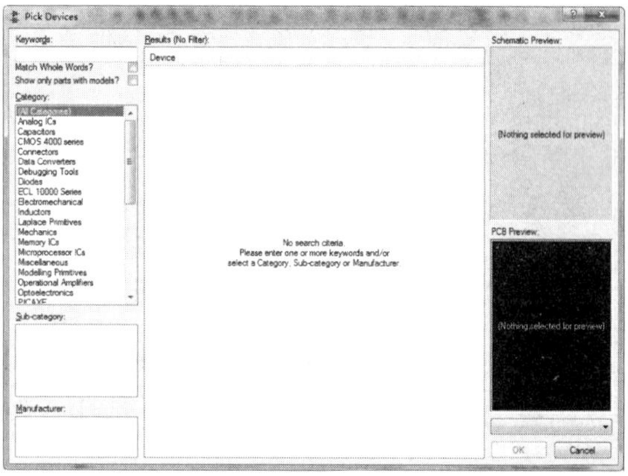

图 1-2-9 “Pick Devices”对话框

图 1-2-10　搜索 AT89C51

图 1-2-11　右键快捷菜单

以同样的方式或者使用复制、粘贴命令再在图纸上放置一个 AT89C51 单片机，如图 1-2-12 所示。将单片机 U1 的任意一个引脚与单片机 U2 的任意一个引脚相连，如图 1-2-13 所示。

选中单片机 U1 与单片机 U2 之间的连线，右击，弹出如图 1-2-14 所示快捷菜单。

本节仅对原理图工程命令进行介绍，使读者有一个整体的认知。

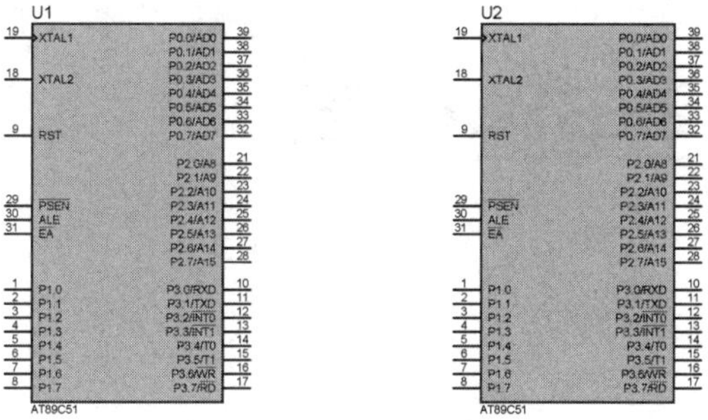

图 1-2-12　未连线原理图

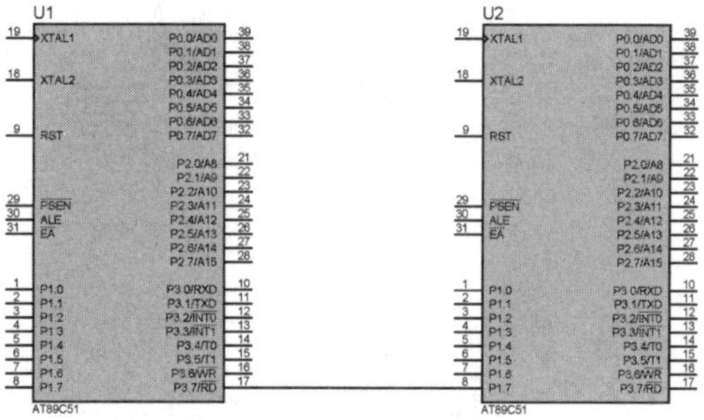

图 1-2-13　连线原理图

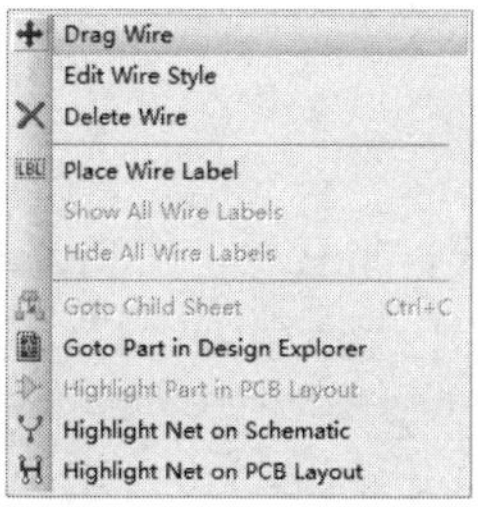

图 1-2-14　右键快捷菜单

第2章 数字电路仿真

2.1 逻辑电路仿真

2.1.1 与、或、非门电路

逻辑代数的基本运算主要有与、或、非三种。在 Proteus 中用三个指示灯电路来描述与、或、非。仿照 1.2.1 节新建原理图工程，将工程命名为“1”，进入电路绘制界面，如图 2-1-1 所示。

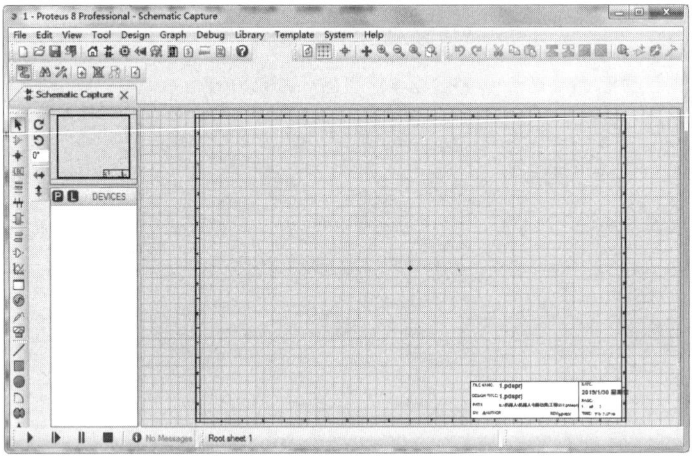

图 2-1-1 电路绘制界面

执行 Library → Pick parts from libraries P 命令，弹出“Pick Devices”对话框，在“Keywords”栏中输入“BATTERY”，搜索结果如图 2-1-2 所示，选择第一个“BATTERY”元件，并放置在图纸上。以同样的方式，将“SW-SPST”元件、“LED-GREEN”元件放置在图纸上，如图 2-1-3 所示。

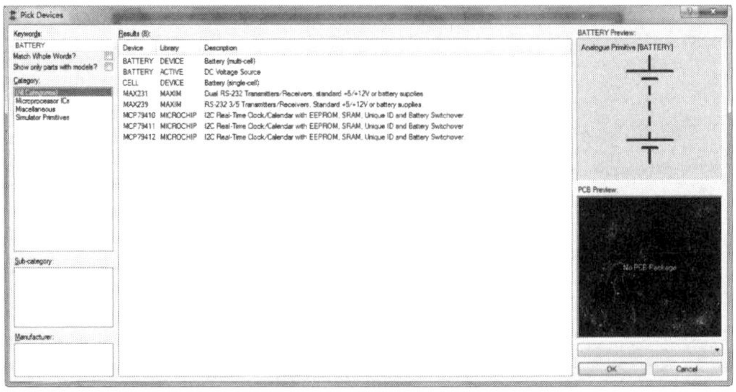

图 2-1-2 搜索“BATTERY”元件

将“BAT1”元件、“SW1”元件、“SW2”元件和“D1”元件分别串联起来，与逻辑示意电路连接完毕，如图 2-1-4 所示。

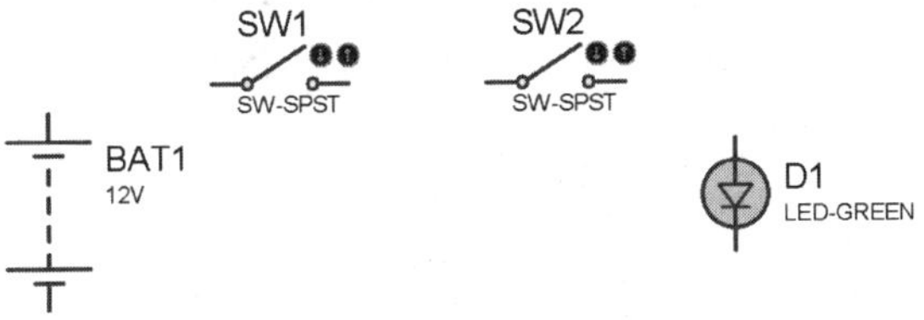

图 2-1-3　放置电路元件

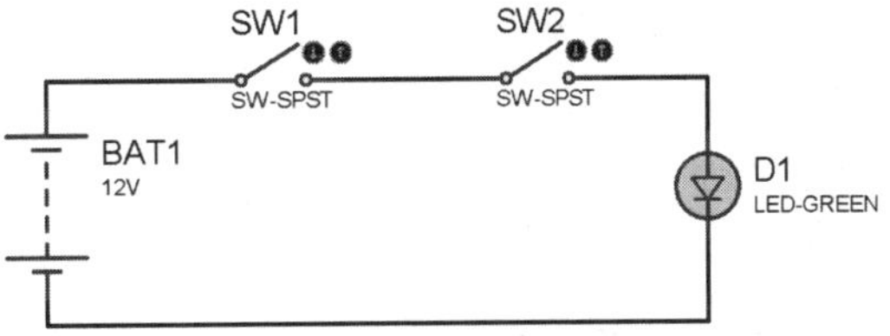

图 2-1-4　与逻辑示意电路

小提示

◎ 在元件库中搜索“SW-SPST”关键字，即可找到按键。
◎ 在元件库中搜索“LED-GREEN”关键字，即可找到发光二极管。
◎ 扫描右侧二维码可观看与逻辑示意电路连线过程。

在 Proteus 主菜单中，执行 Debug → Run Simulation 命令，运行与逻辑示意电路仿真。与逻辑示意电路的初始状态为按键 SW1 和按键 SW2 均断开，发光二极管 D1 不亮，如图 2-1-4 所示；当按键 SW1 断开，按键 SW2 闭合时，发光二极管 D1 不亮，如图 2-1-5 所示；当按键 SW1 闭合，按键 SW2 断开时，发光二极管 D1 不亮，如图 2-1-6 所示；当按键 SW1 闭合，按键 SW2 也闭合时，发光二极管 D1 点亮，如图 2-1-7 所示。根据仿真结果，可见只有按键 SW1 和按键 SW2 同时闭合，发光二极管 D1 才会点亮，这也说明只有与逻辑的输入端同时为高电平，输出端才为高电平。

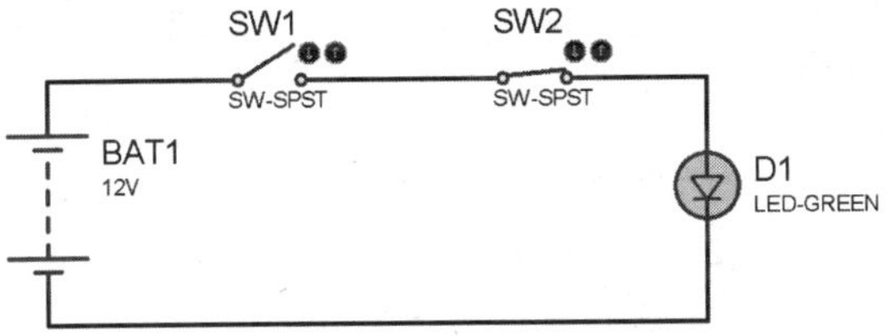

图 2-1-5　与逻辑示意电路 SW2 闭合状态

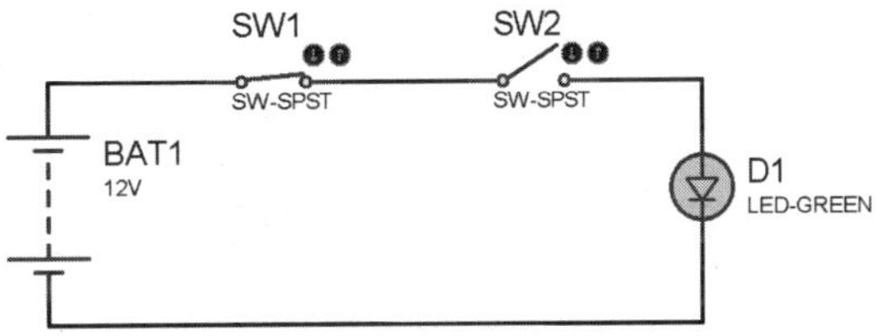

图 2-1-6　与逻辑示意电路 SW1 闭合状态

仿照与逻辑示意电路的绘制方法，在 Proteus 中绘制或逻辑示意电路。或逻辑示意电路元件如图 2-1-8 所示，或逻辑示意电路如图 2-1-9 所示。

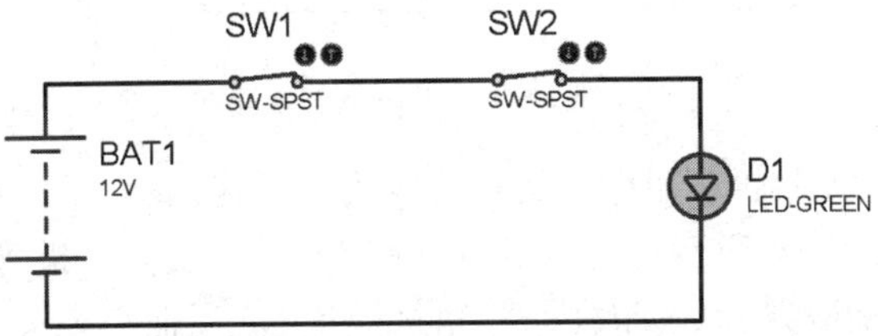

图 2-1-7　与逻辑示意电路 SW1 和 SW2 闭合状态

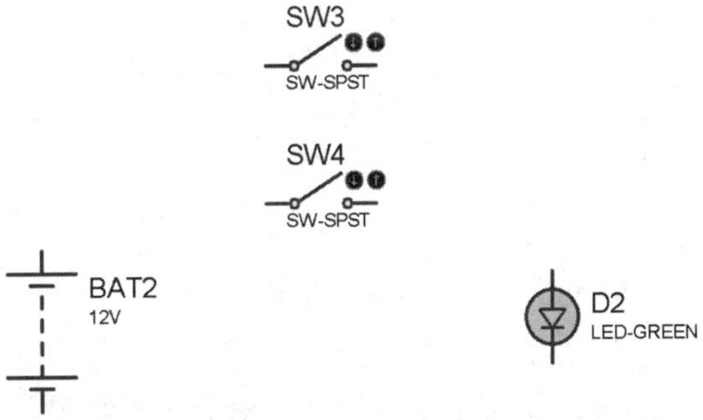

图 2-1-8　或逻辑示意电路元件

在 Proteus 主菜单中，执行 Debug → Run Simulation 命令，运行或逻辑示意电路仿真。或逻辑示意电路的初始状态为按键 SW3 和按键 SW4 均断开，发光二极管 D2 不亮，如图 2-1-9 所示；当按键 SW3 断开，按键 SW4 闭合时，发光二极管 D2 点亮，如图 2-1-10 所示；当按键 SW3 闭合，按键 SW4 断开时，发光二极管 D2 点亮，如图 2-1-11 所示；当按键 SW3 闭合，按键 SW4 闭合时，发光二极管 D2 点亮，如图 2-1-12 所示。根据仿真结果，可见按键 SW3 和按键 SW4 任意一个闭合，发光二极管 D2 都会点亮，这也说明或逻辑的任意一个输入端为高电平，输出端就为高电平。

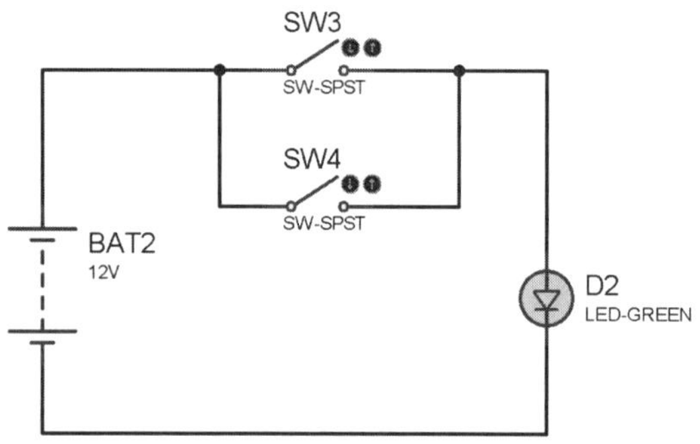

图 2-1-9　或逻辑示意电路

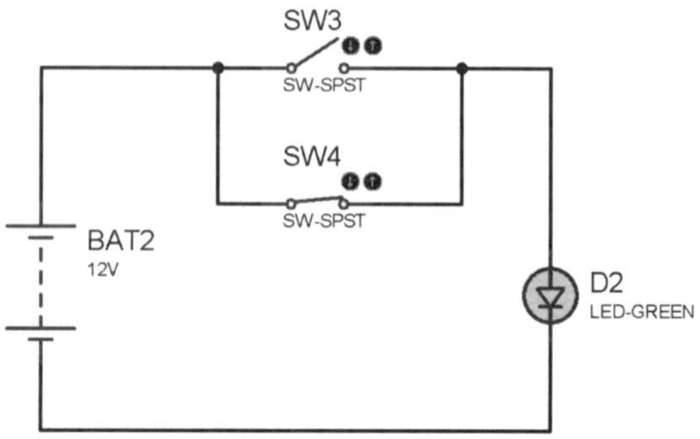

图 2-1-10　或逻辑示意电路 SW4 闭合状态

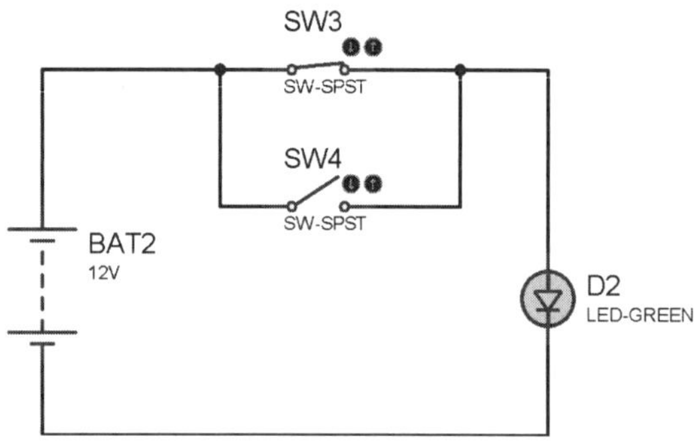

图 2-1-11　或逻辑示意电路 SW3 闭合状态

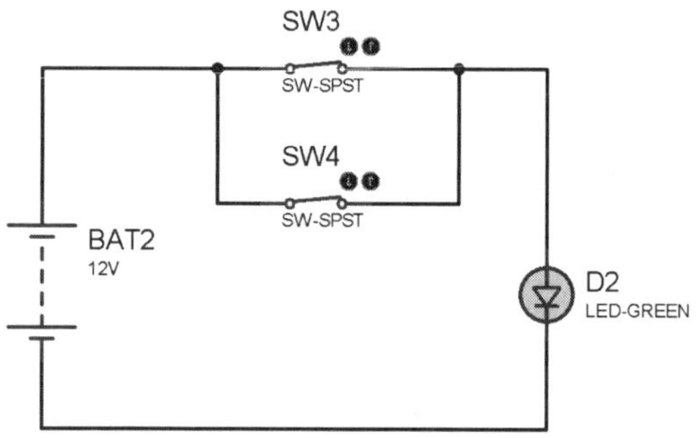

图 2-1-12　或逻辑示意电路 SW4 和 SW3 闭合状态

仿照与逻辑示意电路的绘制方法，在 Proteus 中绘制非逻辑示意电路。非逻辑示意电路元件如图 2-1-13 所示，非逻辑示意电路如图 2-1-14 所示。

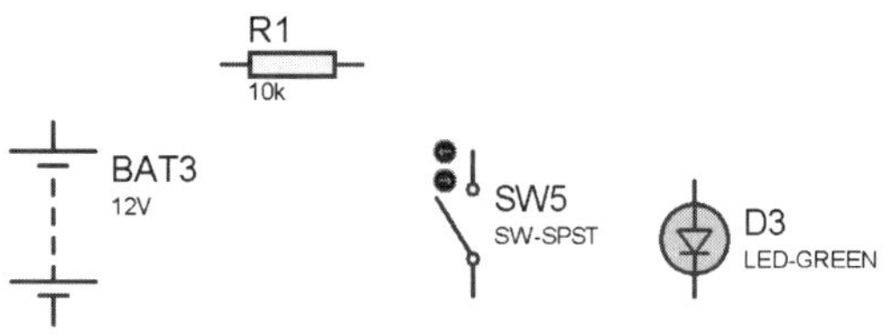

图 2-1-13　非逻辑示意电路元件

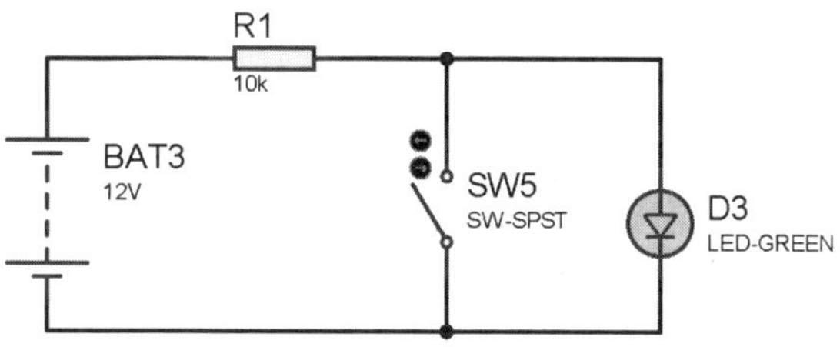

图 2-1-14　非逻辑示意电路

在 Proteus 主菜单中，执行 Debug→ Run Simulation 命令，运行非逻辑示意电路仿真。当按键 SW5 断开时，发光二极管 D3 点亮，如图 2-1-14 所示；当按键 SW5 闭合时，发光二极管 D3 熄灭，如图 2-1-15 所示。根据仿真结果，可见按键 SW5 闭合，发光二极管 D2 反而会熄灭，这也说明非逻辑的输入端若为高电平，则输出端就为低电平。

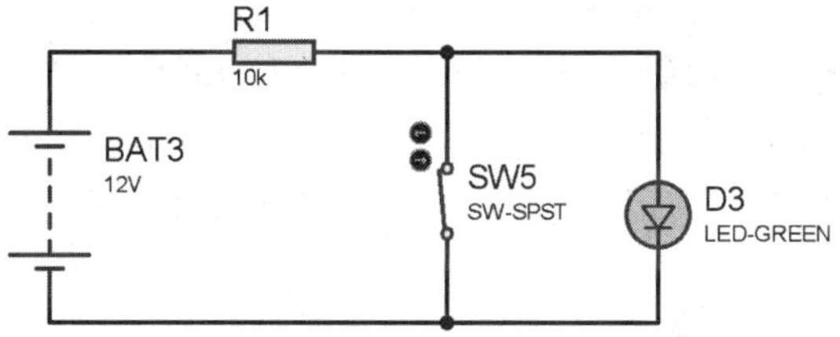

图 2-1-15　非逻辑示意电路 SW5 闭合状态

小提示

◎ 在元件库中搜索“RES”关键字，即可找到电阻。
◎ 与、或、非三个示意电路分别单独仿真不出现仿真报错。
◎ 与、或、非三个示意电路同时仿真会报错，加入“GND”网络后可消除报错。
◎ 发光二极管 D3 比 D1 或 D2 要暗，原因是串联电阻后，流经 D3 的电流减小。
◎ 扫描右侧二维码可观看与、或、非三个示意电路的仿真结果。

实际上 Proteus 中提供了与门芯片、或门芯片和非门芯片等。仿照 1.2.1 节新建原理图工程，将新建工程命名为“2”，进入电路绘制界面。执行 Library → Pick parts from libraries P 命令，弹出“Pick Devices”对话框，在“Keywords”栏中输入“AND”，即可搜索到与门，并放置到图纸上。以同样的方式在“Pick Devices”对话框的“Keywords”栏中分别输入“OR”和“NOT”，将或门和非门也放置在图纸上，如图 2-1-16 所示。

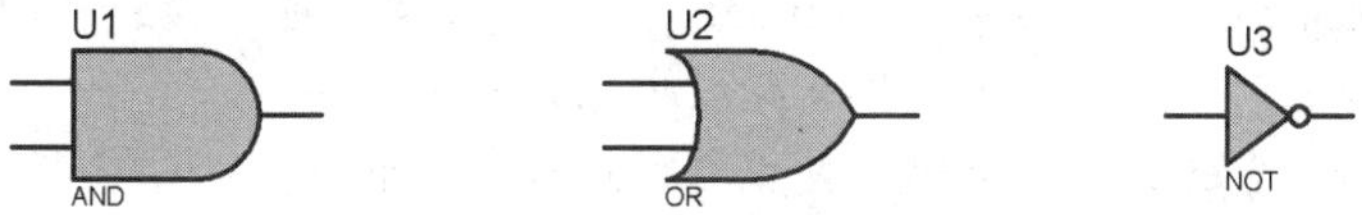

图 2-1-16　与门、或门、非门

在工程图纸上再次放置与门、或门和非门，共放置三个与门、三个或门和三个非门。与门 U1 的输入引脚分别接入“POWER”网络和“GND”网络，与门 U4 的输入引脚均接入“POWER”网络，与门 U7 的输入引脚均接入“GND”引脚；或门 U2 的输入引脚分别接入“POWER”网络和“GND”网络，或门 U5 的输入引脚均接入“POWER”网络，或门 U8 的输入引脚均接入“GND”引脚；非门 U3 的输入引脚接入“POWER”网络，非门 U6 的输入引脚接入“GND”引脚，非门 U9 的输入引脚置空，如图 2-1-17 所示。

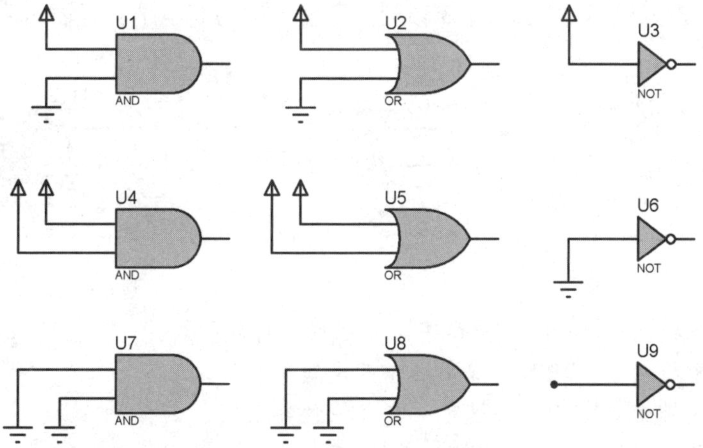

图 2-1-17　与门、或门、非门电路

在 Proteus 主菜单中，执行 Debug→Run Simulation 命令，进行仿真，可见与门 U1 的输出引脚为低电平，与门 U4 的输出引脚为高电平，与门 U7 的输出引脚为低电平；或门 U2 的输出引脚为高电平，或门 U5 的输出引脚为高电平，或门 U8 的输出引脚为低电平；非门 U3 的输出引脚为低电平，非门 U6 的输出引脚为高电平，非门 U9 的输出引脚为高阻态，如图 2-1-18 所示。

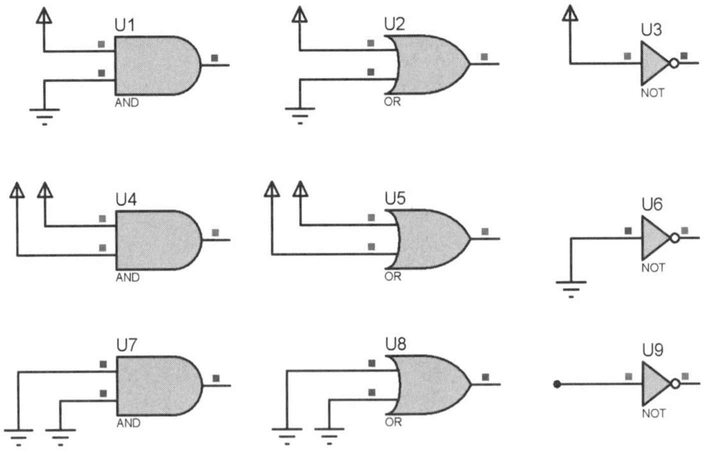

图 2-1-18　与门、或门、非门仿真

小提示

◎ 在电路绘制界面左侧工具栏“Terminals Mode”工具中可以找到“POWER”网络。
◎ 在电路绘制界面左侧工具栏“Terminals Mode”工具中可以找到“GND”网络。
◎ 仿真时引脚上方的红色小方块代表此引脚此时为高电平。
◎ 仿真时引脚上方的蓝色小方块代表此引脚此时为低电平。
◎ 仿真时引脚上方的灰色小方块代表此引脚此时为高阻态。

除了与门、或门和非门，Proteus 中还有与非门、或非门和异或门，但没有同或门。将与非门、或非门和异或门放置在图纸上，如图 2-1-19 所示。与非门是将输入端 A 和输入端 B 先进行与运算，然后再将结果取反，最后输出端即为输入端 A 和输入端 B 的与非运算结果；或非门是将输入端 A 和输入端 B 先进行或运算，然后再将结果取反，最后输出端即为输入端 A 和输入端 B 的或非运算结果；异或门是将输入端 A 和输入端 B 做比较，若输入端 A 和输入端 B 不同，则输出端为高电平，若输入端 A 和输入端 B 相同，则输出端为低电平；同或门是将输入端 A 和输入端 B 做比较，若输入端 A 和输入端 B 相同，则输出端为高电平，若输入端 A 和输入端 B 不同，则输出端为低电平。

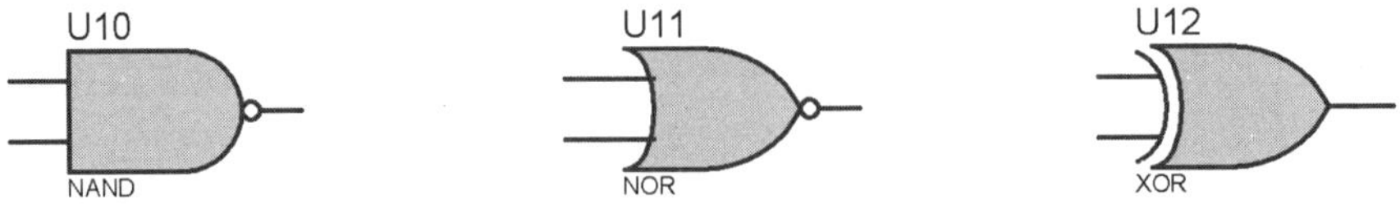

图 2-1-19　与非门、或非门和异或门

小提示

◎ 在元件库中搜索“NAND”关键字，即可找到与非门。
◎ 在元件库中搜索“NOR”关键字，即可找到或非门。
◎ 在元件库中搜索“XOR”关键字，即可找到异或门。
◎ 同或门与异或门恰恰相反。

读者可以根据基本门电路搭建所需要的运算关系。在实际应用中，可以使用 74 系列芯片来搭建数字电路。

2.1.2　编码器

编码器的逻辑功能是将输入的每一个高电平信号或低电平信号变成一个对应的二进制代码。仿照 1.2.1 节新建原理图工程，将工程命名为“3”，进入电路绘制界面，将 8 线-3 线优先编码器 74HC148 放置在图纸上，并将输入端通过开关与“POWER”网络或“GND”网络相连，将输出端与 LED 发光二极管相连，如图 2-1-20 所示。

在 Proteus 主菜单中，执行 Debug→ Run Simulation 命令，进行仿真。默认状态如图 2-1-21 所示，74HC148 编码器的输入端全部连接高电平，输出端 A0 输出高电平，发光二极管 D1 不亮；输出端 A1 输出高电平，发光二极管 D2 不亮；输出端 A2 输出高电平，发光二极管 D3 不亮。

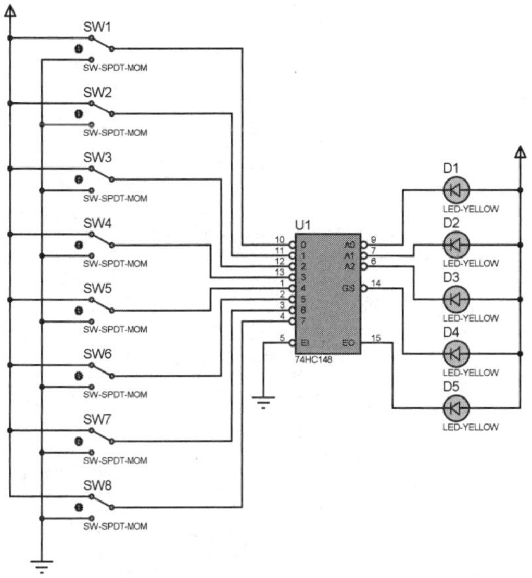

图 2-1-20　74HC148 编码器电路

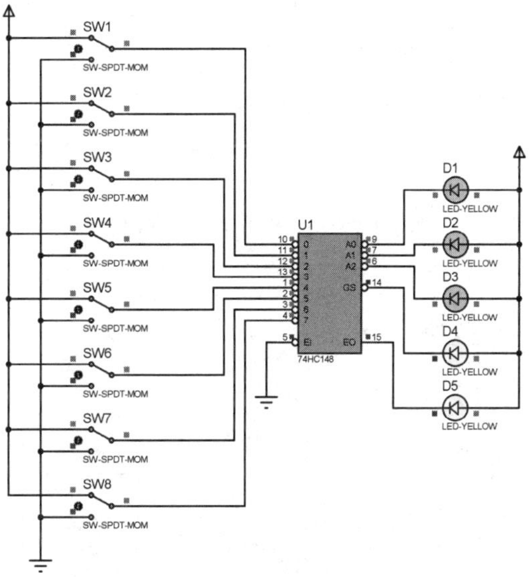

图 2-1-21　74HC148 编码器电路默认状态

单击开关元件 SW1，使 74HC148 编码器的输入端 0 接入低电平，其他输入端接入高电平，输出端 A0 输出高电平，发光二极管 D1 不亮；输出端 A1 输出高电平，发光二极管 D2 不亮；输出端 A2 输出高电平，发光二极管 D3 不亮；引脚 GS 为低电平，发光二极管 D4 点亮；引脚 EO 为高电平，发光二极管 D5 不亮，如图 2-1-22 所示。

单击开关元件 SW2，使 74HC148 编码器的输入端 1 接入低电平，其他输入端接入高电平，输出端 A0 输出低电平，发光二极管 D1 点亮；输出端 A1 输出高电平，发光二极管 D2 不亮；输出端 A2 输出高电平，发光二极管 D3 不亮；引脚 GS 为低电平，发光二极管 D4 点亮；引脚 EO 为高电平，发光二极管 D5 不亮，如图 2-1-23 所示。

单击开关元件 SW3，使 74HC148 编码器的输入端 2 接入低电平，其他输入端接入高电平，输出端 A0 输出高电平，发光二极管 D1 不亮；输出端 A1 输出低电平，发光二极管 D2 点亮；输出端 A2 输出高电平，发光二极管 D3 不亮；引脚 GS 为低电平，发光二极管 D4 点亮；引脚 EO 为高电平，发光二极管 D5 不亮，如图 2-1-24 所示。

单击开关元件 SW4，使 74HC148 编码器的输入端 3 接入低电平，其他输入端接入高电平，输出端 A0 输出低电平，发光二极管 D1 点亮；输出端 A1 输出低电平，发光二极管 D2 点亮；输出端 A2 输出高电平，发光二极管 D3 不亮；引脚 GS 为低电平，发光二极管 D4 点亮；引脚 EO 为高电平，发光二极管 D5 不亮，如图 2-1-25 所示。

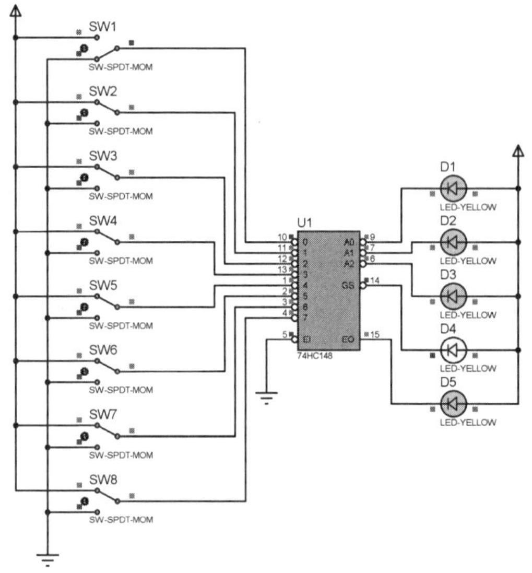

图 2-1-22　输入端 0 接入低电平

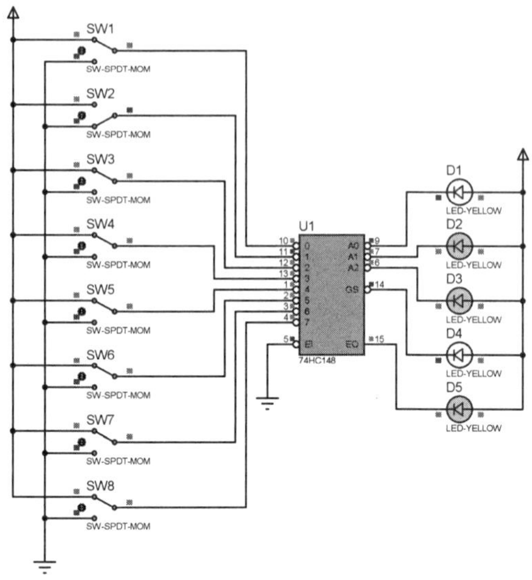

图 2-1-23　输入端 1 接入低电平

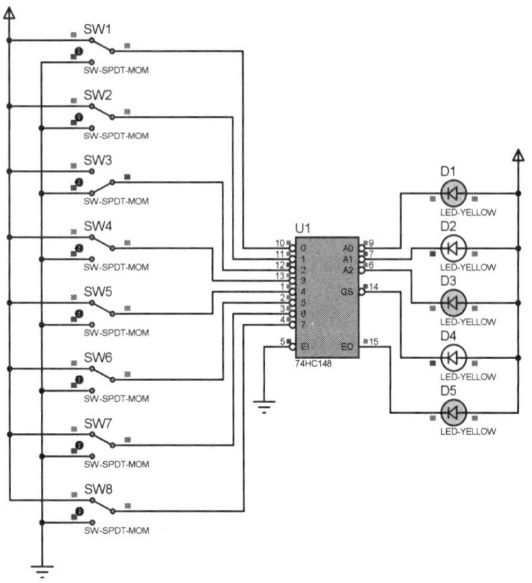

图 2-1-24　输入端 2 接入低电平

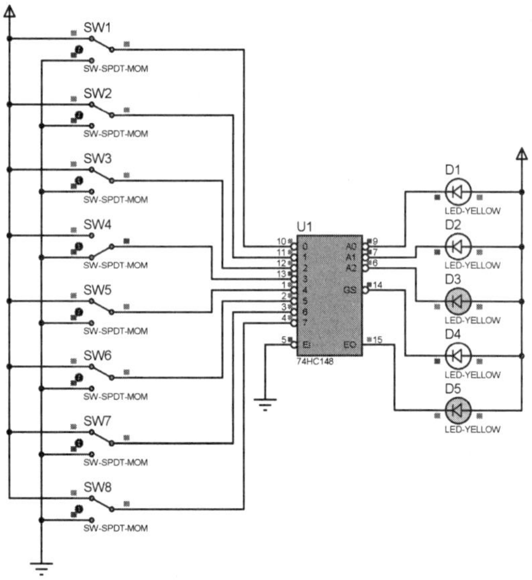

图 2-1-25　输入端 3 接入低电平

单击开关元件 SW5，使 74HC148 编码器的输入端 4 接入低电平，其他输入端接入高电平，输出端 A0 输出高电平，发光二极管 D1 不亮；输出端 A1 输出高电平，发光二极管 D2 不亮；输出端 A2 输出低电平，发光二极管 D3 点亮；引脚 GS 为低电平，发光二极管 D4 点亮；引脚 EO 为高电平，发光二极管 D5 不亮，如图 2-1-26 所示。

单击开关元件 SW6，使 74HC148 编码器的输入端 5 接入低电平，其他输入端接入高电平，输出端 A0 输出低电平，发光二极管 D1 点亮；输出端 A1 输出高电平，发光二极管 D2 不亮；输出端 A2 输出低电平，发光二极管 D3 点亮；引脚 GS 为低电平，发光二极管 D4 点亮；引脚

EO 为高电平，发光二极管 D5 不亮，如图 2-1-27 所示。

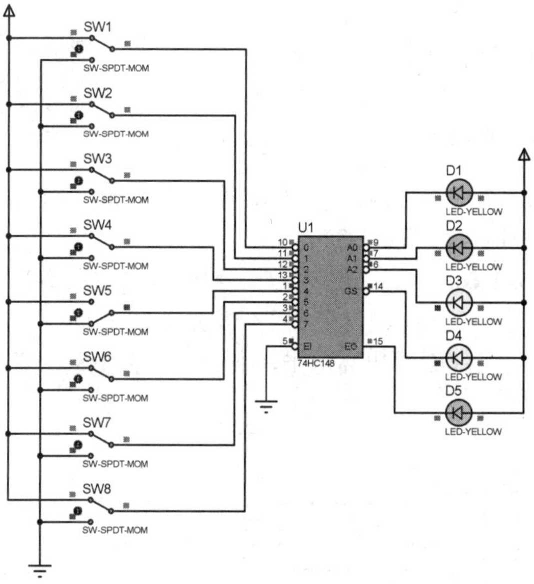

图 2-1-26　输入端 4 接入低电平

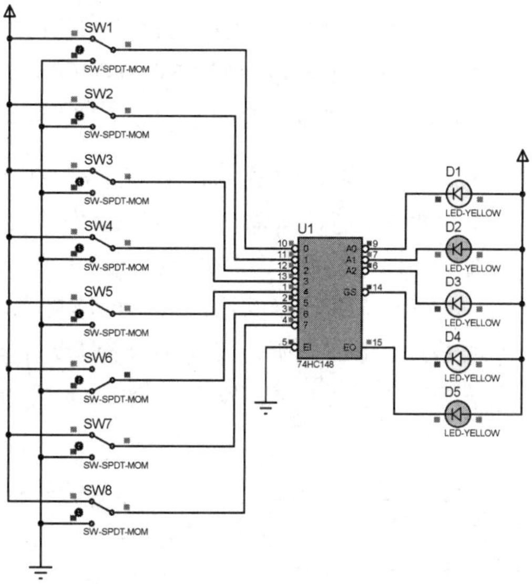

图 2-1-27　输入端 5 接入低电平

单击开关元件 SW7，使 74HC148 编码器的输入端 6 接入低电平，其他输入端接入高电平，输出端 A0 输出高电平，发光二极管 D1 不亮；输出端 A1 输出低电平，发光二极管 D2 点亮；输出端 A2 输出低电平，发光二极管 D3 点亮；引脚 GS 为低电平，发光二极管 D4 点亮，引脚 EO 为高电平，发光二极管 D5 不亮，如图 2-1-28 所示。

单击开关元件 SW8，使 74HC148 编码器的输入端 7 接入低电平，其他输入端接入高电平，输出端 A0 输出低电平，发光二极管 D1 点亮；输出端 A1 输出低电平，发光二极管 D2 点亮；输出端 A2 输出低电平，发光二极管 D3 点亮；引脚 GS 为低电平，发光二极管 D4 点亮；引脚 EO 为高电平，发光二极管 D5 不亮，如图 2-1-29 所示。

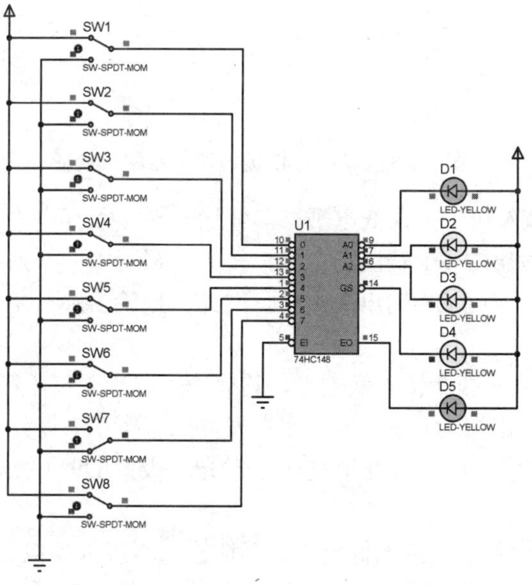

图 2-1-28　输入端 6 接入低电平

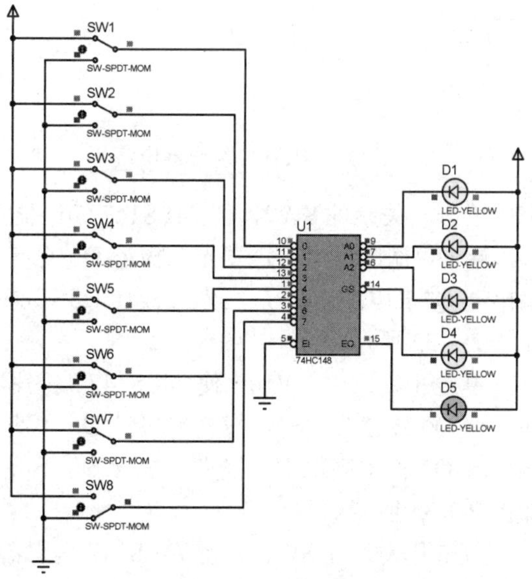

图 2-1-29　输入端 7 接入低电平

记录下仿真结果，可以看出符合 74HC148 编码器的功能表。

小提示

◎在元件库中搜索“74HC148”关键字，即可找到 74HC148 编码器。

◎在元件库中搜索“SW-SPDT-MOM”关键字，即可找到单刀双掷开关。

◎扫描右侧二维码可观看 74HC148 编码器的仿真结果。

将二-十进制编码器 74LS147 放置在图纸上，并将输入端通过开关与“POWER”网络或“GND”网络相连，将输出端与 LED 发光二极管相连，如图 2-1-30 所示。

在 Proteus 主菜单中，执行 Debug→ Run Simulation 命令，进行仿真。默认状态如图 2-1-31 所示，74LS147 编码器的输入端全部连接高电平，输出端 Q0 输出高电平，发光二极管 D6 不亮；输出端 Q1 输出高电平，发光二极管 D7 不亮；输出端 Q2 输出高电平，发光二极管 D8 不亮；输出端 Q3 输出高电平，发光二极管 D9 不亮。

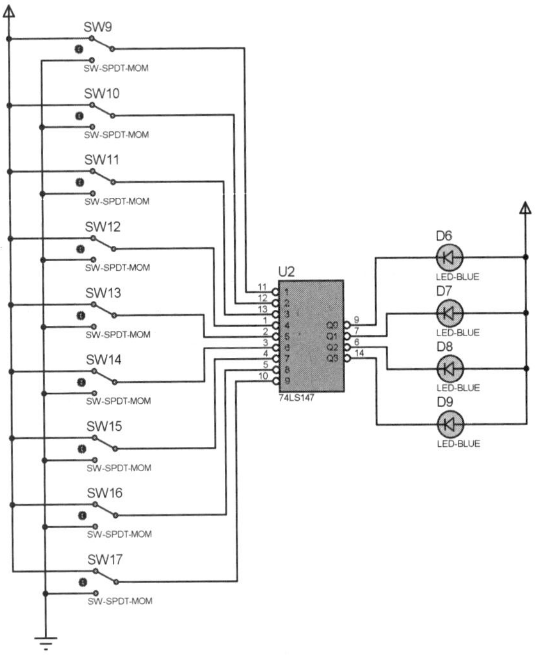

图 2-1-30　74LS147 编码器电路

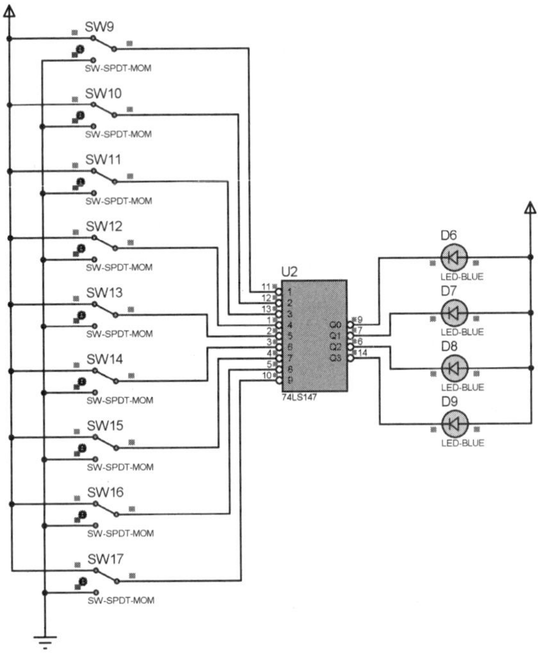

图 2-1-31　74LS147 编码器电路默认状态

单击开关元件 SW9，使 74LS147 编码器的输入端 1 接入低电平，其他输入端接入高电平，输出端 Q0 输出低电平，发光二极管 D6 点亮；输出端 Q1 输出高电平，发光二极管 D7 不亮；输出端 Q2 输出高电平，发光二极管 D8 不亮；输出端 Q3 输出高电平，发光二极管 D9 不亮，如图 2-1-32 所示。

单击开关元件 SW10，使 74LS147 编码器的输入端 2 接入低电平，其他输入端接入高电平，输出端 Q0 输出高电平，发光二极管 D6 不亮；输出端 Q1 输出低电平，发光二极管 D7 点亮；输出端 Q2 输出高电平，发光二极管 D8 不亮；输出端 Q3 输出高电平，发光二极管 D9 不亮，如图 2-1-33 所示。

单击开关元件 SW11，使 74LS147 编码器的输入端 3 接入低电平，其他输入端接入高电平，输出端 Q0 输出低电平，发光二极管 D6 点亮；输出端 Q1 输出低电平，发光二极管 D7 点亮；

输出端 Q2 输出高电平，发光二极管 D8 不亮；输出端 Q3 输出高电平，发光二极管 D9 不亮，如图 2-1-34 所示。

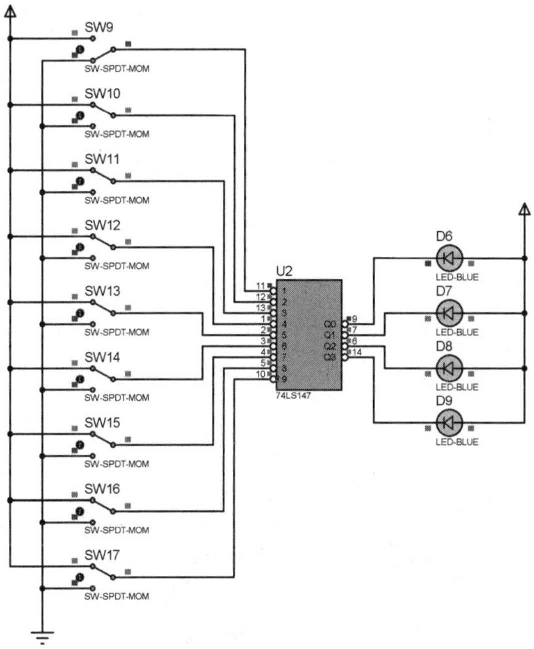

图 2-1-32　输入端 1 接入低电平

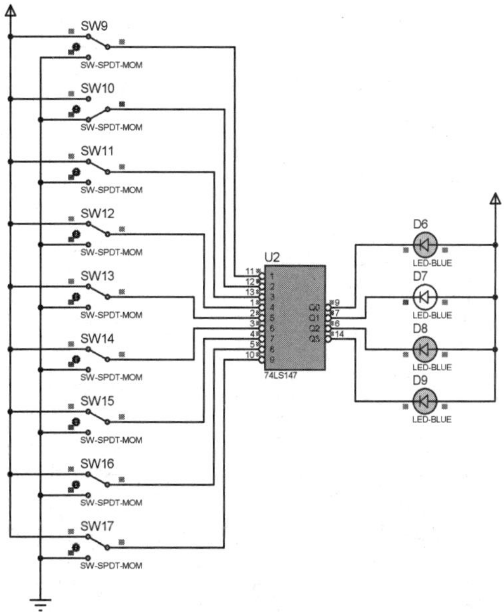

图 2-1-33　输入端 2 接入低电平

单击开关元件 SW12，使 74LS147 编码器的输入端 4 接入低电平，其他输入端接入高电平，输出端 Q0 输出高电平，发光二极管 D6 不亮；输出端 Q1 输出高电平，发光二极管 D7 不亮；输出端 Q2 输出低电平，发光二极管 D8 点亮；输出端 Q3 输出高电平，发光二极管 D9 不亮，如图 2-1-35 所示。

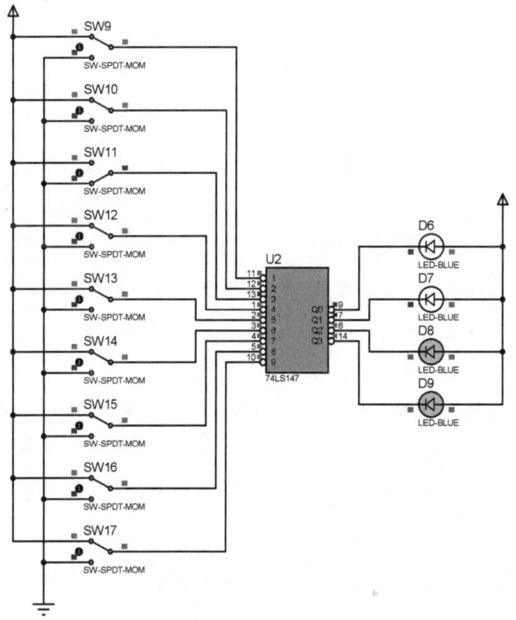

图 2-1-34　输入端 3 接入低电平

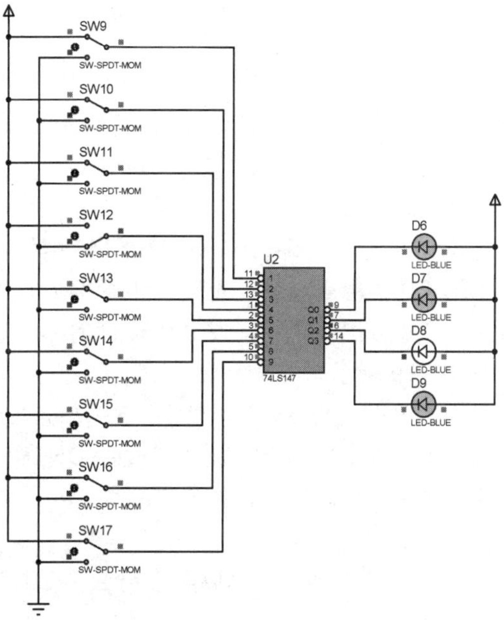

图 2-1-35　输入端 4 接入低电平

单击开关元件 SW13，使 74LS147 编码器的输入端 5 接入低电平，其他输入端接入高电平，输出端 Q0 输出低电平，发光二极管 D6 点亮；输出端 Q1 输出高电平，发光二极管 D7 不亮；输出端 Q2 输出低电平，发光二极管 D8 点亮；输出端 Q3 输出高电平，发光二极管 D9 不亮，如图 2-1-36 所示。

单击开关元件 SW14，使 74LS147 编码器的输入端 6 接入低电平，其他输入端接入高电平，输出端 Q0 输出高电平，发光二极管 D6 不亮；输出端 Q1 输出低电平，发光二极管 D7 点亮；输出端 Q2 输出低电平，发光二极管 D8 点亮；输出端 Q3 输出高电平，发光二极管 D9 不亮，如图 2-1-37 所示。

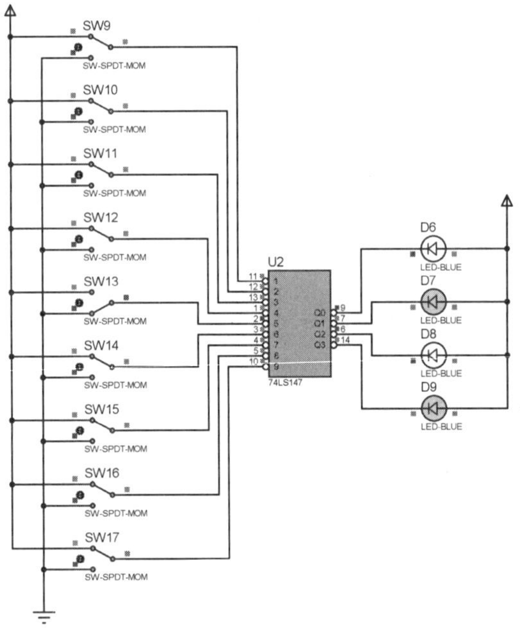

图 2-1-36　输入端 5 接入低电平

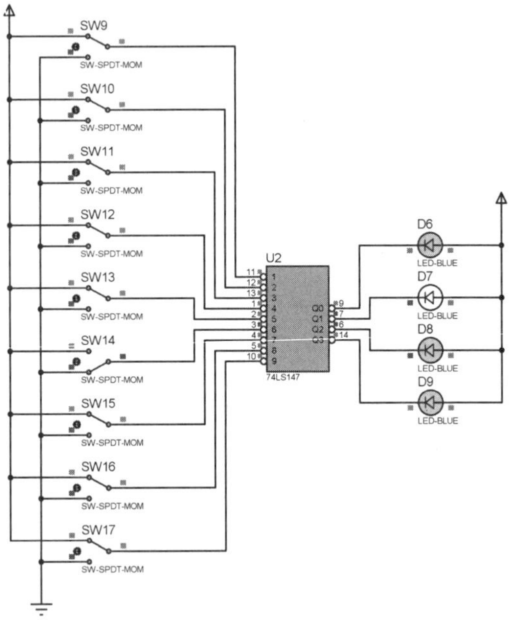

图 2-1-37　输入端 6 接入低电平

单击开关元件 SW15，使 74LS147 编码器的输入端 7 接入低电平，其他输入端接入高电平，输出端 Q0 输出低电平，发光二极管 D6 点亮；输出端 Q1 输出低电平，发光二极管 D7 点亮；输出端 Q2 输出低电平，发光二极管 D8 点亮；输出端 Q3 输出高电平，发光二极管 D9 不亮，如图 2-1-38 所示。

单击开关元件 SW16，使 74LS147 编码器的输入端 8 接入低电平，其他输入端接入高电平，输出端 Q0 输出高电平，发光二极管 D6 不亮；输出端 Q1 输出高电平，发光二极管 D7 不亮；输出端 Q2 输出高电平，发光二极管 D8 不亮；输出端 Q3 输出低电平，发光二极管 D9 点亮，如图 2-1-39 所示。

单击开关元件 SW17，使 74LS147 编码器的输入端 9 接入低电平，其他输入端接入高电平，输出端 Q0 输出低电平，发光二极管 D6 点亮；输出端 Q1 输出高电平，发光二极管 D7 不亮；输出端 Q2 输出高电平，发光二极管 D8 不亮；输出端 Q3 输出低电平，发光二极管 D9 点亮，如图 2-1-40 所示。

记录下仿真结果，可以看出符合 74LS147 编码器的功能表。

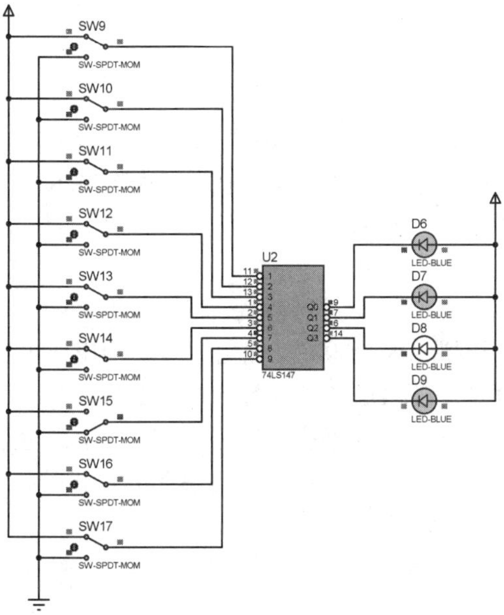

图 2-1-38　输入端 7 接入低电平

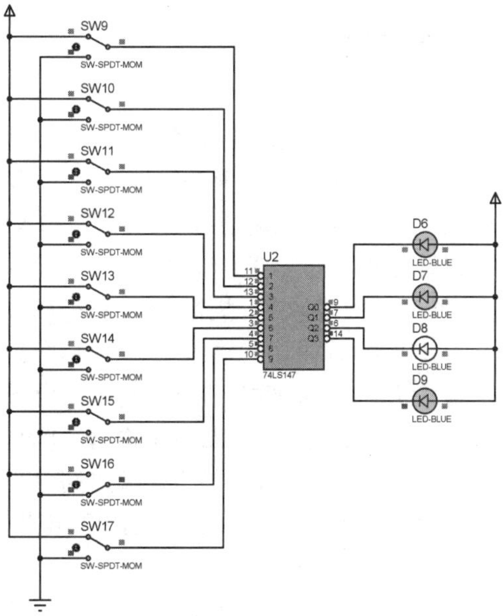

图 2-1-39　输入端 8 接入低电平

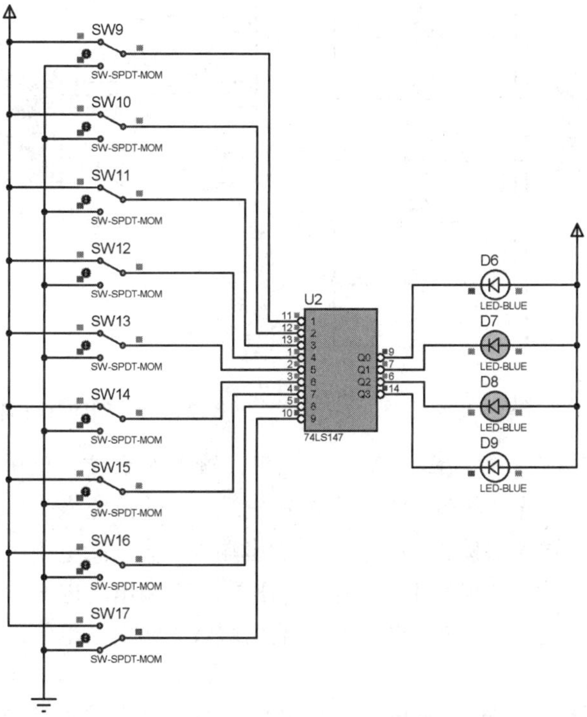

图 2-1-40　输入端 9 接入低电平

小提示

◎ 在元件库中搜索“74LS147”关键字，即可找到 74LS147 编码器。

◎ 扫描右侧二维码可观看 74LS147 编码器的仿真结果。

2.1.3 译码器

译码器的逻辑功能是将每个输入的二进制代码译成对应输出的高电平或低电平信号。仿照 1.2.1 节新建原理图工程，将工程命名为“4”，进入电路绘制界面，将二进制译码器 74HC138 放置在图纸上，并将输入端通过开关与“POWER”网络或“GND”网络相连，将输出端与 LED 发光二极管相连，如图 2-1-41 所示。

在 Proteus 主菜单中，执行 Debug → Run Simulation 命令，进行仿真。默认状态如图 2-1-42 所示，74HC138 译码器的输入端全部连接低电平，模拟输入“000”，输出端 Y0 输出低电平，发光二极管 D1 点亮；输出端 Y1 输出高电平，发光二极管 D2 不亮；输出端 Y2 输出高电平，发光二极管 D3 不亮；输出端 Y3 输出高电平，发光二极管 D4 不亮；输出端 Y4 输出高电平，发光二极管 D5 不亮；输出端 Y5 输出高电平，发光二极管 D6 不亮；输出端 Y6 输出高电平，发光二极管 D7 不亮；输出端 Y7 输出高电平，发光二极管 D8 不亮。

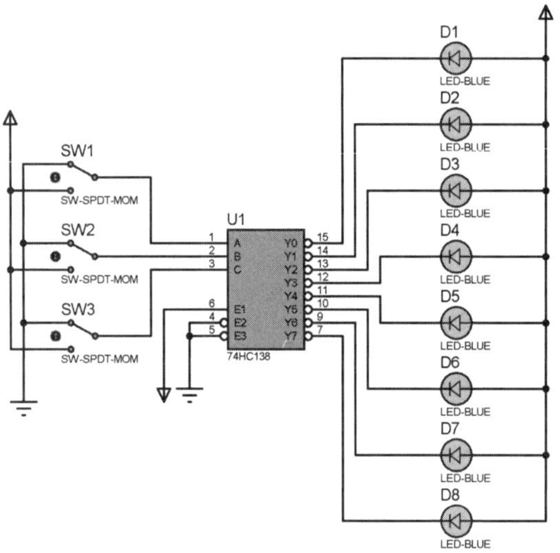

图 2-1-41 74HC138 译码器电路

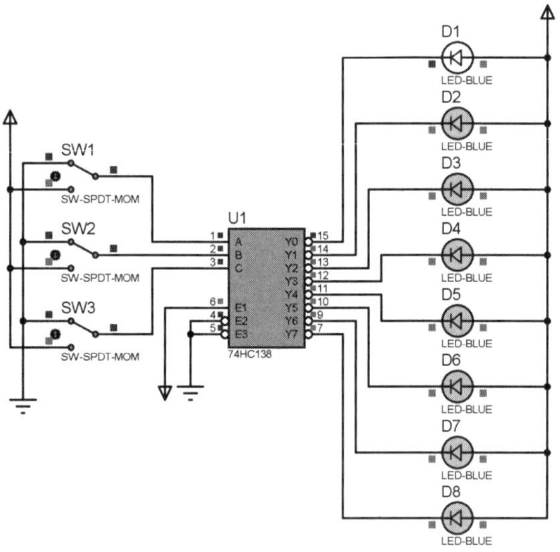

图 2-1-42 74HC138 译码器电路默认状态

将输入端 A 接入高电平，输入端 B 接入低电平，输入端 C 接入低电平，模拟输入“001”，输出端 Y0 输出高电平，发光二极管 D1 不亮；输出端 Y1 输出低电平，发光二极管 D2 点亮；输出端 Y2 输出高电平，发光二极管 D3 不亮；输出端 Y3 输出高电平，发光二极管 D4 不亮；输出端 Y4 输出高电平，发光二极管 D5 不亮；输出端 Y5 输出高电平，发光二极管 D6 不亮；输出端 Y6 输出高电平，发光二极管 D7 不亮；输出端 Y7 输出高电平，发光二极管 D8 不亮，如图 2-1-43 所示。

将输入端 A 接入低电平，输入端 B 接入高电平，输入端 C 接入低电平，模拟输入“010”，输出端 Y0 输出高电平，发光二极管 D1 不亮；输出端 Y1 输出高电平，发光二极管 D2 不亮；输出端 Y2 输出低电平，发光二极管 D3 点亮；输出端 Y3 输出高电平，发光二极管 D4 不亮；输出端 Y4 输出高电平，发光二极管 D5 不亮；输出端 Y5 输出高电平，发光二极管 D6 不亮；输出端 Y6 输出高电平，发光二极管 D7 不亮；输出端 Y7 输出高电平，发光二极管 D8 不亮，如图 2-1-44 所示。

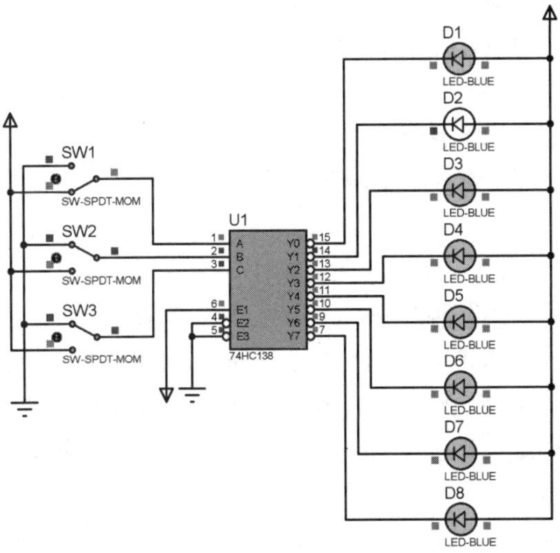

图 2-1-43　模拟输入“001”

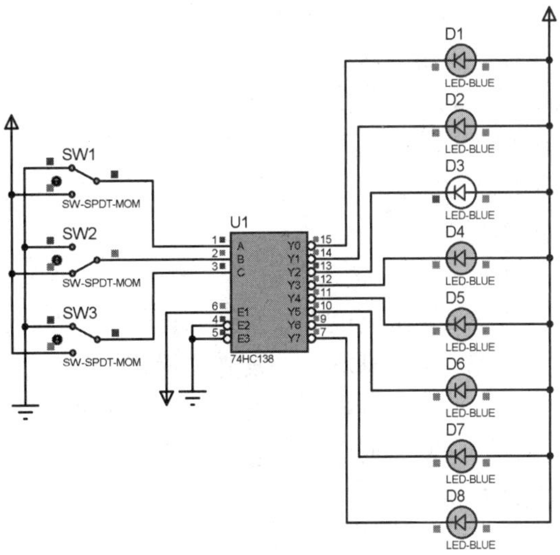

图 2-1-44　模拟输入“010”

将输入端 A 接入高电平，输入端 B 接入高电平，输入端 C 接入低电平，模拟输入“011”，输出端 Y0 输出高电平，发光二极管 D1 不亮；输出端 Y1 输出高电平，发光二极管 D2 不亮；输出端 Y2 输出高电平，发光二极管 D3 不亮；输出端 Y3 输出低电平，发光二极管 D4 点亮；输出端 Y4 输出高电平，发光二极管 D5 不亮；输出端 Y5 输出高电平，发光二极管 D6 不亮；输出端 Y6 输出高电平，发光二极管 D7 不亮；输出端 Y7 输出高电平，发光二极管 D8 不亮，如图 2-1-45 所示。

将输入端 A 接入低电平，输入端 B 接入低电平，输入端 C 接入高电平，模拟输入“100”，输出端 Y0 输出高电平，发光二极管 D1 不亮；输出端 Y1 输出高电平，发光二极管 D2 不亮；输出端 Y2 输出高电平，发光二极管 D3 不亮；输出端 Y3 输出高电平，发光二极管 D4 不亮；输出端 Y4 输出低电平，发光二极管 D5 点亮；输出端 Y5 输出高电平，发光二极管 D6 不亮；输出端 Y6 输出高电平，发光二极管 D7 不亮；输出端 Y7 输出高电平，发光二极管 D8 不亮，如图 2-1-46 所示。

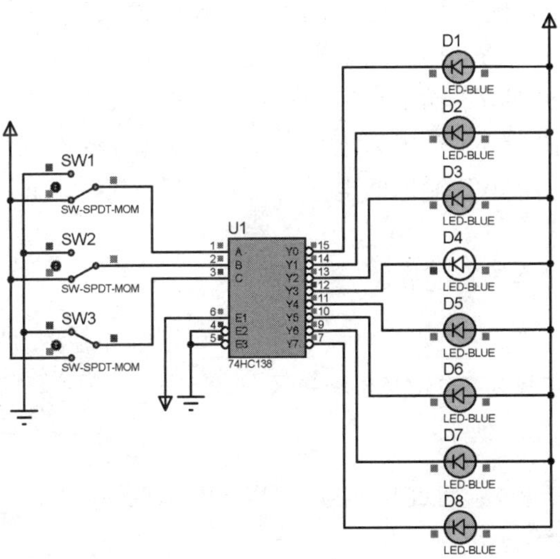

图 2-1-45　模拟输入“011”

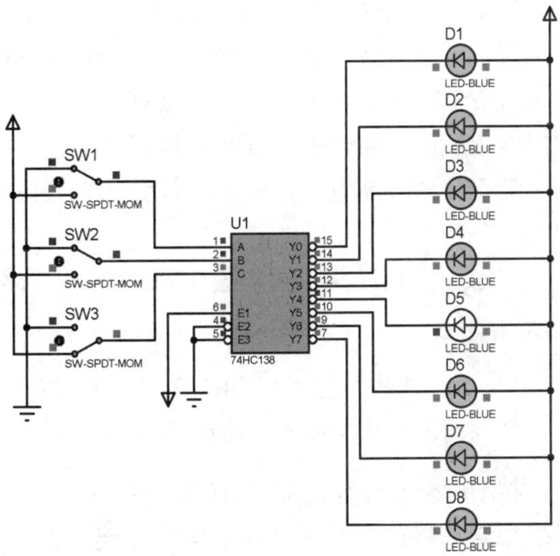

图 2-1-46　模拟输入“100”

将输入端 A 接入高电平，输入端 B 接入低电平，输入端 C 接入高电平，模拟输入“101”，输出端 Y0 输出高电平，发光二极管 D1 不亮；输出端 Y1 输出高电平，发光二极管 D2 不亮；输出端 Y2 输出高电平，发光二极管 D3 不亮；输出端 Y3 输出高电平，发光二极管 D4 不亮；输出端 Y4 输出高电平，发光二极管 D5 不亮；输出端 Y5 输出低电平，发光二极管 D6 点亮；输出端 Y6 输出高电平，发光二极管 D7 不亮；输出端 Y7 输出高电平，发光二极管 D8 不亮，如图 2-1-47 所示。

将输入端 A 接入低电平，输入端 B 接入高电平，输入端 C 接入高电平，模拟输入“110”，输出端 Y0 输出高电平，发光二极管 D1 不亮；输出端 Y1 输出高电平，发光二极管 D2 不亮；输出端 Y2 输出高电平，发光二极管 D3 不亮；输出端 Y3 输出高电平，发光二极管 D4 不亮；输出端 Y4 输出高电平，发光二极管 D5 不亮；输出端 Y5 输出高电平，发光二极管 D6 不亮；输出端 Y6 输出低电平，发光二极管 D7 点亮；输出端 Y7 输出高电平，发光二极管 D8 不亮，如图 2-1-48 所示。

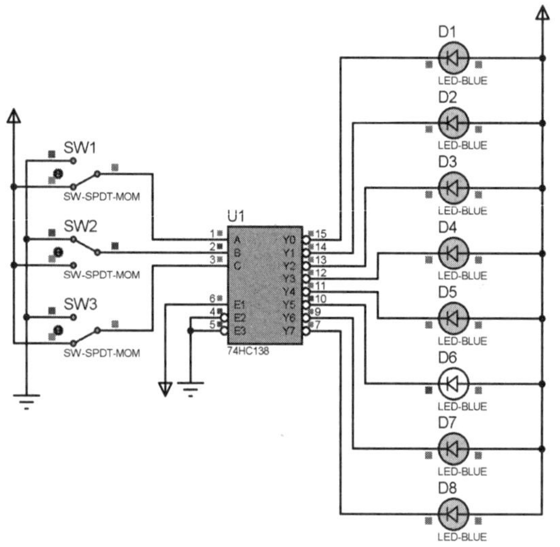

图 2-1-47　模拟输入“101”

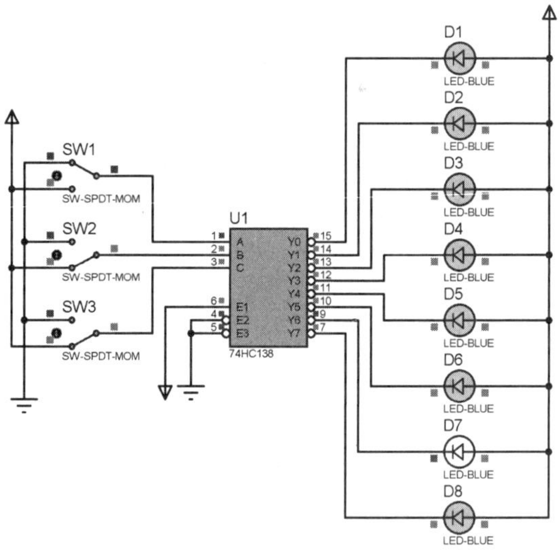

图 2-1-48　模拟输入“110”

将输入端 A 接入高电平，输入端 B 接入高电平，输入端 C 接入高电平，模拟输入“111”，输出端 Y0 输出高电平，发光二极管 D1 不亮；输出端 Y1 输出高电平，发光二极管 D2 不亮；输出端 Y2 输出高电平，发光二极管 D3 不亮；输出端 Y3 输出高电平，发光二极管 D4 不亮；输出端 Y4 输出高电平，发光二极管 D5 不亮；输出端 Y5 输出高电平，发光二极管 D6 不亮；输出端 Y6 输出高电平，发光二极管 D7 不亮；输出端 Y7 输出低电平，发光二极管 D8 点亮，如图 2-1-49 所示。

记录下仿真结果，可以看出符合 74HC138 译码器的功能表。

小提示

◎　在元件库中搜索“74HC138”关键字，即可找到 74HC138 译码器。

◎　扫描右侧二维码可观看 74HC138 译码器的仿真结果。

将 BCD−七段译码器 7448 放置在图纸上，并将输入端通过开关与“POWER”网络或“GND”网络相连，将输出端与七段数码管相连，如图 2-1-50 所示。

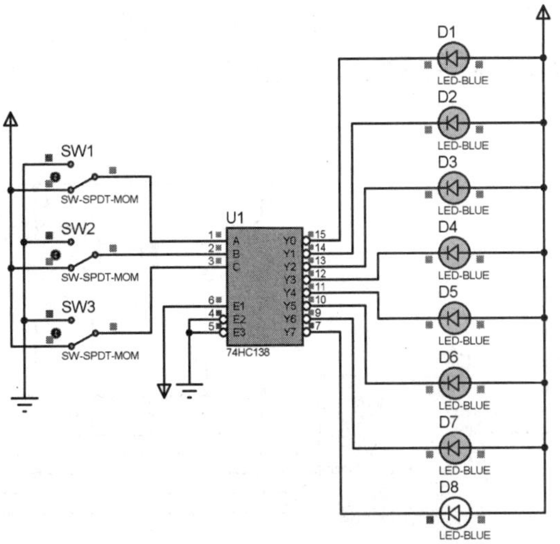

图 2-1-49　模拟输入“111”

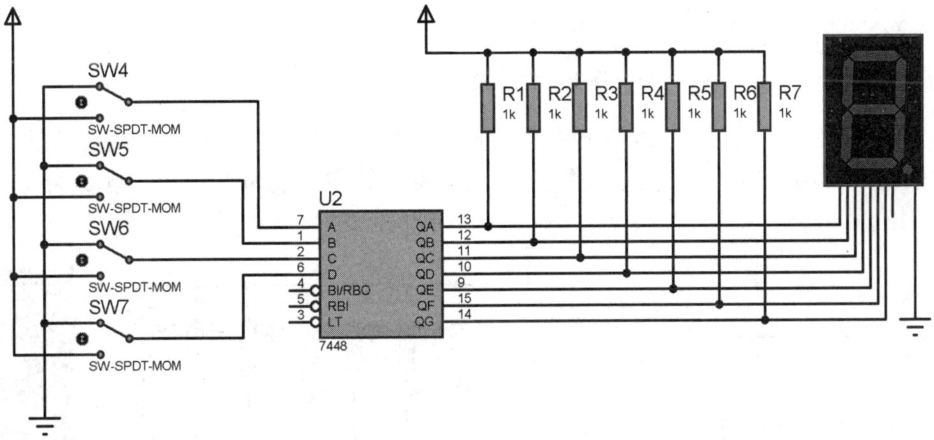

图 2-1-50　7448 译码器电路

在 Proteus 主菜单中，执行 Debug → Run Simulation 命令，进行仿真。默认状态如图 2-1-51 所示，7448 译码器的输入端全部连接低电平，模拟输入“0000”，即代表十进制数字 0，七段数码管中显示为“0”。

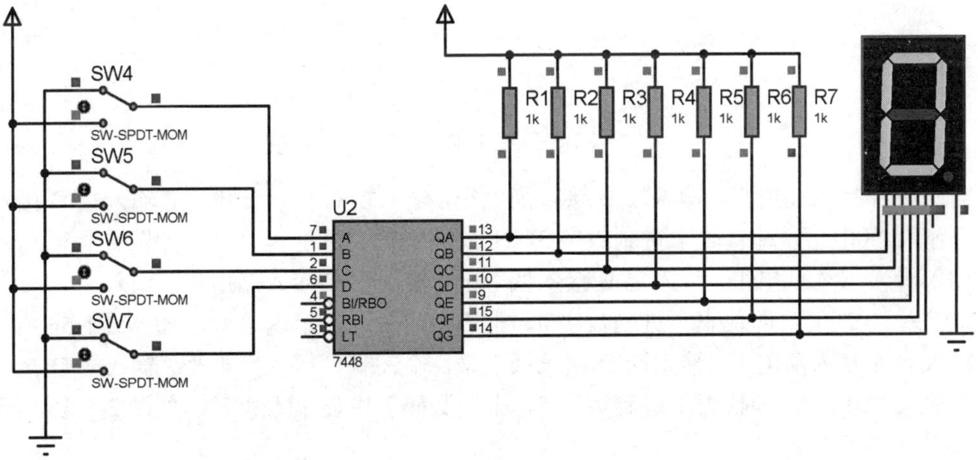

图 2-1-51　模拟输入“0”

将输入端 A 接入高电平，输入端 B 接入低电平，输入端 C 接入低电平，输入端 D 接入低电平，模拟输入“0001”，即代表十进制数字 1，七段数码管中显示为“1”，如图 2-1-52 所示。

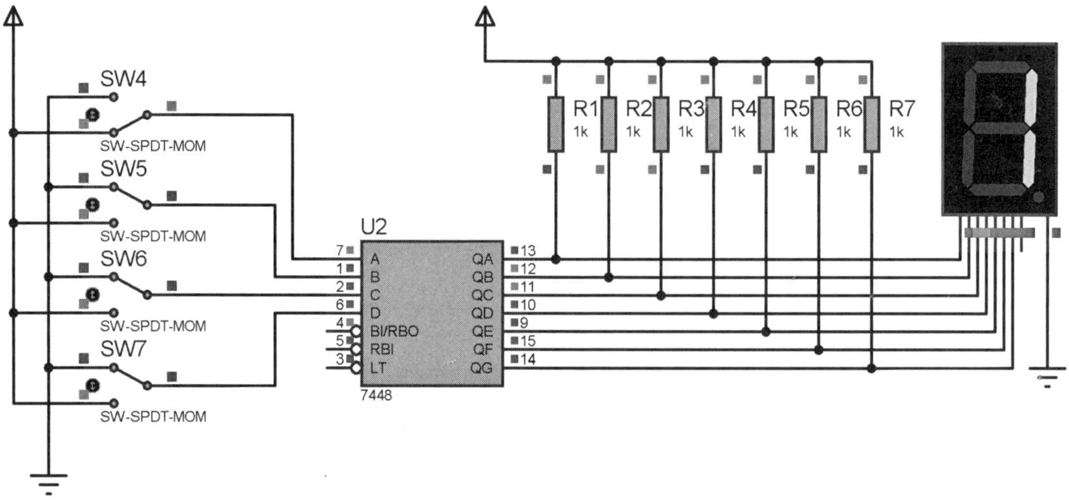

图 2-1-52　模拟输入“1”

将输入端 A 接入低电平，输入端 B 接入高电平，输入端 C 接入低电平，输入端 D 接入低电平，模拟输入“0010”，即代表十进制数字 2，七段数码管中显示为“2”，如图 2-1-53 所示。

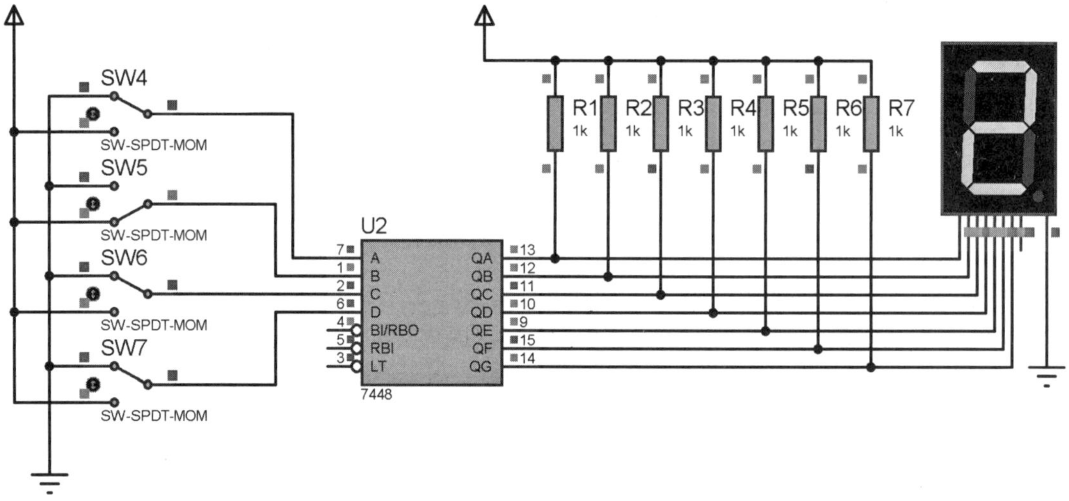

图 2-1-53　模拟输入“2”

将输入端 A 接入高电平，输入端 B 接入高电平，输入端 C 接入低电平，输入端 D 接入低电平，模拟输入“0011”，即代表十进制数字 3，七段数码管中显示为“3”，如图 2-1-54 所示。

将输入端 A 接入低电平，输入端 B 接入低电平，输入端 C 接入高电平，输入端 D 接入低电平，模拟输入“0100”，即代表十进制数字 4，七段数码管中显示为“4”，如图 2-1-55 所示。

将输入端 A 接入高电平，输入端 B 接入低电平，输入端 C 接入高电平，输入端 D 接入低电平，模拟输入“0101”，即代表十进制数字 5，七段数码管中显示为“5”，如图 2-1-56 所示。

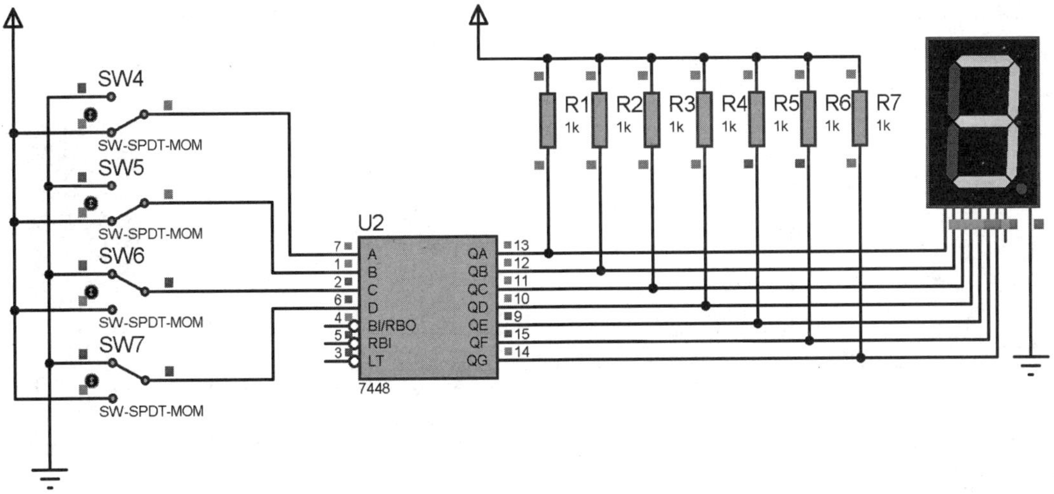

图 2-1-54　模拟输入“3”

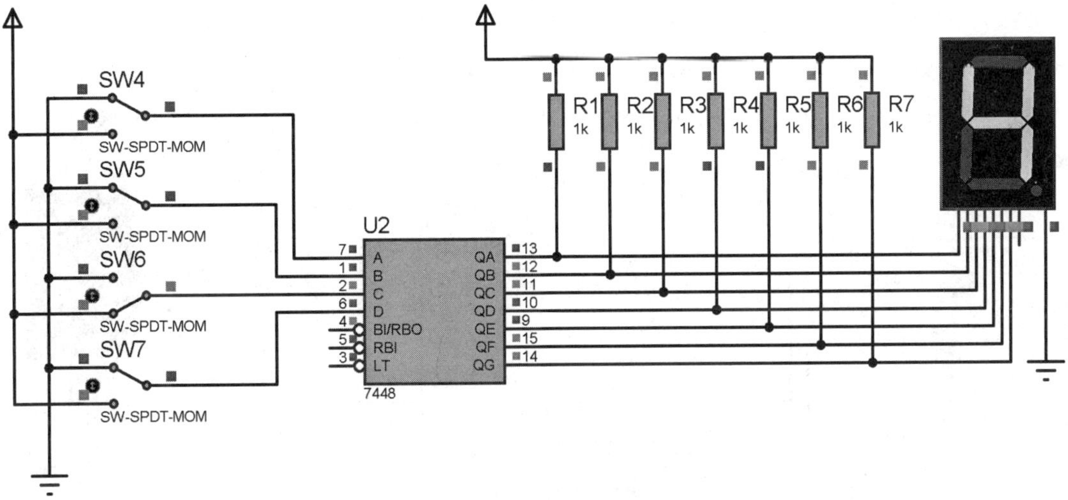

图 2-1-55　模拟输入“4”

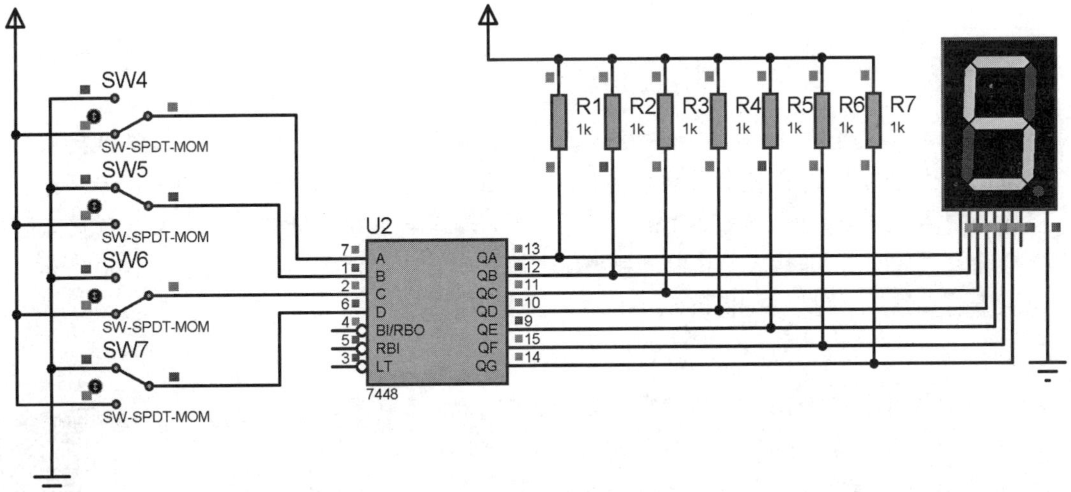

图 2-1-56　模拟输入“5”

将输入端 A 接入低电平，输入端 B 接入高电平，输入端 C 接入高电平，输入端 D 接入低电平，模拟输入“0110”，即代表十进制数字 6，七段数码管中显示为“6”，如图 2-1-57 所示。

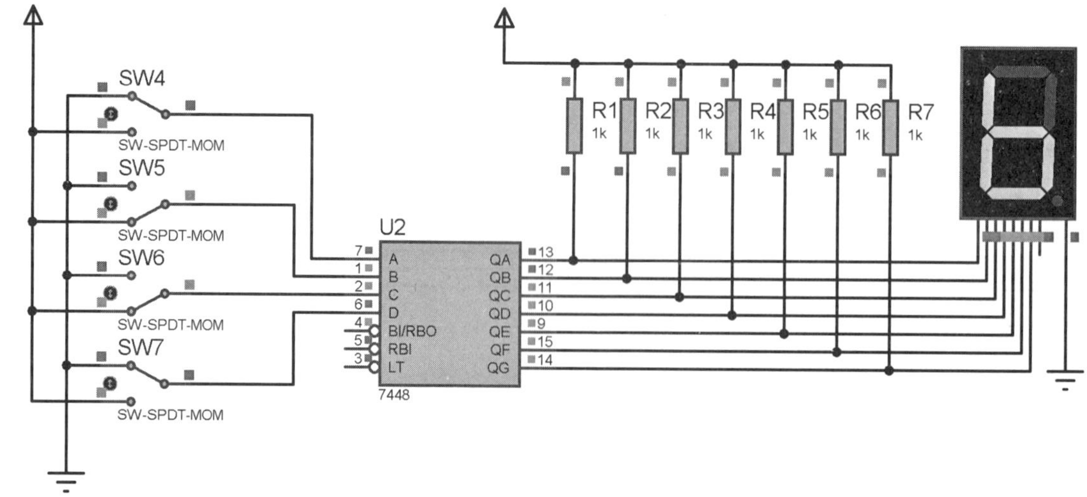

图 2-1-57　模拟输入“6”

将输入端 A 接入高电平，输入端 B 接入高电平，输入端 C 接入高电平，输入端 D 接入低电平，模拟输入“0111”，即代表十进制数字 7，七段数码管中显示为“7”，如图 2-1-58 所示。

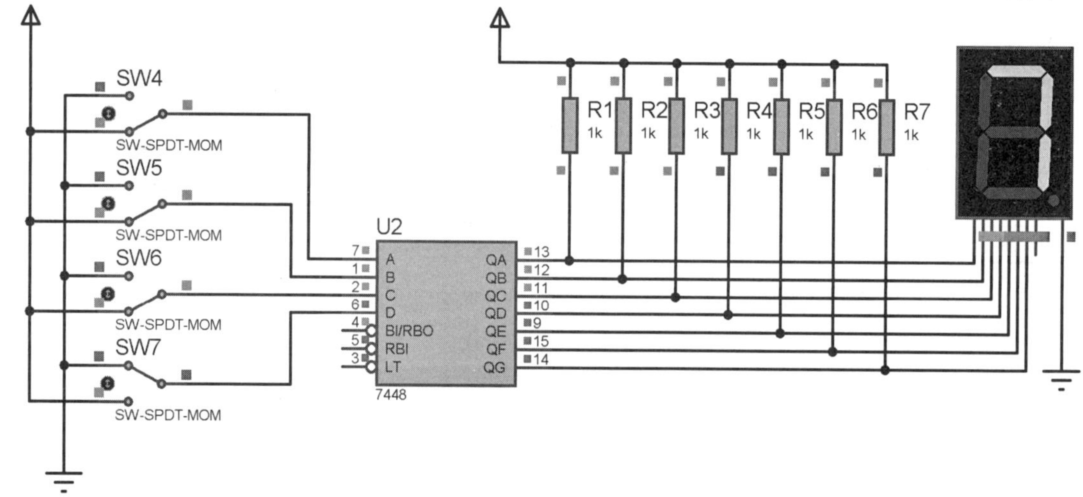

图 2-1-58　模拟输入“7”

将输入端 A 接入低电平，输入端 B 接入低电平，输入端 C 接入低电平，输入端 D 接入高电平，模拟输入“1000”，即代表十进制数字 8，七段数码管中显示为“8”，如图 2-1-59 所示。

将输入端 A 接入高电平，输入端 B 接入低电平，输入端 C 接入低电平，输入端 D 接入高电平，模拟输入“1001”，即代表十进制数字 9，七段数码管中显示为“9”，如图 2-1-60 所示。

记录下仿真结果，可以看出符合 7448 译码器的功能表。

小提示

◎ 在元件库中搜索“7448”关键字，即可找到 7448 译码器。
◎ 在元件库中搜索“res”关键字，即可找到电阻。
◎ 扫描右侧二维码可观看 7448 译码器的仿真结果。

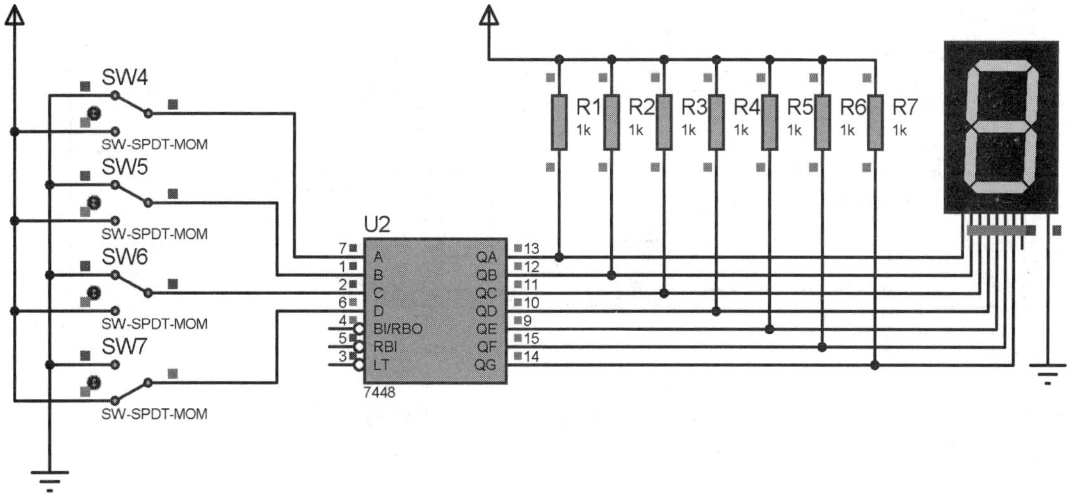

图 2-1-59　模拟输入“8”

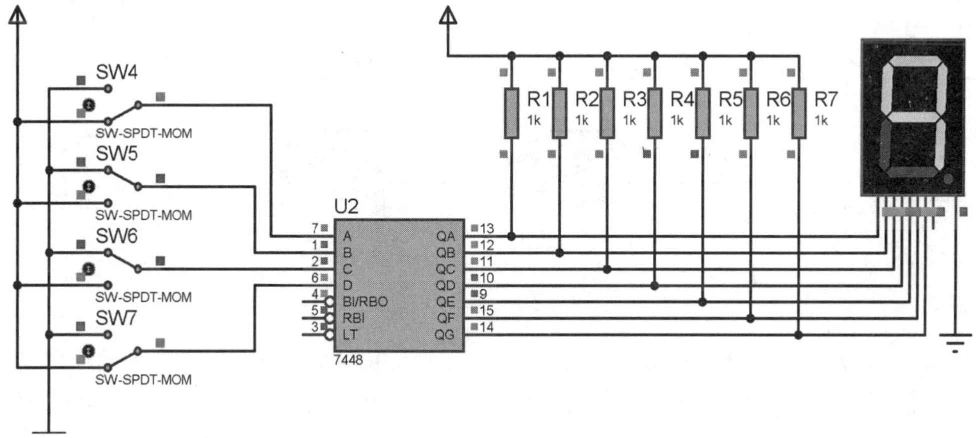

图 2-1-60　模拟输入“9”

2.2　触发器

2.2.1　SR 触发器

新建原理图工程，将工程命名为“触发器”，进入电路绘制界面，将与非门等元件放置在图纸上，SR 触发器基本电路结构如图 2-2-1 所示，与非门 U1 和与非门 U2 组成 SR 锁存器，与非门 U3 和与非门 U4 组成输入控制电路。S 称为置位端或置 1 输入端，R 称为复位端或置 0 输入端。SR 触发器的次输出状态不仅与输入状态有关，还与当前输出状态有关。

在 Proteus 主菜单中，单击 SW1 元件，将 S 端接入高电平，即置位引脚使能；单击 SW2 元件，将 CLK 端接入高电平，执行 Debug→ Run Simulation 命令，进行仿真。SR 触发器置位状态如图 2-2-2 所示，可见输出端 Q 输出高电平，发光二极管 D1 不亮，发光二极管 D2 点亮。

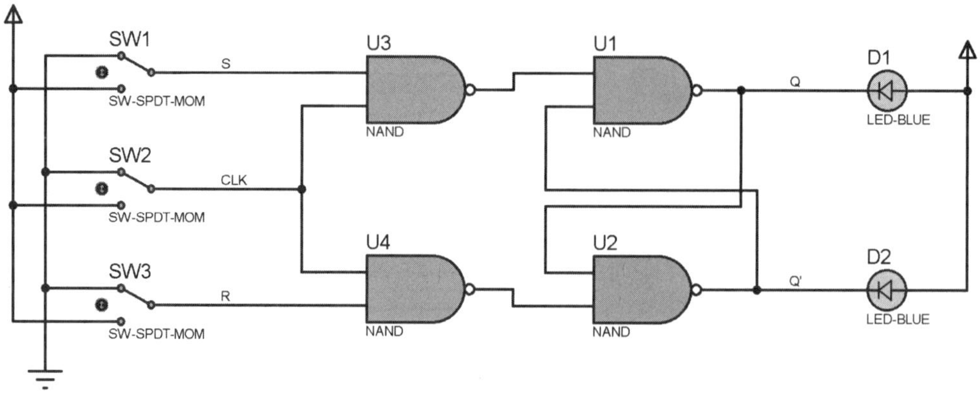

图 2-2-1　SR 触发器基本电路结构

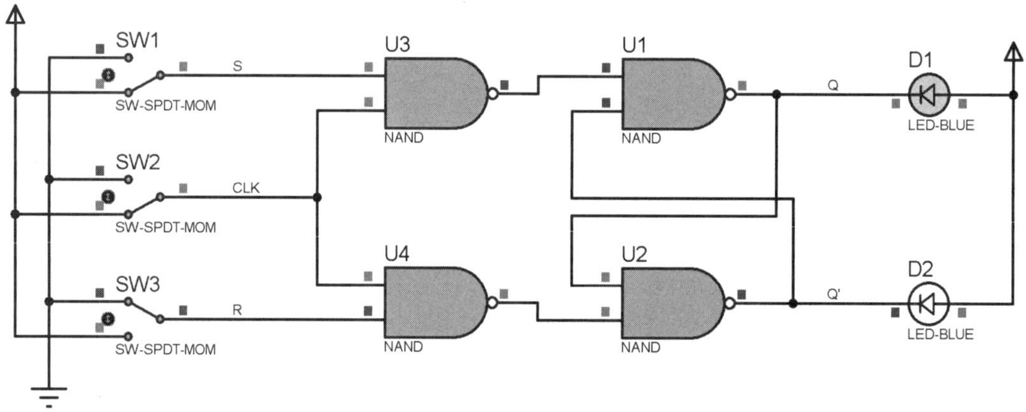

图 2-2-2　置位状态

将 S 端接入低电平，CLK 端接入高电平，R 端接入低电平，即 SR 触发器处于保持当前输出状态（保持状态），如图 2-2-3 所示，可见输出端 Q 输出高电平，发光二极管 D1 不亮，发光二极管 D2 点亮。

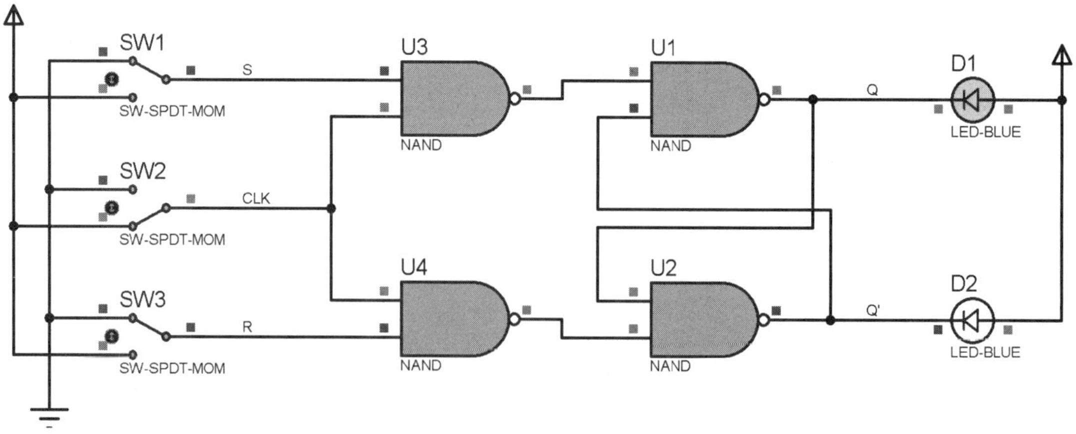

图 2-2-3　保持状态

将 S 端接入低电平，CLK 端接入高电平，R 端接入高电平，即 SR 触发器处于复位状态，如图 2-2-4 所示，可见输出端 Q 输出低电平，发光二极管 D1 点亮，发光二极管 D2 不亮。

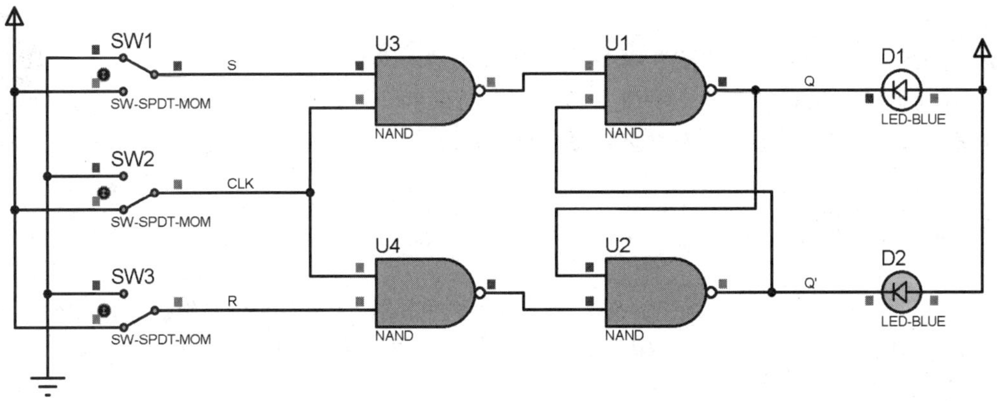

图 2-2-4　复位状态

将 S 端接入低电平，CLK 端接入高电平，R 端接入低电平，即 SR 触发器处于保持当前输出状态，如图 2-2-5 所示，可见输出端 Q 输出低电平，发光二极管 D1 点亮，发光二极管 D2 不亮。

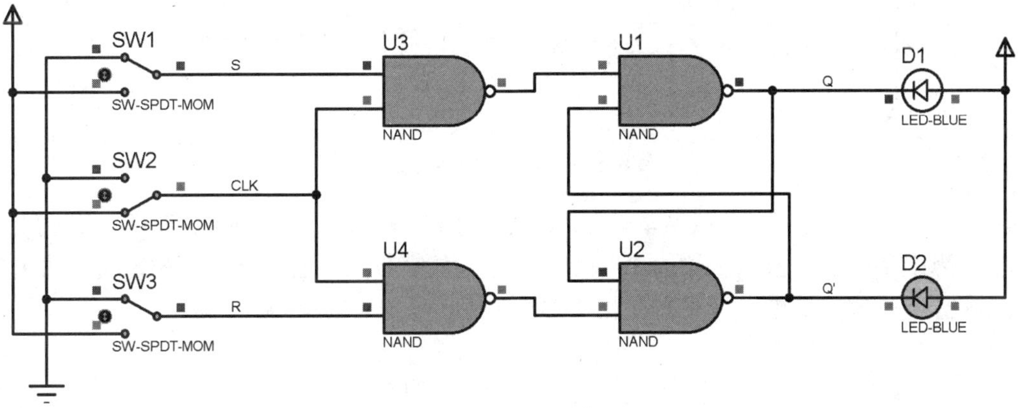

图 2-2-5　保持状态

将 CLK 端接入低电平，S 端接入高电平，R 端接入低电平，即 SR 触发器处于不工作状态，如图 2-2-6 所示，可见输出端 Q 输出低电平，发光二极管 D1 点亮，发光二极管 D2 不亮。

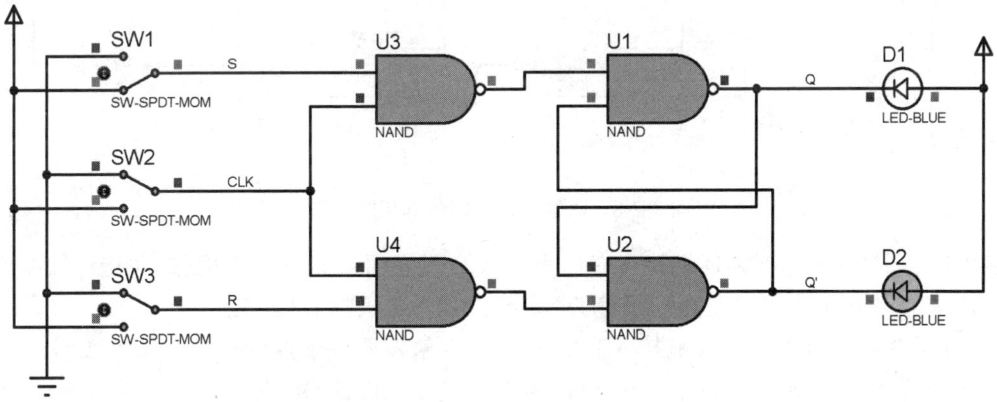

图 2-2-6　不工作状态

小提示

◎ 在元件库中搜索“NAND”关键字，即可找到与非门。

◎ 扫描右侧二维码可观看 SR 触发器的仿真结果。

◎ 仿真前 S、R、CLK 端不能同时接低电平。

2.2.2　D 触发器

将非门和与非门等元件放置在“触发器”工程中的图纸上，构造 D 触发器，如图 2-2-7 所示。与非门 U5 和与非门 U6 组成 SR 锁存器，与非门 U7 和与非门 U8 组成输入控制电路。

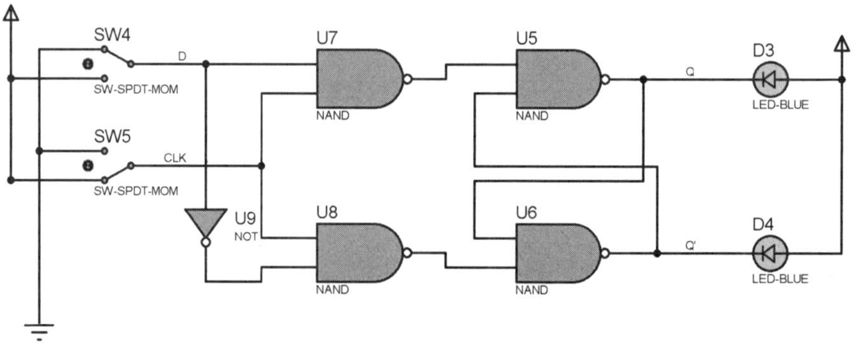

图 2-2-7　D 触发器电路

在 Proteus 主菜单中，单击 SW4 元件，将 D 端接入高电平；单击 SW5 元件，将 CLK 端接入高电平，执行 Debug→ Run Simulation 命令，进行仿真。D 触发器电路仿真初始状态如图 2-2-8 所示，输出端 Q 输出低电平，发光二极管 D3 点亮，发光二极管 D4 不亮。

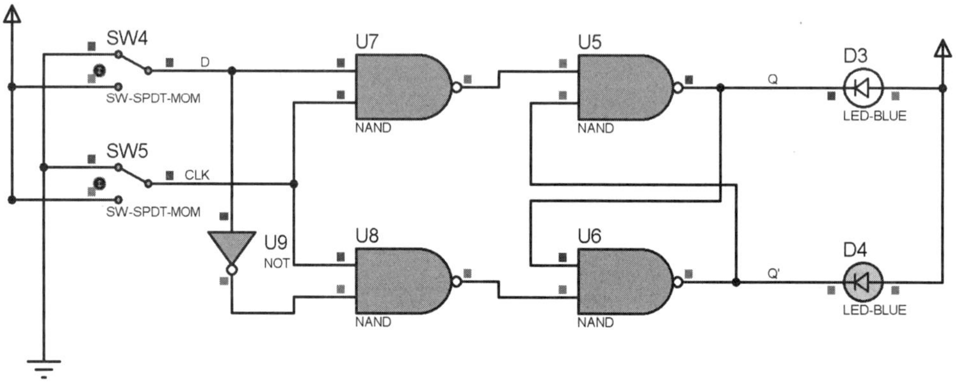

图 2-2-8　D 触发器电路仿真初始状态

将 CLK 端接入低电平，D 端接入高电平，即 D 触发器处于不工作状态，如图 2-2-9 所示，可见输出端 Q 输出低电平，发光二极管 D3 点亮，发光二极管 D4 不亮。

将 CLK 端接入高电平，D 端接入高电平，即 D 触发器处于置位状态，如图 2-2-10 所示，可见输出端 Q 输出高电平，发光二极管 D3 不亮，发光二极管 D4 点亮。

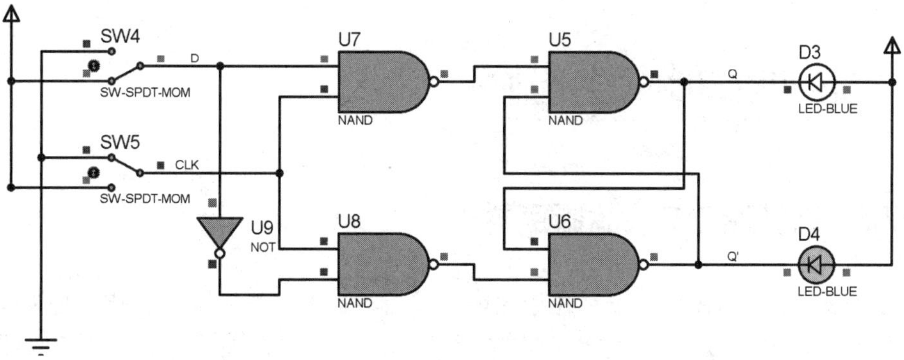

图 2-2-9　不工作状态

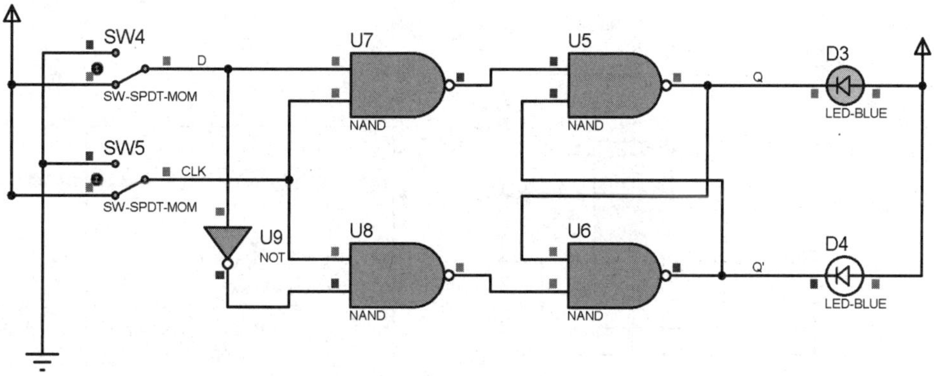

图 2-2-10　置位状态

将 CLK 端接入高电平，D 端接入低电平，即 D 触发器处于复位状态，如图 2-2-11 所示，可见输出端 Q 输出低电平，发光二极管 D3 点亮，发光二极管 D4 不亮。

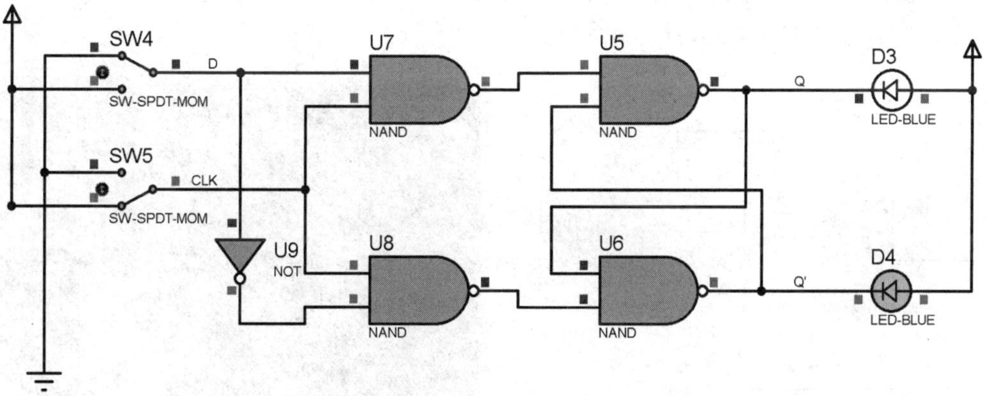

图 2-2-11　复位状态

小提示

◎ 在元件库中搜索“NOT”关键字，即可找到非门。

◎ 扫描右侧二维码可观看 D 触发器的仿真结果。

2.3　脉冲波形发生电路

2.3.1　555 定时器构成多谐振荡器

多谐振荡器是一种自激振荡器，在接通电源以后，不需要外加触发信号，便能自动产生矩形脉冲。新建原理图工程，将工程命名为“波形”，进入电路绘制界面，将 555 定时器等元件放置在图纸上，由 555 定时器构成的多谐振荡器基本电路如图 2-3-1 所示。根据图 2-3-1 右侧公式计算出多谐振荡器的振荡周期 T、振荡频率 f 及占空比 D。

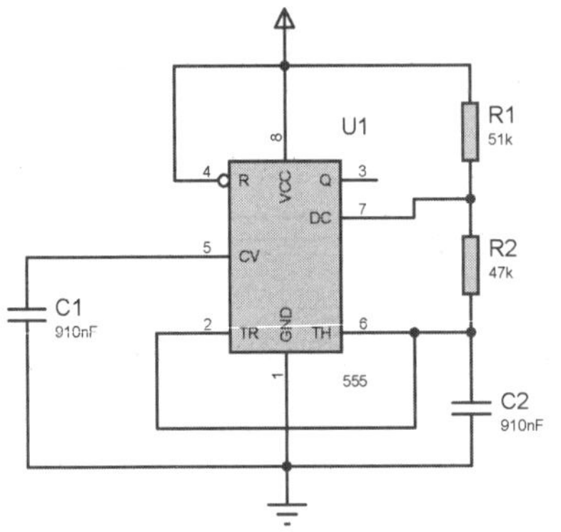

$$T = 0.693\times(R_1 + 2\times R_2)\times C_2$$

$$f = \frac{1}{T}$$

$$T_H = 0.693\times(R_1 + R_2)\times C_2$$

$$T_L = 0.693\times R_2\times C_2$$

$$D = \frac{T_H}{T}\times100\% = \frac{T_H}{T_H + T_L}\times100\%$$

图 2-3-1　多谐振荡器基本电路

将 Proteus 软件右侧工具栏“INSTRUMENTS”中的示波器放置在图纸上，并将示波器通道 A 的引脚连接到 555 定时器的输出引脚 3 上，如图 2-3-2 所示。执行 Debug → Run Simulation 命令进行仿真，示波器波形如图 2-3-3 所示。

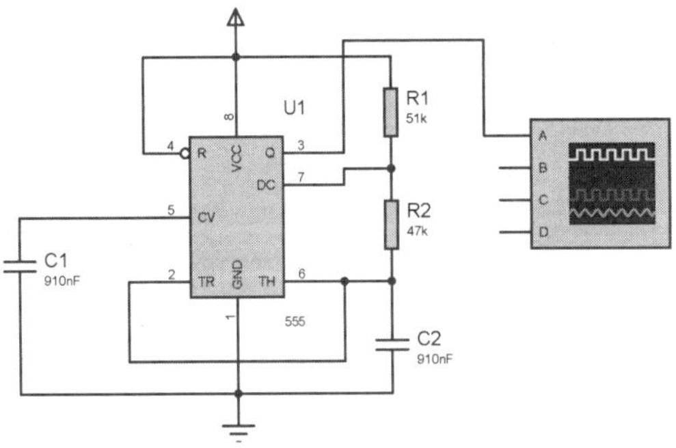

图 2-3-2　连接示波器后

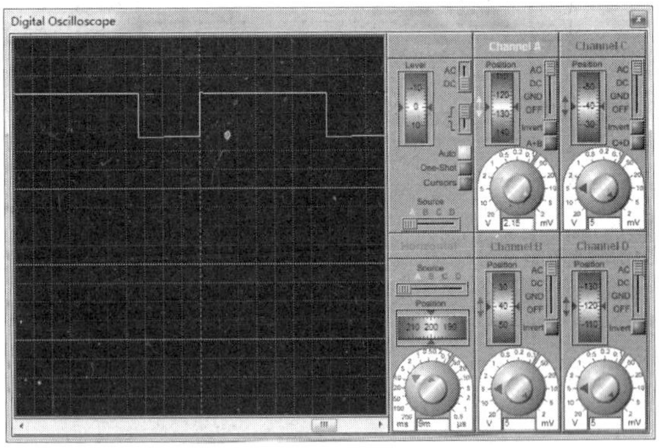

图 2-3-3　示波器波形 1

适当改变电阻 R2 的阻值，将其设为 20kΩ，如图 2-3-4 所示。执行 Debug → Run Simulation 命令进行仿真，示波器波形如图 2-3-5 所示，可见占空比有所增大。

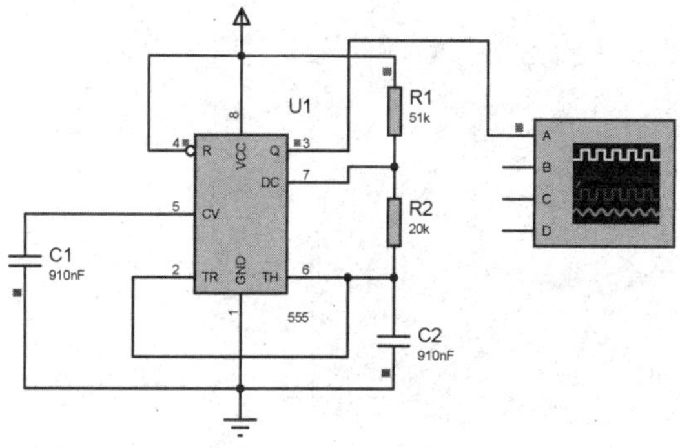

图 2-3-4　改变 R2 阻值后

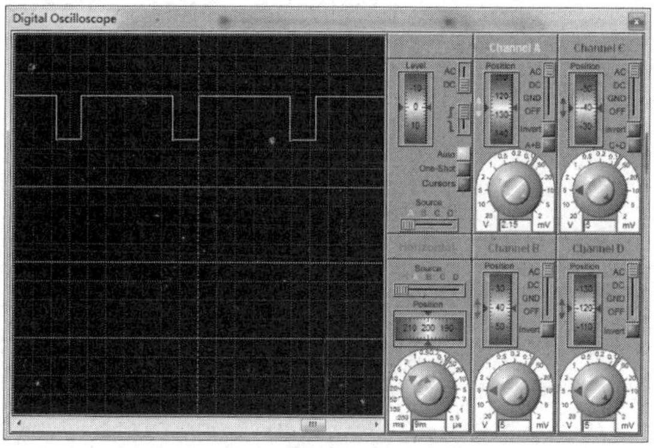

图 2-3-5　示波器波形 2

使用滑动变阻器 RV1 代替电阻 R2，将示波器通道 B 引脚连接到 555 定时器的引脚 6 上。执行 Debug→ Run Simulation 命令进行仿真，将 RV1 阻值设为 80%，如图 2-3-6 所示，示波器波形如图 2-3-7 所示。

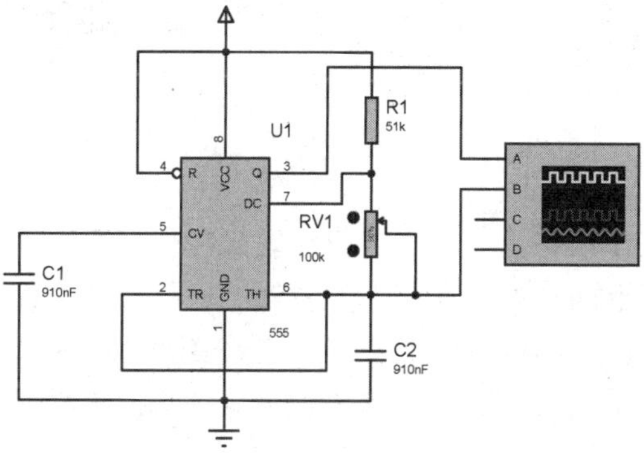

图 2-3-6　将 RV1 阻值设为 80%

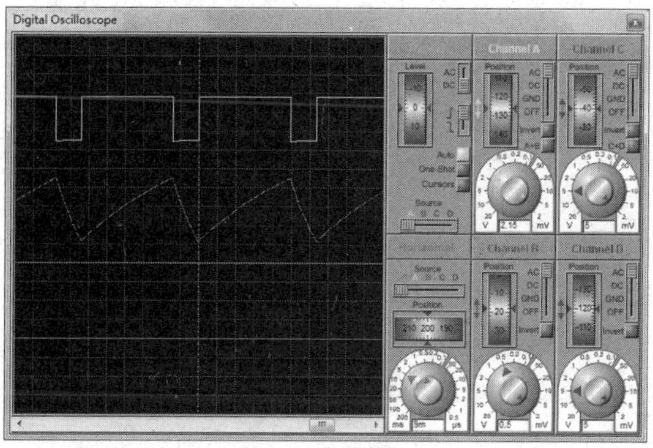

图 2-3-7　示波器波形 3

将 RV1 阻值设为 65%，如图 2-3-8 所示，示波器波形如图 2-3-9 所示。

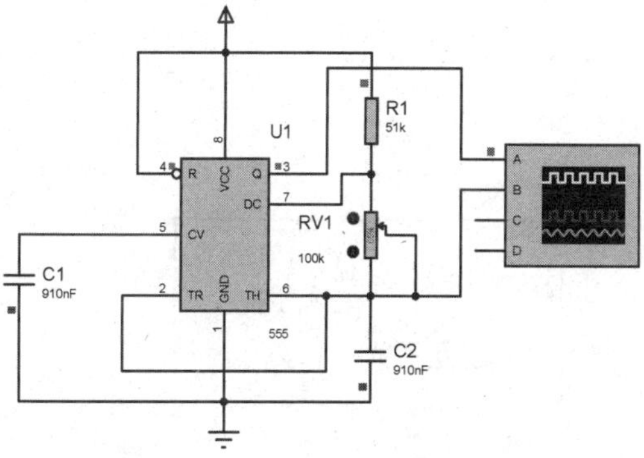

图 2-3-8　将 RV1 阻值设为 65%

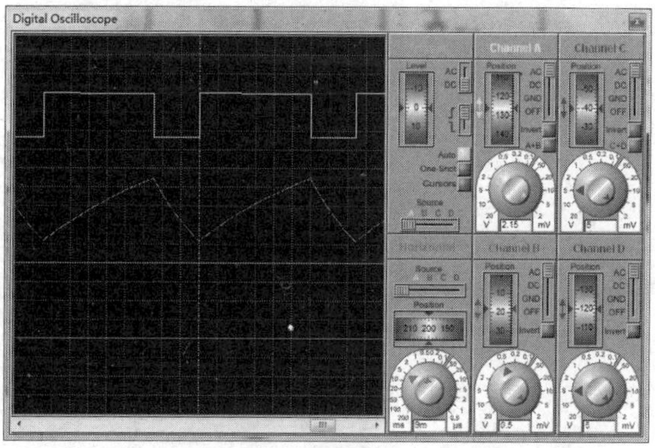

图 2-3-9　示波器波形 4

将 RV1 阻值设为 40%，如图 2-3-10 所示，示波器波形如图 2-3-11 所示。

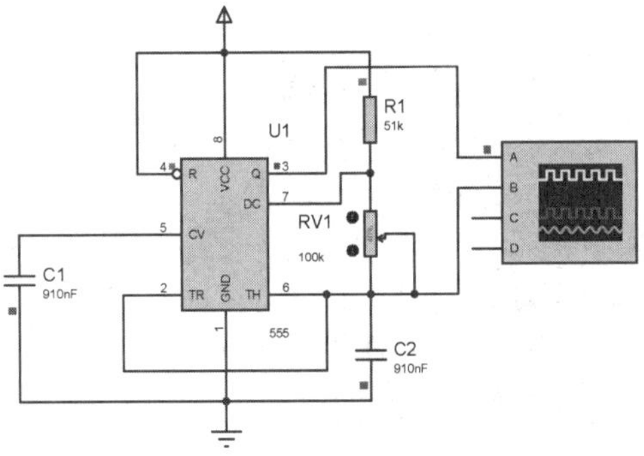

图 2-3-10　将 RV1 阻值设为 40%

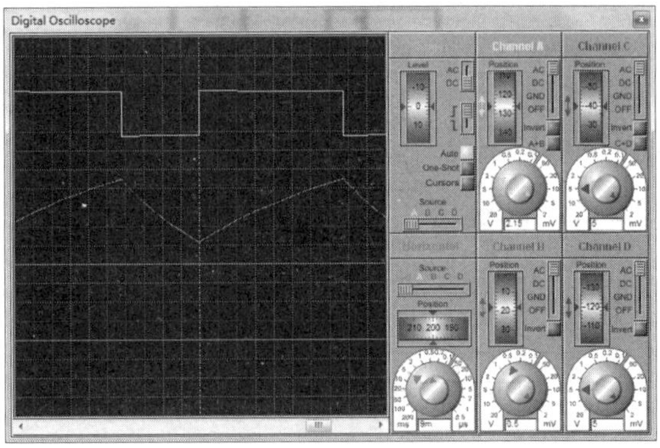

图 2-3-11　示波器波形 5

小提示

◎ 在元件库中搜索“555”关键字，即可找到 555 定时器。

◎ 在元件库中搜索“POT-HG”关键字，即可找到滑动变阻器。

◎ 扫描右侧二维码可观看多谐振荡器的仿真结果。

2.3.2　555 定时器构成单稳态触发器

单稳态触发器具有稳态和暂稳态两个不同的工作状态，并且在外界触发脉冲作用下，能从稳态翻转到暂稳态，在暂稳态维持一段时间后，再返回稳态。单稳态触发器的暂稳态通常都是靠 RC 电路的充放电过程来维持的。在“波形”工程中，将 555 定时器放置在图纸上，由 555 定时器构成的单稳态触发器基本电路如图 2-3-12 所示。根据图 2-3-12 右侧公式计算出单稳态触发器的输出脉冲宽度 t_W。

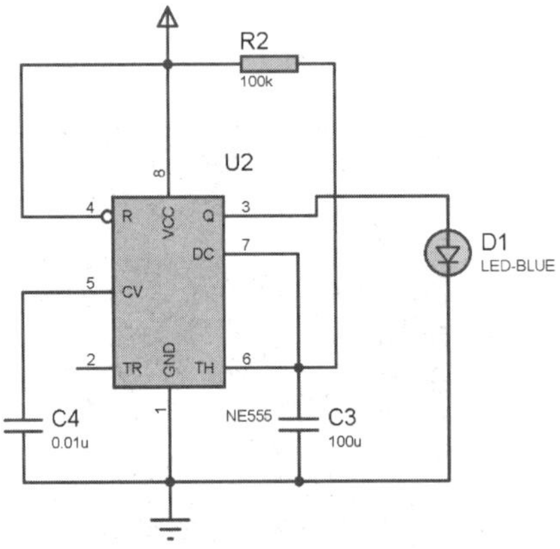

$$
\begin{aligned}
t_w &= R_2\times C_4\times\ln\frac{V-0}{V-\frac{2}{3}\times V}\\
&= R_2\times C_4\times\ln 3 = 1.1\times R_2\times C_4
\end{aligned}
$$

图 2-3-12　单稳态触发器基本电路

将 Proteus 软件右侧工具栏“GENERATORS”中的 DPULSE 信号发生器放置在图纸上，并连接到 555 定时器的引脚 2 上。双击 DPULSE 信号发生器，进入“Digital Pulse Generator Properties”对话框，如图 2-3-13 所示，设置 DPULSE 信号发生器的具体参数。将“Pulse Polarity”设为“Negative（High-Low-High）Pulse”，将“Start Time（Secs）”设为“5”，将“Pulse Width（Secs）”设为“500m”。

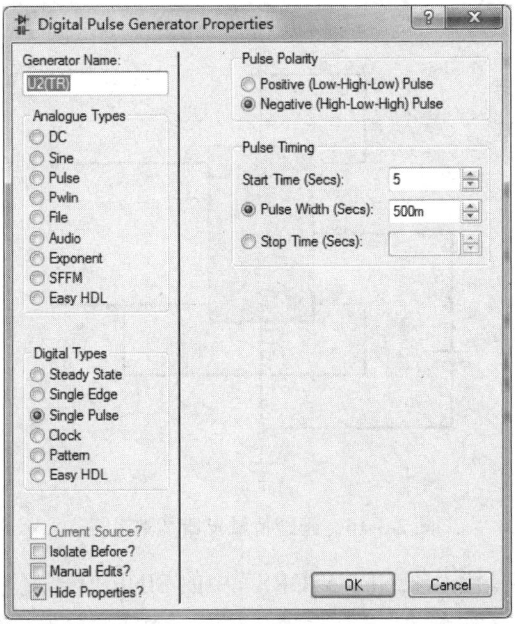

图 2-3-13 “Digital Pulse Generator Properties”对话框

执行 Debug → Run Simulation 命令，进行仿真，未接收到触发脉冲时，可见发光二极管 D1 点亮，如图 2-3-14 所示。仿真持续几秒后，DPULSE 信号发生器发出一个脉冲，再过几秒钟，发光二极管 D1 熄灭，如图 2-3-15 所示。

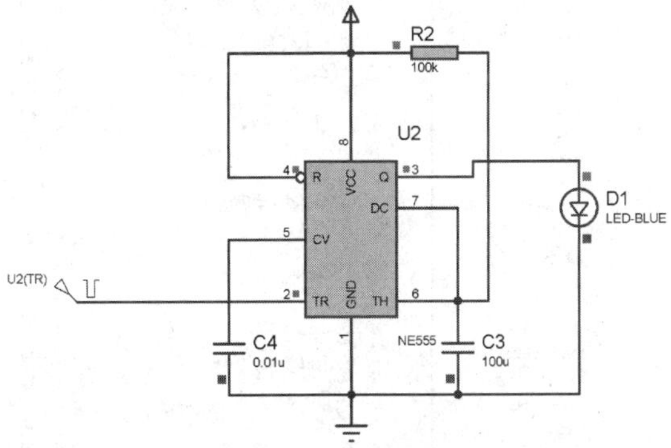

图 2-3-14　未接收到触发脉冲

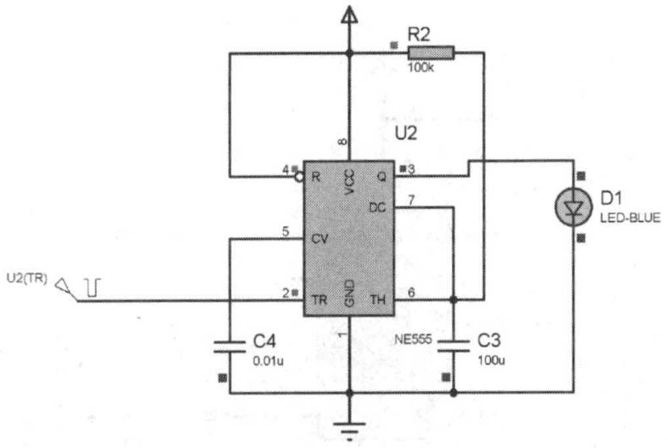

图 2-3-15　接收到触发脉冲

小提示

◎ 在元件库中搜索“led”关键字，即可找到发光二极管。

◎ 扫描右侧二维码可观看单稳态触发器的仿真结果。

2.3.3　555 定时器构成施密特触发器

施密特触发器是脉冲波形变换中常用的电路。利用施密特触发器状态转化过程中的正反馈作用，可以将边沿变换缓慢的周期性信号变换为矩形脉冲信号。在“波形”工程中，将 555 定时器放置在图纸上，由 555 定时器构成的施密特触发器基本电路如图 2-3-16 所示。

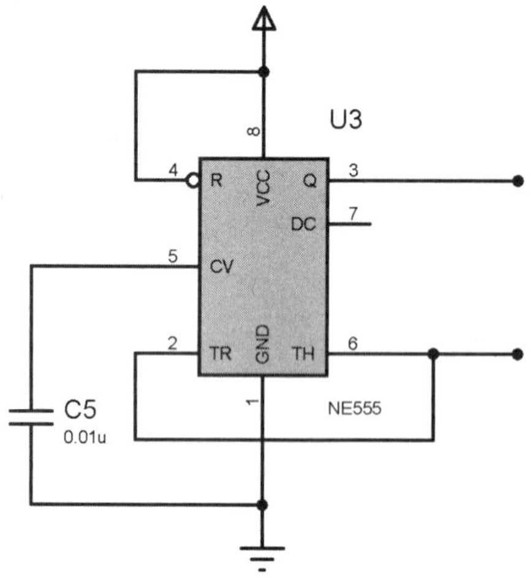

图 2-3-16　施密特触发器基本电路

将 Proteus 软件右侧工具栏“GENERATORS”中的 SINE 信号发生器放置在图纸上，并连接到 555 定时器的引脚 6 上，如图 2-3-17 所示。双击 SINE 信号发生器，进入“Sine Generator Properties”对话框，设置 SINE 信号发生器的具体参数，将“Amplitude”设为“5”，如图 2-3-18 所示。

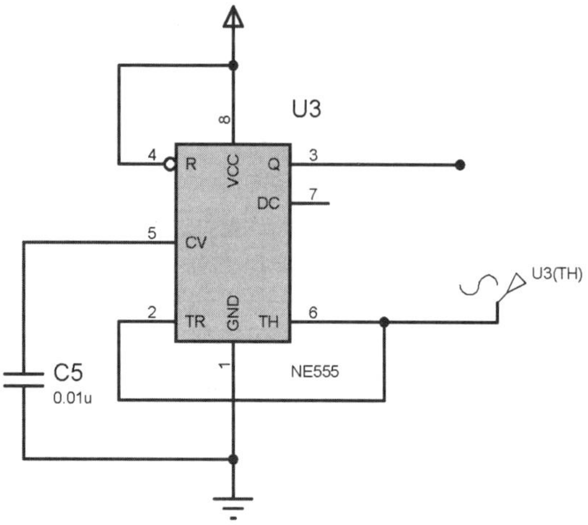

图 2-3-17　放置 Sine 信号发生器后

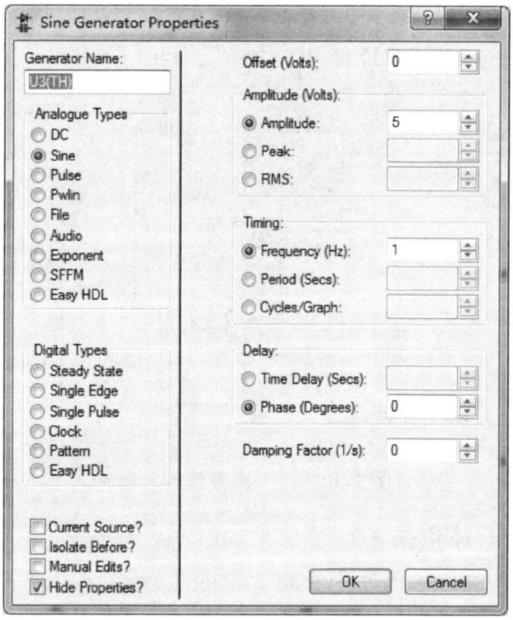

图 2-3-18　“Sine Generator Properties”对话框

将 Proteus 软件右侧工具栏“INSTRUMENTS”中的示波器放置在图纸上，并将示波器通道 A 的引脚连接到 555 定时器的输出引脚 3 上，将示波器通道 B 的引脚连接到 555 定时器的输出引脚 6 上，如图 2-3-19 所示。

执行 Debug→ Run Simulation 命令，进行仿真。示波器波形如图 2-3-20 所示。可见输入的正弦波经施密特触发器后变为矩形波。

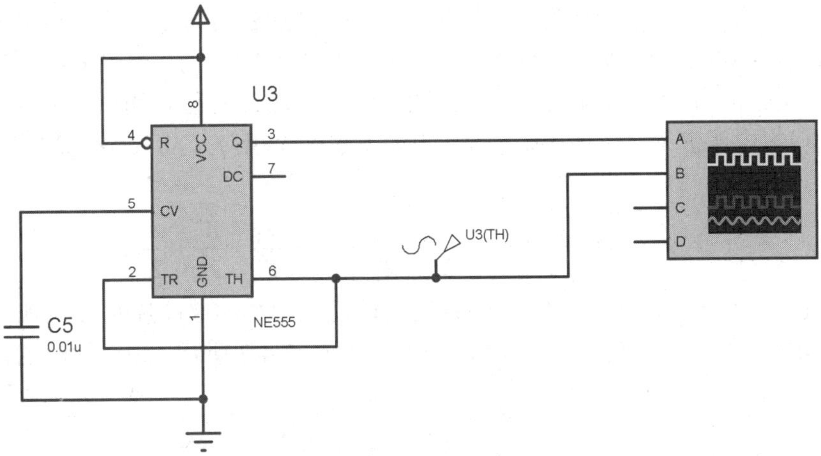

图 2-3-19　放置示波器后

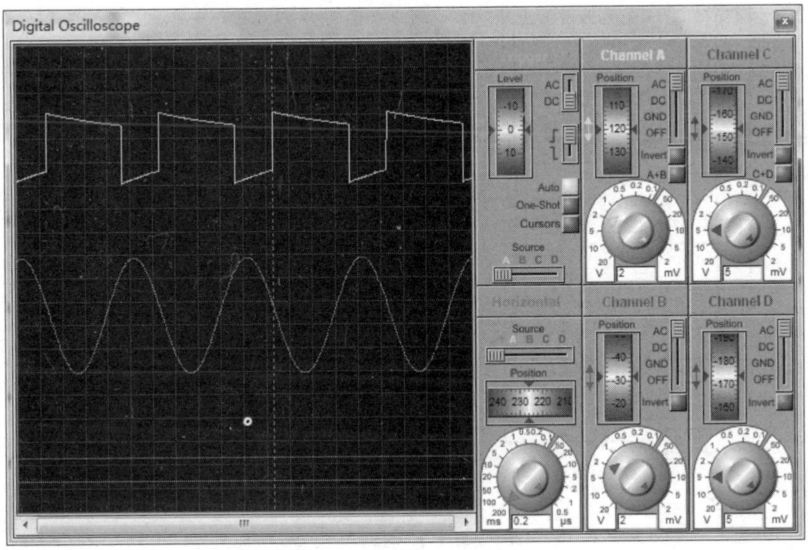

图 2-3-20　示波器波形

小提示

◎ 调节示波器按钮后，方可观察到波形。

◎ 扫描右侧二维码可观看施密特触发器的仿真结果。

2.4　数模和模数转换

2.4.1　数模转换

为了能够使数字系统处理模拟信号，必须将模拟信号转换为数字信号，而数字信号经过数字系统处理后，又需要转换为模拟信号。从数字信号转换为模拟信号的转换称为数模转换，或简称 D/A 转换。D/A 转换器可以分为权电阻网络 D/A 转换器、倒 T 形电阻网络 D/A 转换器、权电流型 D/A 转换器、开关树形 D/A 转换器和权电容网络 D/A 转换器几种。

新建原理图工程，将工程命名为“数模转换”，进入电路绘制界面，将 DAC0808 和运算放大器等元件放置在图纸上，数模转换电路绘制完毕后如图 2-4-1 所示。DAC0808 芯片的第 14 引脚接入“+5V”电源网络，即基准电压为+5V；DAC0808 芯片的第 4 引脚作为输出引脚，用以输出转换后的模拟电压值 V_{out}，A_1～A_8 分别代表输入端 8 个引脚（A1～A8）的输入值，转换公式如下所示。

$$V_{\mathrm{out}}=5\mathrm{V}\times\left(\frac{A_1}{2}+\frac{A_2}{2^2}+\frac{A_3}{2^3}+\frac{A_4}{2^4}+\frac{A_5}{2^5}+\frac{A_6}{2^6}+\frac{A_7}{2^7}+\frac{A_8}{2^8}\right)$$

执行 Debug→ Run Simulation 命令，进行仿真。将 DAC0808 芯片的 A1 引脚接入高电平，A2～A8 引脚均接入低电平，电压表示数为+2.50V，如图 2-4-2 所示，表示此时的模拟电压值为+2.50V。

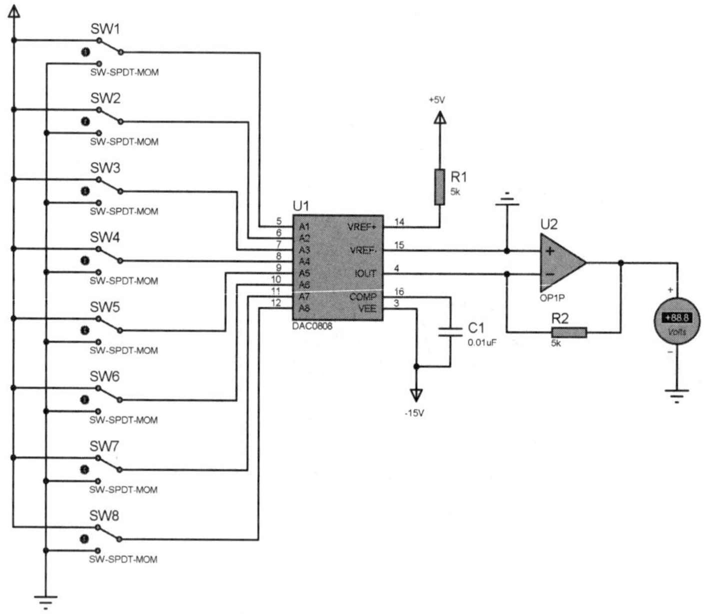

图 2-4-1　数模转换电路

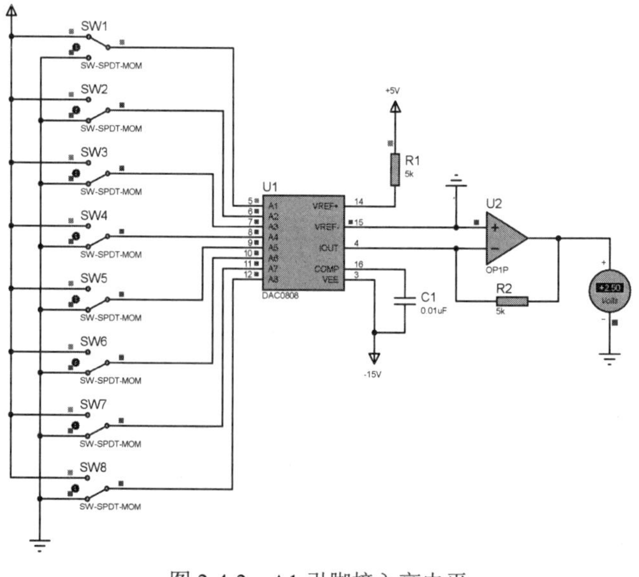

图 2-4-2　A1 引脚接入高电平

将 DAC0808 芯片的 A1、A2 引脚接入高电平，A3～A8 引脚均接入低电平，电压表示数为+3.75V，如图 2-4-3 所示，表示此时的模拟电压值为+3.75V。

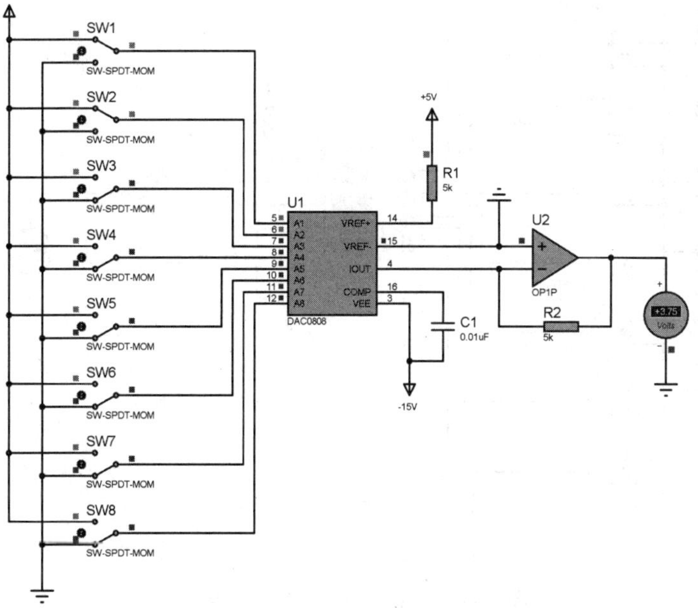

图 2-4-3　A1、A2 引脚接入高电平

将 DAC0808 芯片的 A1～A3 引脚接入高电平，A4～A8 引脚均接入低电平，电压表示数为+4.37V，如图 2-4-4 所示，表示此时的模拟电压值为+4.37V。

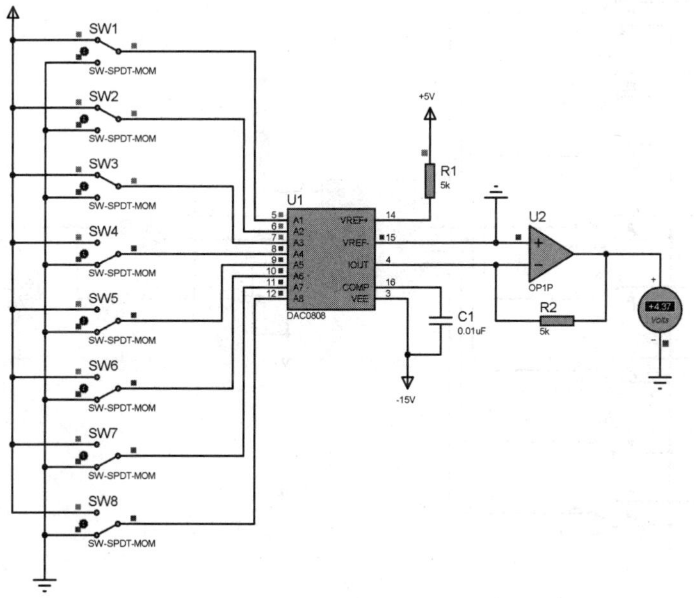

图 2-4-4　A1～A3 引脚接入高电平

将 DAC0808 芯片的 A1～A4 引脚接入高电平，A5～A8 引脚均接入低电平，电压表示数为+4.69V，如图 2-4-5 所示，表示此时的模拟电压值为+4.69V。

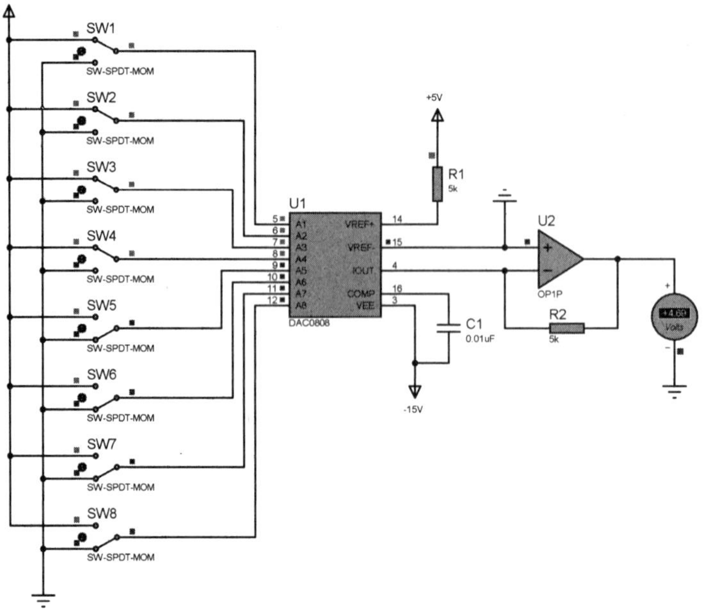

图 2-4-5　A1～A4 引脚接入高电平

将 DAC0808 芯片的 A1～A5 引脚接入高电平，A6～A8 引脚均接入低电平，电压表示数为+4.84V，如图 2-4-6 所示，表示此时的模拟电压值为+4.84V。

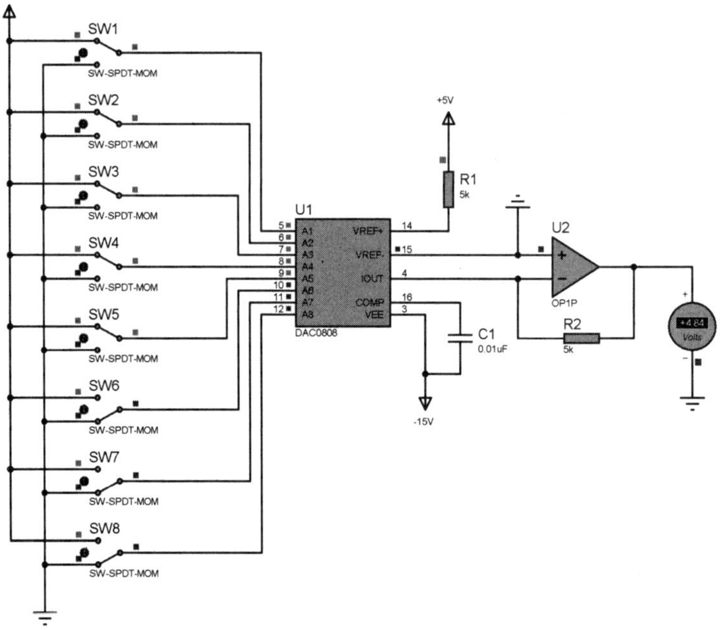

图 2-4-6　A1～A5 引脚接入高电平

将 DAC0808 芯片的 A1～A6 引脚接入高电平，A7、A8 引脚均接入低电平，电压表示数为+4.92V，如图 2-4-7 所示，表示此时的模拟电压值为+4.92V。

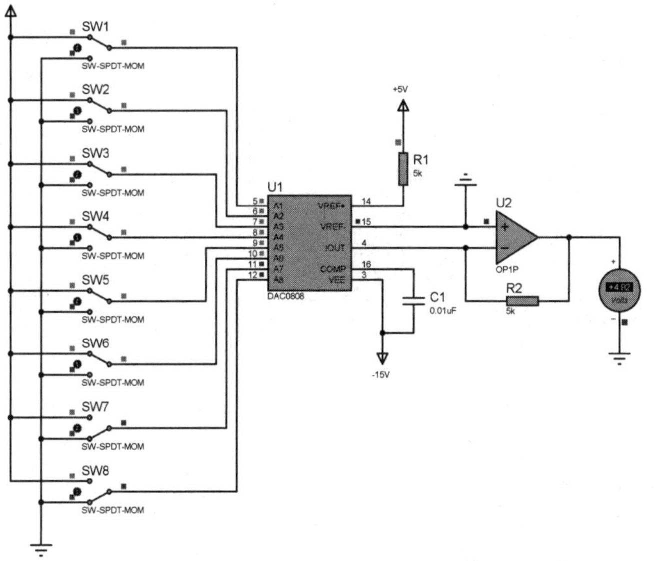

图 2-4-7　A1～A6 引脚接入高电平

将 DAC0808 芯片的 A1～A7 引脚接入高电平，A8 引脚接入低电平，电压表示数为+4.96V，如图 2-4-8 所示，表示此时的模拟电压值为+4.96V。

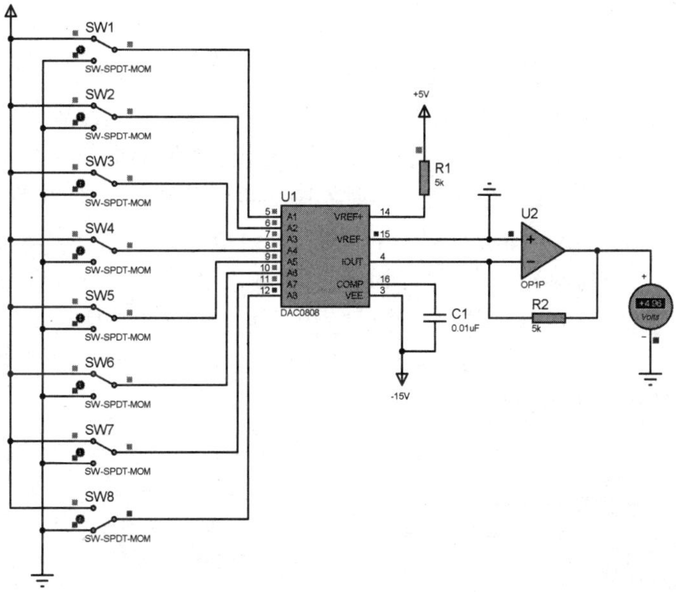

图 2-4-8　A1～A7 引脚接入高电平

将 DAC0808 芯片的 A1～A8 引脚均接入高电平，电压表示数为+4.98V，如图 2-4-9 所示，表示此时的模拟电压值为+4.98V。

小提示

◎ 在元件库中搜索“DAC0808”关键字，即可找到 DAC0808 芯片。
◎ 在元件库中搜索“OP1P”关键字，即可找到运算放大器。
◎ 读者可以自行仿真输出其他模拟电压值。
◎ 扫描右侧二维码可观看数模转换器的仿真结果。

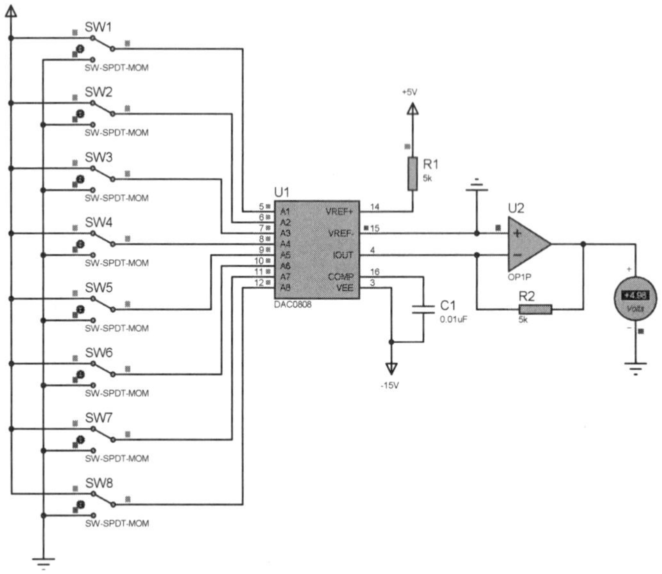

图 2-4-9　A1～A8 引脚接入高电平

2.4.2　模数转换

从模拟信号转换成数字信号的转换称为模数转换，或简称 A/D 转换。A/D 转换器可以分为并联比较型 A/D 转换器、反馈比较型 A/D 转换器和双积分型 A/D 转换器等几种。

新建原理图工程，将工程命名为“模数转换”，进入电路绘制界面，将 ADC_8 芯片和 DAC_8 芯片等放置在图纸上，模数转换电路绘制完毕后如图 2-4-10 所示。ADC_8 芯片的 VIN 引脚接入可调节的模拟电压值，电压表 U1 用以读出当前输入的模拟电压值。ADC_8 芯片的 CLK 引脚接入脉冲信号，当 CLK 引脚接收到一个脉冲时，便开始触发 ADC_8 芯片进行采样，采样完毕后，经 ADC_8 芯片内部处理后，以数字信号的形式输出。由于输出的 8 位数字信号不易被观察，因此加入 DAC_8 芯片，其功能是将 ADC_8 芯片输出的数字信号转换为模拟信号。电压表 U2 用以读出 DAC_8 芯片输出的模拟电压值。

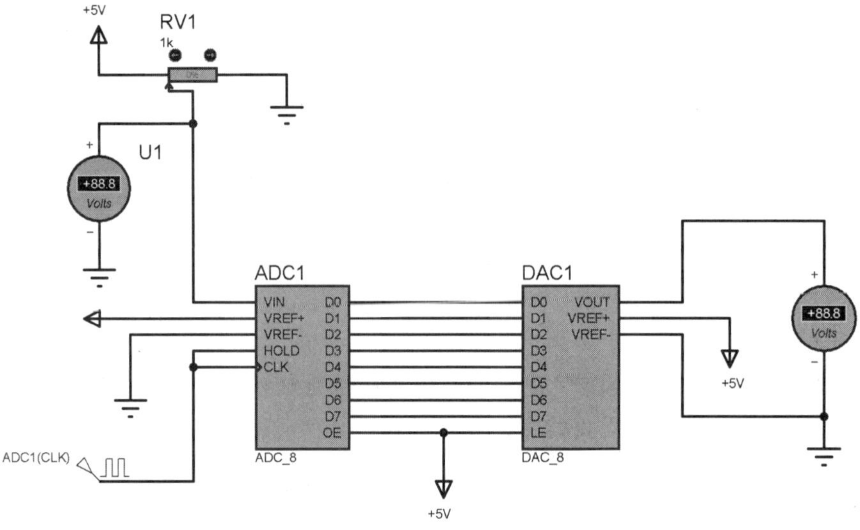

图 2-4-10　模数转换电路

执行 Debug→ Run Simulation 命令，进行仿真。将滑动变阻器 RV1 调节到 0%，可见电压表 U1 的示数为+5.00V，电压表 U2 的示数为+4.98V，如图 2-4-11 所示。电压表 U1 和电压表 U2 的示数存在微小的误差，这个误差是由模数转换器的转换精度造成的。

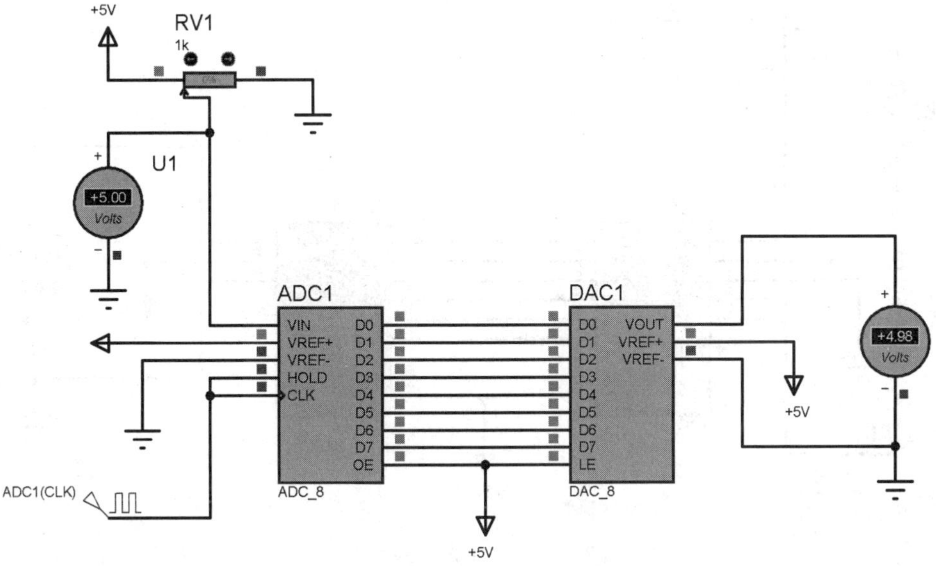

图 2-4-11　RV1 调节到 0%

将滑动变阻器 RV1 调节到 30%，可见电压表 U1 的示数为+3.50V，电压表 U2 的示数为+3.48V，如图 2-4-12 所示。

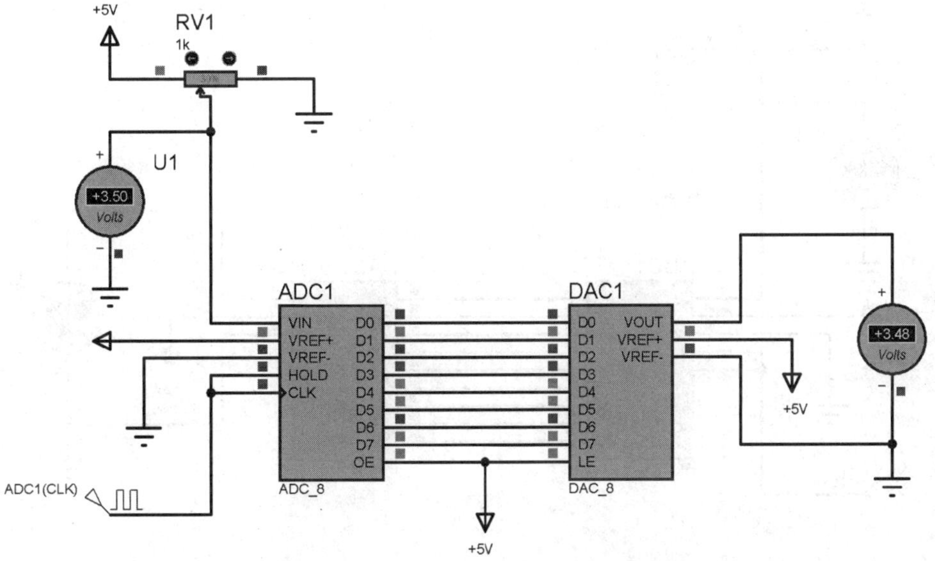

图 2-4-12　RV1 调节到 30%

将滑动变阻器 RV1 调节到 50%，可见电压表 U1 的示数为+2.50V，电压表 U2 的示数为+2.48V，如图 2-4-13 所示。

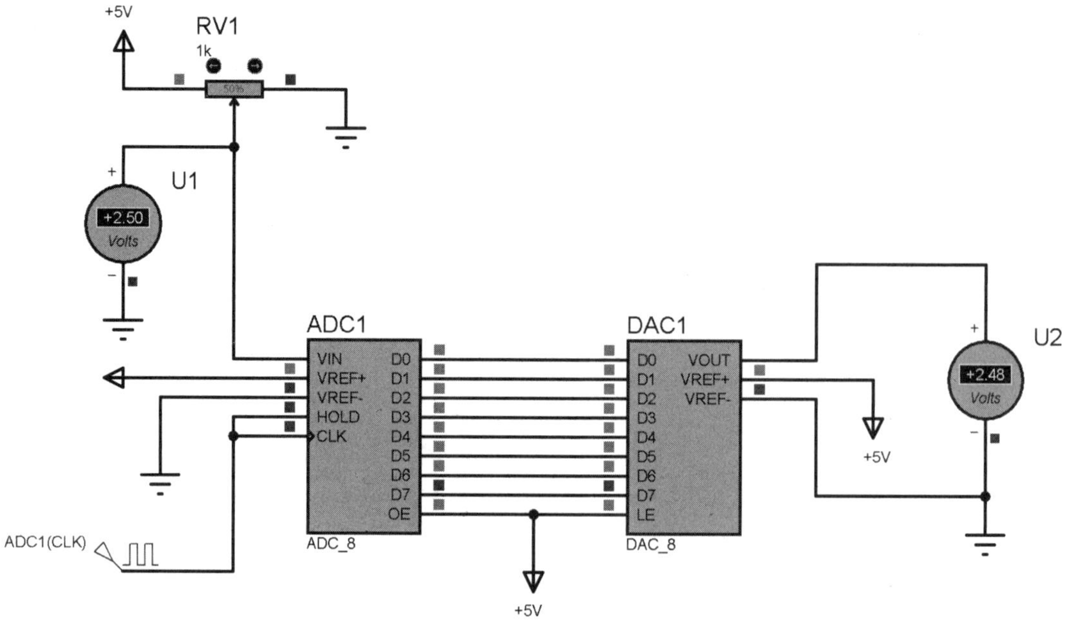

图 2-4-13　RV1 调节到 50%

将滑动变阻器 RV1 调节到 65%，可见电压表 U1 的示数为+1.75V，电压表 U2 的示数为+1.74V，如图 2-4-14 所示。

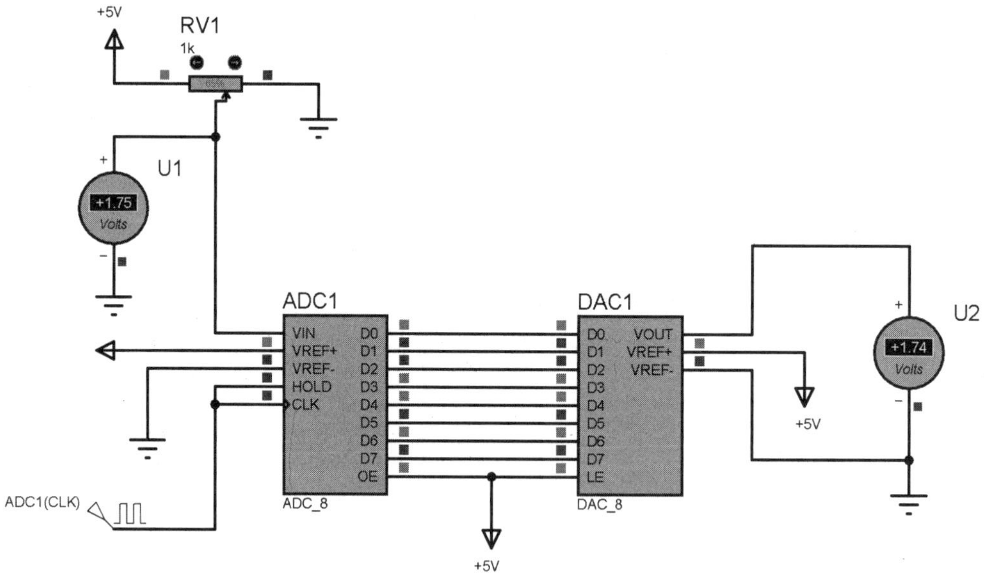

图 2-4-14　RV1 调节到 65%

将滑动变阻器 RV1 调节到 84%，可见电压表 U1 的示数为+0.80V，电压表 U2 的示数为+0.80V，如图 2-4-15 所示。

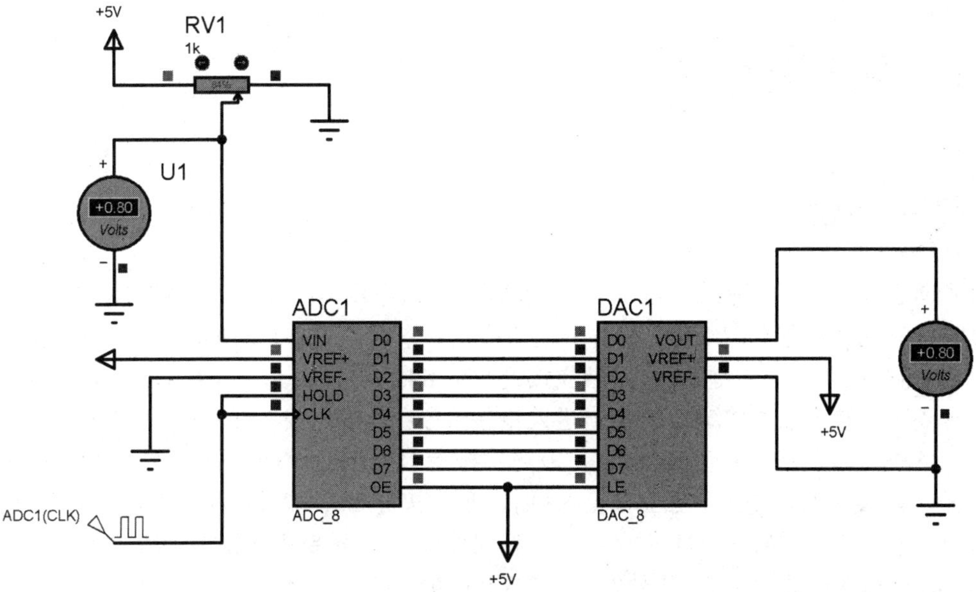

图 2-4-15 RV1 调节到 84%

将滑动变阻器 RV1 调节到 100%，可见电压表 U1 的示数为+0.00V，电压表 U2 的示数为+0.00V，如图 2-4-16 所示。

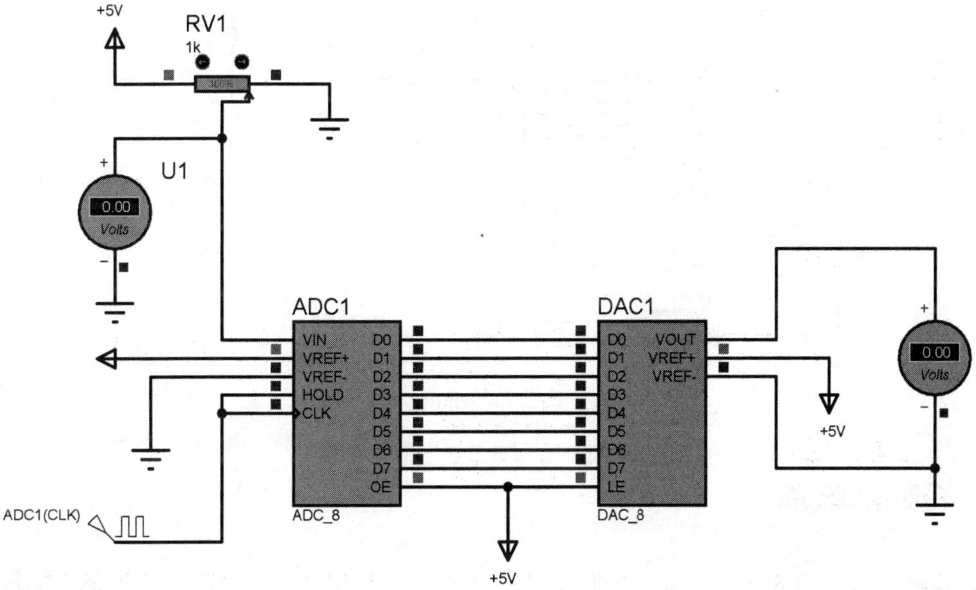

图 2-4-16 RV1 调节到 100%

小提示

◎ 在元件库中搜索“DAC_8”关键字，即可找到 DAC_8 芯片。

◎ 在元件库中搜索“ADC_8”关键字，即可找到 ADC_8 芯片。

◎ 在元件库中搜索“POT”关键字，即可找到滑动变阻器。

◎ 扫描右侧二维码可观看模数转换器的仿真结果。

2.5　四路抢答器

2.5.1　抢答器电路

新建原理图工程，将工程命名为“四路抢答器”，进入电路绘制界面，将 A74HC175、74HC02 和 74HC4002 等元件放置在图纸上，抢答器电路绘制完毕后如图 2-5-1 所示，将信号源的频率设为 1kHz。当抢先按下独立按键 S1 时，独立按键 S2～S4 失效，发光二极管 D1 点亮，发光二极管 D2～D4 不亮，按下独立按键 S0，重新进入抢答阶段；当抢先按下独立按键 S2 时，独立按键 S1、S3 和 S4 失效，发光二极管 D2 点亮，发光二极管 D1、D3 和 D4 不亮，按下独立按键 S0，重新进入抢答阶段；当抢先按下独立按键 S3 时，独立按键 S1、S2 和 S4 失效，发光二极管 D3 点亮，发光二极管 D1、D2 和 D4 不亮，按下独立按键 S0，重新进入抢答阶段；当抢先按下独立按键 S4 时，独立按键 S1～S3 失效，发光二极管 D4 点亮，发光二极管 D1～D3 不亮，按下独立按键 S0，重新进入抢答阶段。

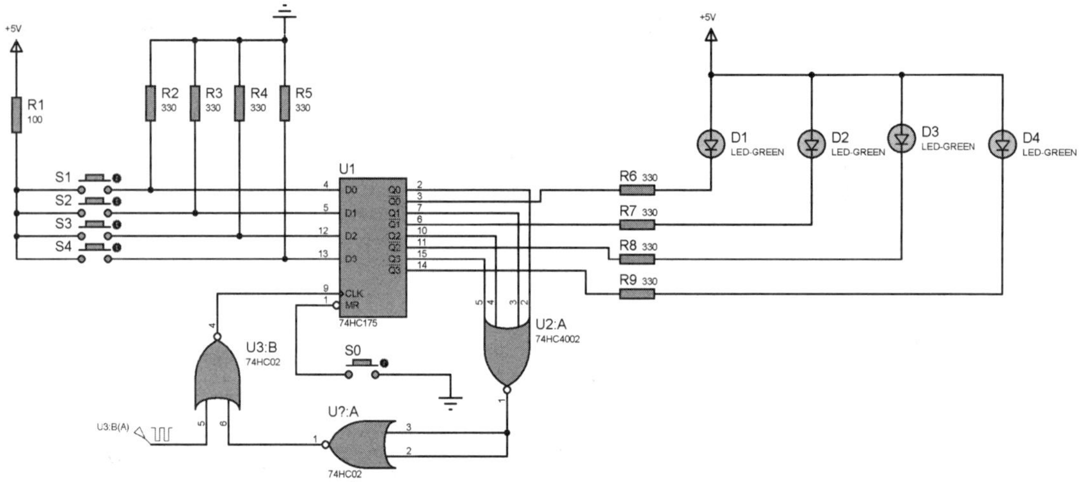

图 2-5-1　抢答器电路

2.5.2　蜂鸣器电路

蜂鸣器电路主要由 555 定时器、蜂鸣器和三极管等元件组成，在“四路抢答器”工程中绘制蜂鸣器电路，如图 2-5-2 所示。当有选手按下独立按键时，蜂鸣器均会开始工作，发出声响；当按下复位独立按键时，蜂鸣器停止工作。调节滑动变阻器 RV1 时，可以调节蜂鸣器的响声频率。

2.5.3　整体仿真

四路抢答器的整体电路如图 2-5-3 所示。

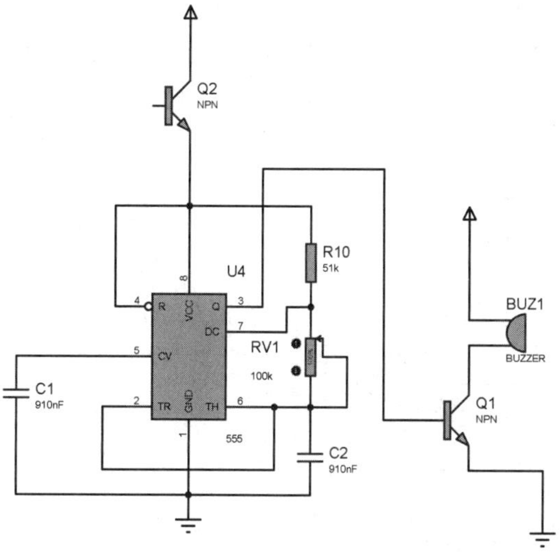

图 2-5-2　蜂鸣器电路

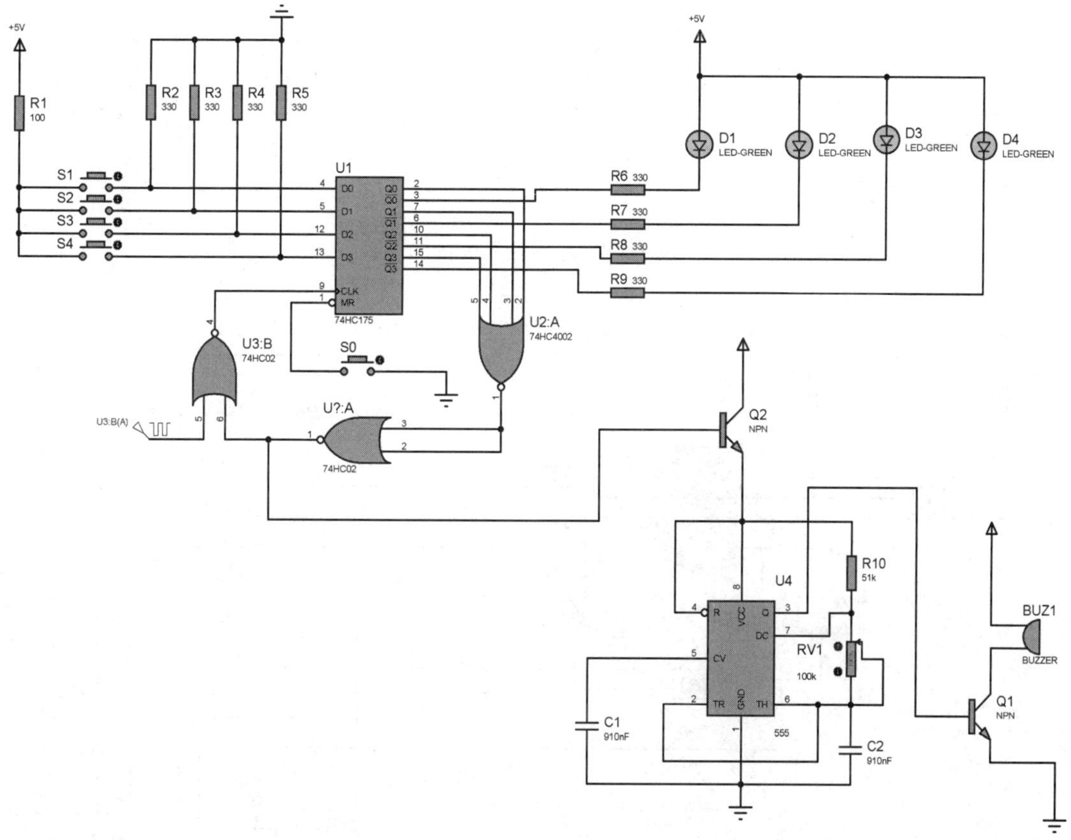

图 2-5-3　整体电路

执行 Debug→ Run Simulation 命令，进行仿真。单击独立按键 S1，发光二极管 D1 点亮，蜂鸣器发出声响，如图 2-5-4 所示；单击独立按键 S0，复位四路抢答器电路，发光二极管 D1 熄灭，蜂鸣器停止工作。单击独立按键 S2，发光二极管 D2 点亮，蜂鸣器发出声响，如图 2-5-5 所示；单击独立按键 S0，复位四路抢答器电路，发光二极管 D2 熄灭，蜂鸣器停止工作。单击独立按键 S3，发光二极管 D3 点亮，蜂鸣器发出声响，如图 2-5-6 所示；单击独立按键 S0，复位四路抢答器电路，发光二极管 D3 熄灭，蜂鸣器停止工作。单击独立按键 S4，发光二极管 D4 点亮，蜂鸣器发出声响，如图 2-5-7 所示；单击独立按键 S0，复位四路抢答器电路，发光二极管 D4 熄灭，蜂鸣器停止工作。

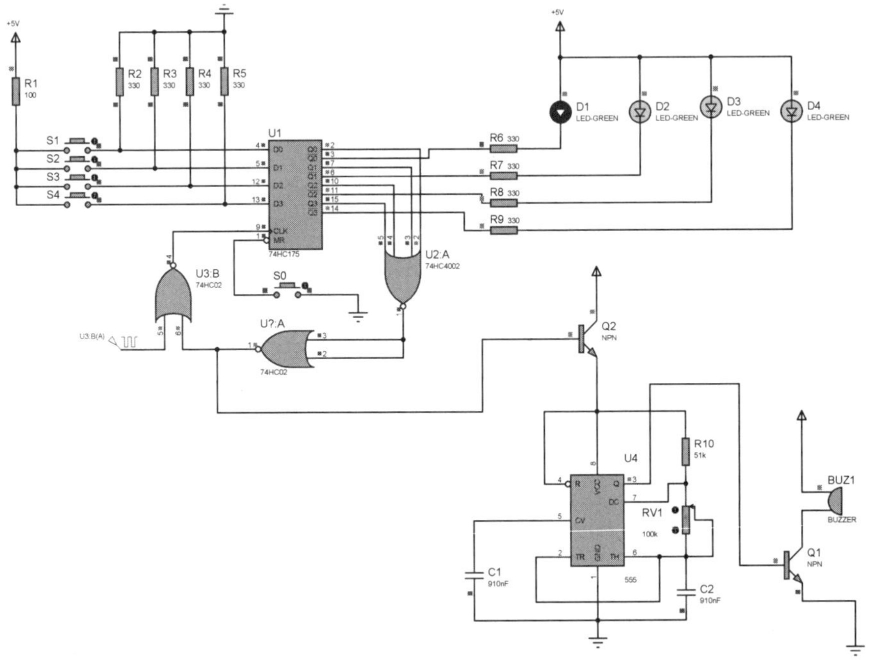

图 2-5-4　单击独立按键 S1

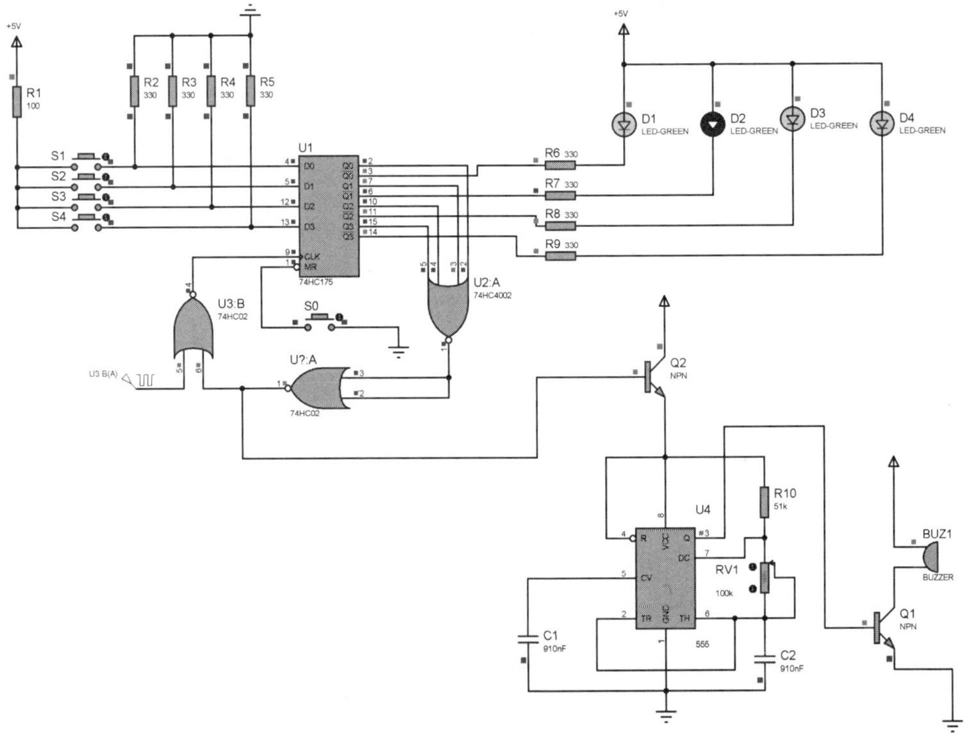

图 2-5-5　单击独立按键 S2

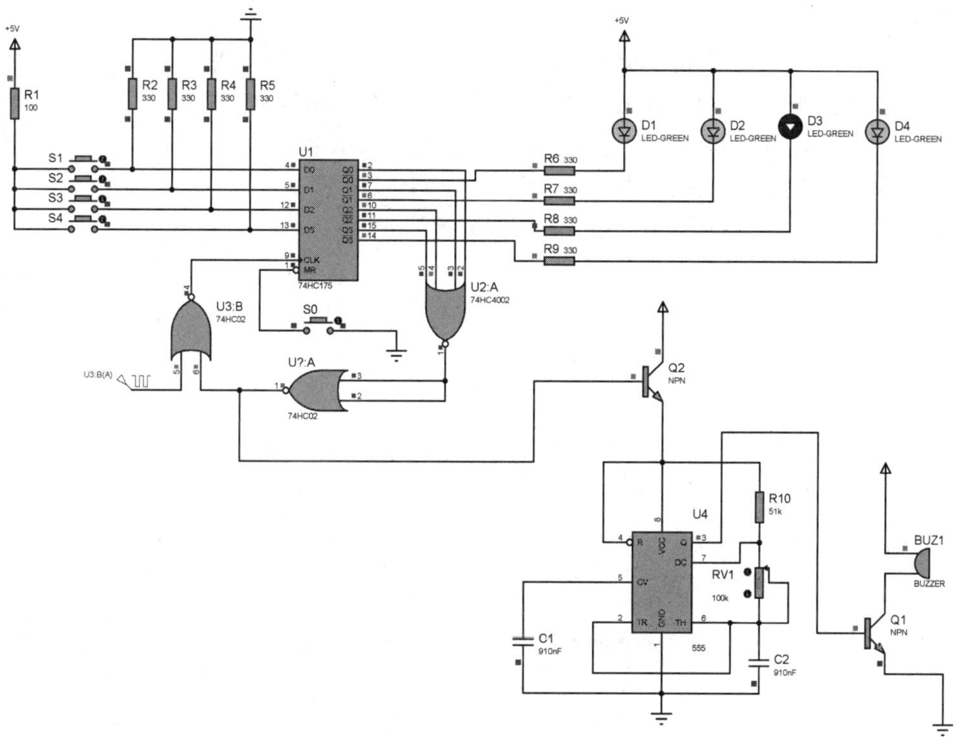

图 2-5-6　单击独立按键 S3

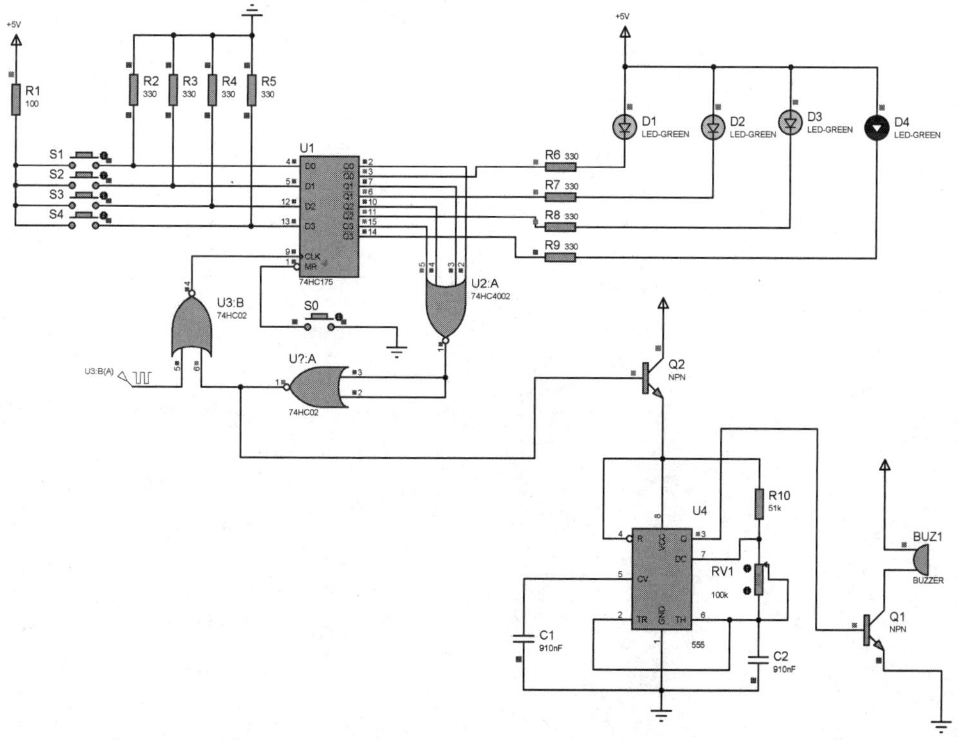

图 2-5-7　单击独立按键 S4

小提示

◎ 在元件库中搜索“74HC135”关键字，即可找到 74HC135 芯片。

◎ 在元件库中搜索“74HC4002”关键字，即可找到 74HC4002 芯片。

◎ 在元件库中搜索“74HC02”关键字，即可找到 74HC02 芯片。

◎ 在元件库中搜索“555”关键字，即可找到 555 定时器。

◎ 扫描右侧二维码可观看四路抢答器的仿真结果。

第3章 模拟电路仿真

3.1 三极管放大电路

3.1.1 共射极放大电路

三极管（简称 BJT）有两种类型，分别为 NPN 型和 PNP 型，从三个杂质区域各自引出一个电极，分别叫作发射极 e、集电极 c 和基极 b。由 BJT 组成的基本放大电路包括共射极放大电路、共集电极放大电路和共基极放大电路。共射极放大电路中，信号由基极输入，集电极输出；共集电极放大电路中，信号由基极输入，发射极输出；共基极放大电路中，信号由发射极输入，集电极输出。

仿照 1.2.1 节新建原理图工程，将工程命名为“BJT-共射极”，进入电路绘制界面，如图 3-1-1 所示。

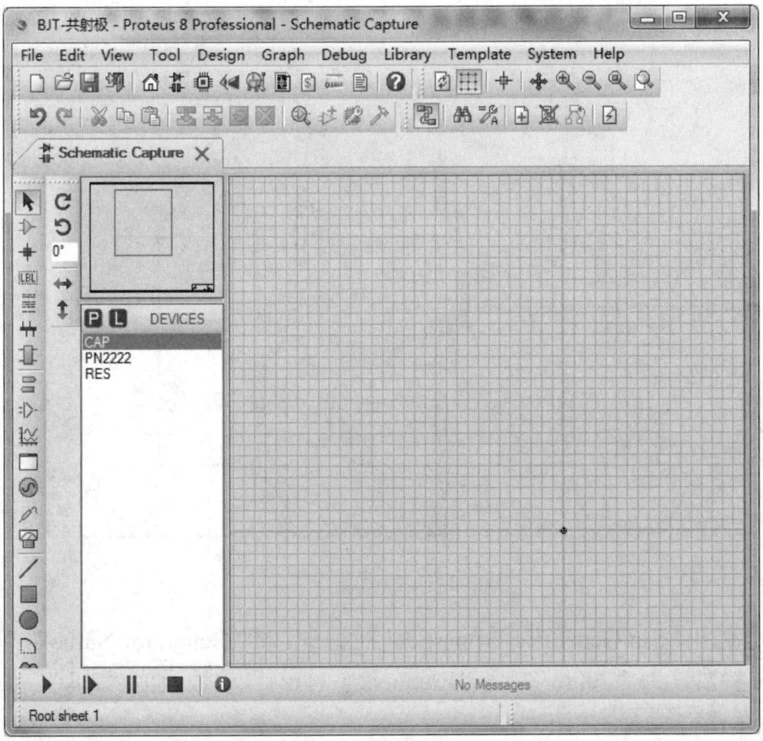

图 3-1-1 电路绘制界面

在电路绘制界面放置三极管、电容和电阻等元件，绘制出的共射极放大电路如图 3-1-2 所示。

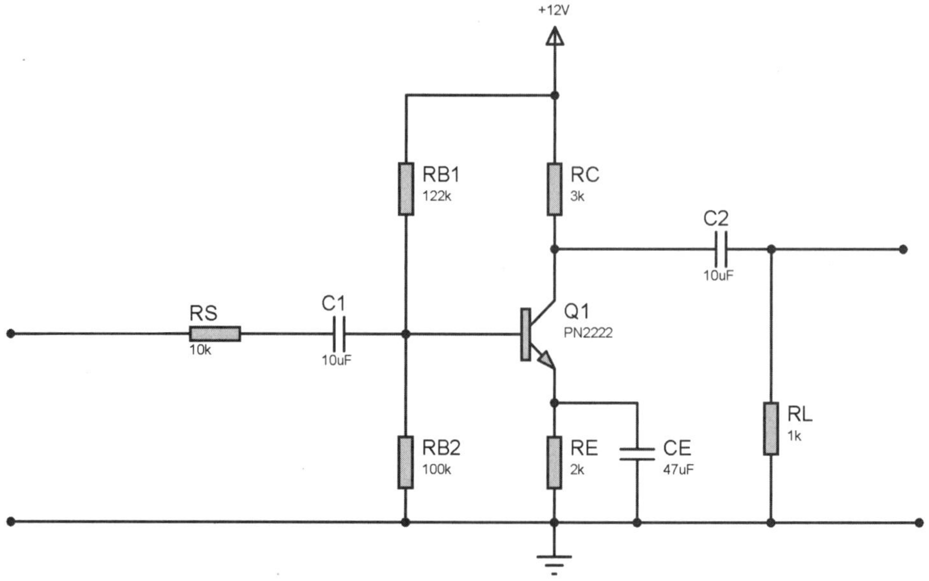

图 3-1-2　共射极放大电路

仿真前，需要放置交流电压表、信号源、示波器、探针和频谱仪等测量工具。交流电压表用于测量输入交流电压和输出交流电压，信号源用以输入正弦信号，示波器用于测量输入波形和输出波形，探针和频谱仪用于测量带宽。测量工具放置完毕后如图 3-1-3 所示。

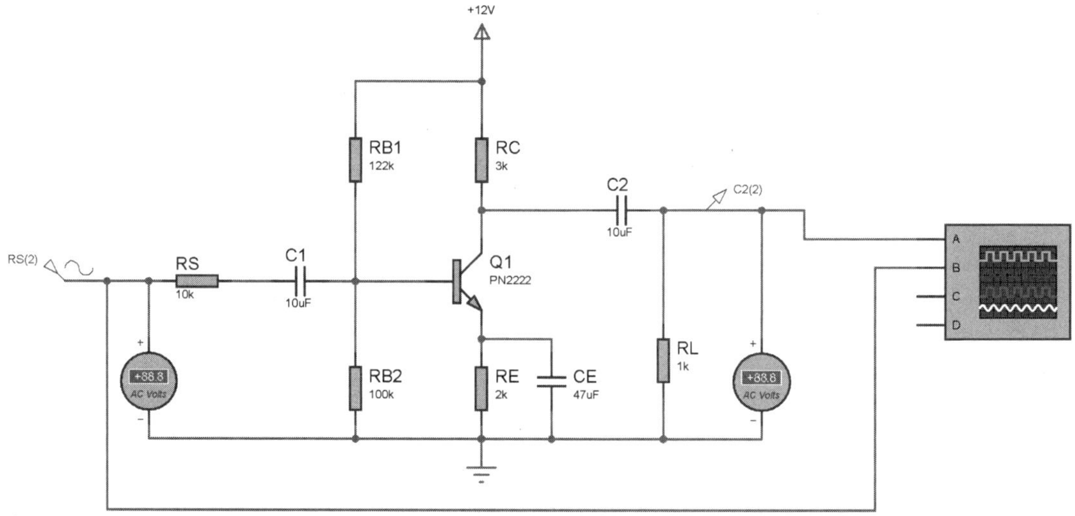

图 3-1-3　放置测量工具

双击信号源，弹出“Sin Generator Propertics”对话框，将“Generator Name”参数设为“Input”，将“Amplitude”参数设为“200m”，将“Frequency（Hz）”参数设为“20k”，如图 3-1-4 所示，参数设置完毕后单击 OK 按钮。

双击探针，弹出“Edit Voltage Probe”对话框，将“Probe Name”参数设为“Output”，“Real Time Breakpoint”参数选择“Disabled”，如图 3-1-5 所示，参数设置完毕后单击 OK 按钮。

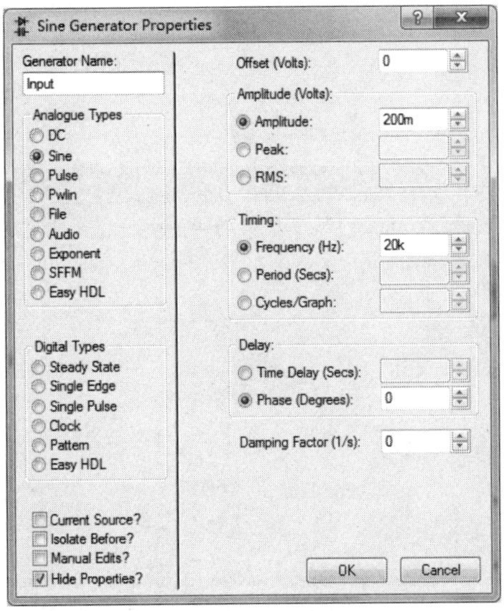

图 3-1-4 “Sin Generator Properties”对话框

图 3-1-5 “Edit Voltage Probe”对话框

在 Proteus 主菜单中，执行 Debug→ Run Simulation 命令，运行共射极放大电路仿真，可见输入端的交流电压表示数为+0.14V，输出端交流电压表示数为+1.22V，如图 3-1-6 所示。

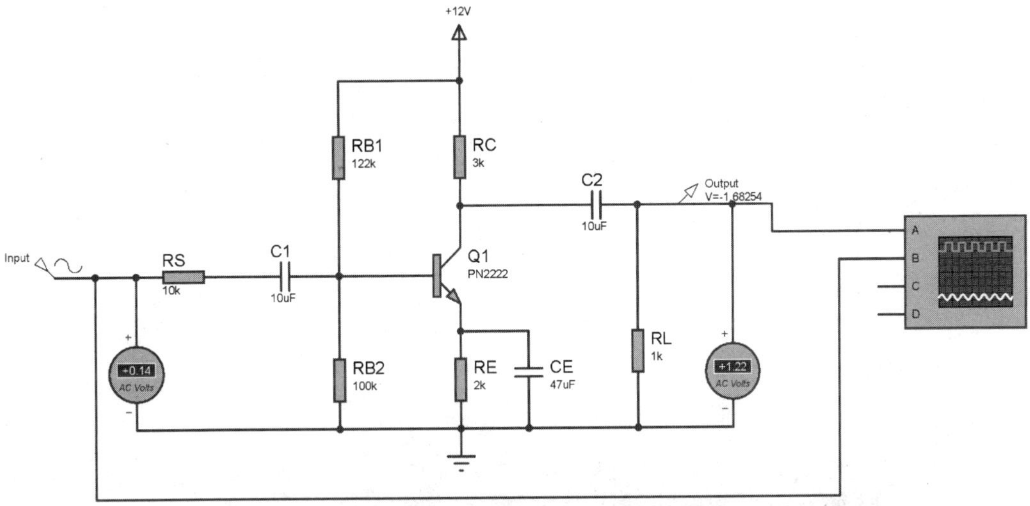

图 3-1-6　交流电压表示数

执行 Debug→ Stop VSM Debugging 命令，停止仿真，移除两个交流电压表后，右击“Frequency Response”工具，弹出“Frequency Response”工具的子菜单，如图 3-1-7 所示。单击其中的“Edit Properties”命令，弹出“Edit Frequency Graph”对话框，将“Reference”参数设为“Input”，将“Start frequency”参数设为“10”，将“Stop frequency”参数设为“1M”，如图 3-1-8 所示，参数设置完毕后单击 OK 按钮。选中“Frequency Response”工具，然后按空格键，即可出现带宽波形，如图 3-1-9 所示。

执行 Debug→ Run Simulation 命令，继续仿真，示波器波形如图 3-1-10 所示，可见波形良好，未出现饱和失真和截止失真等情况，且起到了一定的放大作用。

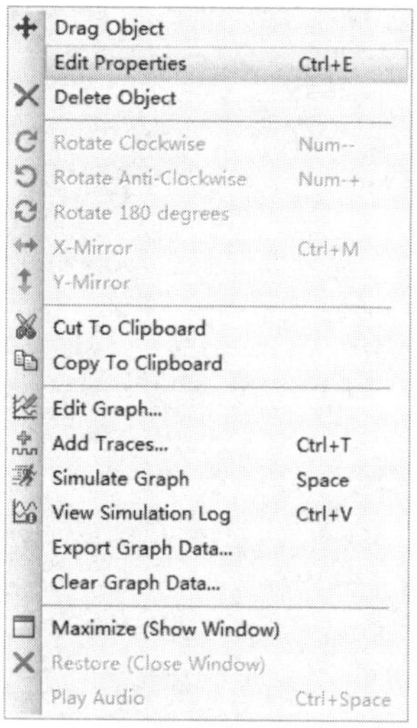

图 3-1-7 “Frequency Response”工具的子菜单

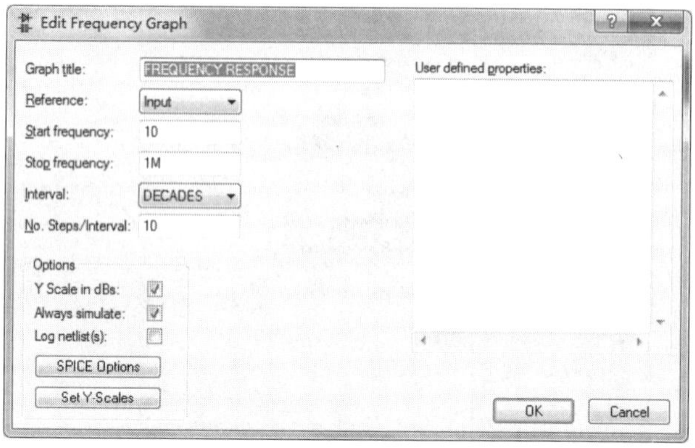

图 3-1-8 “Edit Frequency Graph”对话框

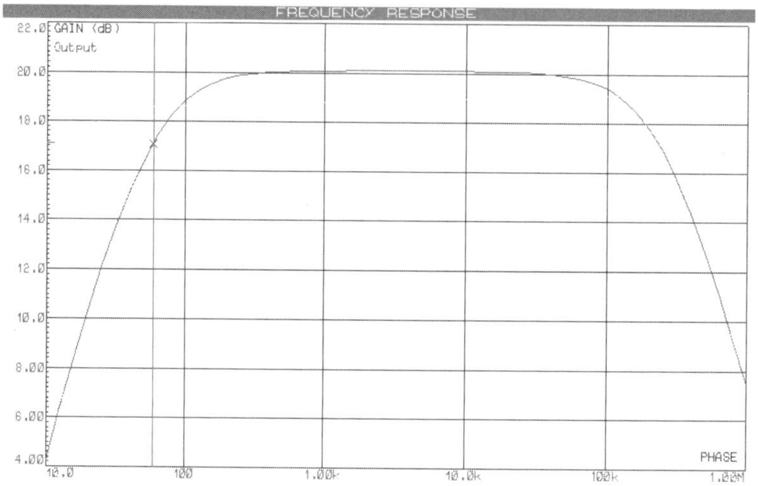

图 3-1-9 带宽波形

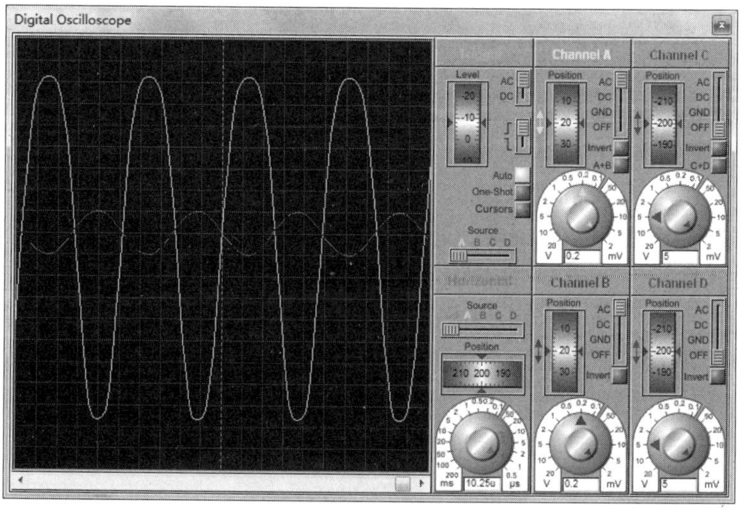

图 3-1-10 示波器波形

双击信号源，弹出“Sin Generator Properties”对话框，将“Generator Name”参数设为“Input”，将“Amplitude”参数设为“500m”，将“Frequency（Hz）”参数设为“20k”，如图 3-1-11 所示，参数设置完毕后单击 OK 按钮。执行 Debug→ Run Simulation 命令，继续仿真，可见示波器波形出现了饱和失真和截止失真，如图 3-1-12 所示。

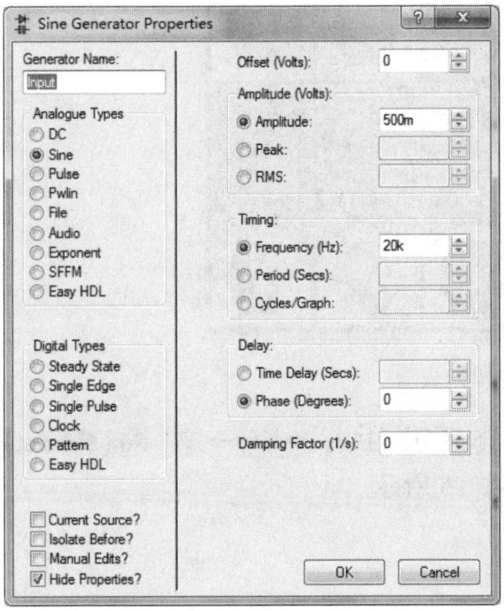

图 3-1-11　设置参数

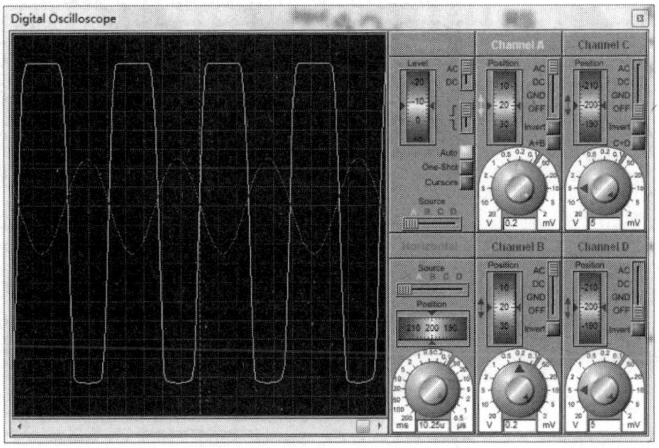

图 3-1-12　波形出现了饱和失真和截止失真

将信号源的“Amplitude”参数修改为“200m”，调节电阻 RB1 的阻值，将其设为 200kΩ，如图 3-1-13 所示。执行 Debug→ Run Simulation 命令，继续仿真，示波器波形出现了饱和失真，如图 3-1-14 所示。

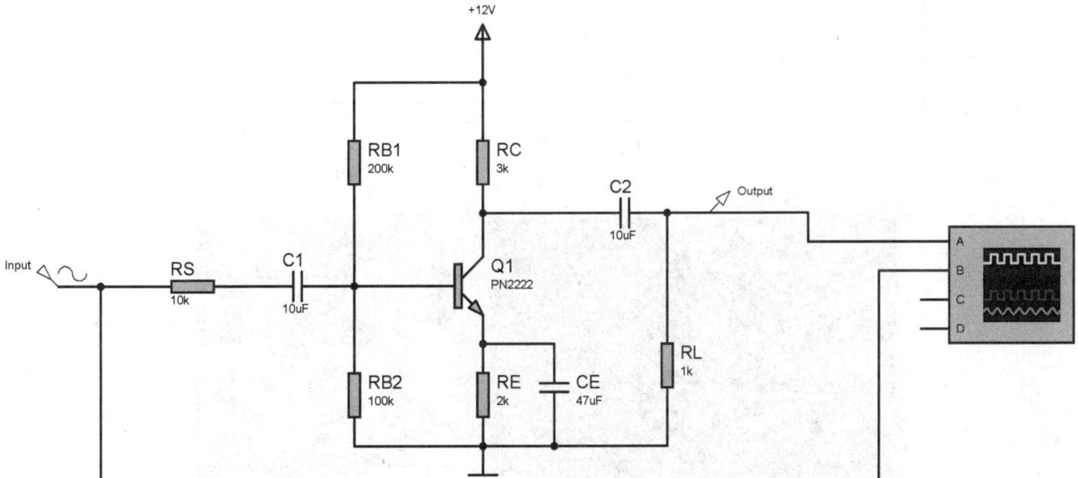

图 3-1-13　RB1 阻值设为 200kΩ

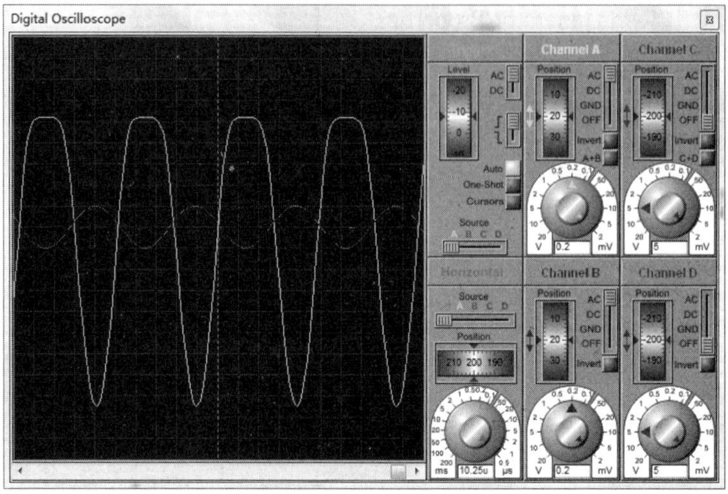

图 3-1-14　波形出现了饱和失真

调节电阻 RB1 的阻值，将其设为 100kΩ，如图 3-1-15 所示。执行 Debug→ Run Simulation 命令，继续仿真，示波器波形出现了截止失真，如图 3-1-16 所示。

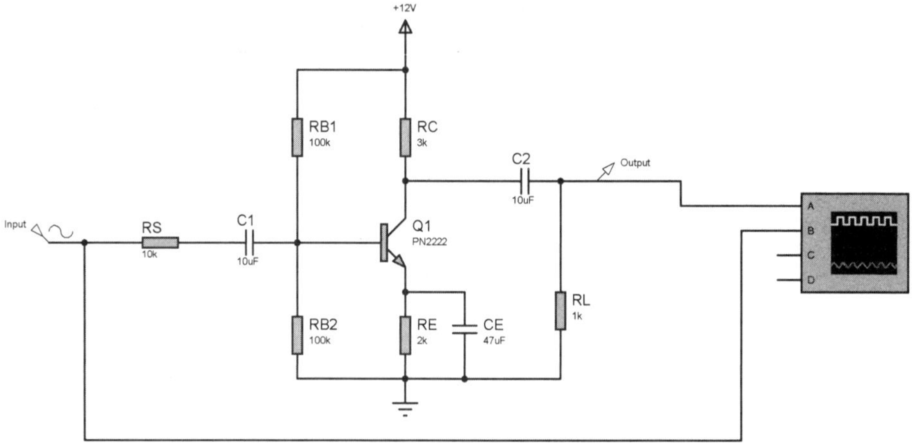

图 3-1-15　RB1 阻值设为 100kΩ

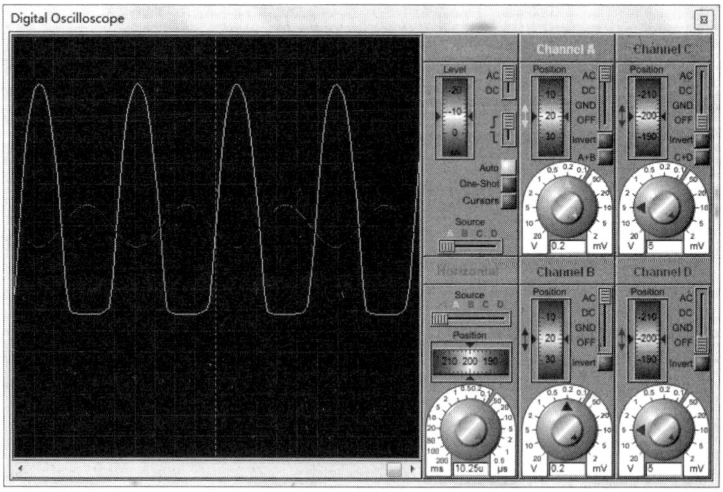

图 3-1-16　波形出现了截止失真

小提示

◎ 读者可以自行修改其他参数并观察仿真波形。

◎ 在元件库中搜索“PN2222”关键字，即可找到三极管。

◎ 扫描右侧二维码可观看 BJT 共射极放大电路仿真视频。

3.1.2　共集电极放大电路

仿照 1.2.1 节新建原理图工程，将工程命名为“BJT-共集电极”，进入电路绘制界面，放置三极管、电容和电阻等元件，绘制共集电极放大电路，如图 3-1-17 所示。

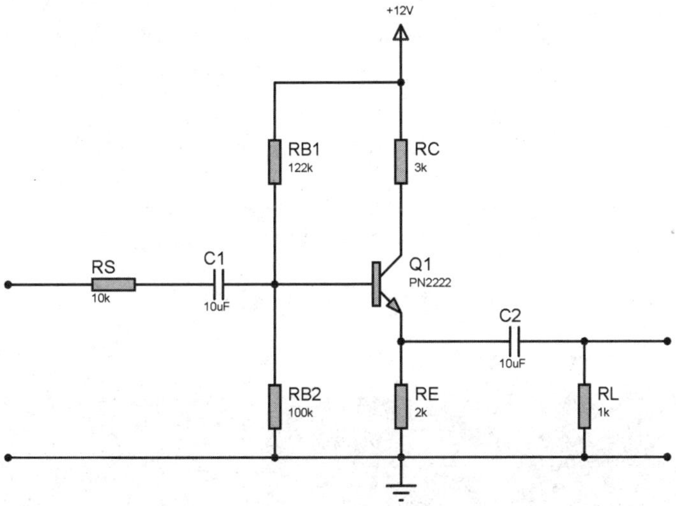

图 3-1-17　共集电极放大电路

仿真前，需要放置交流电压表、信号源、示波器、探针和频谱仪等测量工具。测量工具放置完毕后如图 3-1-18 所示。两个交流电压表分别放置在输入端和输出端，示波器的 A 通道用于测量输出信号，B 通道用于测量输入信号，并将信号源的频率设为 20kHz。

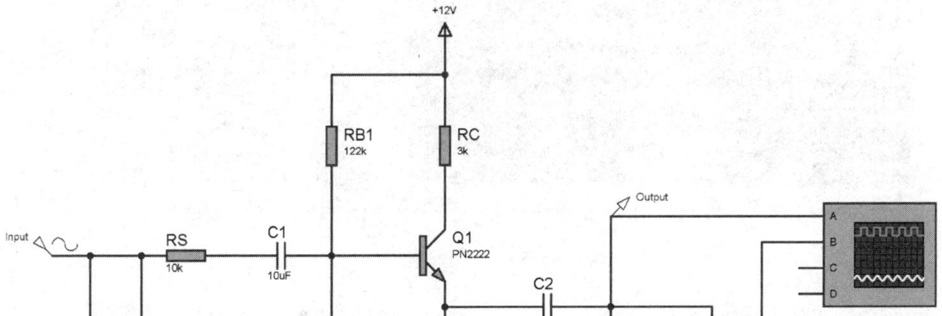

图 3-1-18　放置测量工具

在 Proteus 主菜单中，执行 Debug→ Run Simulation 命令，运行共集电极放大电路仿真，可见输入端的交流电压表示数为+0.14V，输出端交流电压表示数为+0.11V，如图 3-1-19 所示，可见共集电极放大电路对电压没有放大作用；示波器波形如图 3-1-20 所示，可见波形未出现失真。

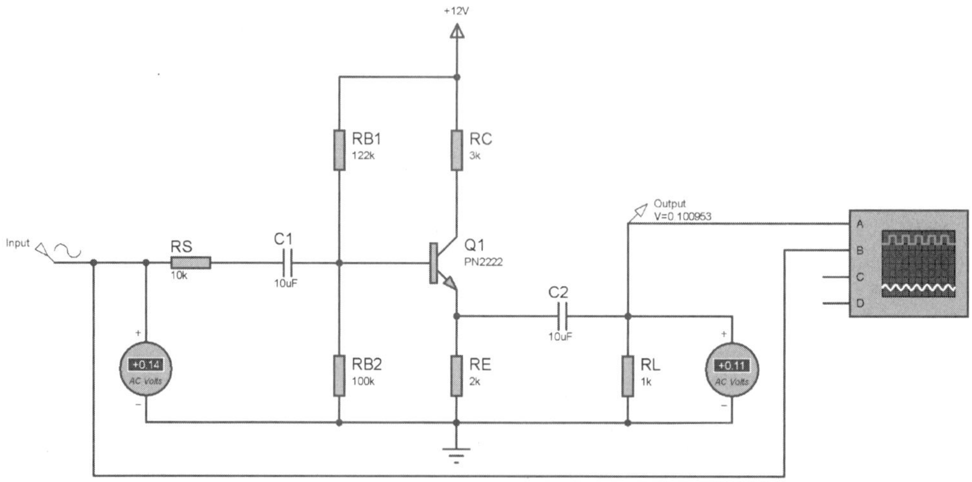

图 3-1-19　交流电压表示数

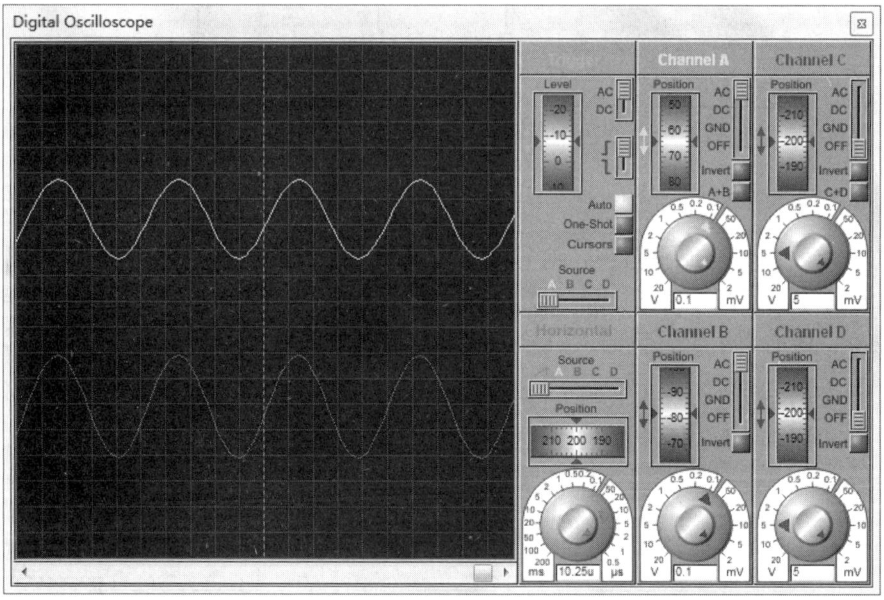

图 3-1-20　示波器波形

执行 Debug→ Stop VSM Debugging 命令，停止仿真并移除两个交流电压表。单击“Frequency Response”工具子菜单中的“Edit Properties”命令，弹出“Edit Frequency Graph”对话框，将“Reference”参数设为“Input”，将“Start frequency”参数设为“10”，将“Stop frequency”参数设为“1M”，参数设置完毕后单击 OK 按钮。然后选中“Frequency Response”工具，按空格键，即可出现带宽波形，如图 3-1-21 所示。

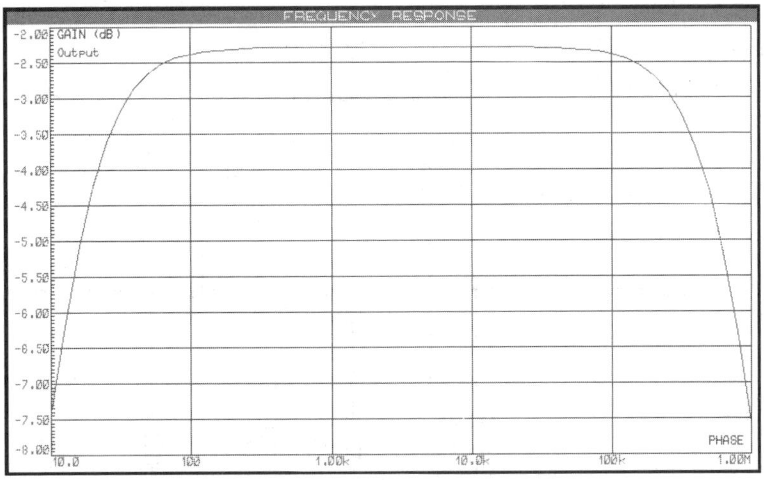

图 3-1-21　带宽波形

双击信号源，弹出“Sin Generator Properties”对话框，将“Generator Name”参数设为“Input”，将“Amplitude”参数设为“2”，将“Frequency（Hz）”参数设为“20k”，如图 3-1-22 所示，参数设置完毕后单击 OK 按钮。执行 Debug→ Run Simulation 命令，继续仿真，示波器波形出现了饱和失真和截止失真，如图 3-1-23 所示。

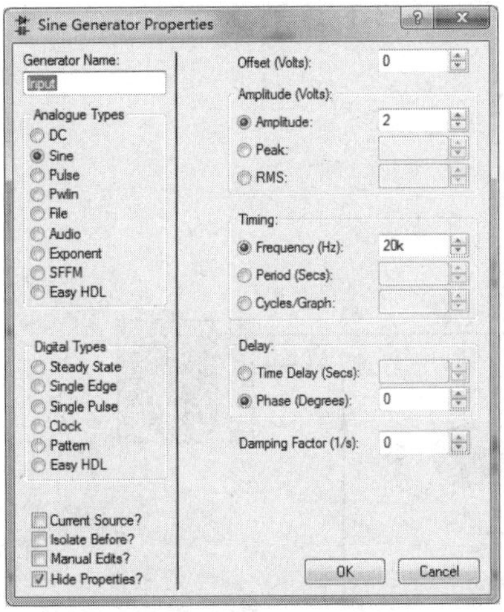

图 3-1-22　设置参数

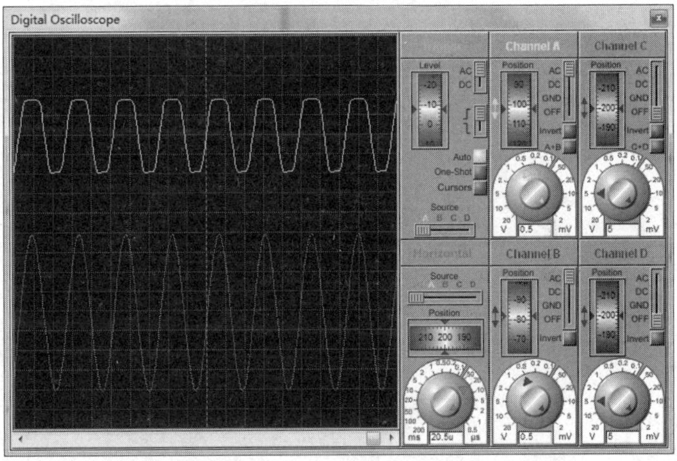

图 3-1-23　波形出现了饱和失真和截止失真

小提示

◎ 读者可以自行修改其他参数并观察仿真波形。
◎ 在元件库中搜索“PN2222”关键字，即可找到三极管。
◎ 扫描右侧二维码可观看 BJT 共集电极放大电路仿真视频。

3.1.3　共基极放大电路

仿照 1.2.1 节新建原理图工程，将工程命名为“BJT-共基极”，进入电路绘制界面，放置三极管、电容和电阻等元件，绘制共基极放大电路，如图 3-1-24 所示。

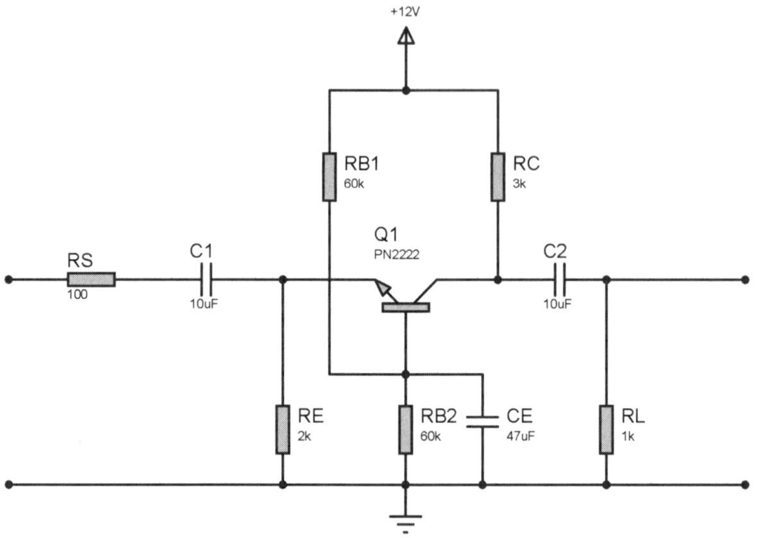

图 3-1-24　共基极放大电路

仿真前，需要放置交流电压表、信号源和示波器等测量工具。两个交流电压表分别放置在输入端和输出端，示波器的 A 通道用于测量输出信号，B 通道用于测量输入信号，将信号源的频率设为 20kHz，将信号源的幅值参数设为 20m。放置完毕后如图 3-1-25 所示。

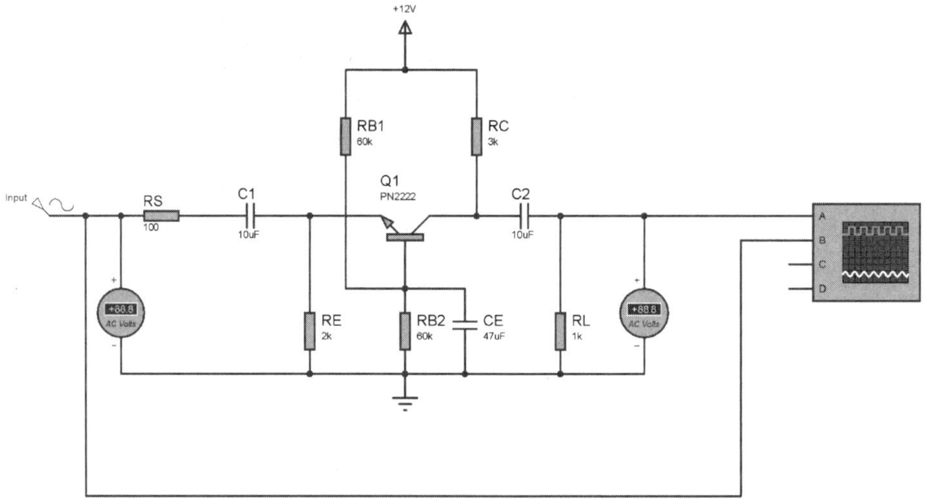

图 3-1-25　放置测量工具

在 Proteus 主菜单中，执行 Debug→ Run Simulation 命令，运行共基极放大电路仿真，可见输入端的交流电压表示数为+0.01V，输出端交流电压表示数为+0.08V，如图 3-1-26 所示；示波器波形如图 3-1-27 所示，可见波形未出现失真。

执行 Debug→ Stop VSM Debugging 命令，停止仿真并移除两个交流电压表，在共基极放大电路中加入探针和频谱计。单击“Frequency Response”工具子菜单中的“Edit Properties”命令，弹出“Edit Frequency Graph”对话框，将“Reference”参数设为“Input”，将“Start frequency”参数设为“5”，将“Stop frequency”参数设为“100M”，参数设置完毕后单击 OK 按钮。然后选中“Frequency Response”工具，按空格键，即可出现带宽波形，如图 3-1-28 所示。

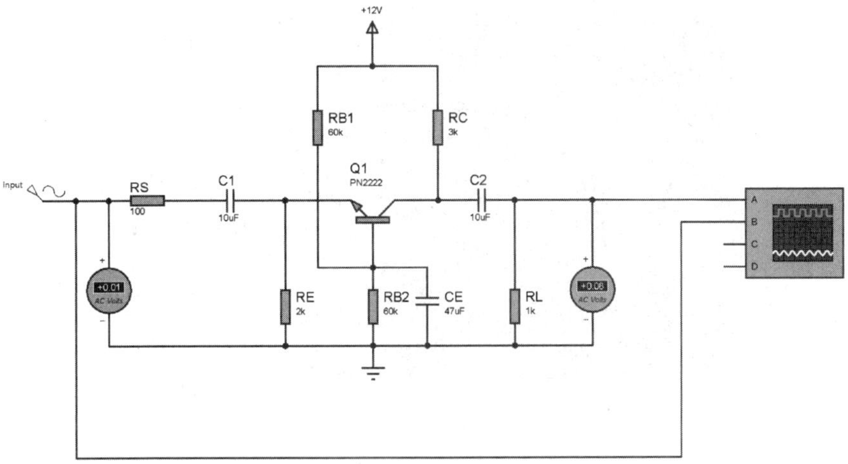

图 3-1-26　交流电压表示数

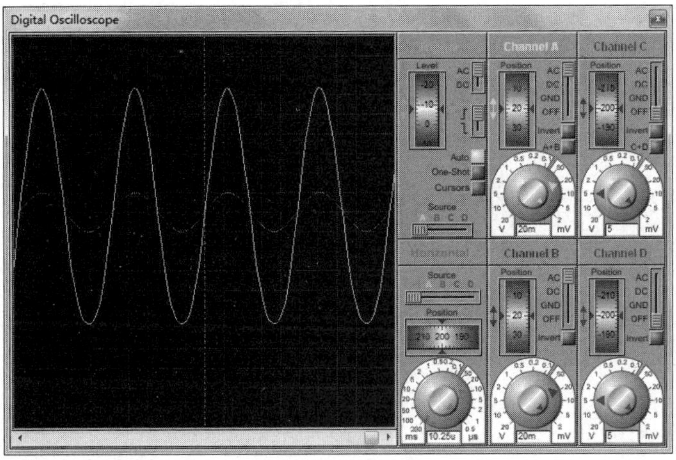

图 3-1-27　示波器波形

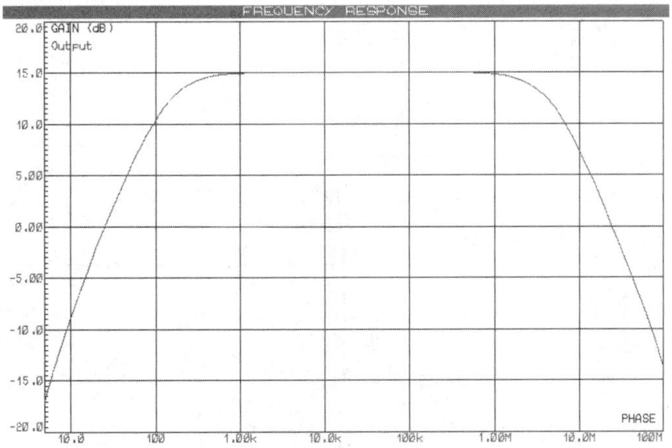

图 3-1-28　带宽波形

双击信号源，将信号源的幅值参数设为 500m。执行 Debug → Run Simulation 命令，运行共基极放大电路仿真，示波器波形出现了饱和失真和截止失真，如图 3-1-29 所示。

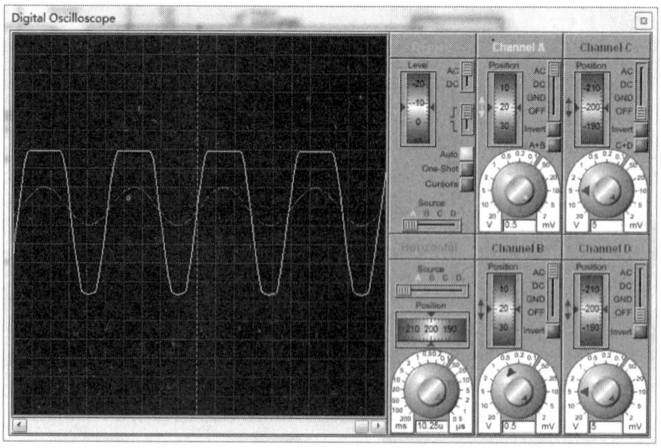

图 3-1-29　波形出现了饱和失真和截止失真

小提示

◎ 读者可以自行修改其他参数并观察仿真波形。
◎ 在元件库中搜索“PN2222”关键字，即可找到三极管。
◎ 扫描右侧二维码可观看 BJT 共基极放大电路仿真视频。

3.2　MOSFET 放大电路

3.2.1　共源极放大电路

场效应管是一种利用电场效应来控制其电流大小的半导体器件。这种器件具有功耗低、寿命长、输入阻抗高和噪声低等优点。MOSFET 在大规模和超大规模集成电路中被广泛使用。

仿照 1.2.1 节新建原理图工程，将工程命名为“MOSFET-共源极”，进入电路绘制界面，绘制出的 MOSFET 共源极放大电路如图 3-2-1 所示。

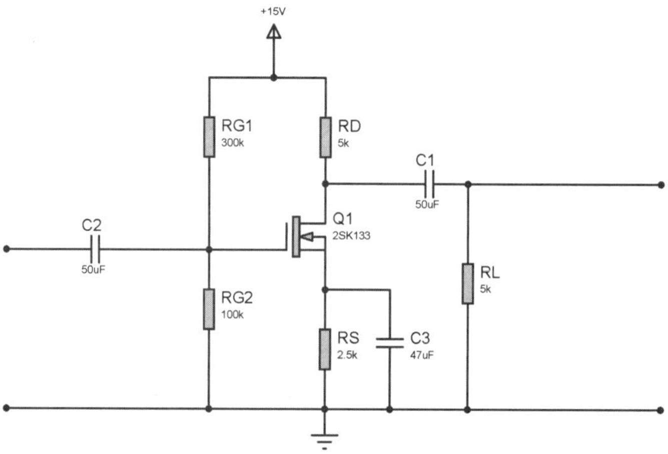

图 3-2-1　MOSFET 共源极放大电路

仿真前，需要放置信号源、探针、频谱仪和示波器等测量工具，放置完毕后如图 3-2-2 所示。单击“Frequency Response”工具子菜单中的“Edit Properties”命令，弹出“Edit Frequency Graph”对话框，将“Reference”参数设为“Input”，将“Start frequency”参数设为“100”，将“Stop frequency”参数设为“10G”，参数设完毕后单击 OK 按钮。然后选中“Frequency Response”工具，按空格键，即可出现带宽波形，如图 3-2-3 所示。

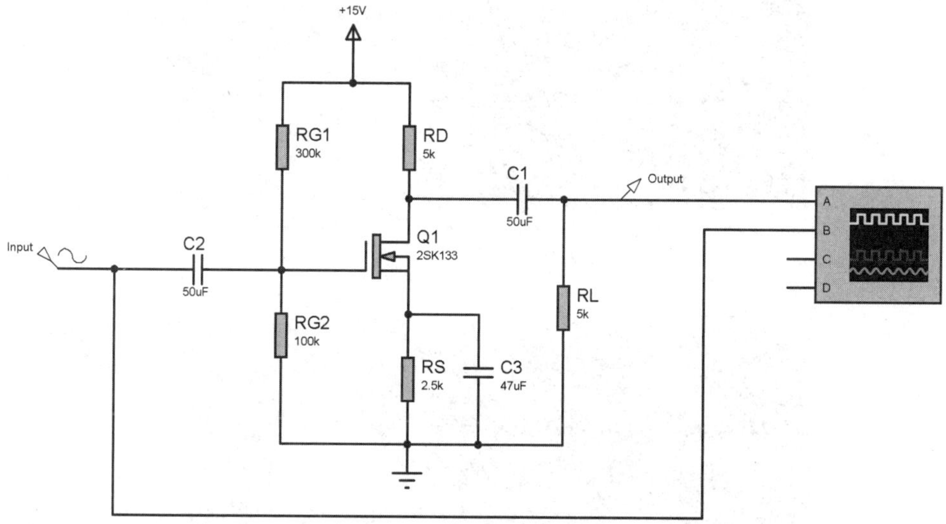

图 3-2-2　放置测量工具

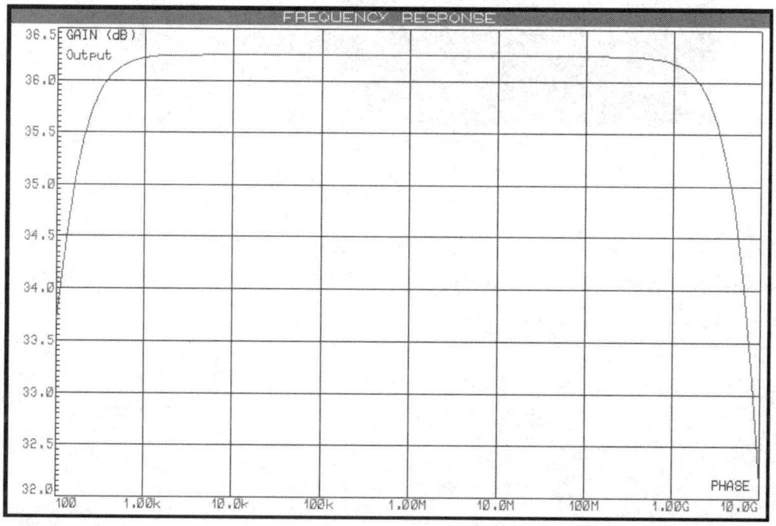

图 3-2-3　带宽波形

双击信号源，弹出“Sin Generator Properties”对话框，将“Generator Name”参数设为“Input”，将“Amplitude”参数设为“20m”，将“Frequency（Hz）”参数设为“20k”。在 Proteus 主菜单中，执行 Debug→ Run Simulation 命令，运行共源极放大电路仿真，示波器波形如图 3-2-4 所示，可见波形未出现失真。

执行 Debug→ Stop VSM Debugging 命令，停止仿真。修改电阻 RG1 的阻值，将其阻值设置为 130kΩ。设置完毕后，执行 Debug→ Run Simulation 命令，运行共源极放大电路仿真，示波器波形出现了截止失真，如图 3-2-5 所示。

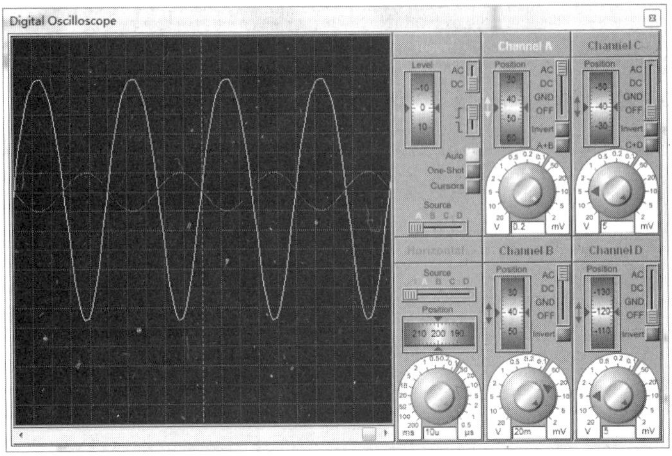

图 3-2-4　示波器波形

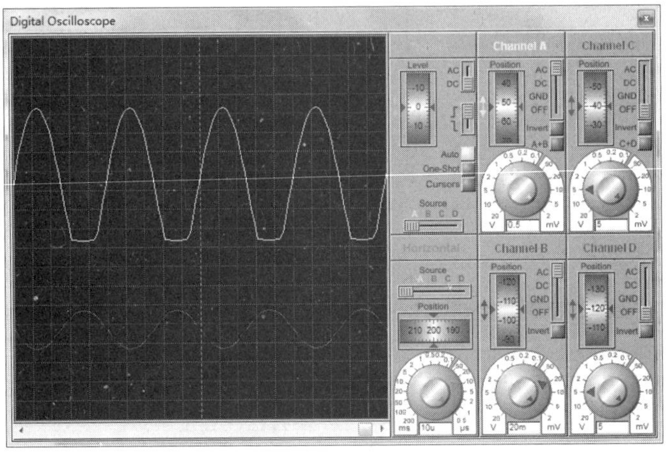

图 3-2-5　波形出现了截止失真

将两个交流电压表分别放置在共源极放大电路的输入端和输出端，如图 3-2-6 所示，执行 Debug → Run Simulation 命令，运行共源极放大电路仿真，可见输入端的交流电压表示数为+0.01V，输出端交流电压表示数为+1.33V，如图 3-2-7 所示。

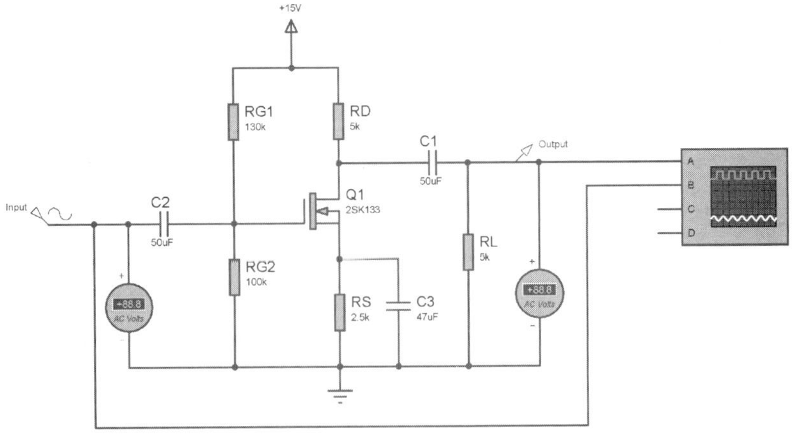

图 3-2-6　放置交流电压表

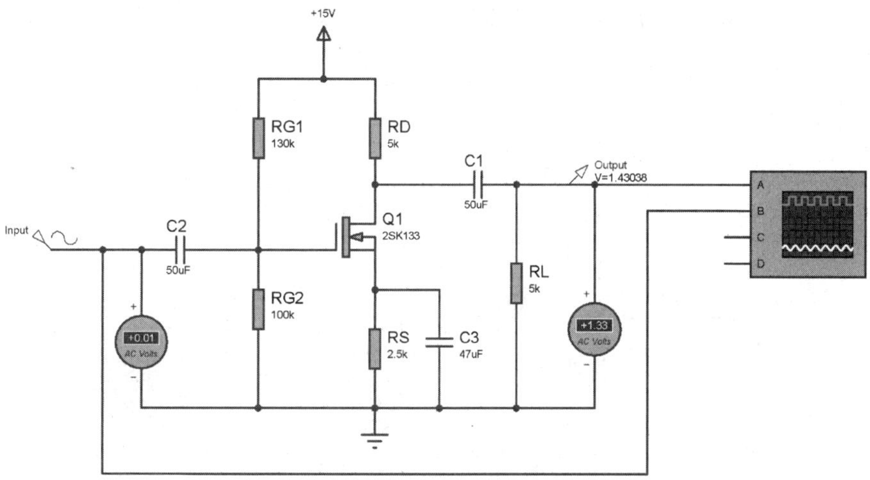

图 3-2-7　交流电压表示数

小提示

◎ 读者可以自行修改其他参数并观察仿真波形。

◎ 在元件库中搜索“2SK133”关键字，即可找到 MOS 管。

◎ 扫描右侧二维码可观看 MOSFET 共源极放大电路仿真视频。

3.2.2　共漏极放大电路

仿照 1.2.1 节新建原理图工程，将工程命名为“MOSFET-共漏极”，进入电路绘制界面，绘制出的 MOSFET 共漏极放大电路如图 3-2-8 所示。

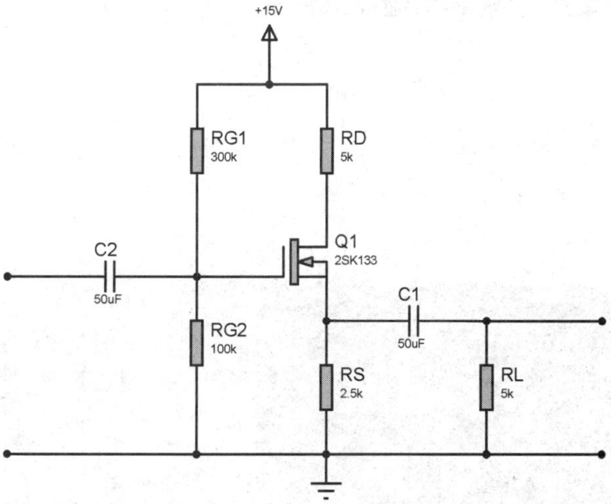

图 3-2-8　MOSFET 共漏极放大电路

仿真前，需要放置信号源、探针和示波器等测量工具，放置完毕后如图 3-2-9 所示。双击信号源，弹出“Sin Generator Properties”对话框，将“Generator Name”参数设为“Input”，将“Amplitude”参数设为“20m”，将“Frequency（Hz）”参数设为“20k”。在 Proteus 主菜单中，执行 Debug→ Run Simulation 命令，运行共漏极放大电路仿真，示波器波形如图 3-2-10 所示，可见波形未出现失真。

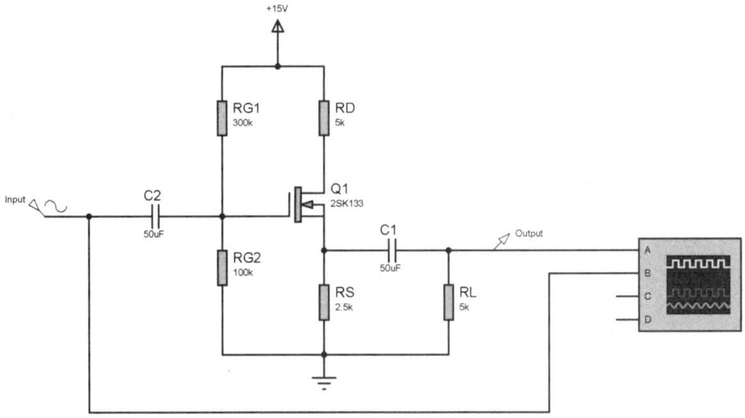

图 3-2-9　放置测量工具

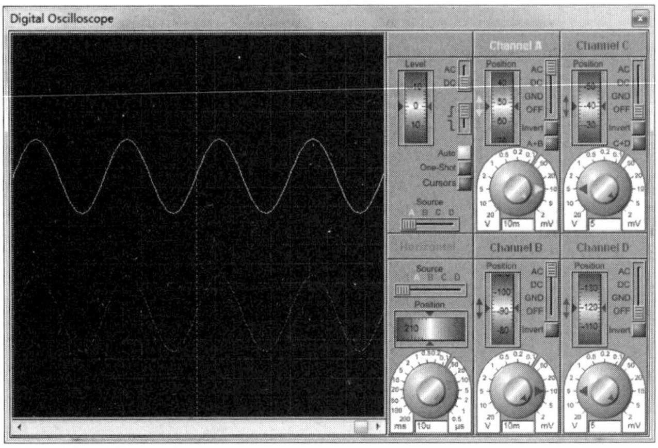

图 3-2-10　示波器波形

执行 Debug→ Stop VSM Debugging 命令，停止仿真。双击信号源，将“Amplitude”参数设为“3”；执行 Debug→ Run Simulation 命令，运行共漏极放大电路仿真，示波器波形出现了饱和失真和截止失真，如图 3-2-11 所示。

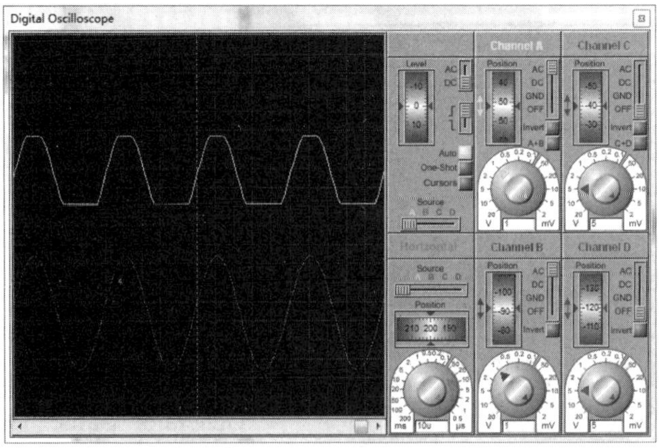

图 3-2-11　波形出现了饱和失真和截止失真

执行 Debug→ Stop VSM Debugging 命令，停止仿真，并将信号源的“Amplitude”参数修改回“20m”。将两个交流电压表分别放置在共漏极放大电路的输入端和输出端，如图 3-2-12 所示；执行 Debug→ Run Simulation 命令，运行共漏极放大电路仿真，可见输入端的交流电压表示数为+0.01V，输出端交流电压表示数为+0.01V，电压放大倍数约为 1 倍，如图 3-2-13 所示。

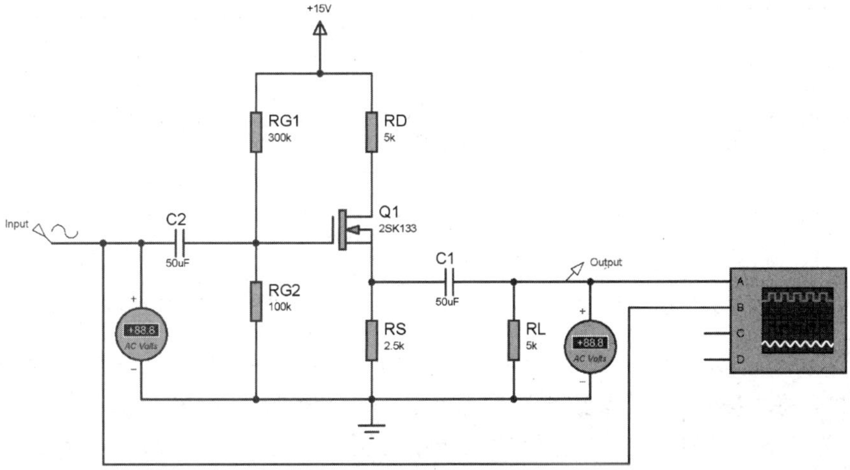

图 3-2-12　放置交流电压表

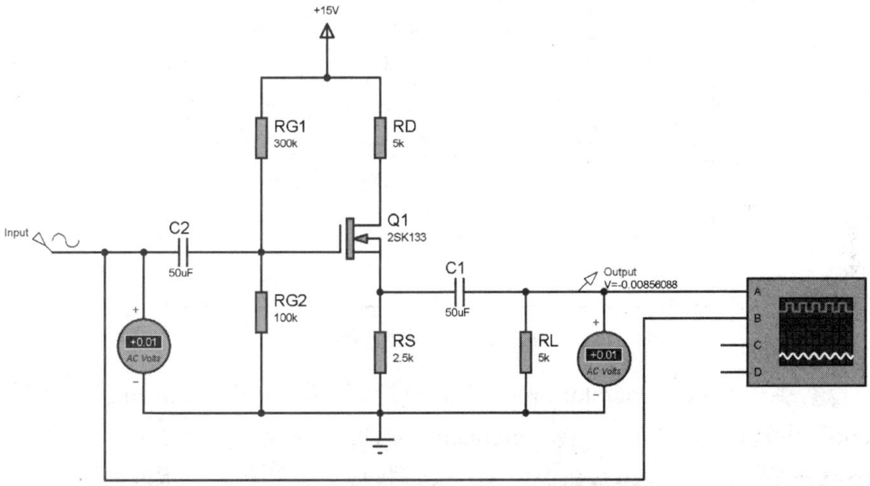

图 3-2-13　交流电压表示数

小提示

◎ 读者可以自行修改其他参数并观察仿真波形。

◎ 扫描右侧二维码可观看 MOSFET 共漏极放大电路仿真视频。

3.2.3　共栅极放大电路

仿照 1.2.1 节新建原理图工程，将工程命名为“MOSFET-共栅极”，进入电路绘制界面，绘制出的 MOSFET 共栅极放大电路如图 3-2-14 所示。放置信号源、探针、频谱仪和示波器等测量工具，放置完毕后如图 3-2-15 所示。

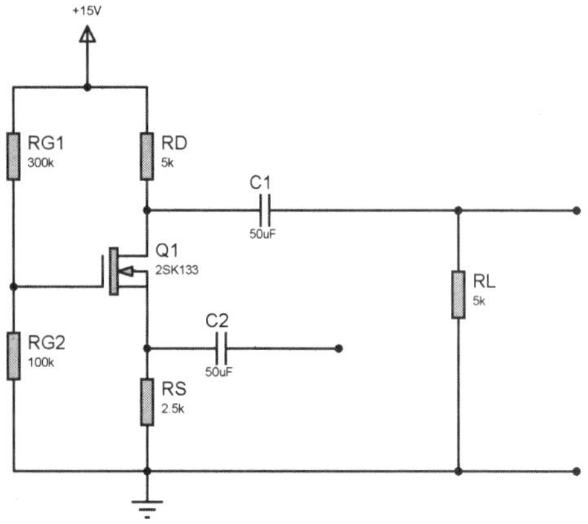

图 3-2-14　MOSFET 共栅极放大电路

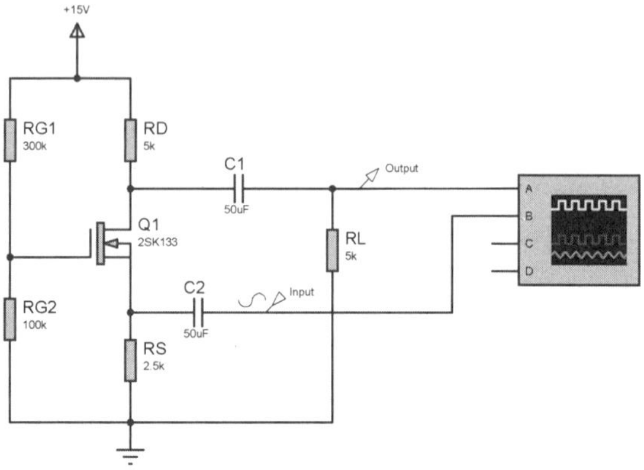

图 3-2-15　放置测量工具

单击“Frequency Response”工具子菜单中的“Edit Properties”命令，弹出“Edit Frequency Graph”对话框，将“Reference”参数设为“Input”，将“Start frequency”参数设为“10”，将“Stop frequency”参数设为“10M”，参数设置完毕后单击 OK 按钮。然后选中“Frequency Response”工具，按空格键，即可出现带宽波形，如图 3-2-16 所示。

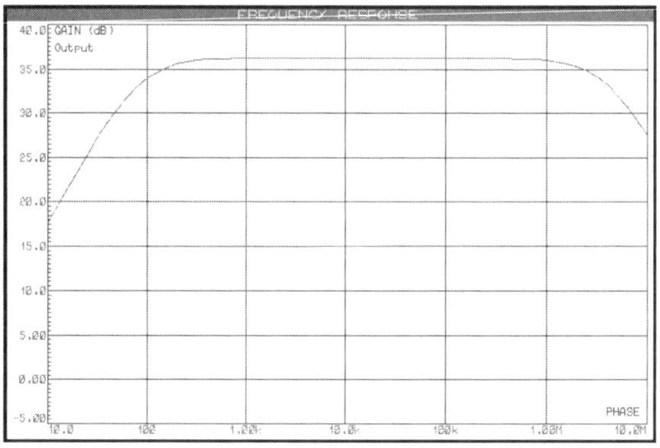

图 3-2-16　带宽波形

双击信号源，弹出“Sine Generator Properties”对话框，将“Generator Name”参数设为“Input”，将“Amplitude”参数设为“20m”，将“Frequency（Hz）”参数设为“20k”。在 Proteus 主菜单中，执行 Debug → Run Simulation 命令，运行共栅极放大电路仿真，示波器波形如图 3-2-17 所示，可见波形未出现失真。

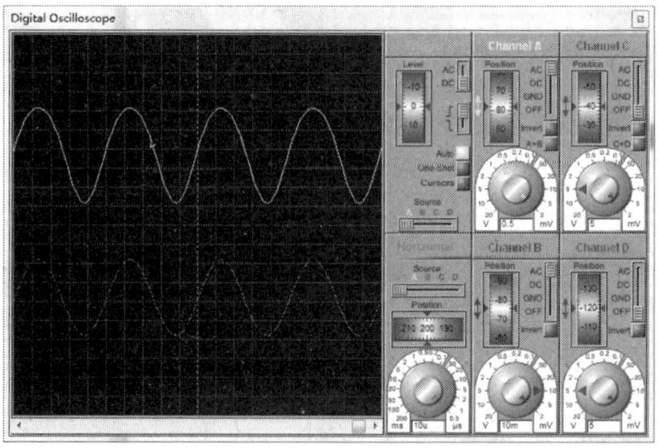

图 3-2-17　示波器波形

执行 Debug→■ Stop VSM Debugging 命令，停止仿真。双击信号源，将“Amplitude”参数设为“100m”，设置完毕后，执行 Debug→ Run Simulation 命令，运行共栅极放大电路仿真，示波器波形出现了饱和失真，如图 3-2-18 所示。

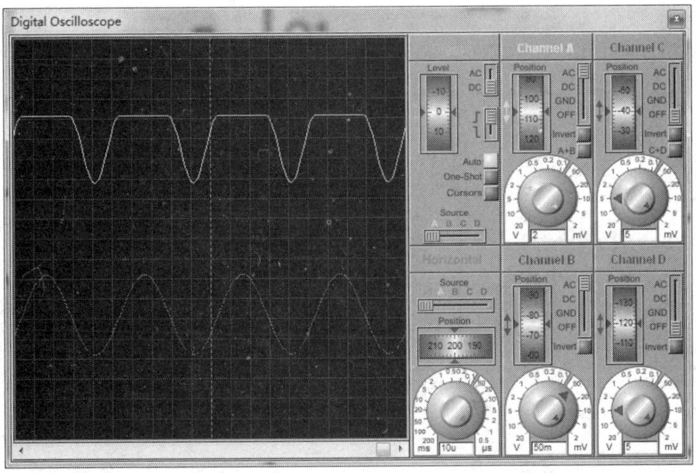

图 3-2-18　波形出现了饱和失真

执行 Debug→■ Stop VSM Debugging 命令，停止仿真。双击信号源，将“Amplitude”参数设为“500m”，设置完毕后，执行 Debug→ Run Simulation 命令，运行共栅极放大电路仿真，示波器波形出现了饱和失真和截止失真，如图 3-2-19 所示。

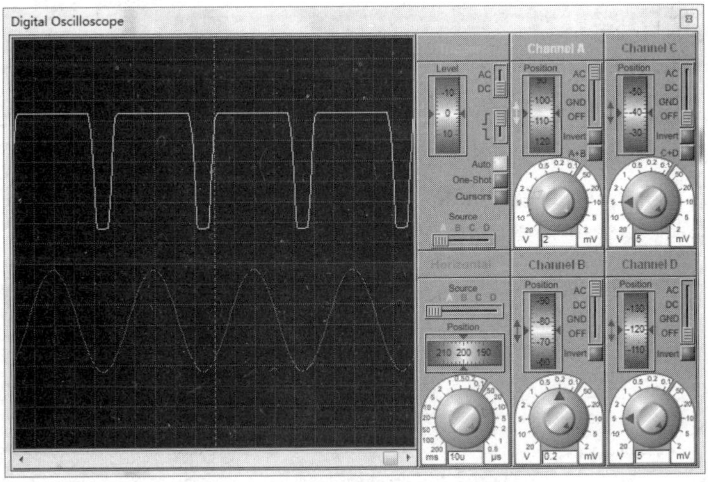

图 3-2-19　波形出现了饱和失真和截止失真

执行 Debug→■ Stop VSM Debugging 命令，停止仿真，并将信号源的“Amplitude”参数修改回“20m”。将两个交流电压表分别放置在共栅极放大电路的输入端和输出端，如图 3-2-20 所示；执行 Debug→ Run Simulation 命令，运行共栅极放大电路仿真，可见输入端的交流电压表示数为+0.01V，输出端交流电压表示数为+0.89V，如图 3-2-21 所示。

小提示

◎ 读者可以自行修改其他参数并观察仿真波形。

◎ 扫描右侧二维码可观看 MOSFET 共栅极放大电路仿真视频。

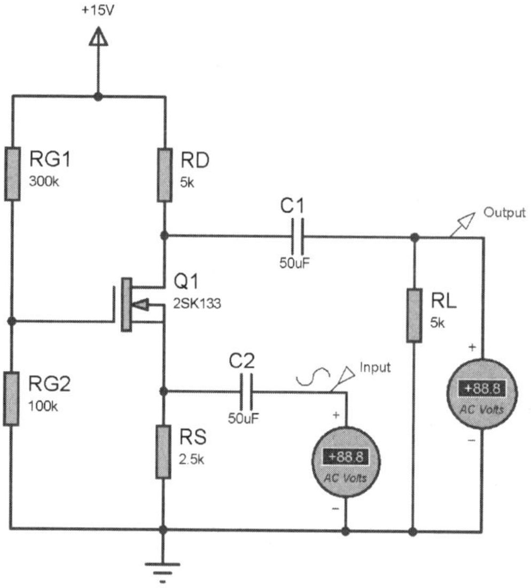

图 3-2-20 放置交流电压表

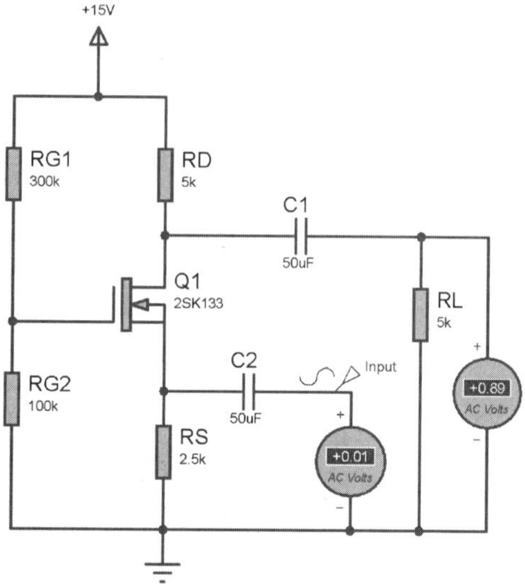

图 3-2-21 交流电压表示数

3.3 运算放大器电路

3.3.1 同相放大电路

仿照 1.2.1 节新建原理图工程，将工程命名为“运算放大器-同相放大”，进入电路绘制界面，绘制出同相放大电路，并放置信号源和示波器，如图 3-3-1 所示。双击信号源，弹出“Sine Generator Properties”对话框，将“Generator Name”参数设为“Input”，将“Amplitude”参数设为“1”，将“Frequency（Hz）”参数设为“100”，如图 3-3-2 所示。

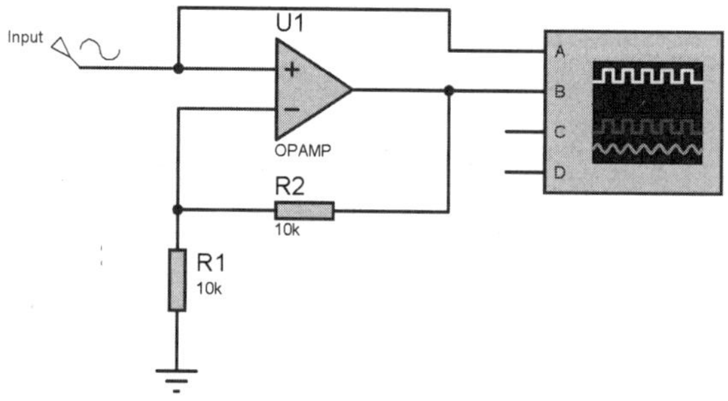

图 3-3-1 同相放大电路

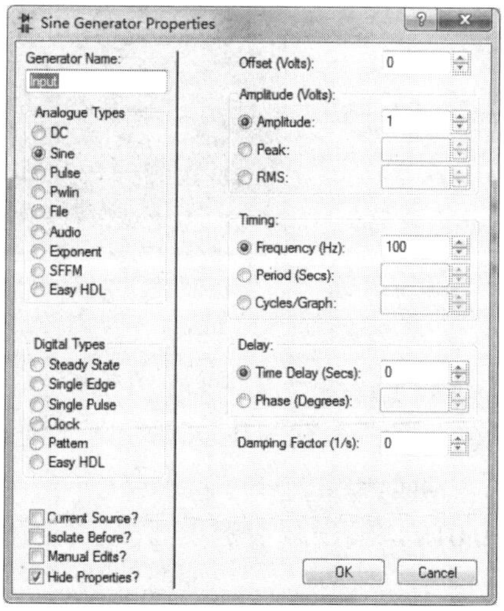

图 3-3-2 “Sine Generator Properties”对话框

执行 Debug→ Run Simulation 命令，运行运算放大器同相放大电路仿真，示波器波形如

图 3-3-3 所示；适当调节示波器中的按钮，调节波形位置，如图 3-3-4 所示，可见输出信号为输入信号的 2 倍并且同相。输出电压与输入电压成比例，遵循 $A_V=1+R_2/R_1$ 的电压增益计算公式。

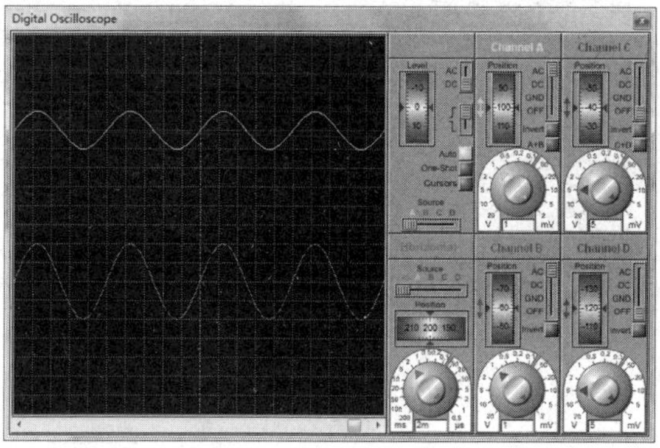

图 3-3-3 示波器波形

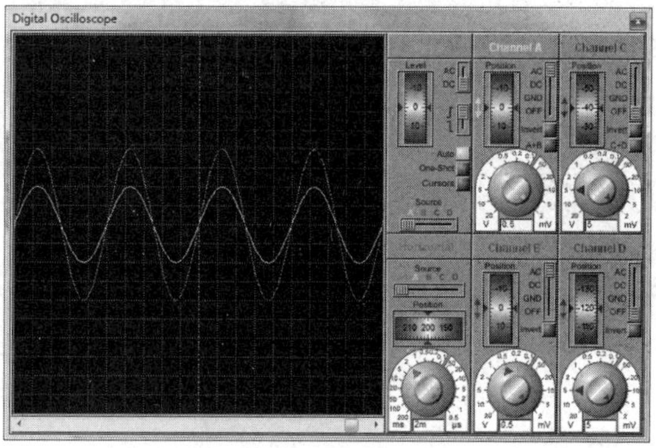

图 3-3-4 调节波形位置

小提示

◎ 读者可以自行修改其他参数并观察仿真波形。

◎ 在元件库中搜索“OPAMP”关键字，即可找到运算放大器。

◎ 扫描右侧二维码可观看运算放大器同相放大电路仿真视频。

3.3.2 反相放大电路

仿照 1.2.1 节新建原理图工程，将工程命名为“运算放大器-反相放大”，进入电路绘制界面，绘制出反相放大电路，并放置信号源和示波器，如图 3-3-5 所示。双击信号源，弹出“Sine Generator Properties”对话框，将“Generator Name”参数设为“Input”，将“Amplitude”参数设为“500m”，将“Frequency（Hz）”参数设为“200”，如图 3-3-6 所示。

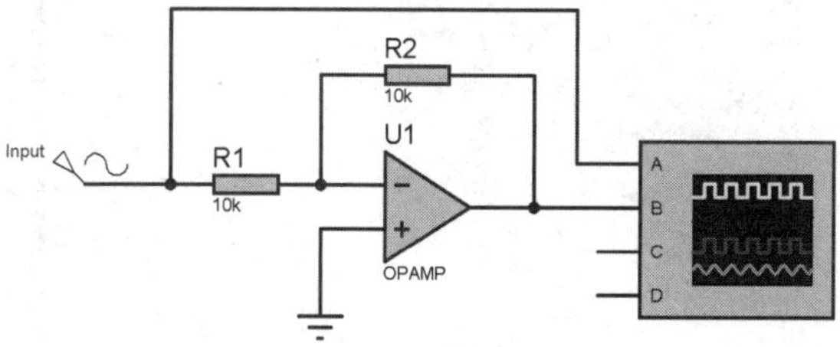

图 3-3-5 反相放大电路

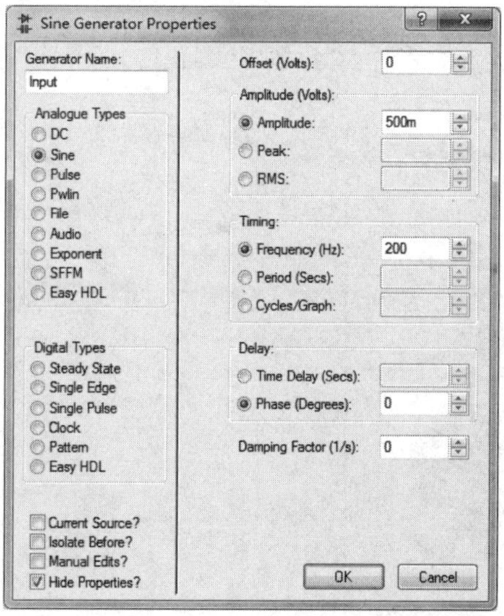

图 3-3-6 “Sine Generator Properties”对话框

执行 Debug → Run Simulation 命令，运行运算放大器反相放大电路仿真，示波器波形如图 3-3-7 所示；适当调节示波器中的按钮，调节波形位置，如图 3-3-8 所示，可见输出信号为输入信号的 1 倍并且反相。输出电压与输入电压成比例，遵循 $A_V=-R_2/R_1$ 的电压计算公式。

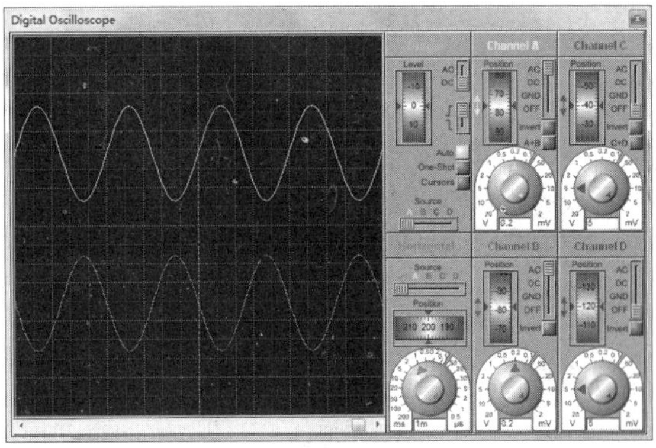

图 3-3-7　示波器波形

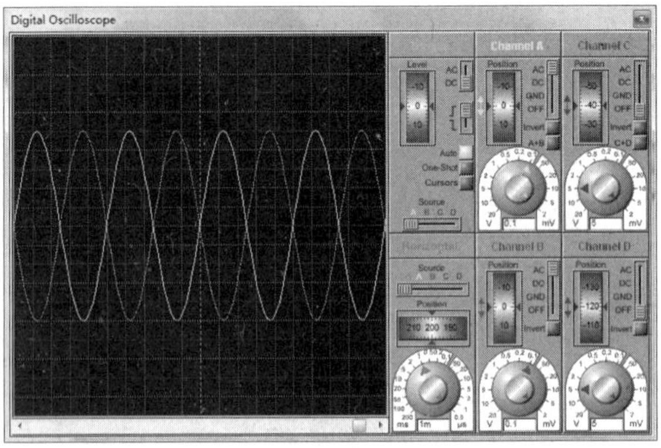

图 3-3-8　调节波形位置

小提示

◎ 读者可以自行修改其他参数并观察仿真波形。

◎ 扫描右侧二维码可观看运算放大器反相放大电路仿真视频。

3.3.3　求差运算放大电路

仿照 1.2.1 节新建原理图工程，将工程命名为“运算放大器-求差运算”，进入电路绘制界面，放置两个信号源。双击第一个信号源，弹出“Digital Clock Generator Properties”对话框，将“Generator Name”参数设为“Input1”，将“Digital Types”参数选为“Clock”，将“Clock Type”参数选为“High-Low-High Clock”，将“Frequency（Hz）”参数设为“100”，如图 3-3-9 所示。双击第二个信号源，弹出“Digital Clock Generator Properties”对话框，将“Generator Name”参数设为“Input2”，将“Digital Types”参数选为“Clock”，将“Clock Type”参数选为“Low-High-Low Clock”，将“Frequency（Hz）”参数设为“100”，如图 3-3-10 所示。

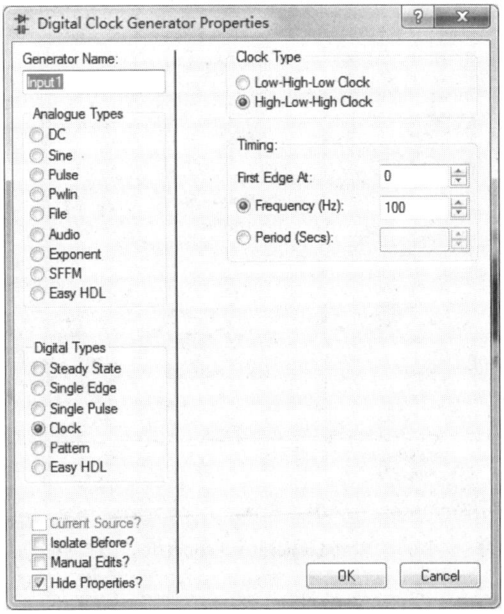

图 3-3-9　Input1 参数设置

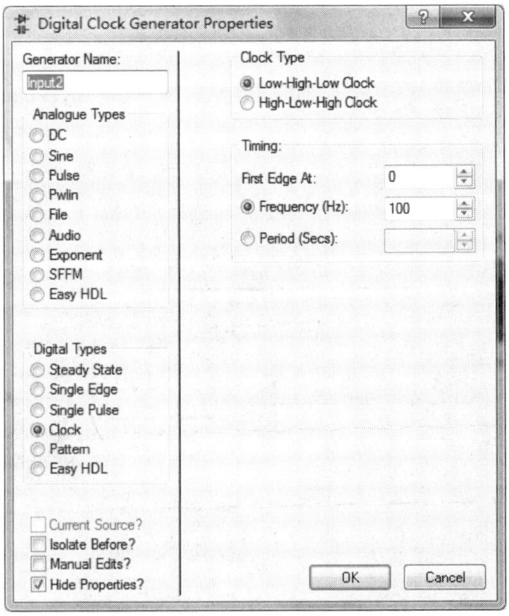

图 3-3-10　Input2 参数设置

绘制出的求差运算放大电路如图 3-3-11 所示。执行 Debug→ Run Simulation 命令，运行求差运算放大电路仿真，示波器波形如图 3-3-12 所示。输出电压与两个输入电压之差成比例，遵循 $A_{vd}=R_4/R_1$ 的电压增益计算公式。

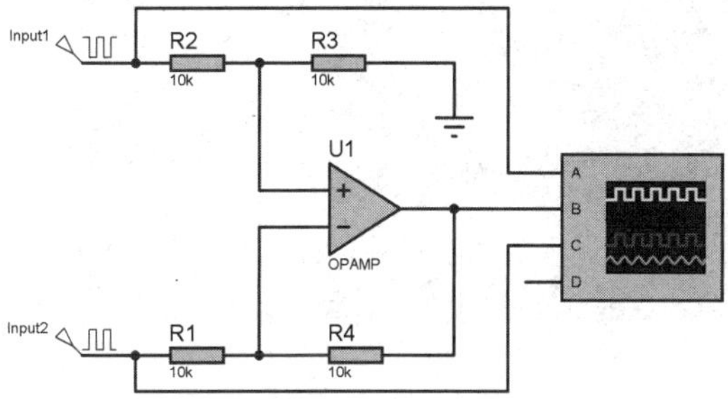

图 3-3-11　求差运算放大电路

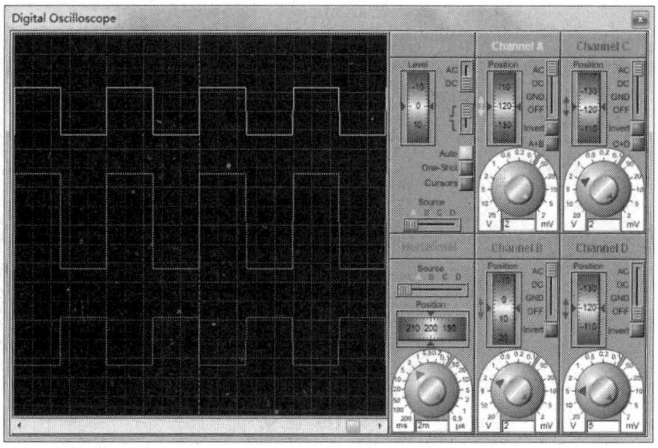

图 3-3-12　示波器波形

小提示

◎ 读者可以自行修改其他参数并观察仿真波形。

◎ 扫描右侧二维码可观看求差运算放大电路仿真视频。

3.3.4　求和运算放大电路

仿照 1.2.1 节新建原理图工程，将工程命名为“运算放大器-求和运算”，进入电路绘制界面，放置两个信号源。双击第一个信号源，弹出“Digital Clock Generator Properties”对话框，将“Generator Name”参数设为“Input1”，将“Digital Types”参数选为“Clock”，将“Clock Type”参数选为“High-Low-High Clock”，将“Frequency（Hz）”参数设为“200”，如图 3-3-13 所示。双击第二个信号源，弹出“Digital Clock Generator Properties”对话框，将“Generator Name”参数设为“Input2”，将“Digital Types”参数选为“Clock”，将“Clock Type”参数选为“High-Low-High Clock”，将“Frequency（Hz）”参数设为“200”，如图 3-3-14 所示。

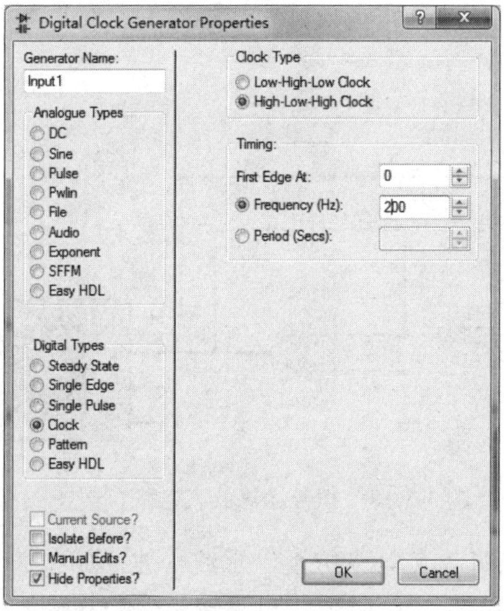

图 3-3-13　Input1 参数设置

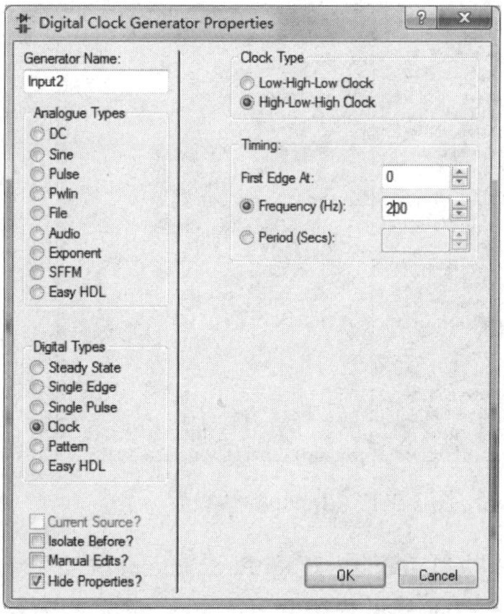

图 3-3-14　Input2 参数设置

绘制出的求和运算放大电路如图 3-3-15 所示。执行 Debug→ Run Simulation 命令，运行求和运算放大电路仿真，示波器波形如图 3-3-16 所示，可见输出信号为输入信号的反相。

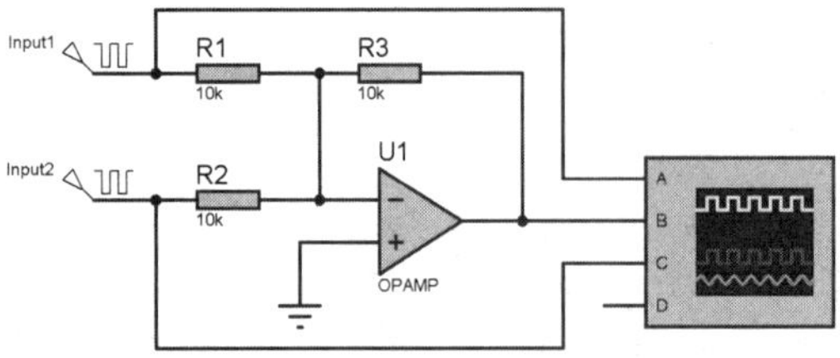

图 3-3-15 求和运算放大电路

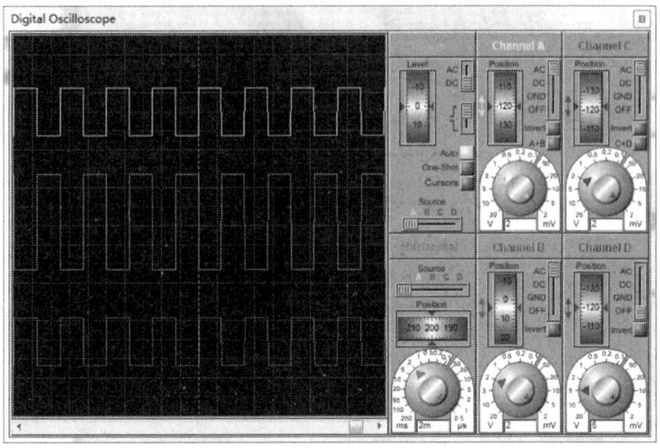

图 3-3-16 示波器波形

小提示

◎ 读者可以自行修改其他参数并观察仿真波形。

◎ 扫描右侧二维码可观看求和运算放大电路仿真视频。

3.3.5 积分运算放大电路

仿照 1.2.1 节新建原理图工程，将工程命名为“运算放大器-积分运算”，进入电路绘制界面，放置 1 个信号源。双击信号源，弹出“Digital Clock Generator Properties”对话框，将“Generator Name”参数设为“Input”，将“Digital Types”参数选为“Clock”，将“Clock Type”参数选为“High-Low-High Clock”，将“Frequency（Hz）”参数设为“200”，如图 3-3-17 所示。绘制出的积分运算放大电路如图 3-3-18 所示。

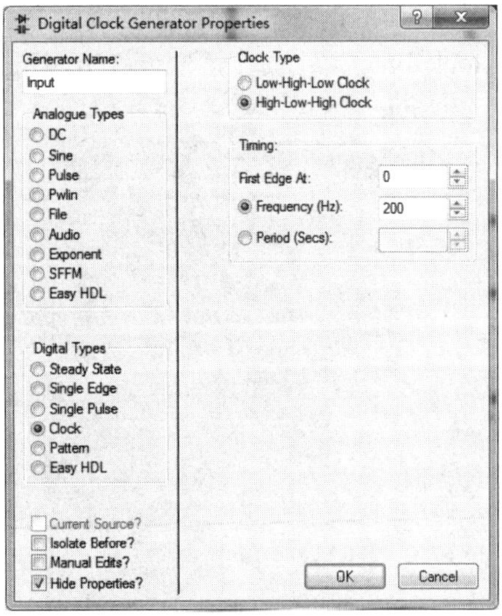

图 3-3-17 Input 参数设置

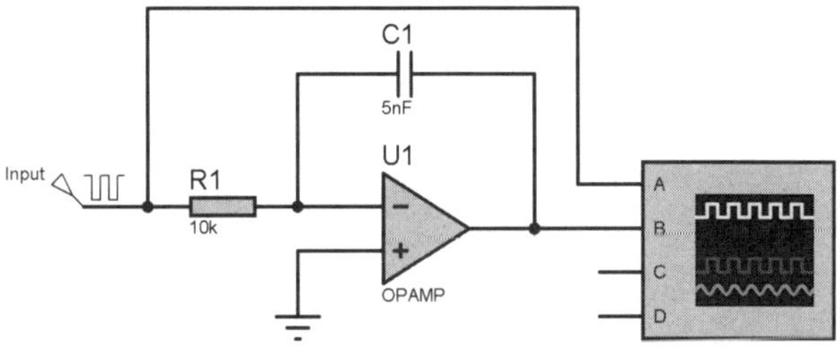

图 3-3-18 积分运算放大电路

执行 Debug→ Run Simulation 命令，运行积分运算放大电路仿真，示波器波形如图 3-3-19 所示；适当调节示波器中的按钮，调节波形位置，如图 3-3-20 所示，可见输出信号与输入信号互为反相。

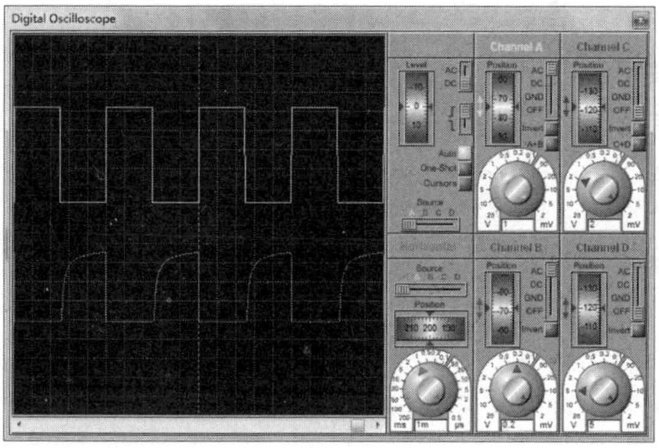

图 3-3-19　示波器波形

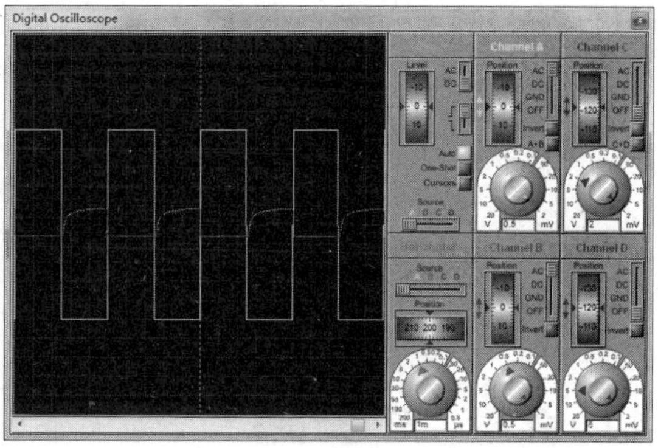

图 3-3-20　调节波形位置

小提示

◎ 读者可以自行修改其他参数并观察仿真波形。

◎ 扫描右侧二维码可观看积分运算放大电路仿真视频。

3.3.6　微分运算放大电路

仿照 1.2.1 节新建原理图工程，将工程命名为“运算放大器-微分运算”，进入电路绘制界面，放置 1 个信号源。双击信号源，弹出“Digital Clock Generator Properties”对话框，将“Generator Name”参数设为“Input”，将“Digital Types”参数选为“Clock”，将“Clock Type”参数选为“High-Low-High Clock”，将“Frequency（Hz）”参数设为“200”。绘制出的微分运算放大电路如图 3-3-21 所示。

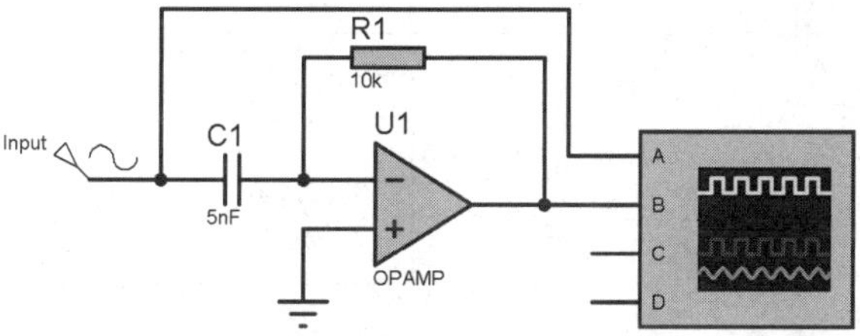

图 3-3-21　微分运算放大电路

执行 Debug→ Run Simulation 命令，运行微分运算放大电路仿真，示波器波形如图 3-3-22 所示。再次双击信号源，将“Frequency（Hz）”参数设为“100”，执行 Debug→ Run Simulation 命令，运行微分运算放大电路仿真，示波器波形如图 3-3-23 所示。

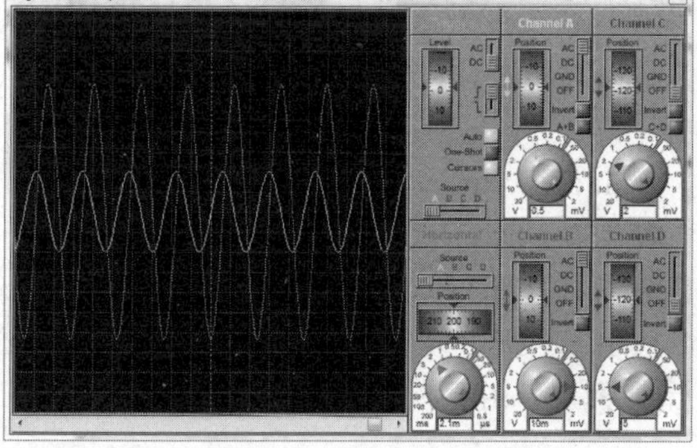

图 3-3-22　示波器波形

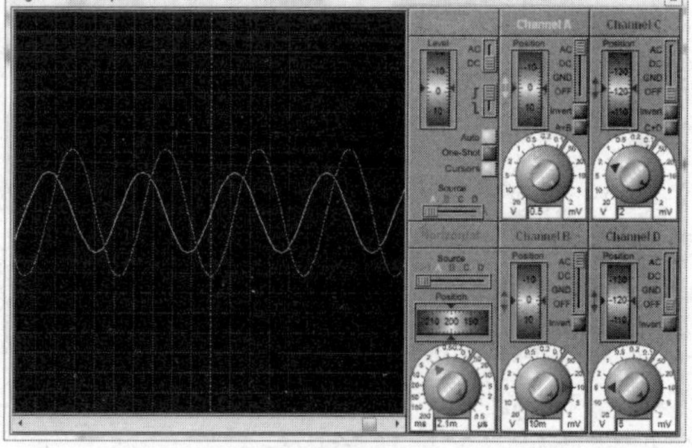

图 3-3-23　频率为 100Hz 时示波器的波形

小提示

◎ 读者可以自行修改其他参数并观察仿真波形。

◎ 扫描右侧二维码可观看微分运算放大电路仿真视频。

3.4　滤波器电路

3.4.1　高通滤波器电路

高通滤波器是允许高于某一截止频率的信号通过，而大大衰减较低频率信号的一种电子滤波装置。按照所采用的器件不同，可以分为有源高通滤波器和无源高通滤波器。无源高通滤波器是仅由无源元件电阻、电感和电容组成的滤波器。有源高通滤波器由电阻、电感、电容和集成运算放大器组成。

仿照 1.2.1 节新建原理图工程，将工程命名为“高通滤波器电路”，进入电路绘制界面，将 LF412 运算放大器放置在图纸上，在输入端放置 1 个信号源，在输出端放置 1 个探针，绘制出的高通滤波器电路如图 3-4-1 所示。

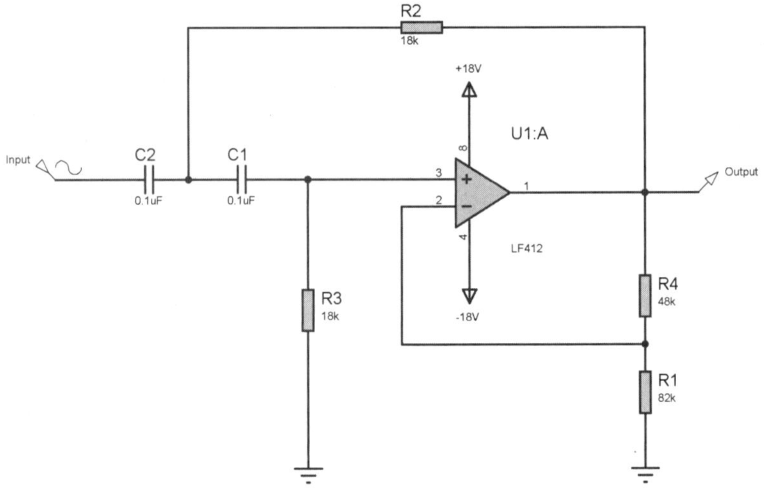

图 3-4-1　高通滤波器电路

双击信号源，弹出“Sine Generator Properties”对话框，将“Generator Name”参数设为“Input”，将“Amplitude”参数设为“1”，将“Frequency（Hz）”参数设为“100”，如图 3-4-2 所示。双击探针，弹出“Edit Voltage Probe”对话框，将“Probe Name”参数设为“Output”，如图 3-4-3 所示。

单击“Frequency Response”工具子菜单中的“Edit Properties”命令，弹出“Edit Frequency Graph”对话框，将“Reference”参数设为“Input”，将“Start frequency”参数设为“10”，将“Stop frequency”参数设为“100M”，参数设置完毕后单击 OK 按钮。然后选中“Frequency Response”工具，按空格键，即可出现带宽波形，如图 3-4-4 所示。可见，高于 100Hz 的频率通过了高通滤波器，理想情况下高通滤波器的带宽可以达到无穷大，但由于有源器件和外接元件的影响，高通滤波器的带宽也是有限的。

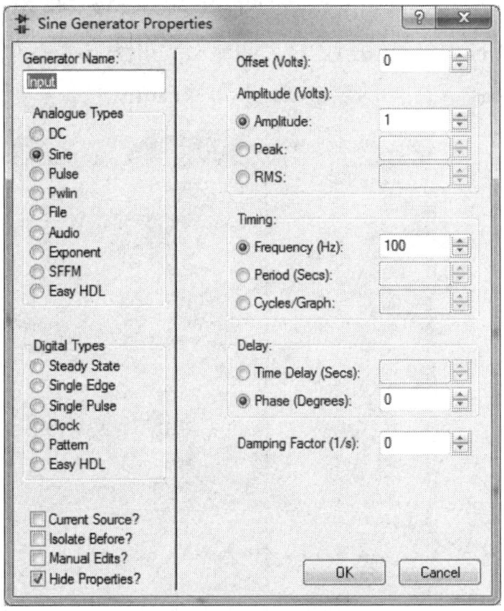

图 3-4-2　Input 参数设置

图 3-4-3　Output 参数设置

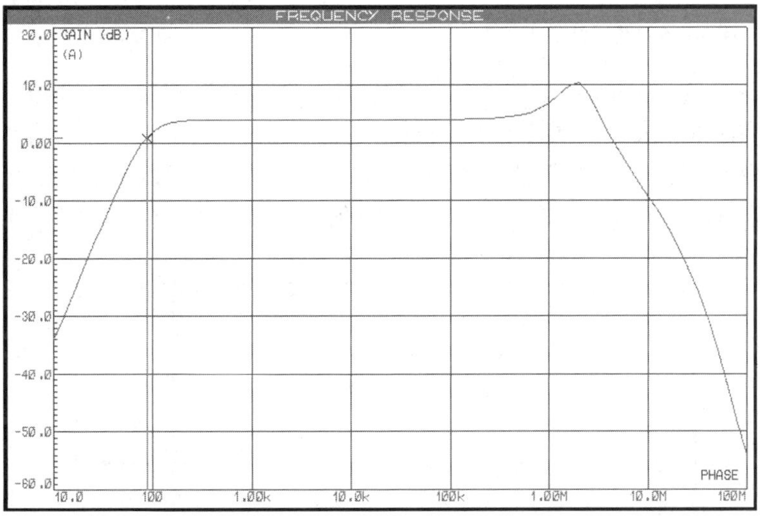

图 3-4-4　带宽波形

小提示

◎ 读者可以自行修改其他参数并观察仿真波形。

◎ 在元件库中搜索“LF412”关键字，即可找到运算放大器。

◎ 扫描右侧二维码可观看高通滤波器电路仿真视频。

3.4.2　低通滤波器电路

低通滤波器是容许低于截止频率的信号通过，但高于截止频率的信号不能通过的电子滤波装置。仿照 1.2.1 节新建原理图工程，将工程命名为“低通滤波器电路”，进入电路绘制界面，将 LF412 运算放大器放置在图纸上，在输入端放置 1 个信号源，在输出端放置 1 个探针，绘制出的低通滤波器电路如图 3-4-5 所示。

双击信号源，弹出“Sine Generator Properties”对话框，将“Generator Name”参数设为“Input”，将“Amplitude”参数设为“500m”，将“Frequency（Hz）”参数设为“200”，如图 3-4-6 所示。双击探针，弹出“Edit Voltage Probe”对话框，将“Probe Name”参数设为“Output”。

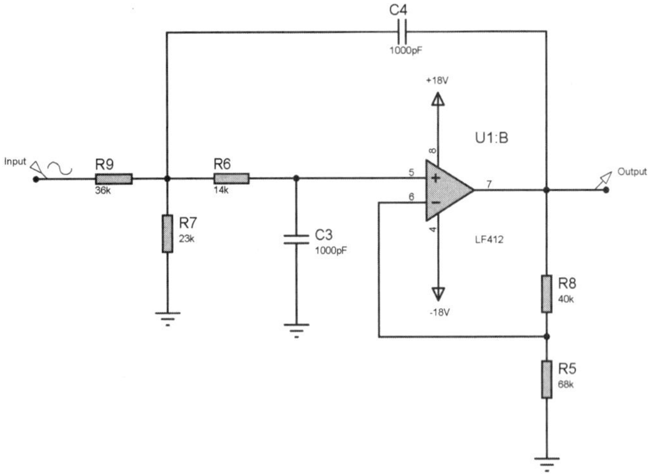

图 3-4-5　低通滤波器电路

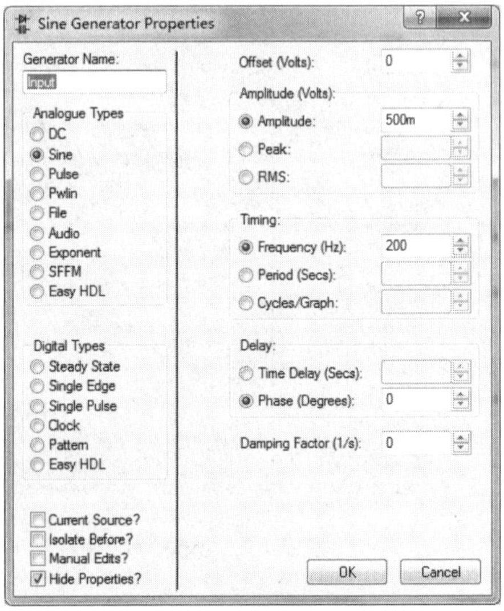

图 3-4-6　Input 参数设置

单击“Frequency Response”工具子菜单中的“Edit Properties”命令，弹出“Edit Frequency Graph”对话框，将“Reference”参数设为“Input”，将“Start frequency”参数设为“1”，将“Stop frequency”参数设为“200M”，参数设置完毕后单击 OK 按钮。然后选中“Frequency Response”工具，按空格键，即可出现带宽波形，如图 3-4-7 所示。可见当频率超过了 10kHz 时，无法通过低通滤波器电路。

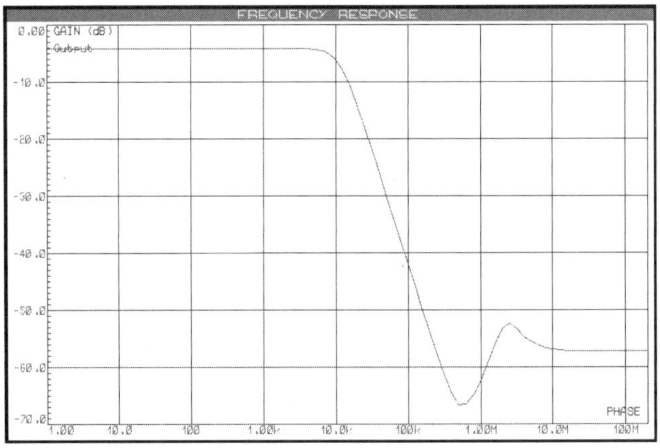

图 3-4-7　带宽波形

小提示

◎　读者可以自行修改其他参数并观察仿真波形。

◎　扫描右侧二维码可观看低通滤波器电路仿真视频。

3.4.3　带通滤波器电路

带通滤波器是一个允许特定频段的信号通过并且同时屏蔽其他频段的信号不能通过的滤波

器。带通滤波器电路可以由低通滤波器电路和高通滤波器电路组成，低通滤波器电路的截止频率应大于高通滤波器电路的截止频率。

仿照 1.2.1 节新建原理图工程，将工程命名为“带通滤波器电路”，进入电路绘制界面，将 LF412 运算放大器放置在图纸上，在输入端放置 1 个信号源，在输出端放置 1 个探针，绘制出的带通滤波器电路如图 3-4-8 所示。

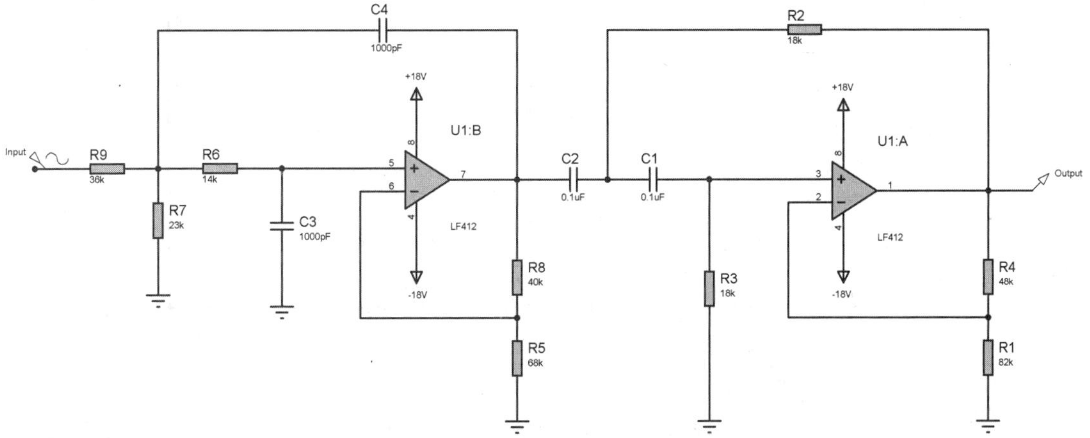

图 3-4-8 带通滤波器电路

双击信号源，弹出“Sine Generator Properties”对话框，将“Generator Name”参数设为“Input”，将“Amplitude”参数设为“200m”，将“Frequency（Hz）”参数设为“500”，如图 3-4-9 所示。双击探针，弹出“Edit Voltage Probe”对话框，将“Probe Name”参数设为“Output”。

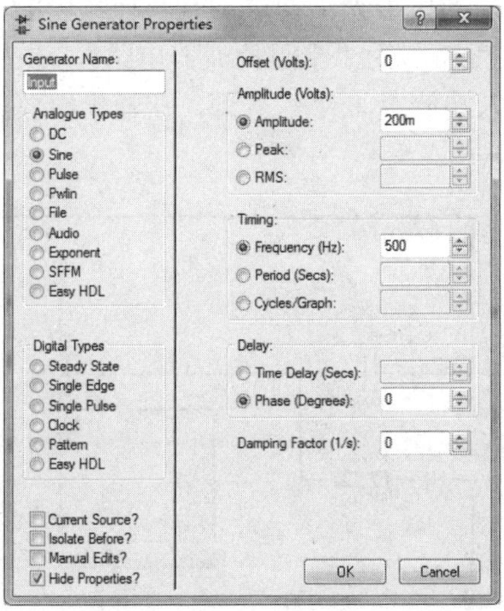

图 3-4-9 Input 参数设置

单击“Frequency Response”工具子菜单中的“Edit Properties”命令，弹出“Edit Frequency Graph”对话框，将“Reference”参数设为“Input”，将“Start frequency”参数设为“10”，将“Stop frequency”参数设为“100k”，参数设置完毕后单击 OK 按钮。然后选中“Frequency Response”工具，按空格键，即可出现带宽波形，如图 3-4-10 所示。可见只有频率在 100Hz～10kHz 的信号可以通过带通滤波器。

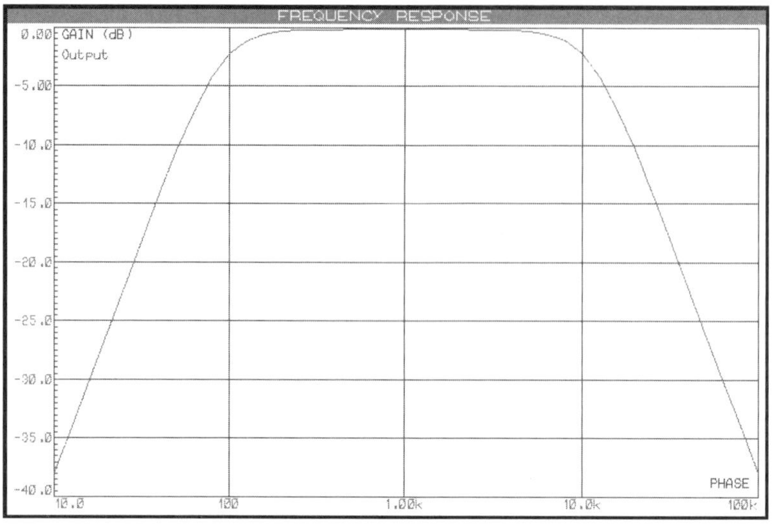

图 3-4-10 带宽波形

小提示

◎ 读者可以自行修改其他参数并观察仿真波形。

◎ 扫描右侧二维码可观看带通滤波器电路仿真视频。

3.4.4 带阻滤波器电路

带阻滤波器是一个特定频段的信号无法通过并且其他频段的信号可以通过的滤波器。仿照 1.2.1 节新建原理图工程，将工程命名为“带阻滤波器电路”，进入电路绘制界面，将 LF412 运算放大器放置在图纸上，在输入端放置 1 个信号源，在输出端放置 1 个探针，绘制出的带阻滤波器电路如图 3-4-11 所示。

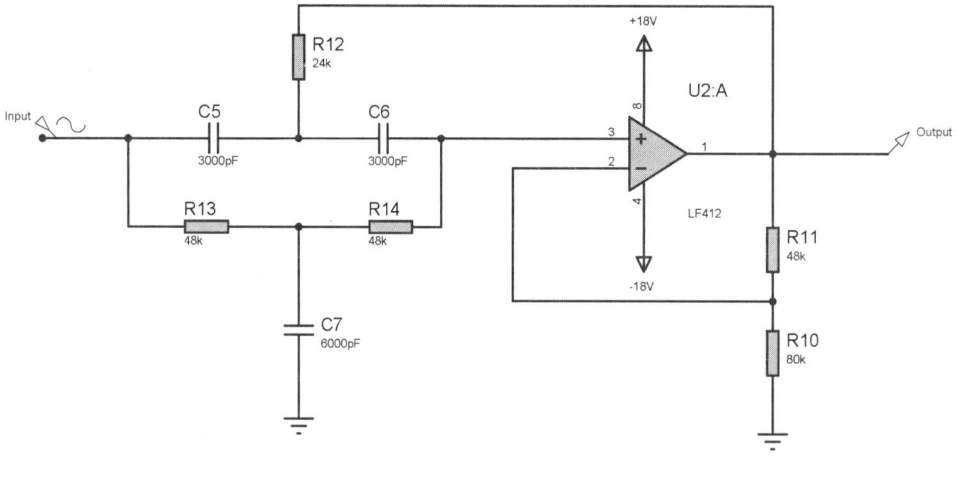

图 3-4-11 带阻滤波器电路

双击信号源，弹出“Sine Generator Properties”对话框，将“Generator Name”参数设为“Input”，将“Amplitude”参数设为“500m”，将“Frequency（Hz）”参数设为“1000”，如图 3-4-12 所示。双击探针，弹出“Edit Voltage Probe”对话框，将“Probe Name”参数设为“Output”。

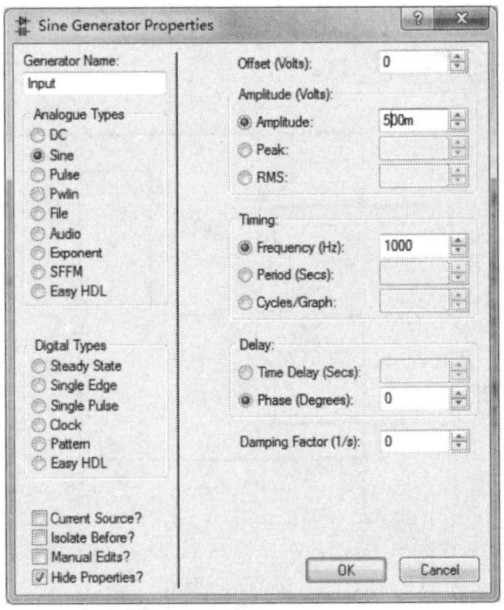

图 3-4-12　Input 参数设置

单击“Frequency Response”工具子菜单中的“Edit Properties”命令，弹出“Edit Frequency Graph”对话框，将“Reference”参数设为“Input”，将“Start frequency”参数设为“10”，将“Stop frequency”参数设为“10M”，参数设置完毕后单击 OK 按钮。然后选中“Frequency Response”工具，按空格键，即可出现带宽波形，如图 3-4-13 所示。可见频率在 725Hz～1.68kHz 的信号无法通过带阻滤波器。

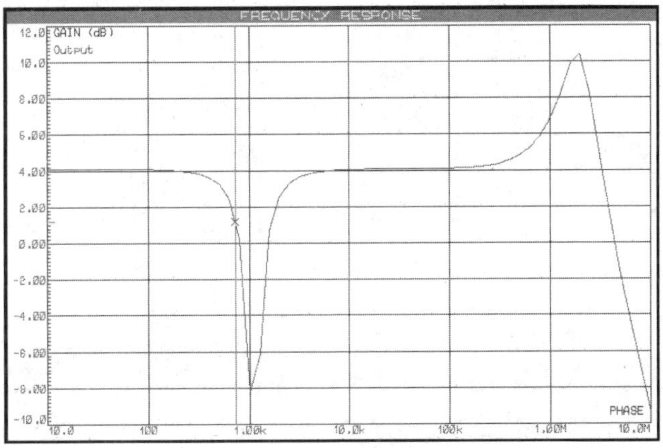

图 3-4-13　带宽波形

小提示

◎ 读者可以自行修改其他参数并观察仿真波形。

◎ 扫描右侧二维码可观看带阻滤波器电路仿真视频。

3.5　直流电源电路

3.5.1　单相桥式整流电路

单相桥式整流电路将交流电转化为直流电。仿照 1.2.1 节新建原理图工程，将工程命名为“单相桥式整流电路”，进入电路绘制界面，将交流电压源、变压器和整流桥等元件放置在图纸上，绘制出的单相桥式整流电路如图 3-5-1 所示。

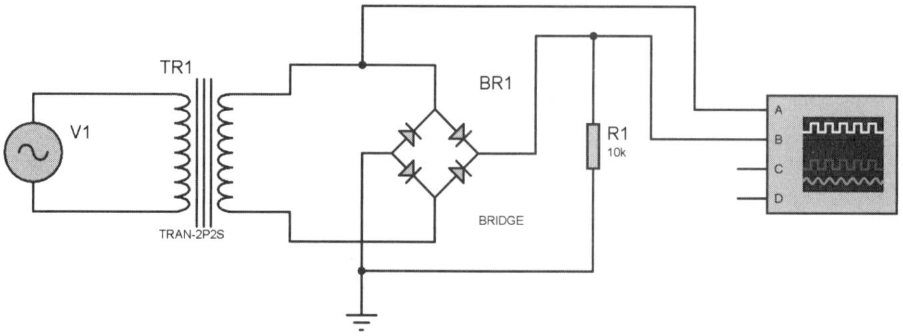

图 3-5-1　单相桥式整流电路

双击交流电压源，弹出“Edit Component”对话框，将“Part Reference”参数设为“V1”，将“Amplitude”参数设为“242V”，将“Frequency”参数设为“50Hz”，如图 3-5-2 所示。双击变压器元件，弹出“Edit Component”对话框，将“Primary Inductance”参数设为“100H”，将“Secondary Inductance”参数设为“1.8H”，将“Primary DC resistance”参数设为“10m”，将“Secondary DC resistance”参数设为“10m”，将“Coupling Factor”参数设为“1.0”，如图 3-5-3 所示。

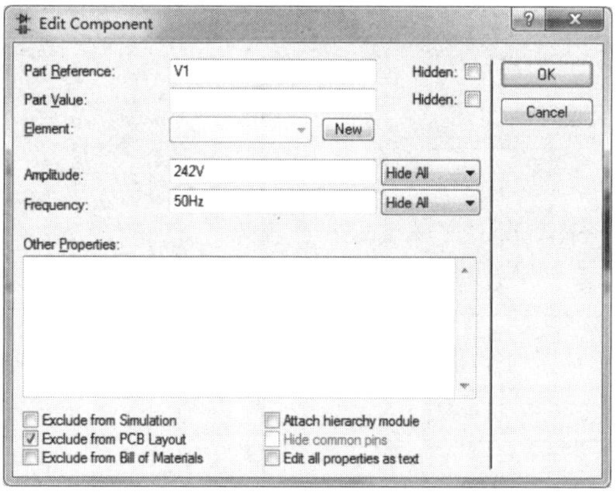

图 3-5-2　交流电压源参数设置

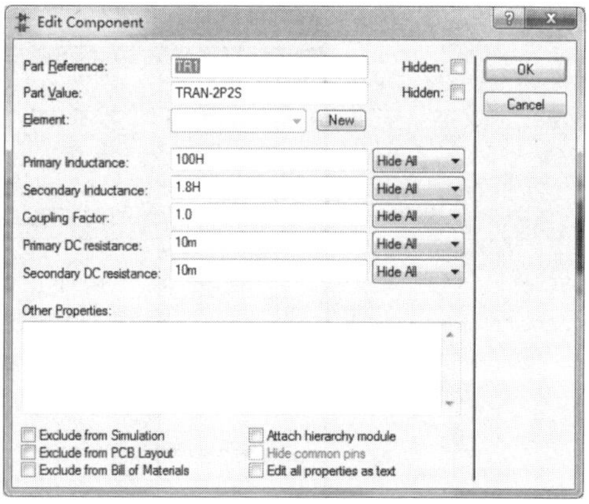

图 3-5-3　变压器参数设置

执行 Debug→ Run Simulation 命令，运行单相桥式整流电路仿真，示波器波形如图 3-5-4 所示。适当调节示波器波形的位置，如图 3-5-5 所示。

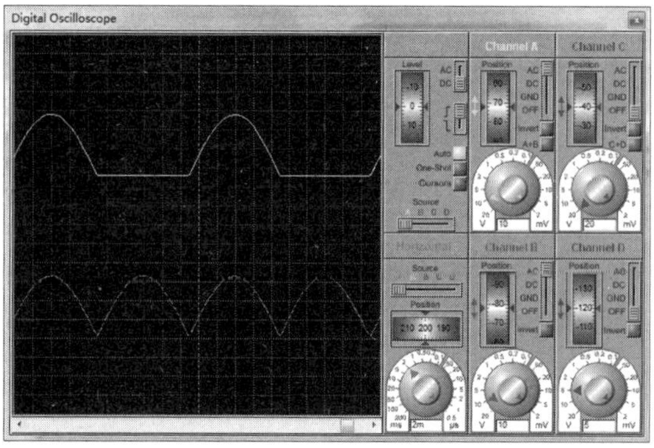

图 3-5-4　示波器波形

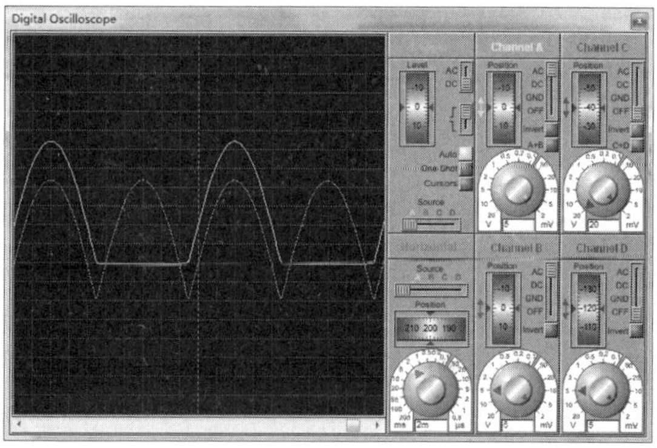

图 3-5-5　调节示波器波形的位置

再次进入电路绘制界面，绘制一路单相桥式整流电路，并在整流桥 BR2 和电阻 R2 之间加入电容 C2，如图 3-5-6 所示。

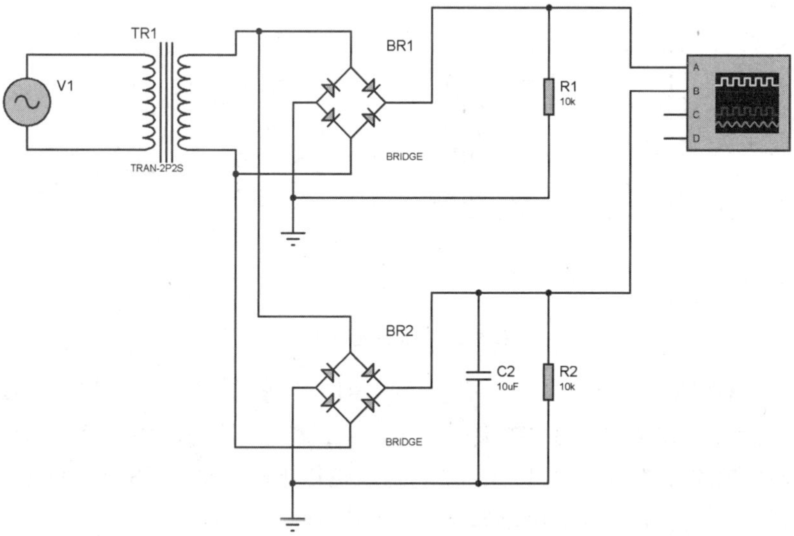

图 3-5-6　加入电容

执行 Debug → Run Simulation 命令，运行单相桥式整流电路仿真，示波器波形如图 3-5-7 所示。可见加入滤波电容后的单相桥式整流电路示波器波形更加平稳。

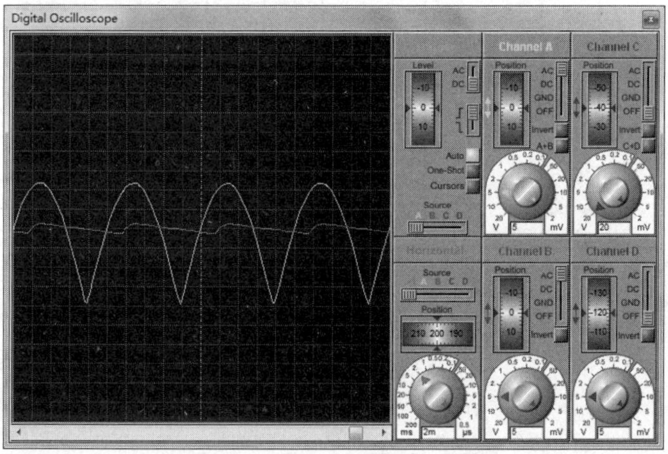

图 3-5-7　示波器波形

小提示

- ◎ 读者可以自行修改其他参数并观察仿真波形。
- ◎ 在元件库中搜索“TRAN”关键字，即可找到变压器。
- ◎ 在元件库中搜索“BRIDGE”关键字，即可找到整流桥。
- ◎ 扫描右侧二维码可观看单相桥式整流电路仿真视频。

3.5.2　集成 IC 稳压电路

本节将设计出由集成 IC 组成的稳压电路。集成 IC 稳压电路主要由变压整流电路、±15V 电压输出电路、±12V 电压输出电路和±5V 电压输出电路组成。

仿照 1.2.1 节新建原理图工程，将工程命名为“集成 IC 稳压电路”，进入电路绘制界面，绘制出的变压整流电路如图 3-5-8 所示。

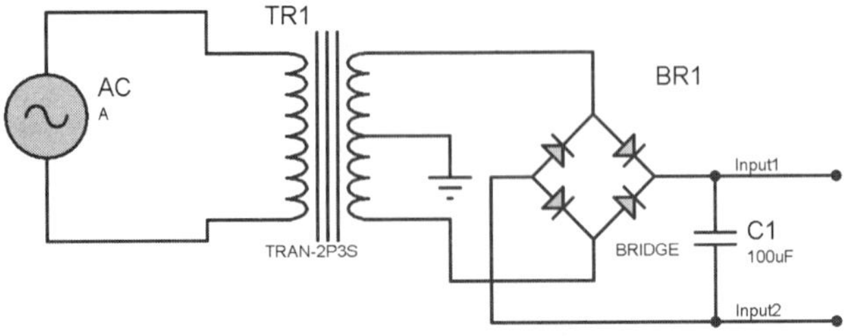

图 3-5-8　变压整流电路

±15V 电压输出电路主要由 7815 稳压芯片和 7915 稳压芯片组成，绘制出的±15V 电压输出电路如图 3-5-9 所示；±12V 电压输出电路主要由 7812 稳压芯片和 7912 稳压芯片组成，绘制出的±12V 电压输出电路如图 3-5-10 所示；±5V 电压输出电路主要由 7805 稳压芯片和 7905 稳压芯片组成，绘制出的±5V 电压输出电路如图 3-5-11 所示。

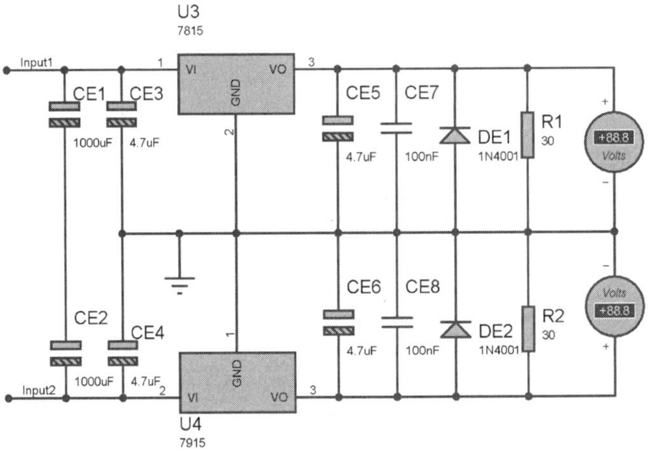

图 3-5-9　±15V 电压输出电路

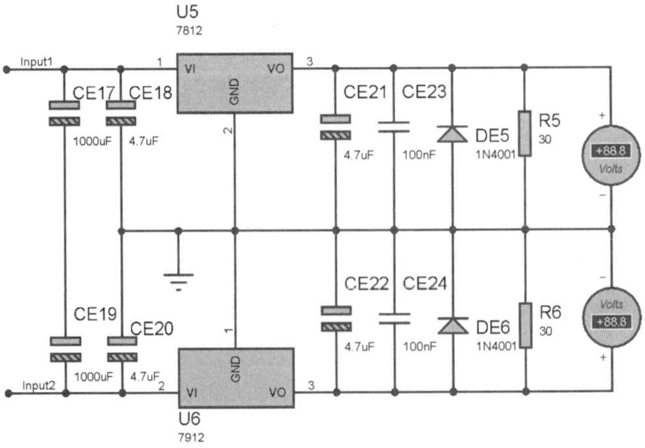

图 3-5-10　±12V 电压输出电路

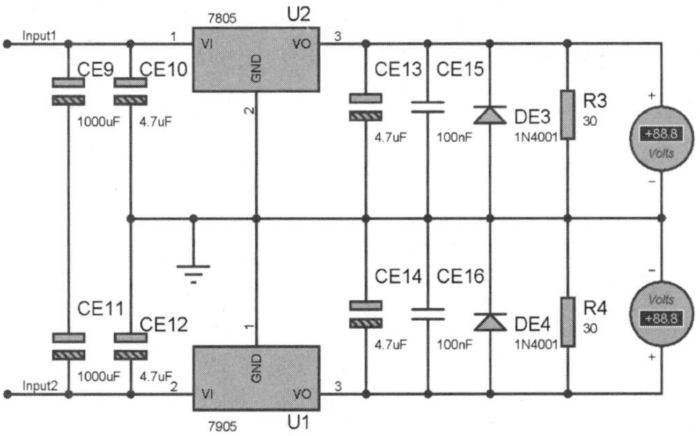

图 3-5-11　±5V 电压输出电路

双击交流电压源，弹出“Edit Component”对话框，将“Part Reference”参数设为“AC”，将“Amplitude”参数设为“242V”，将“Frequency”参数设为“50Hz”，如图 3-5-12 所示。双击变压器元件，弹出“Edit Component”对话框，将“Primary Inductance”参数设为“100H”，将“Total Secondary Inductance”参数设为“1.8H”，将“Primary DC resistance”参数设为“10m”，将“Secondary DC resistance”参数设为“10m”，将“Coupling Factor”参数设为“1”，如图 3-5-13 所示。

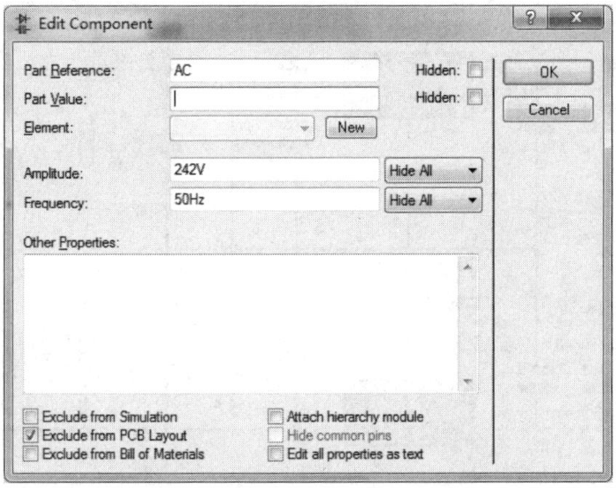

图 3-5-12　交流电压源参数设置

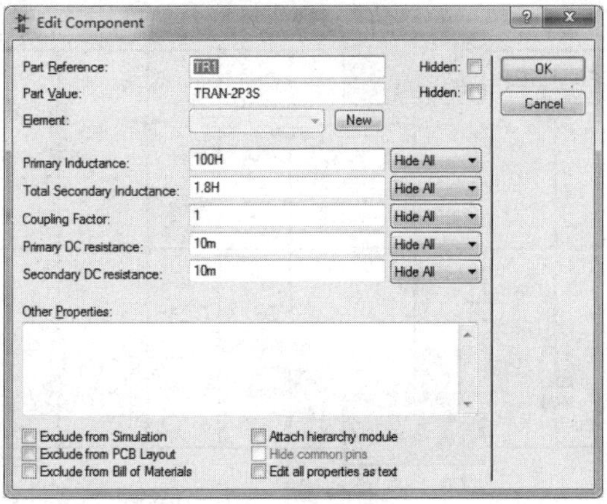

图 3-5-13　变压器参数设置

执行 Debug→ Run Simulation 命令，运行集成 IC 稳压电路仿真，±15V 电压输出电路的电压表示数分别为+14.9V 和−15.0V，如图 3-5-14 所示；±12V 电压输出电路的电压表示数分别为+12.0V 和−12.0V，如图 3-5-15 所示；±5V 电压输出电路的电压表示数分别为+5.00V 和−5.02V，如图 3-5-16 所示。

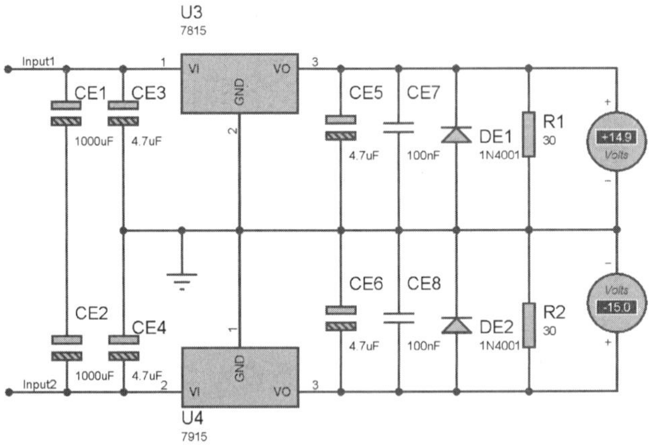

图 3-5-14　±15V 电压输出电路电压表示数

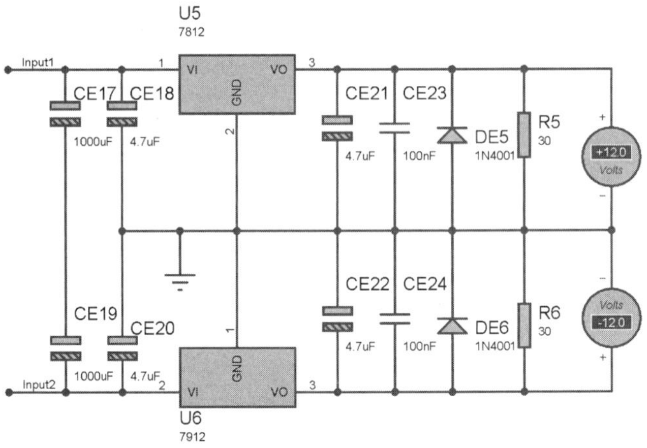

图 3-5-15　±12V 电压输出电路电压表示数

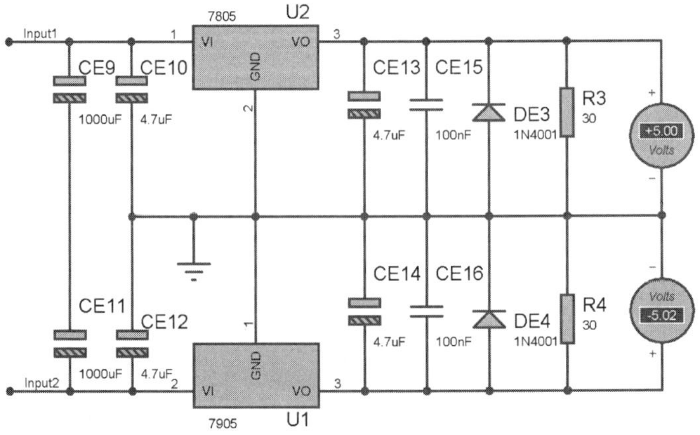

图 3-5-16　±5V 电压输出电路电压表示数

小提示

◎ 读者可以自行修改其他参数并观察仿真波形。
◎ 在元件库中搜索“7915”关键字，即可找到 7915 稳压 IC。
◎ 在元件库中搜索“7815”关键字，即可找到 7815 稳压 IC。
◎ 在元件库中搜索“7912”关键字，即可找到 7912 稳压 IC。
◎ 在元件库中搜索“7812”关键字，即可找到 7812 稳压 IC。
◎ 在元件库中搜索“7905”关键字，即可找到 7905 稳压 IC。
◎ 在元件库中搜索“7805”关键字，即可找到 7805 稳压 IC。
◎ 扫描右侧二维码可观看集成 IC 稳压电路仿真视频。

第 4 章　循迹机器人电路

4.1　总体要求

循迹机器人是一种能够自动按照给定的路线移动的机器人。循迹机器人技术包括传感器技术、信号处理技术、电动机驱动技术及自动控制技术等。循迹机器人广泛应用于军事、民用和科学研究等方面。同时，循迹机器人也是大学生科技竞赛的重点项目之一。本章循迹机器人电路主要设计要求如下。

☺ 可以根据指引线进行循迹。
☺ 循迹机器人向左转向时，应有左转指示灯亮起。
☺ 循迹机器人向右转向时，应有右转指示灯亮起。
☺ 循迹机器人前进时，应有指示灯亮起。
☺ 循迹机器人停止时，应有指示灯亮起。
☺ 循迹机器人采用差速转弯的形式。
☺ 循迹机器人可根据循迹传感器的反馈值采用不同的差速等级进行转弯。

4.2　硬件电路设计

4.2.1　硬件系统框图

循迹机器人电路硬件系统主要包括单片机最小系统电路、循迹传感器电路、电动机驱动电路、指示灯电路和电源电路等。循迹机器人电路硬件系统框图如图 4-2-1 所示。

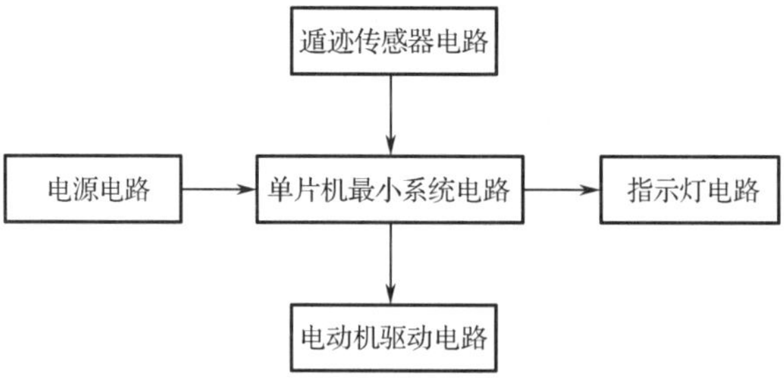

图 4-2-1　循迹机器人电路硬件系统框图

4.2.2　单片机最小系统电路

依次选择“开始”→“所有程序”→“Proteus 8 Professional”，单击 Proteus 8 Professional 图

标，如图 4-2-2 所示，启动 Proteus 8 Professional 软件，进入主窗口，如图 4-2-3 所示。由于操作系统不同，快捷方式位置可能会略有变化。

图 4-2-2　快捷方式所在位置

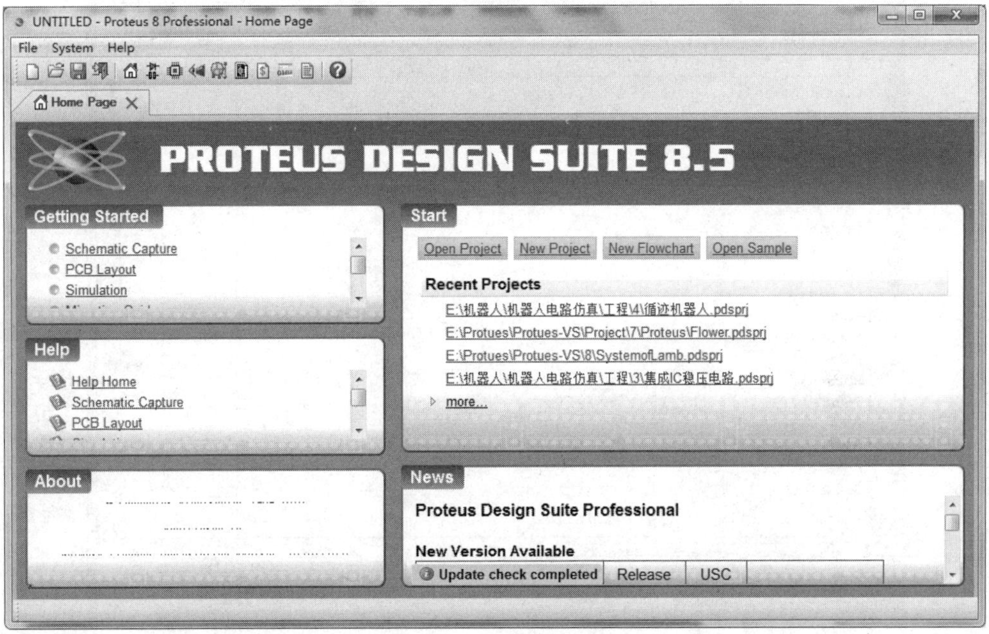

图 4-2-3　Proteus 主窗口

执行 File → New Project 命令，弹出“New Project Wizard：Start”对话框，在“Name”栏输入“循迹机器人电路”作为工程名，在“Path”栏选择存储路径“E:\机器人\机器人电路仿真\工程\4”，选择“New Project”选项，如图 4-2-4 所示。

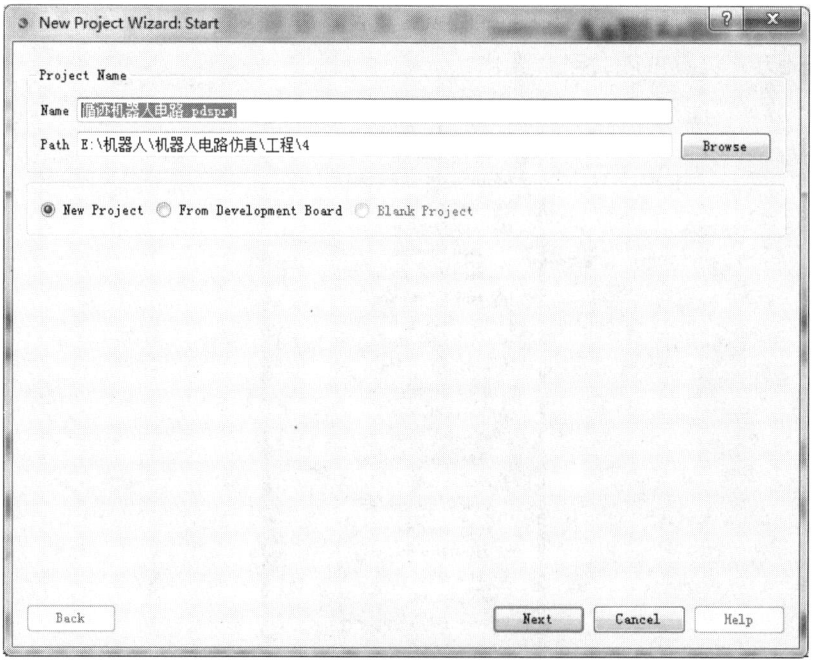

图 4-2-4　“New Project Wizard：Start”对话框

单击“New Project Wizard：Start”对话框中的 Next 按钮，进入“New Project Wizard：Schematic Design”对话框，由于本例中使用的元件数量较多，尽量选择较大的图纸，可在“Design Templates”栏中选择 Landscape A2，如图 4-2-5 所示。

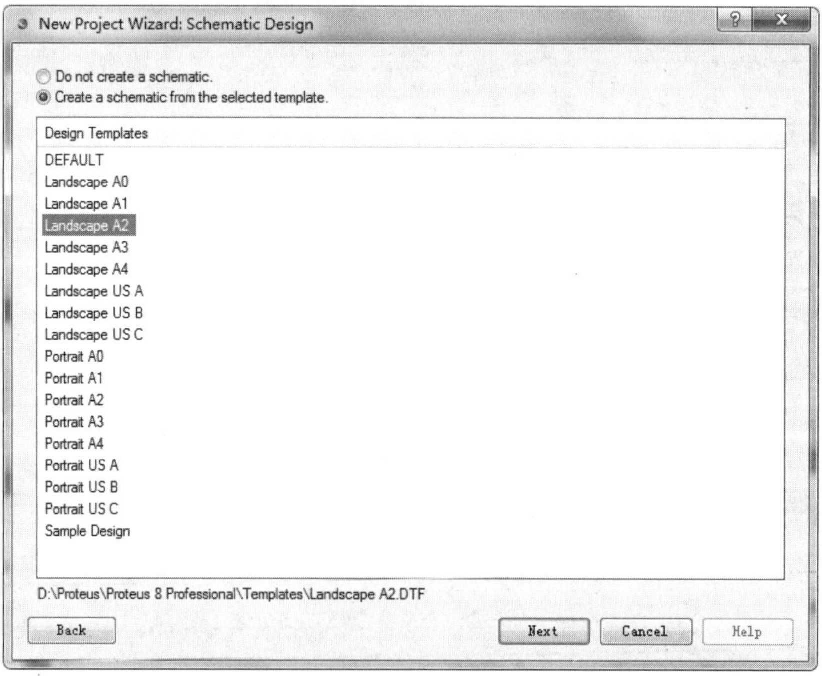

图 4-2-5　“New Project Wizard：Schematic Design”对话框

单击“New Project Wizard：Schematic Design”对话框中的 Next 按钮，进入“New Project Wizard：PCB Layout”对话框，选择“Do not create a PCB layout”选项，如图 4-2-6 所示。

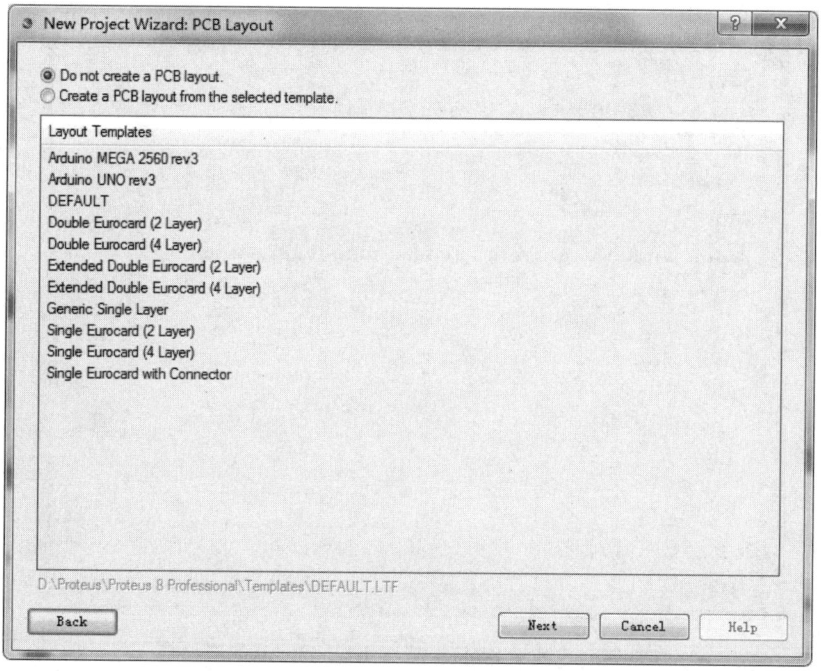

图 4-2-6　“New Project Wizard：PCB Layout”对话框

单击“New Project Wizard：PCB Layout”对话框中的 Next 按钮，进入“New Project Wizard：Firmware”对话框，选择“No Firmware Project”选项，全部参数选择默认设置，如图 4-2-7 所示。

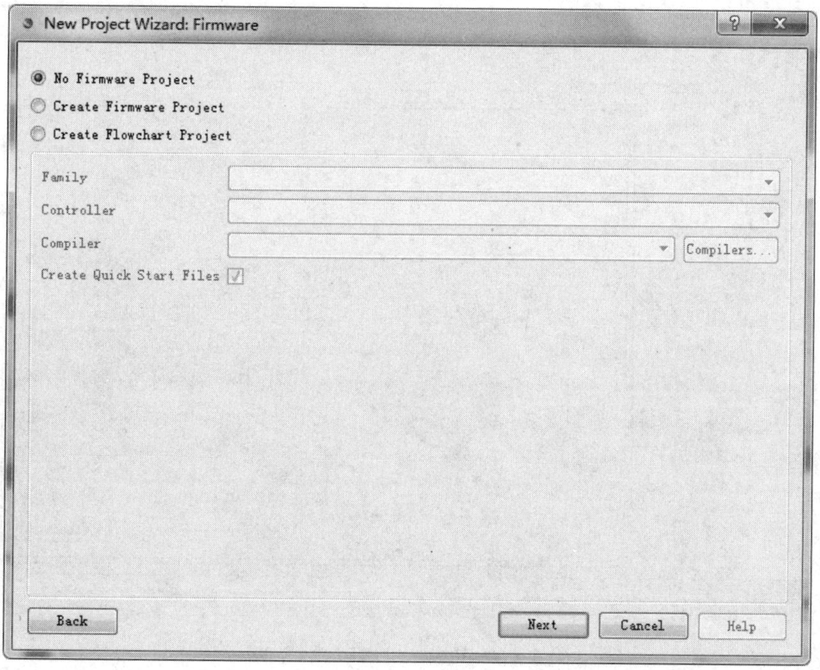

图 4-2-7　“New Project Wizard：Firmware”对话框

单击“New Project Wizard：Firmware”对话框中的 Next 按钮，进入“New Project Wizard：Summary”对话框，如图 4-2-8 所示。

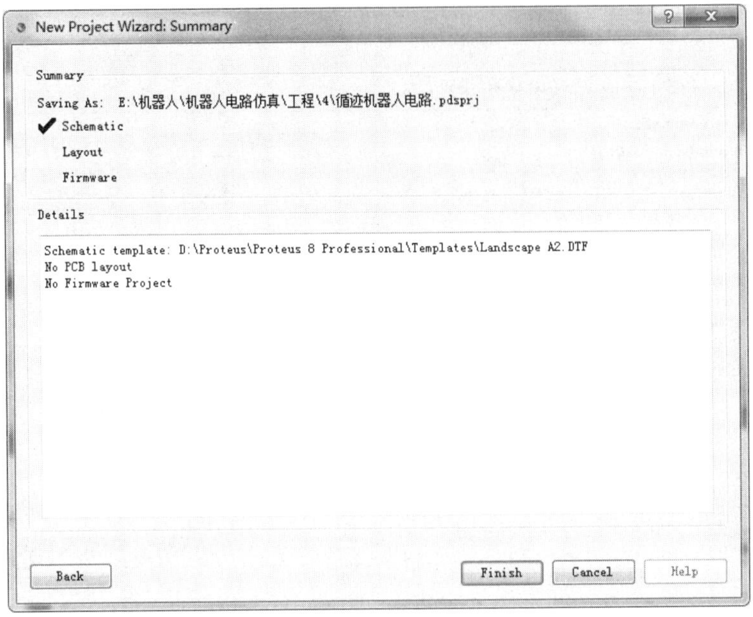

图 4-2-8 “New Project Wizard：Summary”对话框

单击该对话框中的 Finish 按钮，即可完成新工程的创建，进入 Proteus 软件绘制界面，如图 4-2-9 所示。

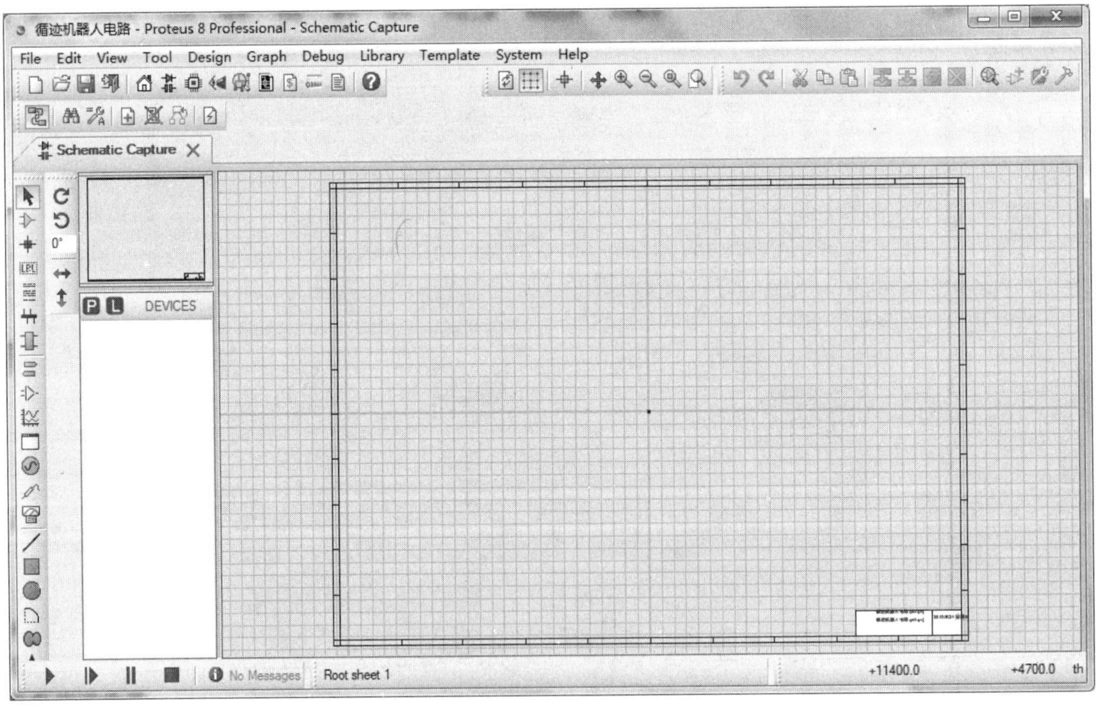

图 4-2-9 Proteus 软件绘制界面

单片机最小系统电路包括单片机电路、晶振电路和复位电路。单片机最小系统电路的主要作用是将传感器电路采集到的信息进行加工处理，并根据信息处理结果去驱动信号灯电路和电动机驱动电路。绘制出的单片机最小系统电路如图 4-2-10 所示。

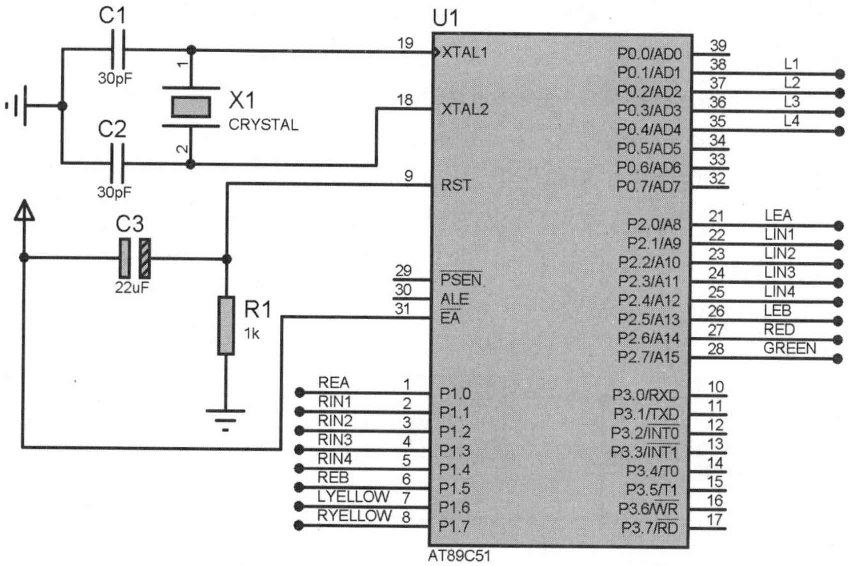

图 4-2-10　单片机最小系统电路

复位电路采用上电复位的形式。双击晶振元件，弹出“Edit Component”对话框，将“Frequency”参数设置为“12MHz”，其他参数为默认设置，如图 4-2-11 所示。晶振元件参数设置完毕后，单击“Edit Component”对话框中的 OK 按钮。

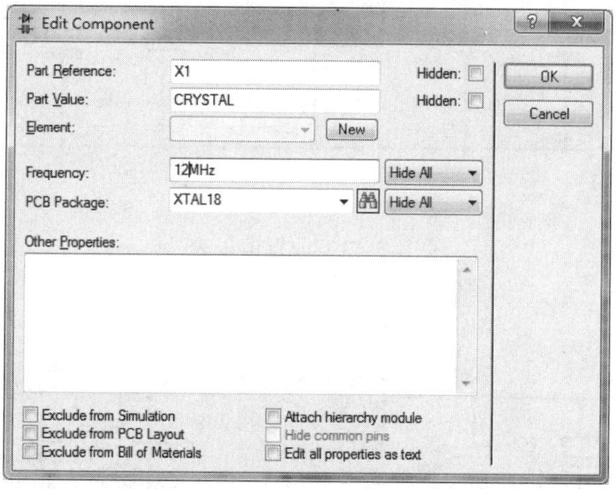

图 4-2-11　“Edit Component”对话框

小提示

◎ AT89C51 单片机中的网络标号在后续章节具体讲解。

◎ 在元件库中搜索“89C51”关键字，即可找到 AT89C51 单片机。

◎ 在元件库中搜索“CRY”关键字，即可找到晶振元件，双击晶振元件将频率设为 12MHz。

4.2.3　电源电路

常用锂电池的电压约为 3.7V，而循迹机器人的电源通常需要由若干块锂电池串联组成。电源电路主要由三路稳压电源电路组成：第 1 路稳压电源电路由 7805 等元件组成，将+7.4V 电压转换为+5V 电压；第 2 路、第 3 路稳压电源电路由 7812 和二极管等元件组成，将+14.8V 电压转换为+12V 电压。

在 Proteus 软件中绘制出的第 1 路稳压电源电路如图 4-2-12 所示。将两个电压表分别放置在第 1 路稳压电源电路的输入端和输出端，分别命名为 V1 和 V2，如图 4-2-13 所示。执行 Debug→Run Simulation 命令，运行第 1 路稳压电源电路仿真，仿真结果如图 4-2-14 所示，输入端电压表 V1 示数为+7.4V，输出端电压表 V2 示数为+5V，与预期结果相差无几。第 1 路稳压电源电路可以将+7.4V 电压转换为+5V 左右电压，并供 89C51 单片机和 L298 电动机驱动等芯片使用。

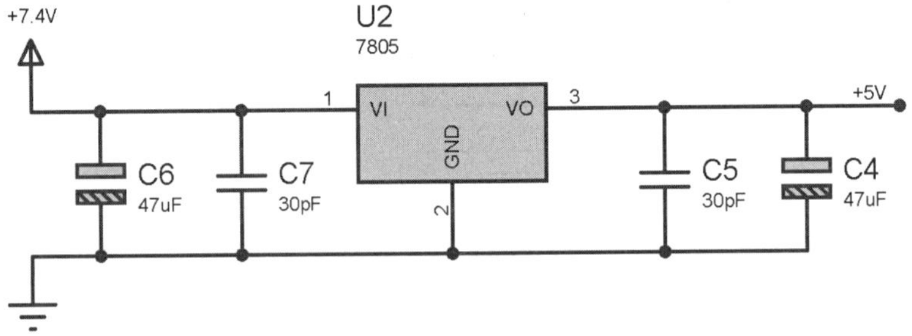

图 4-2-12　第 1 路稳压电源电路

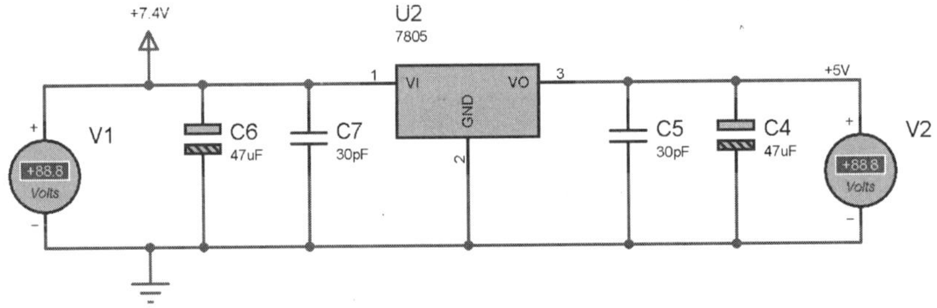

图 4-2-13　放置电压表

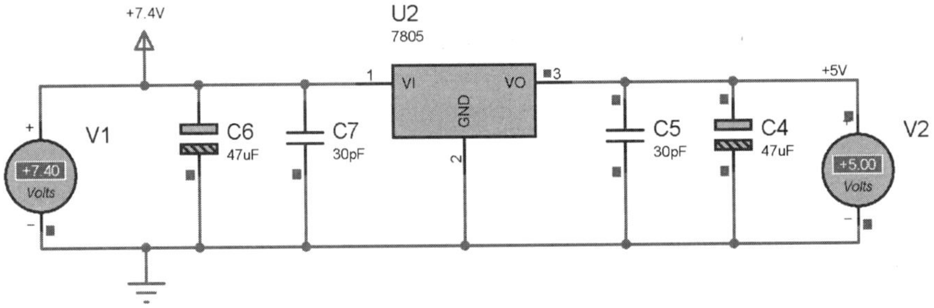

图 4-2-14　第 1 路稳压电源电路仿真结果

在 Proteus 软件中绘制出的第 2 路稳压电源电路如图 4-2-15 所示。将两个电压表分别放置在第 2 路稳压电源电路的输入端和输出端，分别命名为 V3 和 V4，如图 4-2-16 所示。执行 Debug→Run Simulation 命令，运行第 2 路稳压电源电路仿真，仿真结果如图 4-2-17 所示，输入端电压表 V3 示数为+14.8V，输出端电压表 V4 示数为+11.9V，与预期结果相差无几。第 2 路稳压电源电路可以将+14.8V 电压转换为+12V 左右电压，并供 4 个电动机使用。

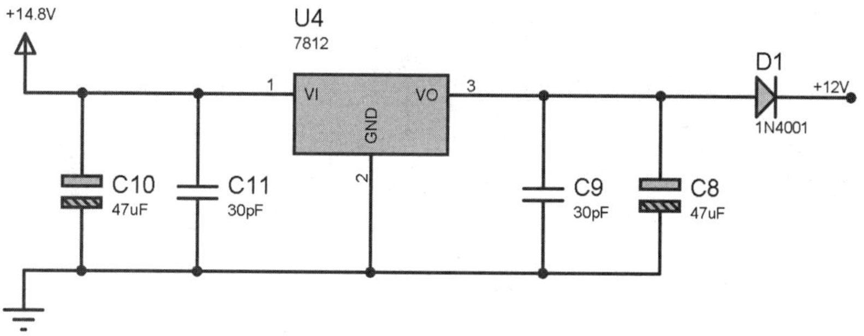

图 4-2-15 第 2 路稳压电源电路

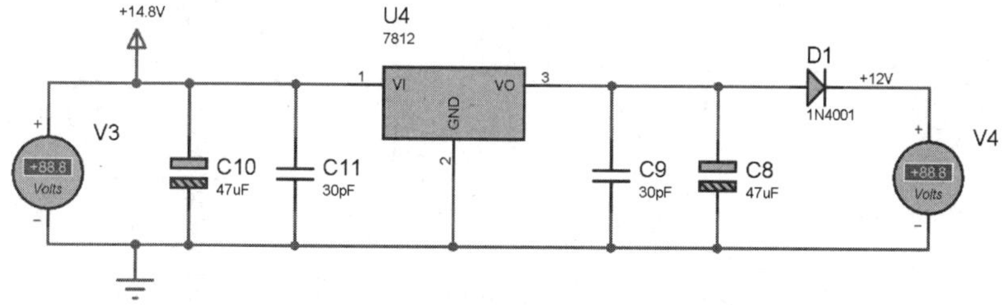

图 4-2-16 放置电压表

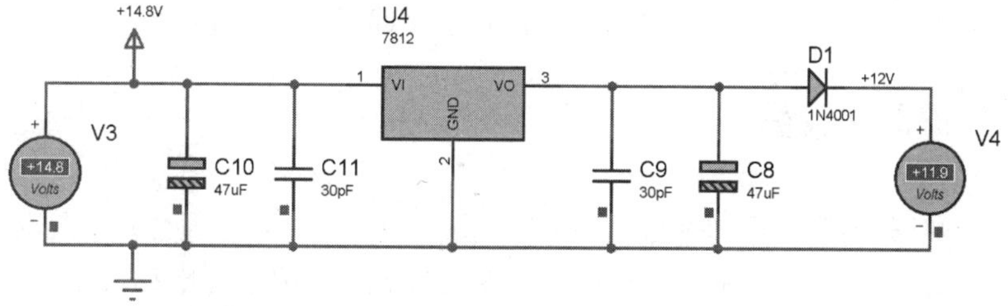

图 4-2-17 第 2 路稳压电源电路仿真结果

在 Proteus 软件中绘制出的第 3 路稳压电源电路如图 4-2-18 所示，实际上第 3 路稳压电源电路是第 2 路稳压电源电路的冗余。将两个电压表分别放置在第 3 路稳压电源电路的输入端和输出端，分别命名为 V5 和 V6，如图 4-2-19 所示。执行 Debug → Run Simulation 命令，运行第 3 路稳压电源电路仿真，仿真结果如图 4-2-20 所示，输入端电压表 V5 示数为+14.8V，输出端电压表 V6 示数为+11.8V，与预期结果相差无几。第 3 路稳压电源电路可以将+14.8V 电压转换为+12V 左右电压，并供 4 个电动机使用。

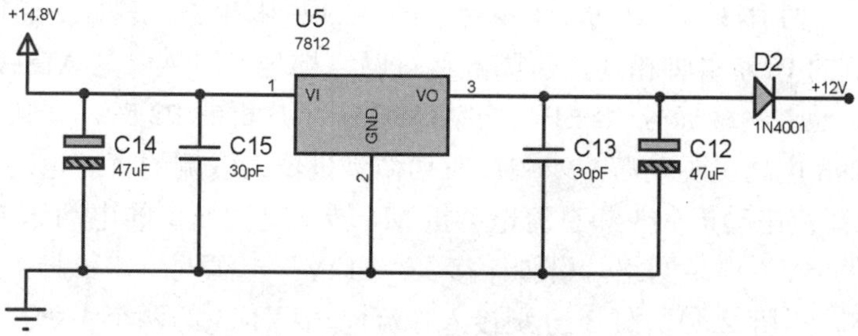

图 4-2-18 第 3 路稳压电源电路

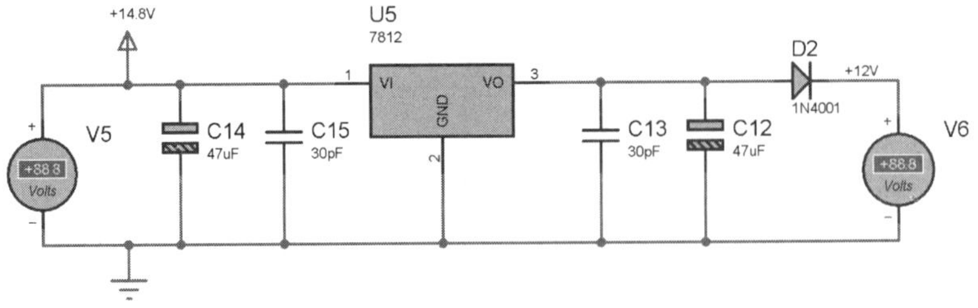

图 4-2-19 放置电压表

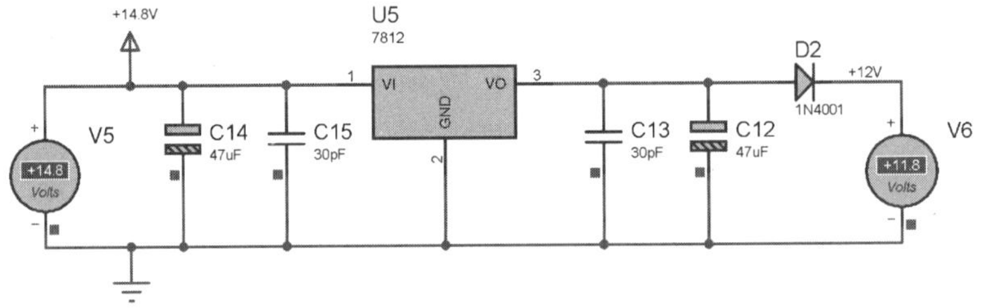

图 4-2-20 第 3 路稳压电源电路仿真结果

小提示

◎ 在元件库中搜索“7805”关键字，即可找到 7805 稳压芯片。

◎ 在元件库中搜索“7812”关键字，即可找到 7812 稳压芯片。

4.2.4 电动机驱动电路

循迹机器人可以分为四轮循迹机器人和三轮循迹机器人，四轮循迹机器人拥有 4 个驱动电动机，三轮循迹机器人拥有两个驱动电动机和 1 个万向轮。本例中的电动机驱动电路可以驱动 4 个电动机。在 Proteus 软件中绘制出的电动机驱动电路如图 4-2-21 所示，电动机驱动电路主要由电动机驱动芯片 L298、直流电动机和二极管等元件组成。

元件 U3 为 L298 电动机驱动芯片，用以驱动循迹机器人左侧的直流电动机，二极管 D5、二极管 D10～D16 的作用是防止直流电动机 M1 和直流电动机 M2 转动时所产生的电动势击穿元件 U3。元件 U3 的引脚 9 接入“+5V”电源网络，引脚 4 接入“+12V”电源网络，引脚 1、引脚 15 和引脚 8 接入“GND”网络，引脚 2 和引脚 3 分别接入直流电动机 M1 的两个引脚，引脚 13 和引脚 14 分别接入直流电动机 M2 的两个引脚，引脚 5 通过网络标号“LIN1”与 AT89C51 单片机的 P2.1 引脚相连，引脚 7 通过网络标号“LIN2”与 AT89C51 单片机的 P2.2 引脚相连，引脚 10 通过网络标号“LIN3”与 AT89C51 单片机的 P2.3 引脚相连，引脚 12 通过网络标号“LIN4”与 AT89C51 单片机的 P2.4 引脚相连，引脚 6 通过网络标号“LEA”与 AT89C51 单片机的 P2.0 引脚相连，引脚 11 通过网络标号“LEB”与 AT89C51 单片机的 P2.5 引脚相连。

元件 U6 为 L298 电动机驱动芯片，用以驱动循迹机器人右侧的直流电动机，二极管 D17～D24 的作用是防止直流电动机 M3 和直流电动机 M4 转动时所产生的电动势击穿元件 U6。元件 U6 的引脚 9 接入“+5V”电源网络，引脚 4 接入“+12V”电源网络，引脚 1、引脚 15 和引脚 8 接入“GND”网络，引脚 2 和引脚 3 分别接入直流电动机 M3 的两个引脚，引脚 13 和引脚 14 分别接入直流电动机 M4 的两个引脚，引脚 5 通过网络标号“RIN1”与 AT89C51 单片机的 P1.1 引脚相连，引脚 7 通过网络标号“RIN2”与 AT89C51 单片机的 P1.2 引脚相连，引脚 10 通过网络标号“RIN3”与 AT89C51 单片机的 P1.3 引脚相连，引脚 12 通过网络标号“RIN4”与 AT89C51 单片机的 P1.4 引脚相连，引脚 6 通过网络标号“REA”与 AT89C51 单片机的 P1.0 引脚相连，引脚 11 通过网络标号“REB”与 AT89C51 单片机的 P1.5 引脚相连。

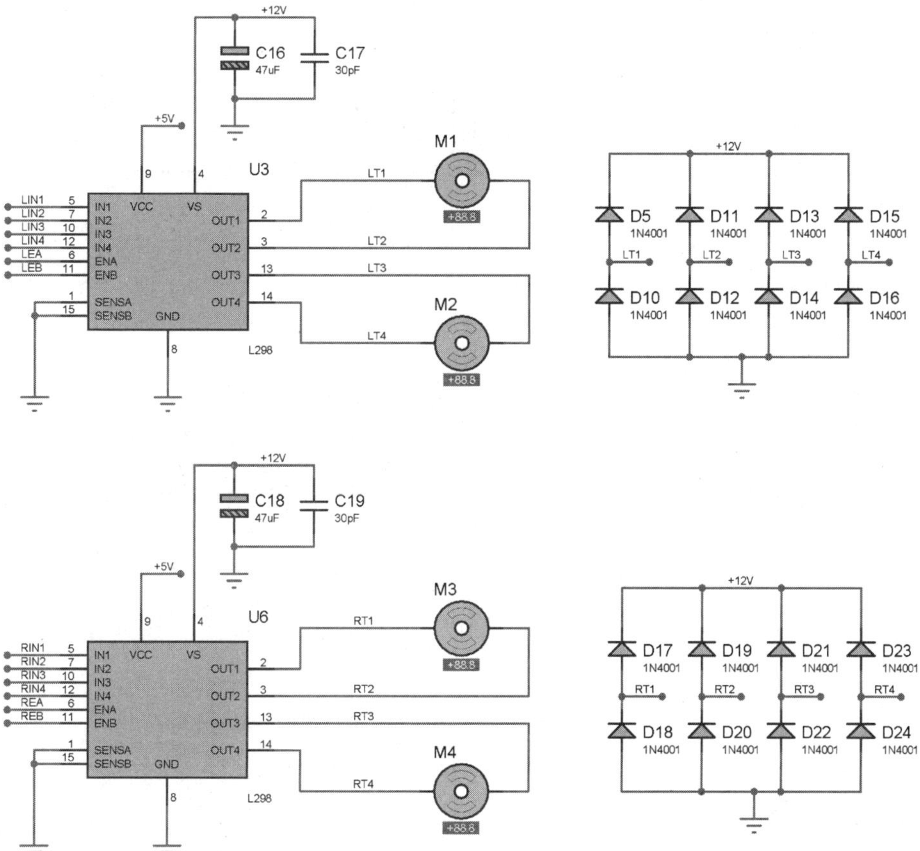

图 4-2-21　电动机驱动电路

为了验证 L298 电动机驱动电路功能，将 U3 元件相关电路做一些修改，输入端连接单刀双掷开关，用来模拟输入高、低电平，引脚 5 与开关 SW1 相连，引脚 7 与开关 SW2 相连，引脚 10 与开关 SW3 相连，引脚 12 与开关 SW4 相连，引脚 6 与开关 SW5 相连，引脚 11 与开关 SW6 相连，如图 4-2-22 所示。

执行 Debug → Run Simulation 命令，运行修改后的 L298 电动机驱动电路仿真，将开关 SW1～SW6 全部接入低电平，仿真结果如图 4-2-23 所示，电动机 M1 和 M2 均不转动。

将开关 SW1 接入高电平，开关 SW2～SW6 接入低电平，仿真结果如图 4-2-24 所示，电动机 M1 和 M2 仍不转动。

将开关 SW1 和开关 SW5 接入高电平，开关 SW2～SW4 和开关 SW6 接入低电平，仿真结果如图 4-2-25 所示，电动机 M1 正向转动，电动机 M2 不转动。

将开关 SW2 和开关 SW5 接入高电平，开关 SW1、开关 SW3、开关 SW4 和开关 SW6 接入低电平，仿真结果如图 4-2-26 所示，电动机 M1 反向转动，电动机 M2 不转动。

将开关 SW1、开关 SW2 和开关 SW5 接入高电平，开关 SW3、开关 SW4 和开关 SW6 接入低电平，仿真结果如图 4-2-27 所示，电动机 M1 和 M2 均不转动。

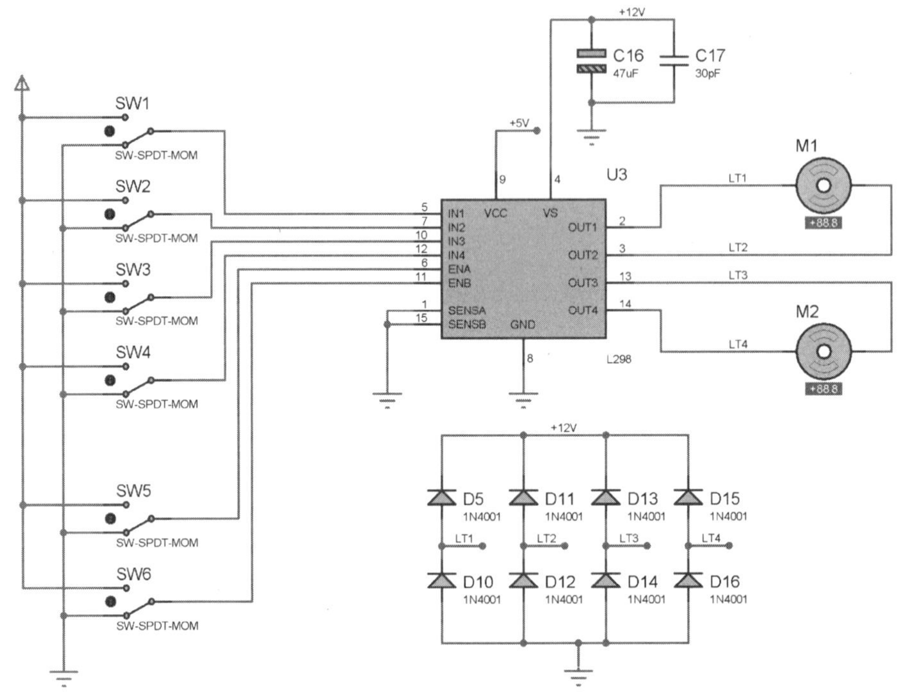

图 4-2-22　接入开关后的 L298 驱动芯片电路

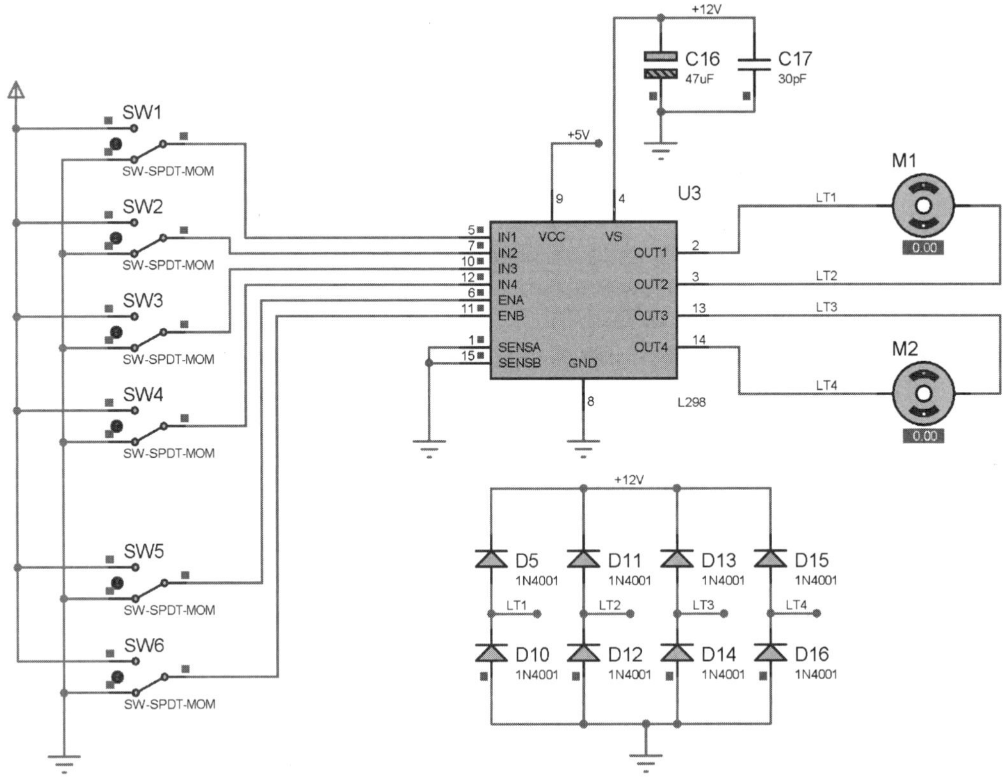

图 4-2-23　电动机 M1 和 M2 均不转动

将开关 SW1、开关 SW3、开关 SW5 和开关 SW6 接入高电平，开关 SW2 和开关 SW4 接入低电平，仿真结果如图 4-2-28 所示，电动机 M1 正向转动，电动机 M2 反向转动。

将开关 SW2、开关 SW4、开关 SW5 和开关 SW6 接入高电平，开关 SW1 和开关 SW3 接入低电平，仿真结果如图 4-2-29 所示，电动机 M1 反向转动，电动机 M2 正向转动。

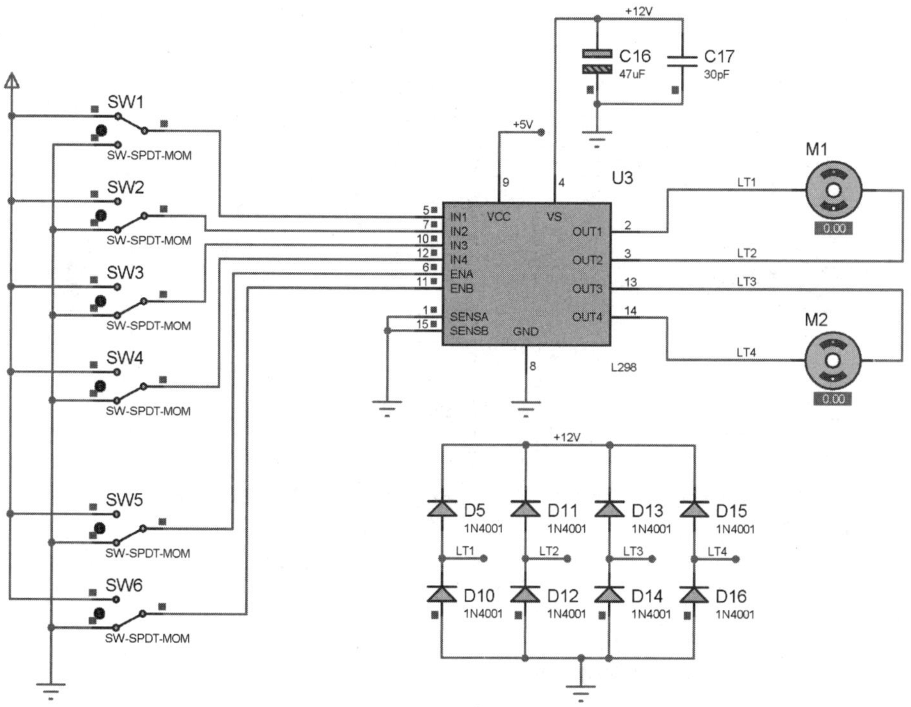

图 4-2-24　电动机 M1 和 M2 仍不转动

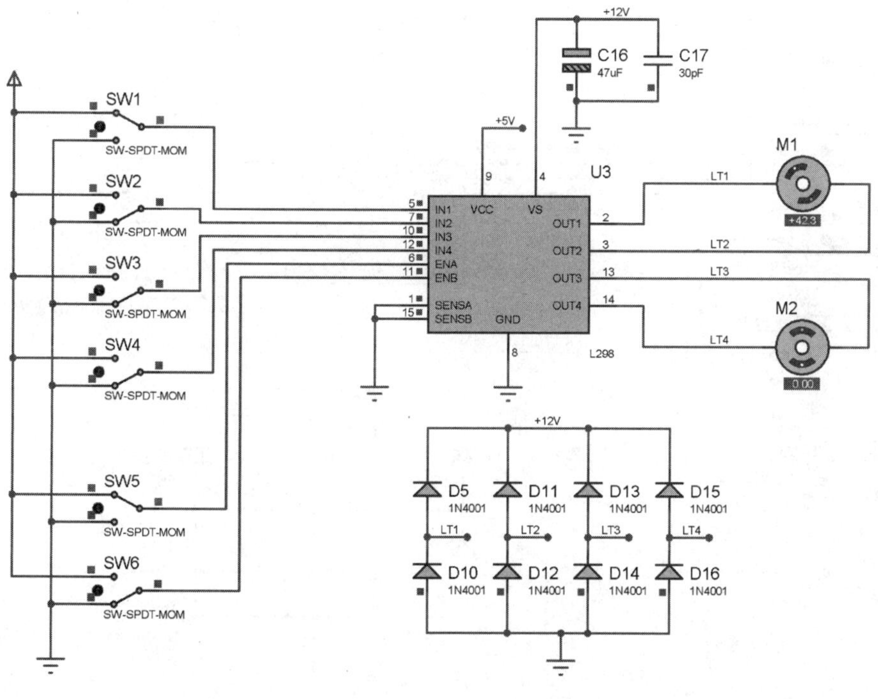

图 4-2-25　电动机 M1 正向转动

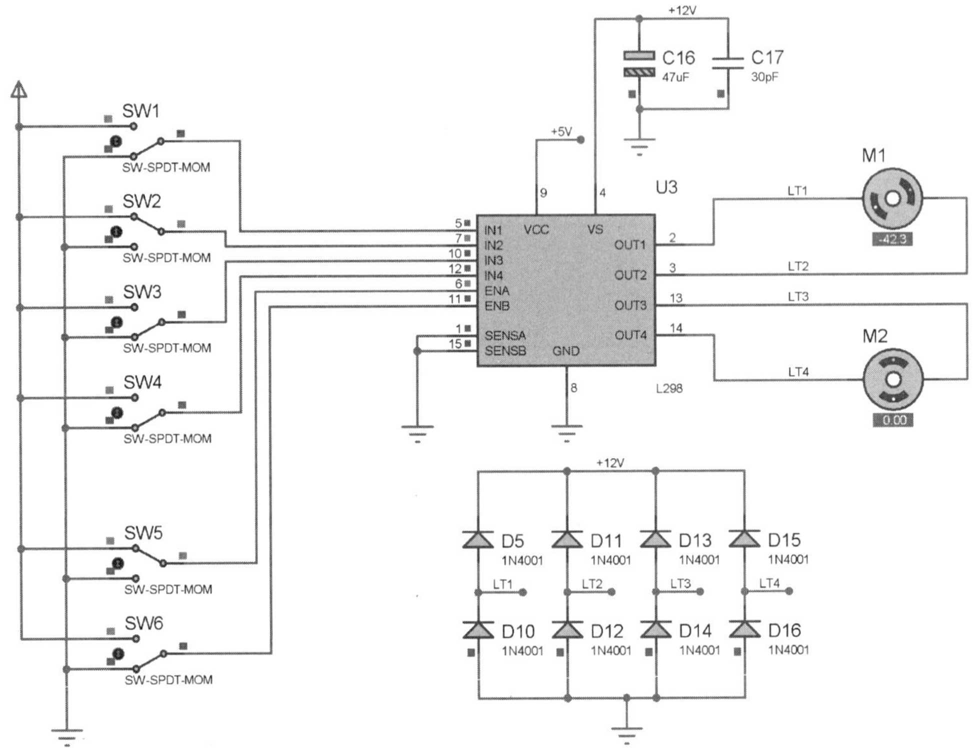

图 4-2-26　电动机 M1 反向转动

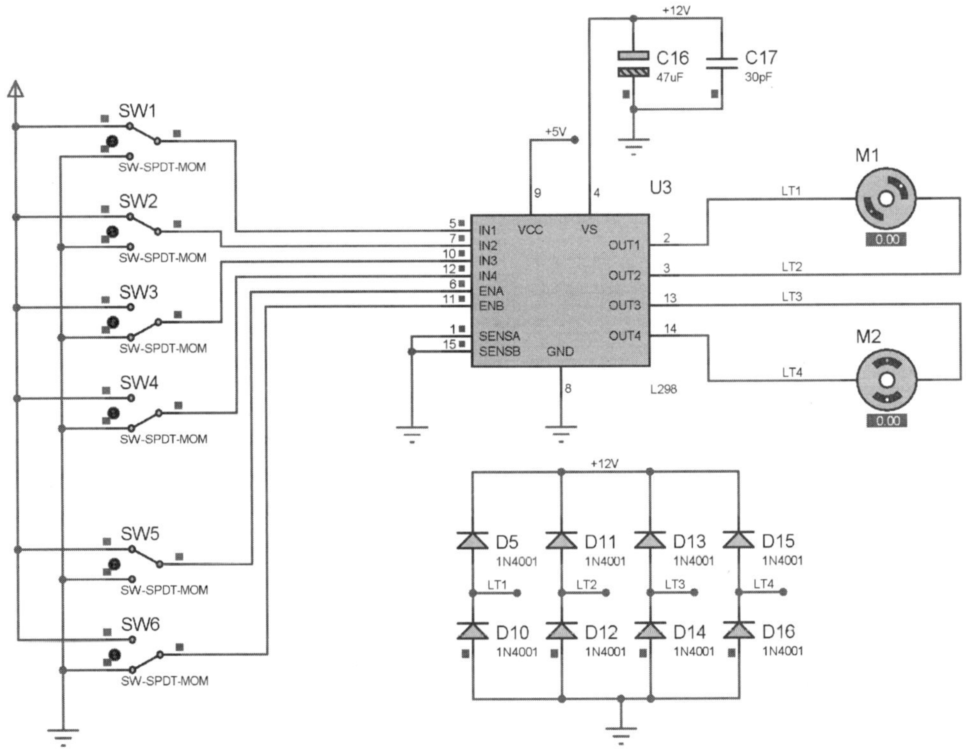

图 4-2-27　电动机 M1 和 M2 均不转动

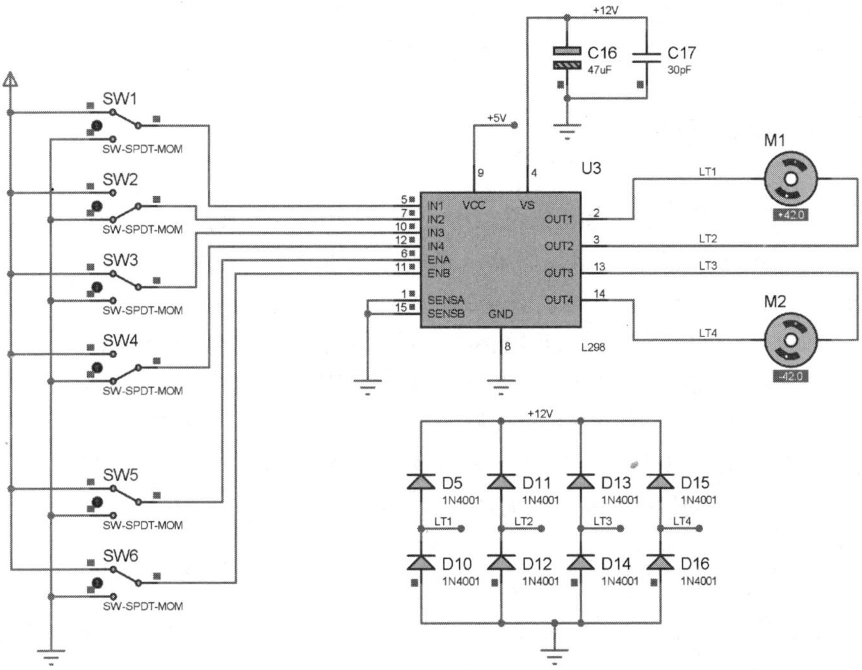

图 4-2-28　电动机 M1 正向转动，电动机 M2 反向转动

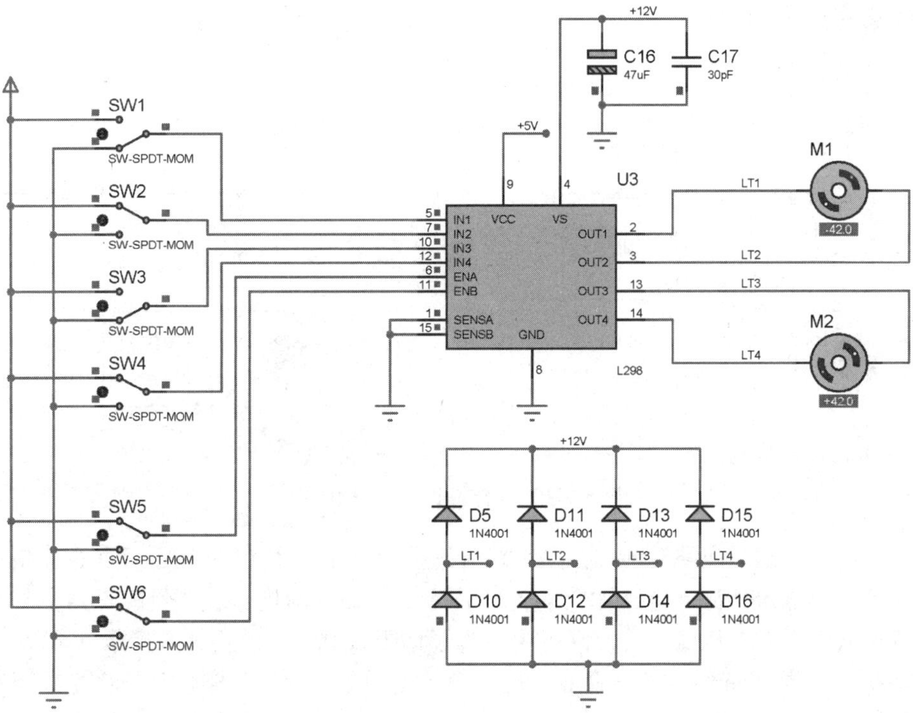

图 4-2-29　电动机 M1 反向转动，电动机 M2 正向转动

小提示

◎ 读者可以自行修改输入端的高低电平，观察直流电动机的转动情况。

◎ 在元件库中搜索“298”关键字，即可找到 L298 电动机驱动芯片。

◎ 在元件库中搜索“MOTOR-DC”关键字，即可找到直流电动机。
◎ 扫描右侧二维码可观看电动机驱动电路仿真视频。

4.2.5 循迹传感器电路

循迹机器人包含 4 路循迹传感器电路，每一路循迹传感器电路均由光电传感器和电压比较器构成，由于 Proteus 中并没有光电传感器，本例中使用光敏电阻代替光电传感器。在 Proteus 软件中绘制出的 4 路循迹传感器电路如图 4-2-30 所示。元件 U7:A 和元件 U7:B、元件 U8:A 和元件 U8:B 各构成一个 LM358 电压比较器。第 1 路循迹传感器电路中元件 U7:A 的引脚 1 通过网络标号“L1”与 AT89C51 单片机的 P0.1 引脚相连，第 2 路循迹传感器电路中元件 U7:B 的引脚 7 通过网络标号“L2”与 AT89C51 单片机的 P0.2 引脚相连，第 3 路循迹传感器电路中元件 U8:B 的引脚 1 通过网络标号“L3”与 AT89C51 单片机的 P0.3 引脚相连，第 4 路循迹传感器电路中元件 U8:A 的引脚 1 通过网络标号“L4”与 AT89C51 单片机的 P0.4 引脚相连。

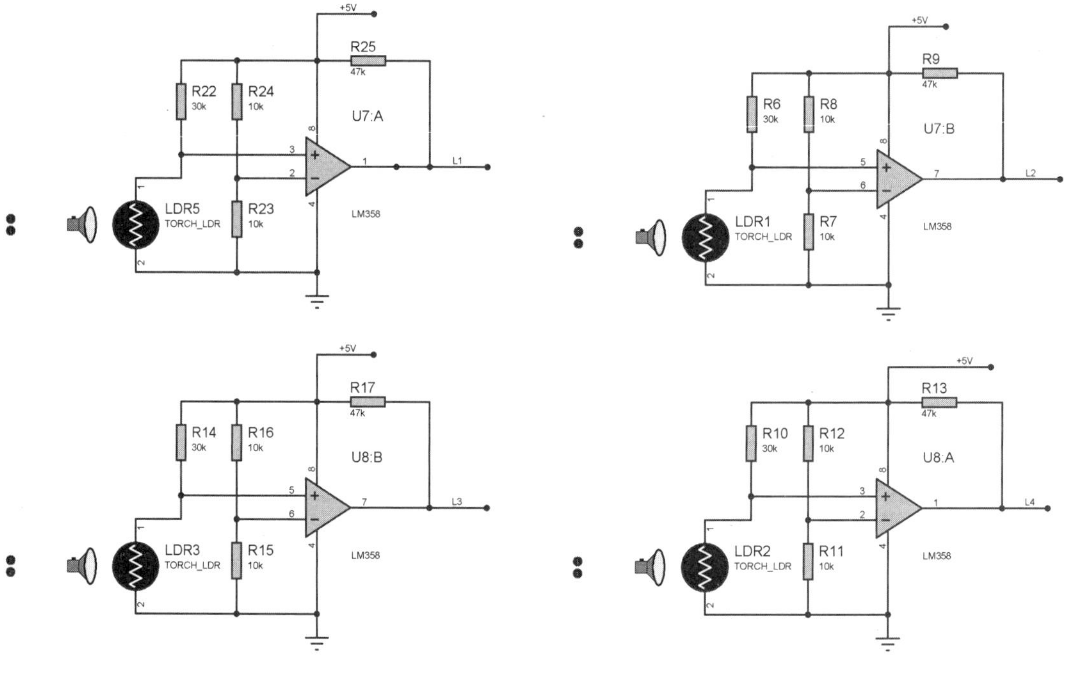

图 4-2-30 4 路循迹传感器电路

为了验证循迹传感器电路功能，在第 1 路传感器电路中加入 LED 指示灯和直流电压表，绘制完毕后的第 1 路循迹传感器电路如图 4-2-31 所示。加入直流电压表的目的是为了测量出高电平的电压值和低电平的电压值。在实际应用中为了便于调试，一般会加入指示灯电路。

执行 Debug → Run Simulation 命令，运行第 1 路循迹传感器电路仿真，将光源调节到与光敏电阻距离最近的位置，仿真结果如图 4-2-32 所示。可见当第 1 路循迹传感器电路输出低电平时，直流电压表的示数为+0.08V，发光二极管 D15 不亮。

调节光源与光敏电阻的距离，使光源处于距离光敏电阻最远的位置，仿真结果如图 4-2-33 所示。可见当第 1 路循迹传感器电路输出高电平时，直流电压表的示数为+4.00V，发光二极管 D15 点亮。

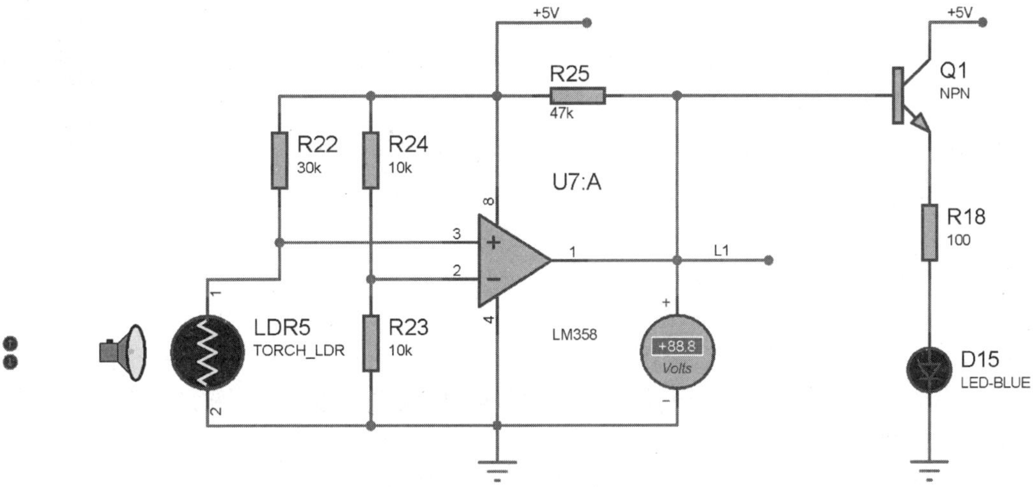

图 4-2-31　第 1 路循迹传感器电路

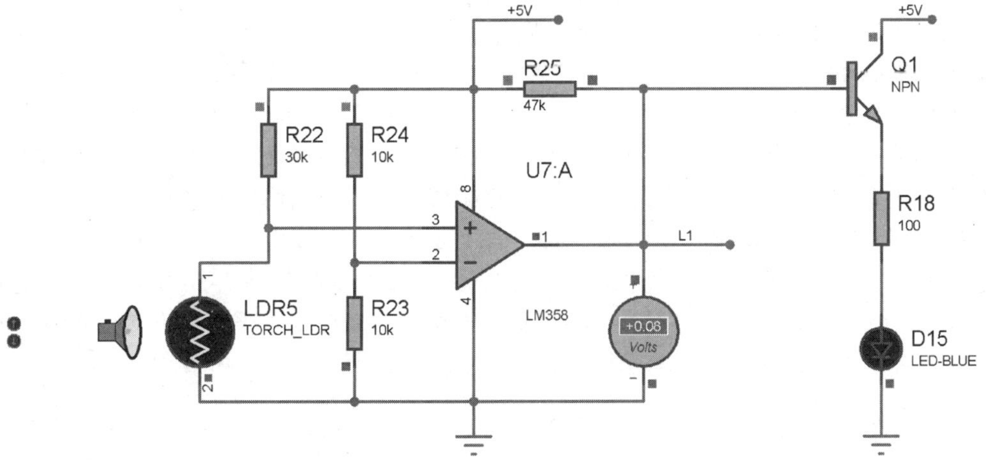

图 4-2-32　光源距离光敏电阻最近

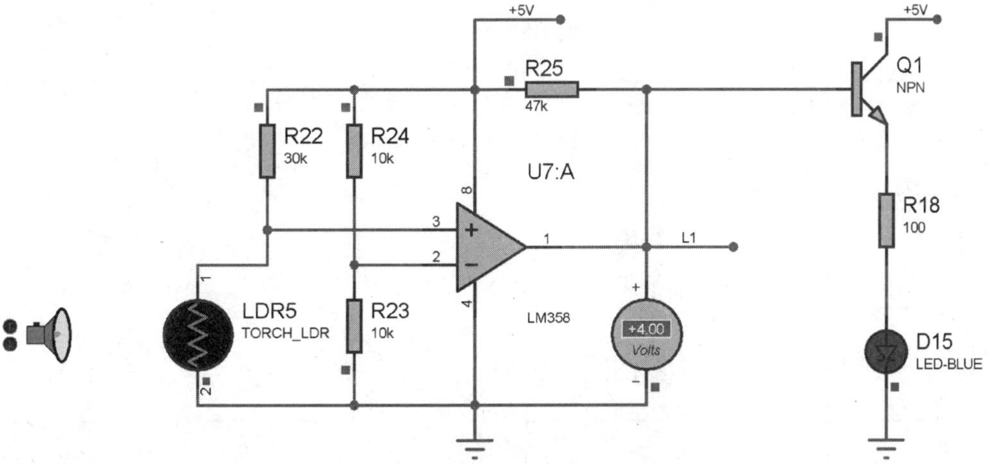

图 4-2-33　光源距离光敏电阻最远

小提示

◎ 读者可以自行修改电阻的阻值，观察循迹传感器电路的输出情况。

◎ 在元件库中搜索“LM358”关键字，即可找到 LM358 电压比较器。

◎ 在元件库中搜索“LDR”关键字，即可找到光敏电阻。

◎ 扫描右侧二维码可观看循迹传感器电路仿真视频。

4.2.6　指示灯电路

循迹机器人的指示灯电路主要由发光二极管组成。红色发光二极管用以指示循迹机器人的停止动作状态，绿色发光二极管用以指示循迹机器人的前进状态，黄色发光二极管用以指示循迹机器人的转弯状态。

在 Proteus 软件中绘制出的指示灯电路如图 4-2-34 所示。绿色发光二极管 D6 的阳极和绿色发光二极管 D3 的阳极通过电阻 R2 接入+5V 的电源网络，阴极通过网络标号“GREEN”与 AT89C51 单片机的 P2.7 引脚相连；红色发光二极管 D4 的阳极和红色发光二极管 D7 的阳极通过电阻 R3 接入+5V 的电源网络，阴极通过网络标号“RED”与 AT89C51 单片机的 P2.6 引脚相连；黄色发光二极管 D8 的阳极通过电阻 R4 接入+5V 的电源网络，阴极通过网络标号“LYELLOW”与 AT89C51 单片机的 P1.6 引脚相连；黄色发光二极管 D9 的阳极通过电阻 R5 接入+5V 的电源网络，阴极通过网络标号“RYELLOW”与 AT89C51 单片机的 P1.7 引脚相连。

为了验证指示灯电路功能，用逻辑电平元件来代替单片机引脚，放置逻辑电平元件后的指示灯电路如图 4-2-35 所示。执行 Debug→ Run Simulation 命令，运行指示灯电路仿真，将指示灯电路中所有逻辑电平模块设置为“1”，即高电平，仿真结果如图 4-2-36 所示，没有电流流过发光二极管，所有发光二极管均不亮。将指示灯电路中所有逻辑电平模块设置为“0”，即低电平，仿真结果如图 4-2-37 所示，有电流流过发光二极管，所有发光二极管均点亮。

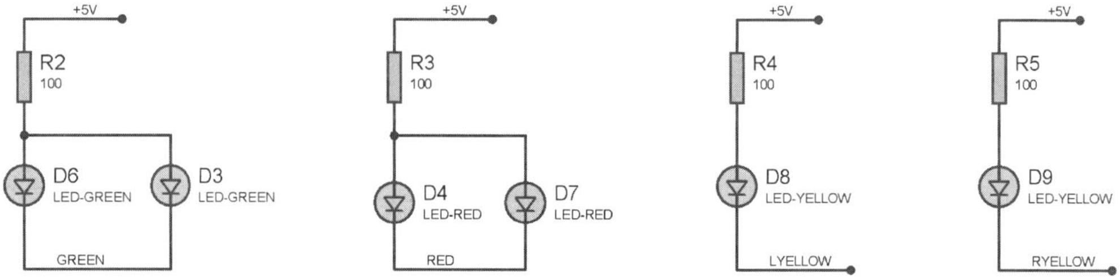

图 4-2-34　指示灯电路

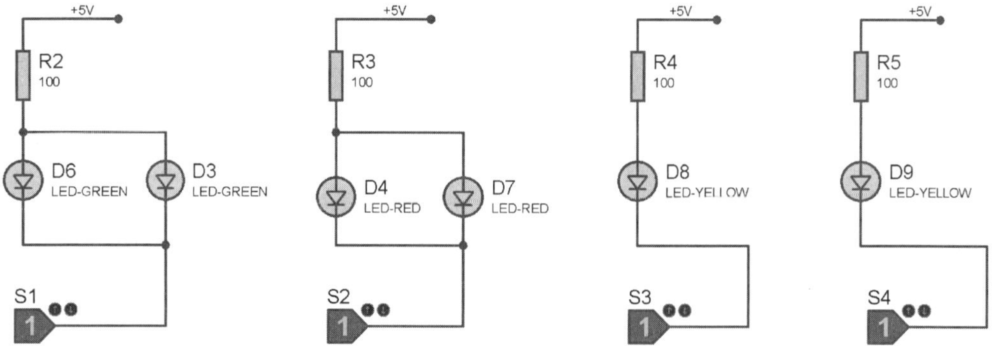

图 4-2-35　放置逻辑电平元件后的指示灯电路

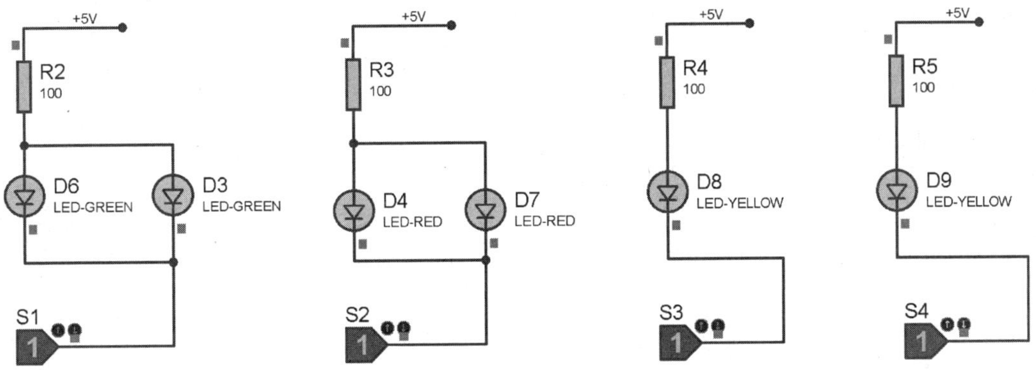

图 4-2-36　输入高电平

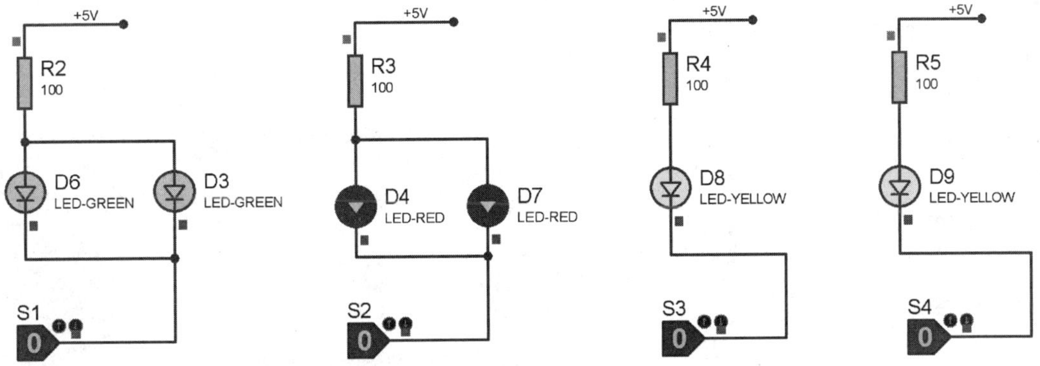

图 4-2-37　输入低电平

小提示

◎ 在元件库中搜索“LED”关键字，即可找到发光二极管。

◎ 在元件库中搜索“LOGICSTATE”关键字，即可找到逻辑电平元件。

◎ 扫描右侧二维码可观看循迹机器人指示灯电路仿真视频。

4.3　单片机程序设计

4.3.1　主要程序功能

依次单击“开始”→“所有程序”→“Keil µVision4”，如图 4-3-1 所示，打开 Keil 软件的启动界面，如图 4-3-2 所示。由于操作系统不同，快捷方式位置可能会略有变化。

在 Keil 软件主界面中，执行 Project → New µVision Project... 命令，新建一个项目，如图 4-3-3 所示，弹出“Create New Project”对话框，命名为“TrackRobot”，并选择合适的路径，如图 4-3-4 所示。

单击“Create New Project”对话框中的 保存(S) 按钮，弹出“Select Device for Target ‘Target1’...”对话框，选择 Atmel 中的 AT89C52，如图 4-3-5 所示。

单击“Select Device for Target ‘Target1’...”对话框中的 OK 按钮，进入 Keil 软件的主窗口，执行 File → New... 命令，自动创建新文件，如图 4-3-6 所示。

图 4-3-1　快捷方式所在位置

图 4-3-2　Keil 软件的启动界面

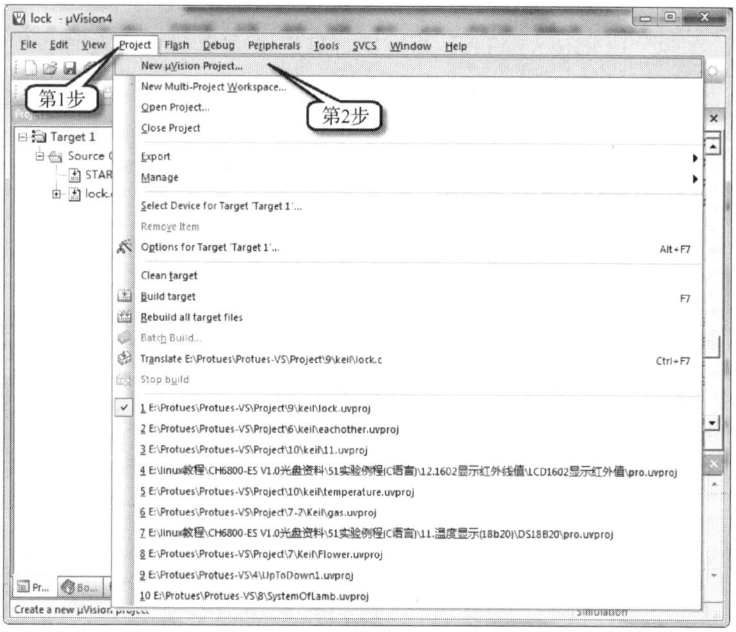

图 4-3-3　新建一个项目

执行 File → Save 命令，弹出“Save As”对话框，将其命名为“TrackRobot.c”，保存在同一路径，如图 4-3-7 所示。

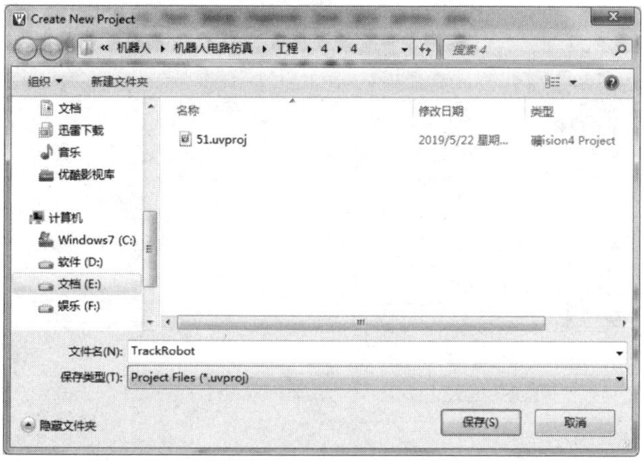

图 4-3-4　“Create New Project”对话框

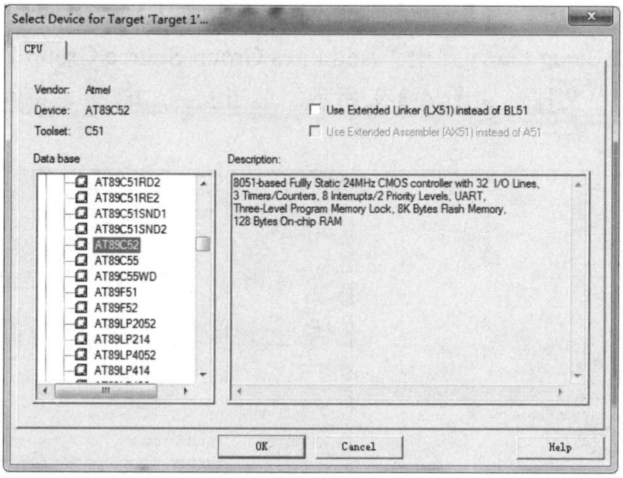

图 4-3-5　“Select Device for Target‘Target1’...”对话框

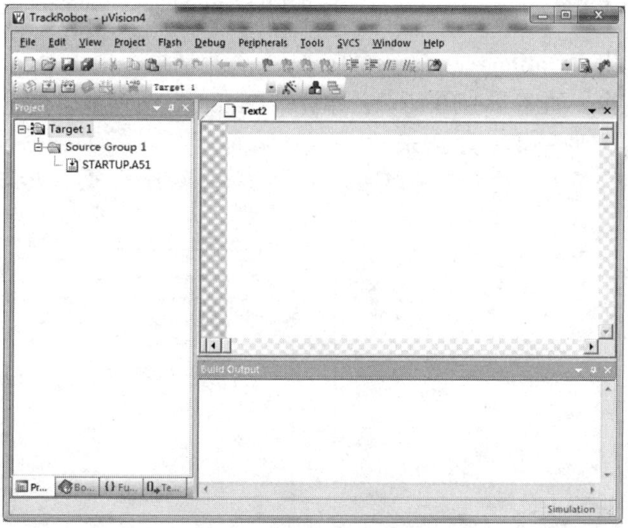

图 4-3-6　自动创建新文件

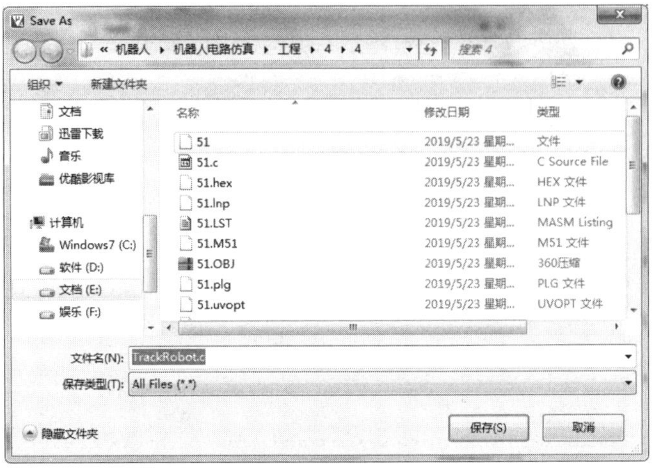

图 4-3-7　保存文件

右击 Proteus 栏中的 Source Group 1，弹出如图 4-3-8 所示的快捷菜单。单击 **Add Files to Group 'Source Group 1'...**，弹出“Add Files Group‘Source Group 1’”对话框，选择刚刚保存的“TrackRobot.c”文件，如图 4-3-9 所示。单击 Add 按钮，将创建的文件加入工程项目中。

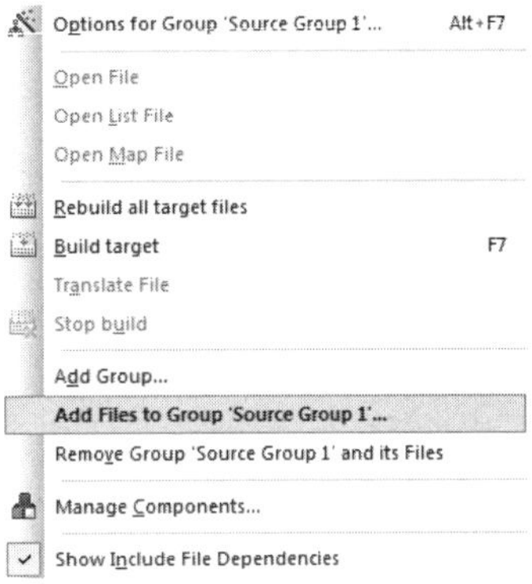

图 4-3-8　弹出的快捷菜单

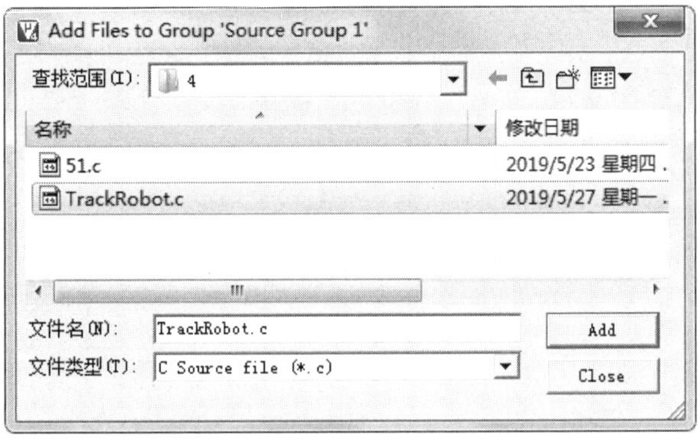

图 4-3-9　“Add Files Group‘Source Group 1’”对话框

单击图标，弹出“Options for Target ‘Target 1’”对话框，单击“Target”选项卡，将晶振的工作频率设为 12MHz，如图 4-3-10 所示；单击“Output”选项卡，勾选“Create HEX File”选项，创建 HEX 文件，如图 4-3-11 所示。

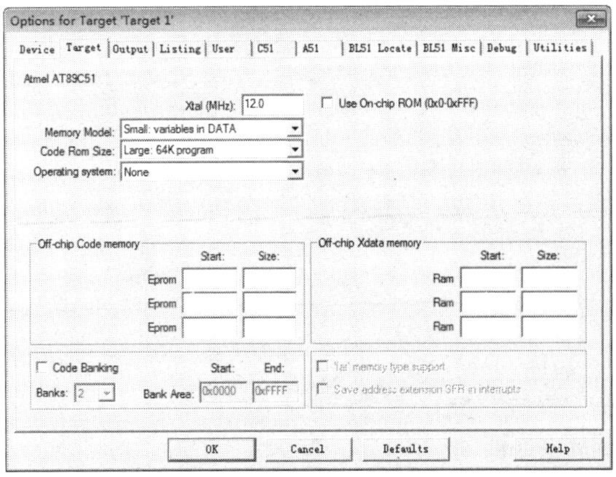

图 4-3-10　设置晶振的工作频率

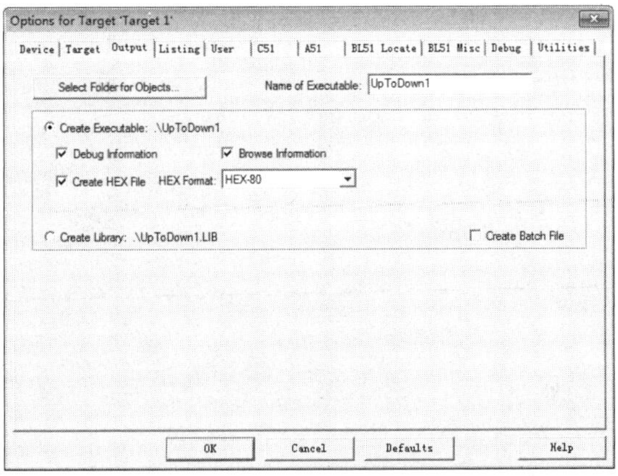

图 4-3-11　创建 HEX 文件

新建工程完毕，在主窗口编写相关程序。定义单片机引脚，将单片机的 P1.0 引脚定义为“REA”，P1.1 引脚定义为“RIN1”，P1.2 引脚定义为“RIN2”，P1.3 引脚定义为“RIN3”，P1.4 引脚定义为“RIN4”，P1.5 引脚定义为“REB”，P2.6 引脚定义为“RED”，P0.1 引脚定义为“L1”，P0.2 引脚定义为“L2”，P0.3 引脚定义为“L3”，P0.4 引脚定义为“L4”，P2.7 引脚定义为“GREEN”，P1.6 引脚定义为“LYELLOW”，P1.7 引脚定义为“RYELLOW”，P2.0 引脚定义为“LEA”，P2.1 引脚定义为“LIN1”，P2.2 引脚定义为“LIN2”，P2.3 引脚定义为“LIN3”，P2.4 引脚定义为“LIN4”，P2.5 引脚定义为“LEB”，具体程序如下。

```
sbit REA = P1^0;
sbit RIN1 = P1^1;
sbit RIN2 = P1^2;
sbit RIN3 = P1^3;
sbit RIN4 = P1^4;
sbit REB = P1^5;
sbit RED = P2^6;
sbit L1 = P0^1;
sbit L2 = P0^2;
sbit L3 = P0^3;
sbit L4 = P0^4;
sbit GREEN = P2^7;
sbit LYELLOW = P1^6;
sbit RYELLOW = P1^7;
sbit LEA = P2^0;
sbit LIN1 = P2^1;
sbit LIN2 = P2^2;
sbit LIN3 = P2^3;
sbit LIN4 = P2^4;
sbit LEB = P2^5;
```

循迹机器人的内部时钟中断子函数用来产生 PWM。timer1、timer2、flag1 和 flag2 均为全局变量，所有子函数均可以调用。修改 TH0 和 TL0 的值可以改变脉冲周期；修改 flag1 和 flag2 的值可以改变占空比。具体程序如下。

```
void tim0() interrupt 1
{
    TR0=0;
    TH0=(65536-100)/256;
    TL0=(65536-100)%256;
    TR0=1;

    time1++;
    time2++;

    if(time1 >= 100)
     {
       time1 = 0;
     }

    if(time2 >= 100)
     {
       time2 = 0;
     }
```

```
    if(time1 <= flag1)
      {
        REA = 1;
        REB = 1;
      }
    else
      {
        REA = 0;
        REB = 0;
      }

    if(time2 <= flag2)
      {
        LEA = 1;
        LEB = 1;
      }
    else
      {
        LEA = 0;
        LEB = 0;
      }
}
```

前进模式子函数的主要功能是驱动循迹机器人前进。循迹机器人的前进速度可以分为 4 个等级，并且绿色指示灯点亮，具体程序如下。

```
void forward_100()
{

    RED = 1;
    GREEN = 0;
    LYELLOW = 1;
    RYELLOW = 1;
    flag1 = 100;
    flag2 = 100;

    LIN1 = 1;
    LIN2 = 0;
    LIN3 = 0;
    LIN4 = 1;

    RIN1 = 0;
    RIN2 = 1;
    RIN3 = 1;
    RIN4 = 0;

}

void forward_75()
{

    RED = 1;
    GREEN = 0;
```

```
    LYELLOW = 1;
    RYELLOW = 1;
    flag1 = 75;
    flag2 = 75;

    LIN1 = 1;
    LIN2 = 0;
    LIN3 = 0;
    LIN4 = 1;

    RIN1 = 0;
    RIN2 = 1;
    RIN3 = 1;
    RIN4 = 0;

}

void forward_50()
{

    RED = 1;
    GREEN = 0;
    LYELLOW = 1;
    RYELLOW = 1;
    flag1 = 50;
    flag2 = 50;

    LIN1 = 1;
    LIN2 = 0;
    LIN3 = 0;
    LIN4 = 1;

    RIN1 = 0;
    RIN2 = 1;
    RIN3 = 1;
    RIN4 = 0;

}

void forward_25()
{

    RED = 1;
    GREEN = 0;
    LYELLOW = 1;
    RYELLOW = 1;
    flag1 = 25;
    flag2 = 25;

    LIN1 = 1;
    LIN2 = 0;
    LIN3 = 0;
    LIN4 = 1;
```

```
    RIN1 = 0;
    RIN2 = 1;
    RIN3 = 1;
    RIN4 = 0;

}
```

后退模式子函数的主要功能是驱动循迹机器人后退。循迹机器人的后退速度可以分为 4 个等级，并且红色指示灯点亮，具体程序如下。

```
void goback_100()
{

    RED = 0;
    GREEN = 0;
    LYELLOW = 1;
    RYELLOW = 1;
    flag1 = 100;
    flag2 = 100;

    LIN1 = 0;
    LIN2 = 1;
    LIN3 = 1;
    LIN4 = 0;

    RIN1 = 1;
    RIN2 = 0;
    RIN3 = 0;
    RIN4 = 1;

}

void goback_75()
{

    RED = 0;
    GREEN = 0;
    LYELLOW = 1;
    RYELLOW = 1;
    flag1 = 75;
    flag2 = 75;

    LIN1 = 0;
    LIN2 = 1;
    LIN3 = 1;
    LIN4 = 0;

    RIN1 = 1;
    RIN2 = 0;
    RIN3 = 0;
    RIN4 = 1;

}
```

```
void goback_50()
{

    RED = 0;
    GREEN = 0;
    LYELLOW = 1;
    RYELLOW = 1;
    flag1 = 50;
    flag2 = 50;

    LIN1 = 0;
    LIN2 = 1;
    LIN3 = 1;
    LIN4 = 0;

    RIN1 = 1;
    RIN2 = 0;
    RIN3 = 0;
    RIN4 = 1;

}

void goback_25()
{

    RED = 0;
    GREEN = 0;
    LYELLOW = 1;
    RYELLOW = 1;
    flag1 = 25;
    flag2 = 25;

    LIN1 = 0;
    LIN2 = 1;
    LIN3 = 1;
    LIN4 = 0;

    RIN1 = 1;
    RIN2 = 0;
    RIN3 = 0;
    RIN4 = 1;

}
```

左转模式子函数的主要功能是驱动循迹机器人左转。循迹机器人右侧驱动电动机的转速要大于左侧驱动电动机的转速，并且黄色指示灯点亮，左右两侧差速越大，循迹机器人的转弯半径越小，具体程序如下。

```
void turnleft_100()
{
    LYELLOW = 0;
    RYELLOW = 1;
```

```
    RED = 1;
    GREEN = 1;
    flag1 = 100;
    flag2 = 0;

    LIN1 = 1;
    LIN2 = 0;
    LIN3 = 0;
    LIN4 = 1;

    RIN1 = 0;
    RIN2 = 1;
    RIN3 = 1;
    RIN4 = 0;

}

void turnleft_75()
{
    LYELLOW = 0;
    RYELLOW = 1;
    RED = 1;
    GREEN = 1;
    flag1 = 100;
    flag2 = 25;

    LIN1 = 1;
    LIN2 = 0;
    LIN3 = 0;
    LIN4 = 1;

    RIN1 = 0;
    RIN2 = 1;
    RIN3 = 1;
    RIN4 = 0;

}

void turnleft_50()
{
    LYELLOW = 0;
    RYELLOW = 1;
    RED = 1;
    GREEN = 1;
    flag1 = 100;
    flag2 = 50;

    LIN1 = 1;
    LIN2 = 0;
    LIN3 = 0;
    LIN4 = 1;

    RIN1 = 0;
```

```
    RIN2 = 1;
    RIN3 = 1;
    RIN4 = 0;

}

void turnleft_25()
{
    LYELLOW = 0;
    RYELLOW = 1;
    RED = 1;
    GREEN = 1;
    flag1 = 100;
    flag2 = 50;

    LIN1 = 1;
    LIN2 = 0;
    LIN3 = 0;
    LIN4 = 1;

    RIN1 = 0;
    RIN2 = 1;
    RIN3 = 1;
    RIN4 = 0;

}
```

右转模式子函数的主要功能是驱动循迹机器人右转。循迹机器人左侧驱动电动机的转速要大于右侧驱动电动机的转速，并且黄色指示灯点亮，左右两侧差速越大，循迹机器人的转弯半径越小，具体程序如下。

```
void turnRight_100()
{

    LYELLOW = 1;
    RYELLOW = 0;
    RED = 1;
    GREEN = 1;
    flag1 = 0;
    flag2 = 100;

    LIN1 = 1;
    LIN2 = 0;
    LIN3 = 0;
    LIN4 = 1;

    RIN1 = 0;
    RIN2 = 1;
    RIN3 = 1;
    RIN4 = 0;

}
```

```
void turnRight_75()
{

    LYELLOW = 1;
    RYELLOW = 0;
    RED = 1;
    GREEN = 1;
    flag1 = 25;
    flag2 = 100;

    LIN1 = 1;
    LIN2 = 0;
    LIN3 = 0;
    LIN4 = 1;

    RIN1 = 0;
    RIN2 = 1;
    RIN3 = 1;
    RIN4 = 0;

}
void turnRight_50()
{

    LYELLOW = 1;
    RYELLOW = 0;
    RED = 1;
    GREEN = 1;
    flag1 = 50;
    flag2 = 100;

    LIN1 = 1;
    LIN2 = 0;
    LIN3 = 0;
    LIN4 = 1;

    RIN1 = 0;
    RIN2 = 1;
    RIN3 = 1;
    RIN4 = 0;

}

void turnRight_25()
{

    LYELLOW = 1;
    RYELLOW = 0;
    RED = 1;
    GREEN = 1;
    flag1 = 75;
    flag2 = 100;
```

```
    LIN1 = 1;
    LIN2 = 0;
    LIN3 = 0;
    LIN4 = 1;

    RIN1 = 0;
    RIN2 = 1;
    RIN3 = 1;
    RIN4 = 0;

}
```

主函数中的循环程序如下，主要功能是根据循迹传感器的反馈信号来调用其他函数。本例中主函数中的循环程序，读者可以根据实际跑道情况进行修改和选择合适的速度。

```
    while(1)
        {

        A: if( (L1 == 0) && (L2 == 0) && (L3 == 0) && (L4 == 0) )
             {
                 forward_100();
             }

           if( (L1 == 1) && (L2 == 1) && (L3 == 1) && (L4 == 1) )
             {
                 stop();
                 Delay10ms( );
                 Delay10ms( );
                 Delay10ms( );
                 Delay10ms( );
                 Delay10ms( );
              B: goback_50();
                 Delay10ms( );
                 Delay10ms( );
                 if((L1 == 0) && (L2 == 0) && (L3 == 0) && (L4 == 0))
                   {
                       goto A;
                   }
                 else
                   {
                       goto B;
                   }


             }

           if( (L1 == 1) && (L2 == 0) && (L3 == 0) && (L4 == 0) )
             {
                 turnRight_50();
             }

           if( (L1 == 1) && (L2 == 1) && (L3 == 0) && (L4 == 0) )
             {
```

```
                    turnRight_75();
                }

            if( (L1 == 1) && (L2 == 1) && (L3 == 1) && (L4 == 0) )
                {
                    turnRight_100();
                }

            if( (L1 == 0) && (L2 == 0) && (L3 == 0) && (L4 == 1) )
                {
                    turnleft_50();
                }

            if( (L1 == 0) && (L2 == 0) && (L3 == 1) && (L4 == 1) )
                {
                    turnleft_75();
                }

            if( (L1 == 0) && (L2 == 1) && (L3 == 1) && (L4 == 1) )
                {
                    turnleft_100();
                }
        }
```

4.3.2 整体程序

循迹机器人的整体程序如下。

```
#include<reg51.h>
sbit REA = P1^0;
sbit RIN1 = P1^1;
sbit RIN2 = P1^2;
sbit RIN3 = P1^3;
sbit RIN4 = P1^4;
sbit REB = P1^5;
sbit RED = P2^6;
sbit L1 = P0^1;
sbit L2 = P0^2;
sbit L3 = P0^3;
sbit L4 = P0^4;
sbit GREEN = P2^7;
sbit LYELLOW = P1^6;
sbit RYELLOW = P1^7;
sbit LEA = P2^0;
sbit LIN1 = P2^1;
sbit LIN2 = P2^2;
sbit LIN3 = P2^3;
sbit LIN4 = P2^4;
sbit LEB = P2^5;

unsigned int time1;
unsigned int time2;
```

```
unsigned char flag1;
unsigned char flag2;

void forward_100();
void forward_75();
void forward_50();
void forward_25();
void goback_100();
void goback_75();
void goback_50();
void goback_25();
void stop();
void turnleft_100();
void turnleft_75();
void turnleft_50();
void turnleft_25();
void turnRight_100();
void turnRight_75();
void turnRight_50();
void turnRight_25();

void Delay10ms( );

void main()
{
    RED = 1;
    GREEN = 1;
    LYELLOW = 1;
    RYELLOW = 1;

    time1 = 0;
    time2 = 0;
    flag1 = 0;
    flag2 = 0;

    REA = 0;
    REB = 0;
    LEA = 0;
    LEB = 0;

    LIN1 = 0;
    LIN2 = 0;
    LIN3 = 0;
    LIN4 = 0;

    RIN1 = 0;
    RIN2 = 0;
    RIN3 = 0;
    RIN4 = 0;

//  Left1 = 0;
//  Left2 = 0;
//  Right1 = 0;
```

```
//  Right2 = 0;

    TMOD=0x01;
     TH0=(65536-100)/256;
     TL0=(65536-100)%256;
     EA=1;
     ET0=1;
     TR0=1;

     while(1)
         {

         A: if( (L1 == 0) && (L2 == 0) && (L3 == 0) && (L4 == 0) )
               {
                   forward_100();
               }

            if( (L1 == 1) && (L2 == 1) && (L3 == 1) && (L4 == 1) )
               {
                   stop();
                   Delay10ms( );
                   Delay10ms( );
                   Delay10ms( );
                   Delay10ms( );
                   Delay10ms( );
               B: goback_50();
                   Delay10ms( );
                   Delay10ms( );
                   if((L1 == 0) && (L2 == 0) && (L3 == 0) && (L4 == 0))
                     {
                         goto A;
                     }
                   else
                     {
                         goto B;
                     }


               }

            if( (L1 == 1) && (L2 == 0) && (L3 == 0) && (L4 == 0) )
               {
                   turnRight_50();
               }

            if( (L1 == 1) && (L2 == 1) && (L3 == 0) && (L4 == 0) )
               {
                   turnRight_75();
               }

            if( (L1 == 1) && (L2 == 1) && (L3 == 1) && (L4 == 0) )
               {
                   turnRight_100();
```

```
            }

            if( (L1 == 0) && (L2 == 0) && (L3 == 0) && (L4 == 1) )
              {
                 turnleft_50();
              }

            if( (L1 == 0) && (L2 == 0) && (L3 == 1) && (L4 == 1) )
              {
                 turnleft_75();
              }

            if( (L1 == 0) && (L2 == 1) && (L3 == 1) && (L4 == 1) )
              {
                 turnleft_100();
              }


        }


}

void forward_100()
{

    RED = 1;
    GREEN = 0;
    LYELLOW = 1;
    RYELLOW = 1;
    flag1 = 100;
    flag2 = 100;

    LIN1 = 1;
    LIN2 = 0;
    LIN3 = 0;
    LIN4 = 1;

    RIN1 = 0;
    RIN2 = 1;
    RIN3 = 1;
    RIN4 = 0;

}

void forward_75()
{

    RED = 1;
    GREEN = 0;
    LYELLOW = 1;
    RYELLOW = 1;
    flag1 = 75;
```

```
    flag2 = 75;

    LIN1 = 1;
    LIN2 = 0;
    LIN3 = 0;
    LIN4 = 1;

    RIN1 = 0;
    RIN2 = 1;
    RIN3 = 1;
    RIN4 = 0;

}

void forward_50()
{

    RED = 1;
    GREEN = 0;
    LYELLOW = 1;
    RYELLOW = 1;
    flag1 = 50;
    flag2 = 50;

    LIN1 = 1;
    LIN2 = 0;
    LIN3 = 0;
    LIN4 = 1;

    RIN1 = 0;
    RIN2 = 1;
    RIN3 = 1;
    RIN4 = 0;

}

void forward_25()
{

    RED = 1;
    GREEN = 0;
    LYELLOW = 1;
    RYELLOW = 1;
    flag1 = 25;
    flag2 = 25;

    LIN1 = 1;
    LIN2 = 0;
    LIN3 = 0;
    LIN4 = 1;

    RIN1 = 0;
    RIN2 = 1;
```

```
    RIN3 = 1;
    RIN4 = 0;

}

void goback_100()
{

    RED = 0;
    GREEN = 0;
    LYELLOW = 1;
    RYELLOW = 1;
    flag1 = 100;
    flag2 = 100;

    LIN1 = 0;
    LIN2 = 1;
    LIN3 = 1;
    LIN4 = 0;

    RIN1 = 1;
    RIN2 = 0;
    RIN3 = 0;
    RIN4 = 1;

}

void goback_75()
{

    RED = 0;
    GREEN = 0;
    LYELLOW = 1;
    RYELLOW = 1;
    flag1 = 75;
    flag2 = 75;

    LIN1 = 0;
    LIN2 = 1;
    LIN3 = 1;
    LIN4 = 0;

    RIN1 = 1;
    RIN2 = 0;
    RIN3 = 0;
    RIN4 = 1;

}

void goback_50()
{

    RED = 0;
```

```
    GREEN = 0;
    LYELLOW = 1;
    RYELLOW = 1;
    flag1 = 50;
    flag2 = 50;

    LIN1 = 0;
    LIN2 = 1;
    LIN3 = 1;
    LIN4 = 0;

    RIN1 = 1;
    RIN2 = 0;
    RIN3 = 0;
    RIN4 = 1;

}

void goback_25()
{

    RED = 0;
    GREEN = 0;
    LYELLOW = 1;
    RYELLOW = 1;
    flag1 = 25;
    flag2 = 25;

    LIN1 = 0;
    LIN2 = 1;
    LIN3 = 1;
    LIN4 = 0;

    RIN1 = 1;
    RIN2 = 0;
    RIN3 = 0;
    RIN4 = 1;

}

void stop()
{

    RED = 0;
    GREEN = 1;
    LYELLOW = 1;
    RYELLOW = 1;
    flag1 = 0;
    flag2 = 0;

    LIN1 = 0;
    LIN2 = 0;
    LIN3 = 0;
```

```
    LIN4 = 0;

    RIN1 = 0;
    RIN2 = 0;
    RIN3 = 0;
    RIN4 = 0;

}

void turnleft_100()
{
    LYELLOW = 0;
    RYELLOW = 1;
    RED = 1;
    GREEN = 1;
    flag1 = 100;
    flag2 = 0;

    LIN1 = 1;
    LIN2 = 0;
    LIN3 = 0;
    LIN4 = 1;

    RIN1 = 0;
    RIN2 = 1;
    RIN3 = 1;
    RIN4 = 0;

}

void turnleft_75()
{
    LYELLOW = 0;
    RYELLOW = 1;
    RED = 1;
    GREEN = 1;
    flag1 = 100;
    flag2 = 25;

    LIN1 = 1;
    LIN2 = 0;
    LIN3 = 0;
    LIN4 = 1;

    RIN1 = 0;
    RIN2 = 1;
    RIN3 = 1;
    RIN4 = 0;

}

void turnleft_50()
{
```

```
    LYELLOW = 0;
    RYELLOW = 1;
    RED = 1;
    GREEN = 1;
    flag1 = 100;
    flag2 = 50;

    LIN1 = 1;
    LIN2 = 0;
    LIN3 = 0;
    LIN4 = 1;

    RIN1 = 0;
    RIN2 = 1;
    RIN3 = 1;
    RIN4 = 0;

}

void turnleft_25()
{
    LYELLOW = 0;
    RYELLOW = 1;
    RED = 1;
    GREEN = 1;
    flag1 = 100;
    flag2 = 50;

    LIN1 = 1;
    LIN2 = 0;
    LIN3 = 0;
    LIN4 = 1;

    RIN1 = 0;
    RIN2 = 1;
    RIN3 = 1;
    RIN4 = 0;

}

void turnRight_100()
{

    LYELLOW = 1;
    RYELLOW = 0;
    RED = 1;
    GREEN = 1;
    flag1 = 0;
    flag2 = 100;

    LIN1 = 1;
    LIN2 = 0;
    LIN3 = 0;
```

```
    LIN4 = 1;

    RIN1 = 0;
    RIN2 = 1;
    RIN3 = 1;
    RIN4 = 0;

}

void turnRight_75()
{

    LYELLOW = 1;
    RYELLOW = 0;
    RED = 1;
    GREEN = 1;
    flag1 = 25;
    flag2 = 100;

    LIN1 = 1;
    LIN2 = 0;
    LIN3 = 0;
    LIN4 = 1;

    RIN1 = 0;
    RIN2 = 1;
    RIN3 = 1;
    RIN4 = 0;

}

void turnRight_50()
{

    LYELLOW = 1;
    RYELLOW = 0;
    RED = 1;
    GREEN = 1;
    flag1 = 50;
    flag2 = 100;

    LIN1 = 1;
    LIN2 = 0;
    LIN3 = 0;
    LIN4 = 1;

    RIN1 = 0;
    RIN2 = 1;
    RIN3 = 1;
    RIN4 = 0;

}
```

```
void turnRight_25()
{

    LYELLOW = 1;
    RYELLOW = 0;
    RED = 1;
    GREEN = 1;
    flag1 = 75;
    flag2 = 100;

    LIN1 = 1;
    LIN2 = 0;
    LIN3 = 0;
    LIN4 = 1;

    RIN1 = 0;
    RIN2 = 1;
    RIN3 = 1;
    RIN4 = 0;

}
```

```
void tim0() interrupt 1
{
    TR0=0;
    TH0=(65536-100)/256;
    TL0=(65536-100)%256;
    TR0=1;

    time1++;
    time2++;

    if(time1 >= 100)
      {
        time1 = 0;
      }

    if(time2 >= 100)
      {
        time2 = 0;
      }

    if(time1 <= flag1)
      {
        REA = 1;
        REB = 1;
      }
    else
      {
        REA = 0;
        REB = 0;
```

```
        }

      if(time2 <= flag2)
        {
          LEA = 1;
          LEB = 1;
        }
      else
        {
          LEA = 0;
          LEB = 0;
        }
  }

  void Delay10ms( )   //误差 0μs
  {
     unsigned char a,b,c;
     for(c=1;c>0;c--)
        for(b=38;b>0;b--)
           for(a=130;a>0;a--);
  }
```

执行 Project → Rebuild all target files 命令，编译成功后将输出 HEX 文件，“Build Output”栏如图 4-3-12 所示。

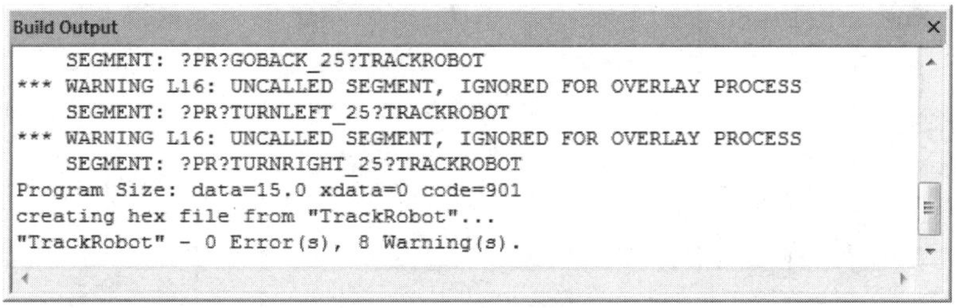

```
Build Output
    SEGMENT: ?PR?GOBACK_25?TRACKROBOT
*** WARNING L16: UNCALLED SEGMENT, IGNORED FOR OVERLAY PROCESS
    SEGMENT: ?PR?TURNLEFT_25?TRACKROBOT
*** WARNING L16: UNCALLED SEGMENT, IGNORED FOR OVERLAY PROCESS
    SEGMENT: ?PR?TURNRIGHT_25?TRACKROBOT
Program Size: data=15.0 xdata=0 code=901
creating hex file from "TrackRobot"...
"TrackRobot" - 0 Error(s), 8 Warning(s).
```

图 4-3-12　“Build Output”栏

4.4　整体仿真测试

双击 AT89C51 单片机，弹出“Edit Component”对话框，如图 4-4-1 所示。将 4.3 节创建的 HEX 文件加载到 AT89C51 中。

执行 Debug → Run Simulation 命令，运行循迹机器人仿真。第 1 路循迹传感器向 AT89C51 单片机的 P0.1 传入低电平，第 2 路循迹传感器向 AT89C51 单片机的 P0.2 传入低电平，第 3 路循迹传感器向 AT89C51 单片机的 P0.3 传入低电平，第 4 路循迹传感器向 AT89C51 单片机的 P0.4 传入低电平，模拟循迹机器人整体前进的信号输入状态，电路如图 4-4-2 所示。电动机驱动电路的左侧电动机和右侧电动机不产生差速，表示循迹机器人向前行驶，电路如图 4-4-3 所示。指示灯电路中的绿色发光二极管点亮，红色发光二极管和黄色发光二极管均不亮，如图 4-4-4 所示。

调节循迹传感器电路，使第 1 路循迹传感器向 AT89C51 单片机的 P0.1 传入高电平，第 2 路循迹传感器向 AT89C51 单片机的 P0.2 传入低电平，第 3 路循迹传感器向 AT89C51 单片机的 P0.3 传入低电平，第 4 路循迹传感器向 AT89C51 单片机的 P0.4 传入低电平，模拟循迹机器人右转弯且转弯半径较大的信号输入状态，电路如图 4-4-5 所示。

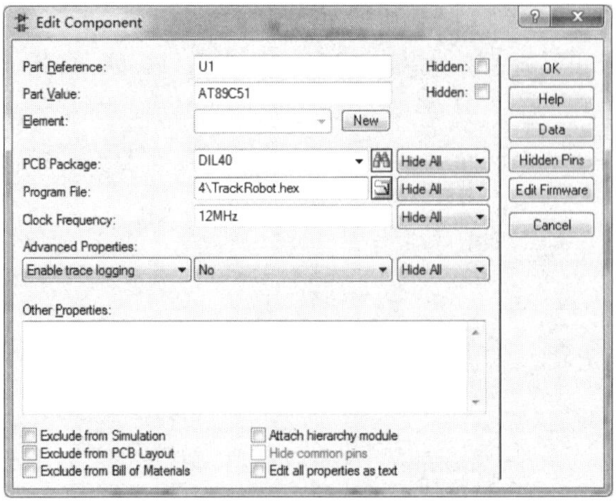

图 4-4-1　“Edit Component”对话框

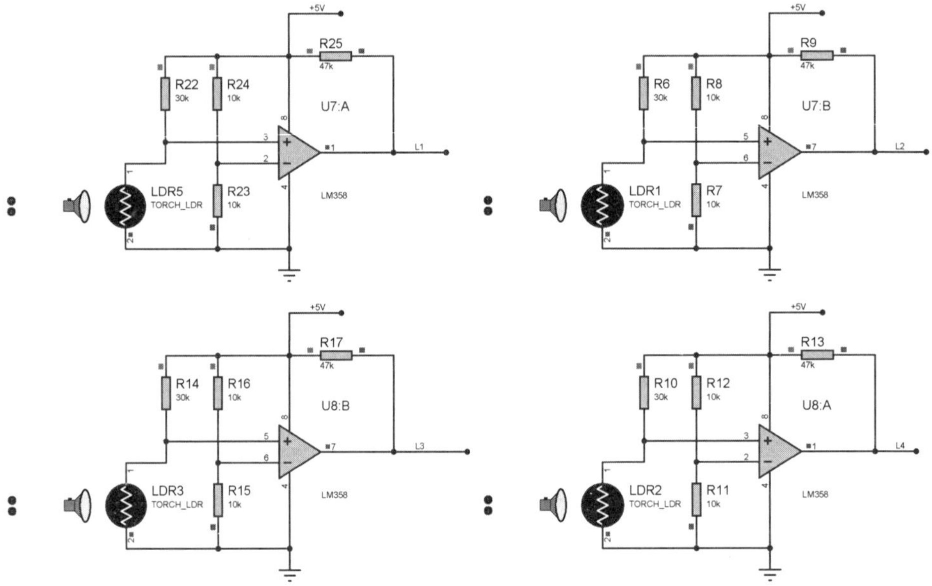

图 4-4-2　循迹传感器电路 1

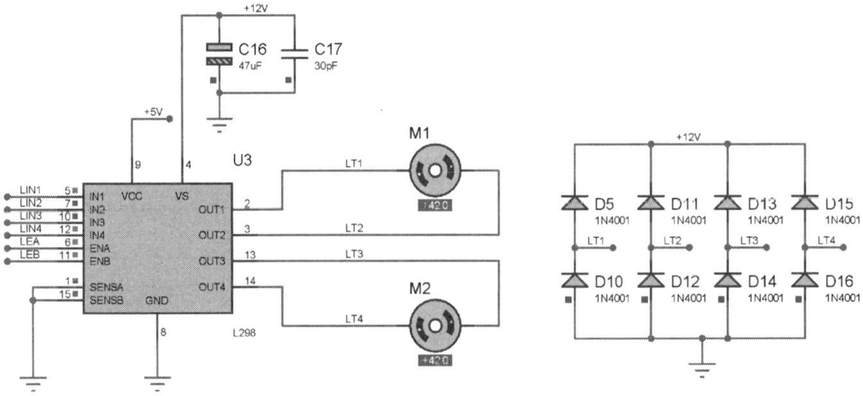

图 4-4-3　循迹传感器电路 2

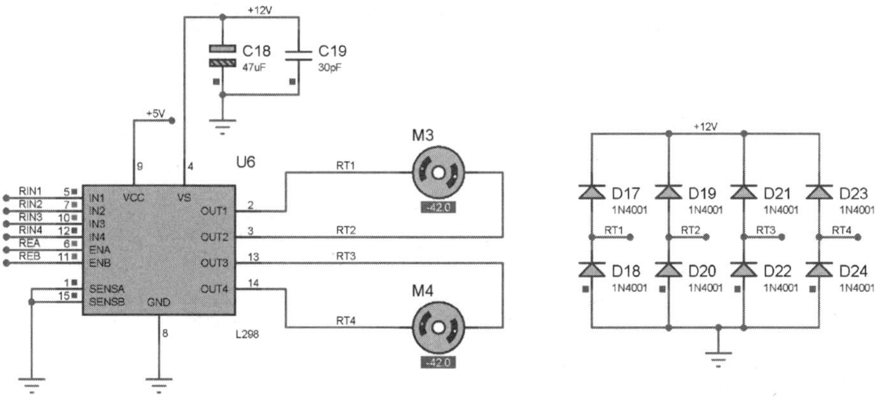

图 4-4-3　循迹传感器电路 2（续）

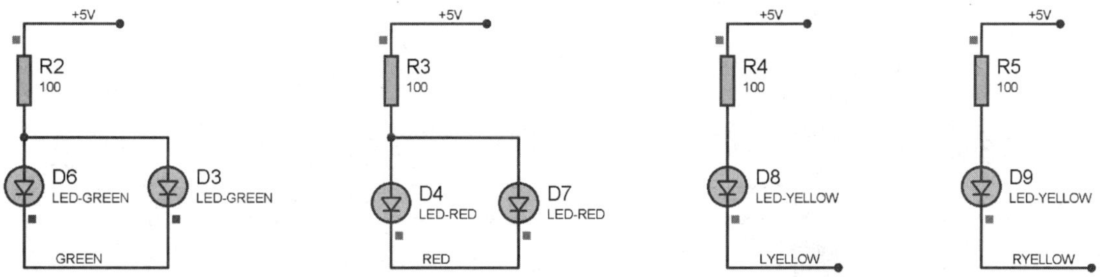

图 4-4-4　指示灯电路 1

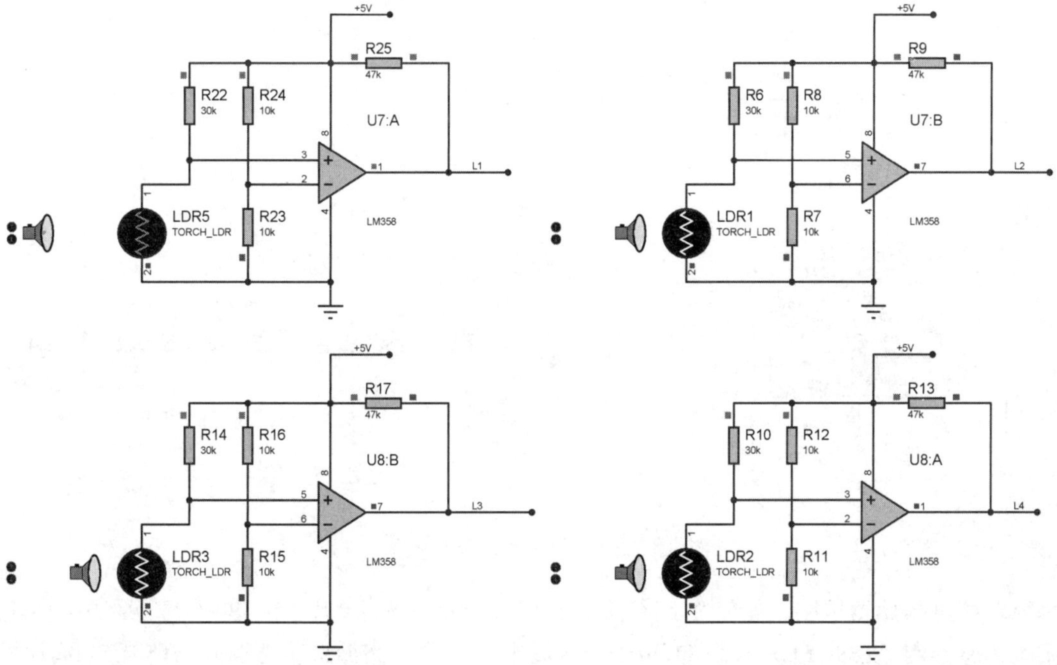

图 4-4-5　循迹传感器电路 3

此时，指示灯电路中表示右转的黄色指示灯点亮，红色发光二极管和绿色发光二极管均不亮，如图 4-4-6 所示。电动机驱动电路的左侧电动机转速大于右侧电动机转速，但差速不大，表示循迹机器人向右转弯且转弯半径较大，如图 4-4-7 所示。

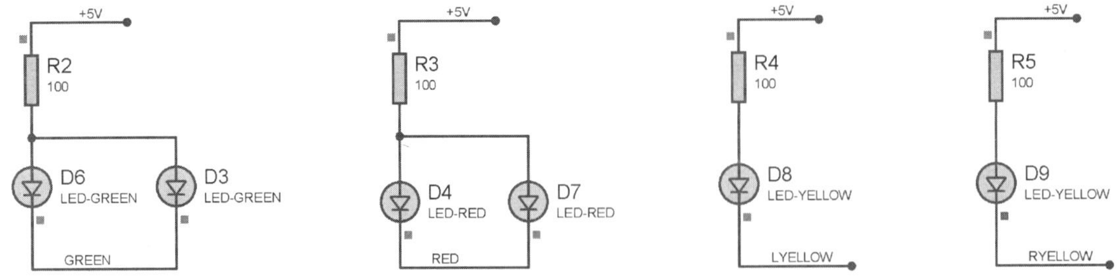

图 4-4-6　右转指示灯电路

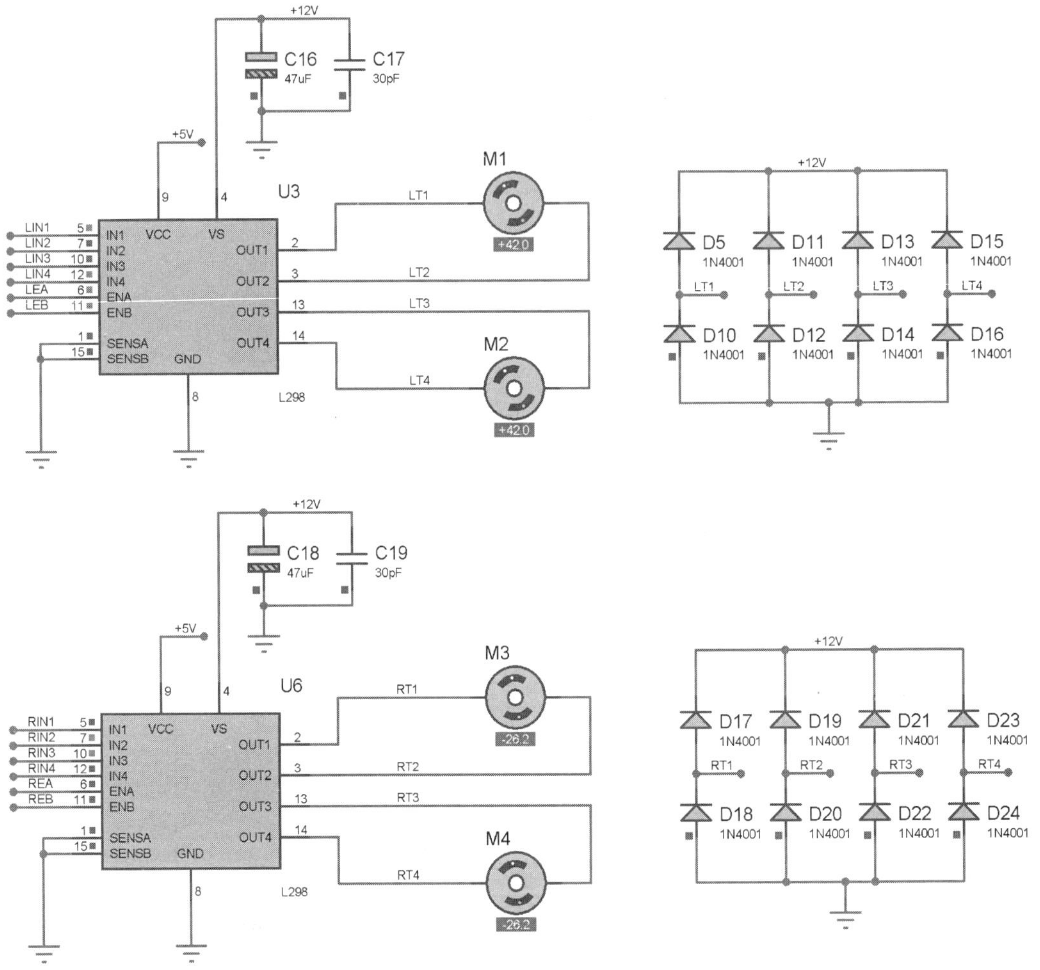

图 4-4-7　电动机驱动电路 1

调节循迹传感器电路，使第 1 路循迹传感器向 AT89C51 单片机的 P0.1 传入高电平，第 2 路循迹传感器向 AT89C51 单片机的 P0.2 传入高电平，第 3 路循迹传感器向 AT89C51 单片机的 P0.3 传入低电平，第 4 路循迹传感器向 AT89C51 单片机的 P0.4 传入低电平，模拟循迹机器人右转弯且转弯半径适中的信号输入状态，电路如图 4-4-8 所示。电动机驱动电路的左侧电动机转速大于右侧电动机转速，但差速适中，表示循迹机器人向右转弯且转弯半径适中，如图 4-4-9 所示。

调节循迹传感器电路，使第 1 路循迹传感器向 AT89C51 单片机的 P0.1 传入高电平，第 2

路循迹传感器向 AT89C51 单片机的 P0.2 传入高电平，第 3 路循迹传感器向 AT89C51 单片机的 P0.3 传入高电平，第 4 路循迹传感器向 AT89C51 单片机的 P0.4 传入低电平，模拟循迹机器人右转弯且转弯半径较小的信号输入状态，电路如图 4-4-10 所示。电动机驱动电路的左侧电动机转速大于右侧电动机转速，但差速较大，表示循迹机器人向右转弯且转弯半径较小，如图 4-4-11 所示。

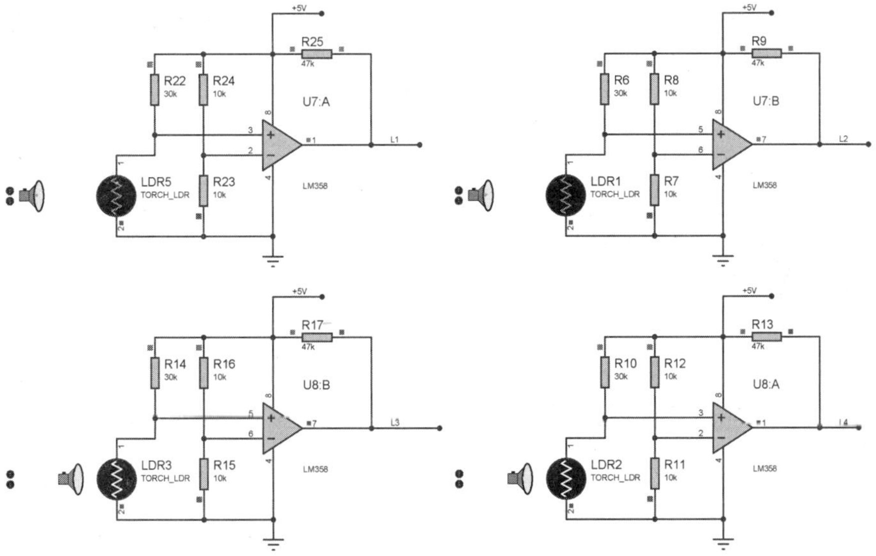

图 4-4-8　循迹传感器电路 4

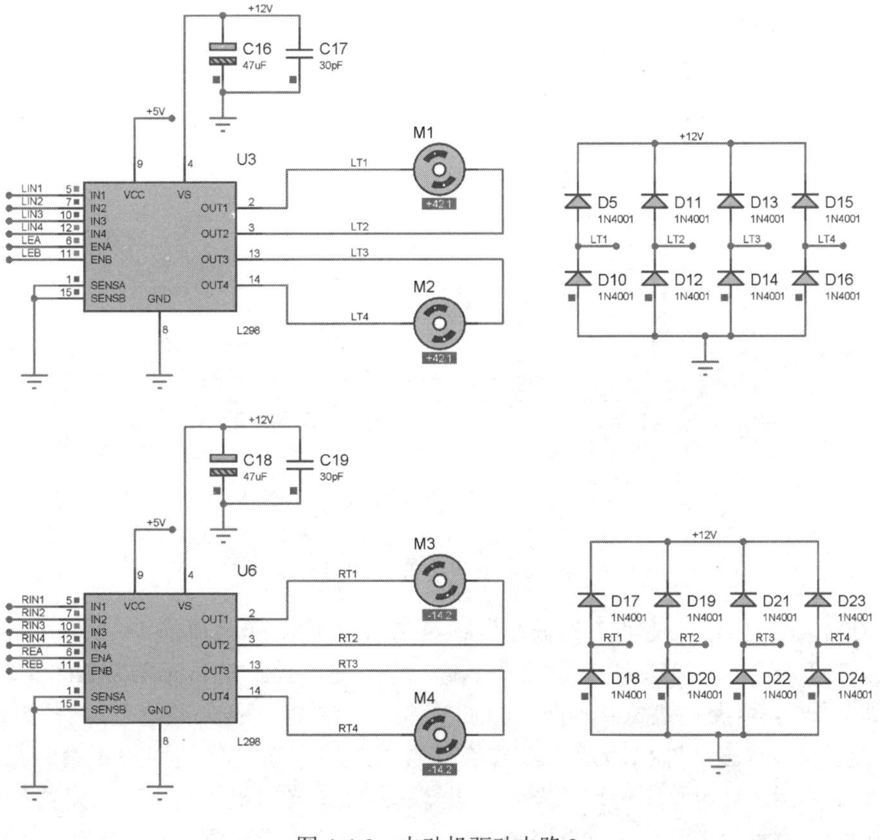

图 4-4-9　电动机驱动电路 2

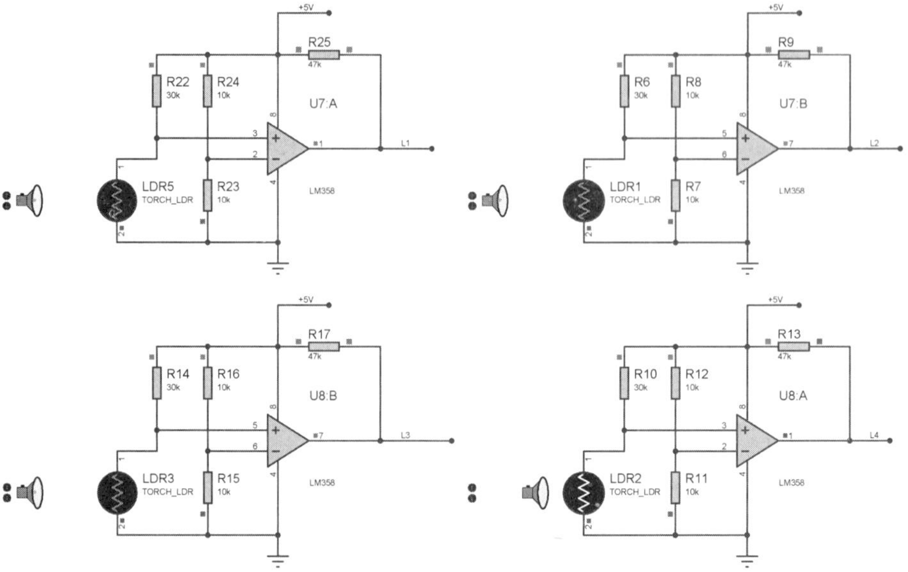

图 4-4-10　循迹传感器电路 5

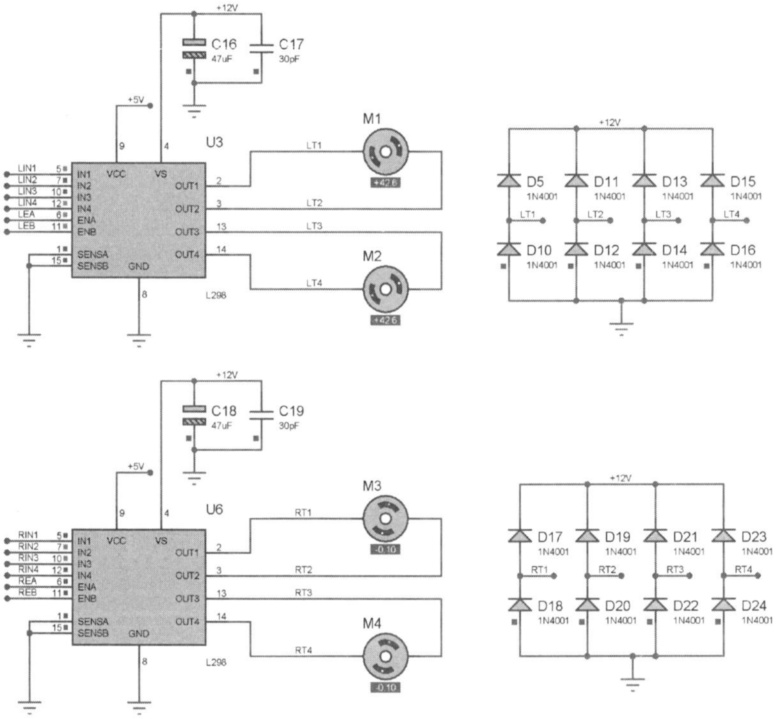

图 4-4-11　电动机驱动电路 3

调节循迹传感器电路，使第 1 路循迹传感器向 AT89C51 单片机的 P0.1 传入高电平，第 2 路循迹传感器向 AT89C51 单片机的 P0.2 传入高电平，第 3 路循迹传感器向 AT89C51 单片机的 P0.3 传入高电平，第 4 路循迹传感器向 AT89C51 单片机的 P0.4 传入高电平，模拟循迹机器人冲出跑道的信号输入状态（冲出跑道后，循迹机器人开始后退，以便回归正确路径），电路如图 4-4-12 所示。指示灯电路中的绿色发光二极管和红色发光二极管均点亮，黄色发光二极管不亮，如图 4-4-13 所示。电动机驱动电路的左侧电动机转速等于右侧电动机转速，但速度较慢，表明循迹机器人正在后退，如图 4-4-14 所示。

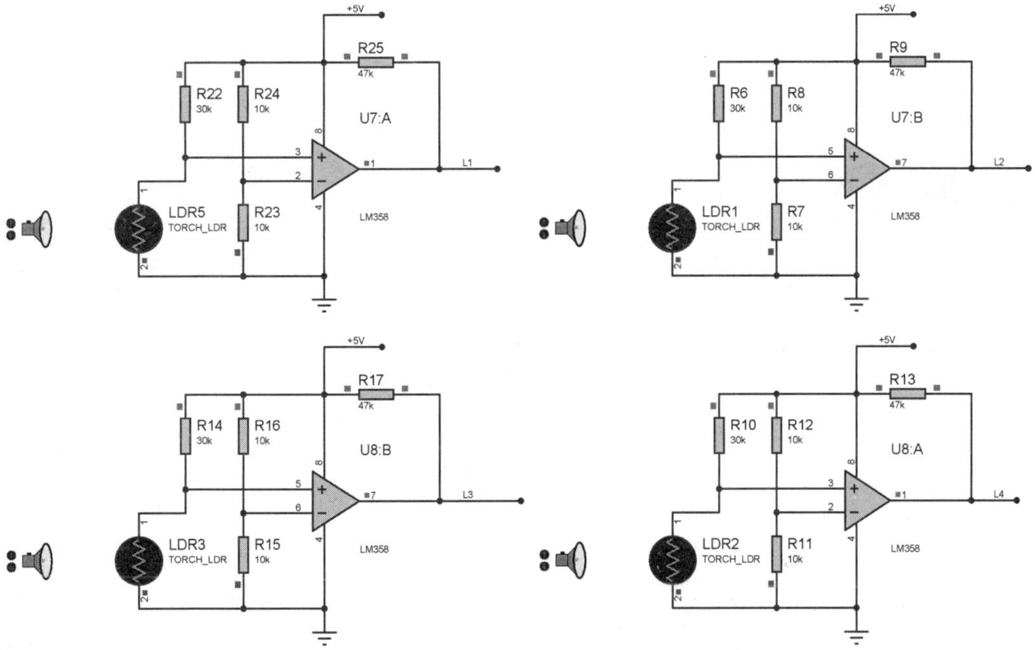

图 4-4-12　循迹传感器电路 6

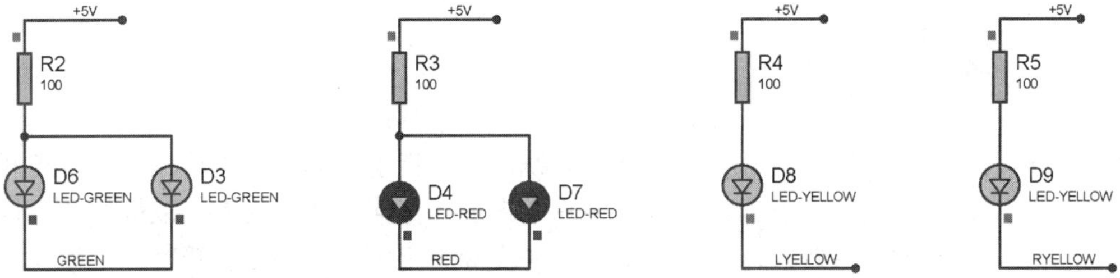

图 4-4-13　指示灯电路 2

读者可以根据循迹机器人右转仿真步骤来仿真循迹机器人左转，也可以仿真循迹机器人的其他状态。根据整体仿真结果，循迹机器人电路基本满足设计要求。

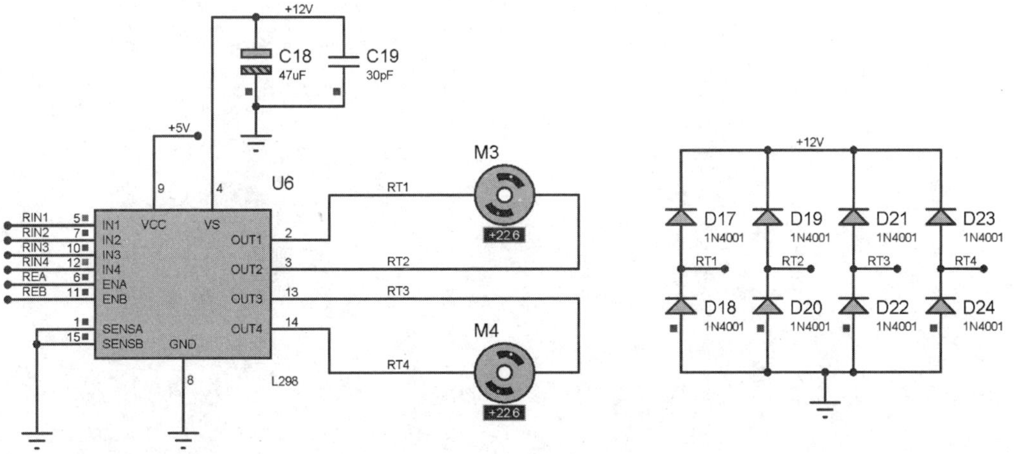

图 4-4-14　电动机驱动电路 4

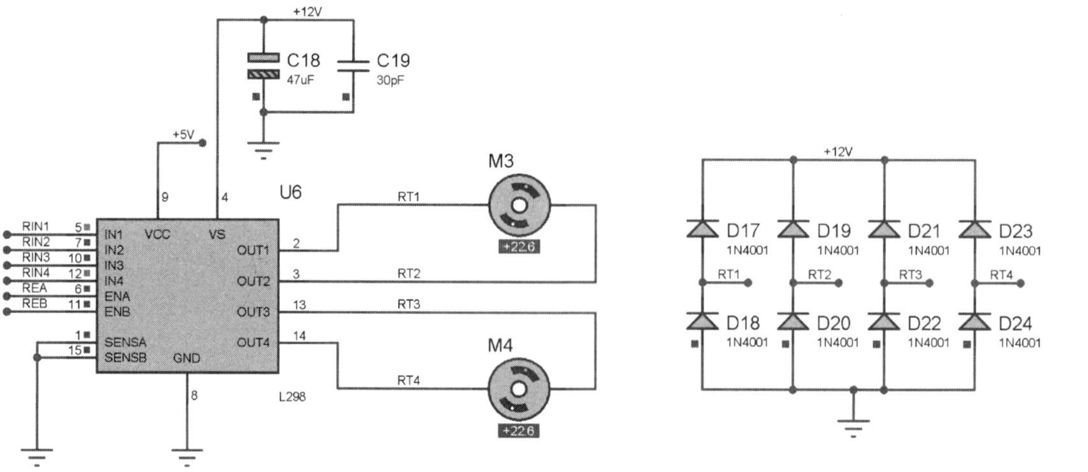

图 4-4-14　电动机驱动电路 4（续）

小提示

◎ 读者可以自行仿真循迹机器人的其他状态。

◎ 循迹机器人状态切换时需要一定的时间。

◎ 扫描右侧二维码可观看循迹机器人电路仿真视频。

4.5　设计总结

循迹机器人电路由电源电路、单片机最小系统电路、指示灯电路、电动机驱动电路和循迹传感器电路组成，基本满足要求。本实例的程序中未加入任何算法，读者可以根据实际情况加入适当的算法，以便循迹机器人运行更为平稳。在实际应用中，循迹传感器电路中某些电阻最好使用滑动变阻器，以便在调试时更容易区分跑道内和跑道外。

第 5 章　遥控机器人电路

5.1　总体要求

遥控机器人是一种可以根据遥控器指令来执行相关动作的机器人。遥控机器人技术包括通信技术、电动机驱动技术及自动控制技术等。遥控机器人在手术机器人领域和反恐机器人领域已有应用。本章遥控机器人电路主要设计要求如下。

☺ 本例遥控机器人以智能小车为原型。
☺ 遥控器可以向遥控机器人发送前进指令。
☺ 遥控器可以向遥控机器人发送停止指令。
☺ 遥控器可以向遥控机器人发送左转指令。
☺ 遥控器可以向遥控机器人发送右转指令。
☺ 遥控机器人左转时应有黄色指示灯指示。
☺ 遥控机器人右转时应有黄色指示灯指示。
☺ 遥控机器人前进时应有绿色指示灯指示。
☺ 遥控机器人停止时应有绿色指示灯指示。

5.2　硬件电路设计

5.2.1　硬件系统框图

遥控机器人电路硬件系统主要包括单片机最小系统电路、遥控器电路、电动机驱动电路、指示灯电路和电源电路等。遥控机器人电路硬件系统框图如图 5-2-1 所示。

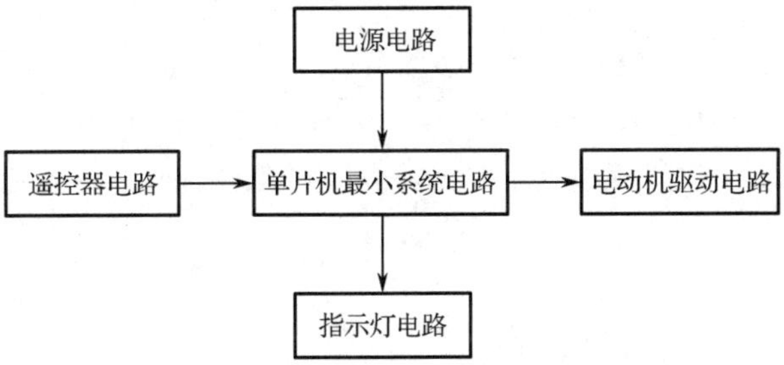

图 5-2-1　遥控机器人电路硬件系统框图

5.2.2　单片机最小系统电路

启动 Proteus 8 Professional 软件，执行 File → New Project 命令，弹出“New Project Wizard：Start”对话框，在“Name”栏输入“遥控机器人电路”作为工程名，在“Path”栏选择合适的存储路径。由于本例中使用的元件数量较多，可在“New Project Wizard：Schematic Design”对话框中选择 Landscape A1。在新建工程的其他对话框中均选择默认参数，设置完毕后，即可进入 Proteus 8 Professional 设计主窗口。

搭建 51 单片机最小系统电路。执行 Library → Pick parts from libraries P 命令，弹出“Pick Devices”对话框，在“Keywords”栏中输入“89c51”，即可搜索到 51 系列单片机，选择“AT89C51”。单击“Pick Devices”对话框中的 OK 按钮，即可将 AT89C51 元件放置在图纸上，其他元件依照此方法进行放置。晶振频率选择 12MHz，晶振两端电容选择 30pF，复位电路采用上电复位的形式。单片机最小系统电路如图 5-2-2 所示。

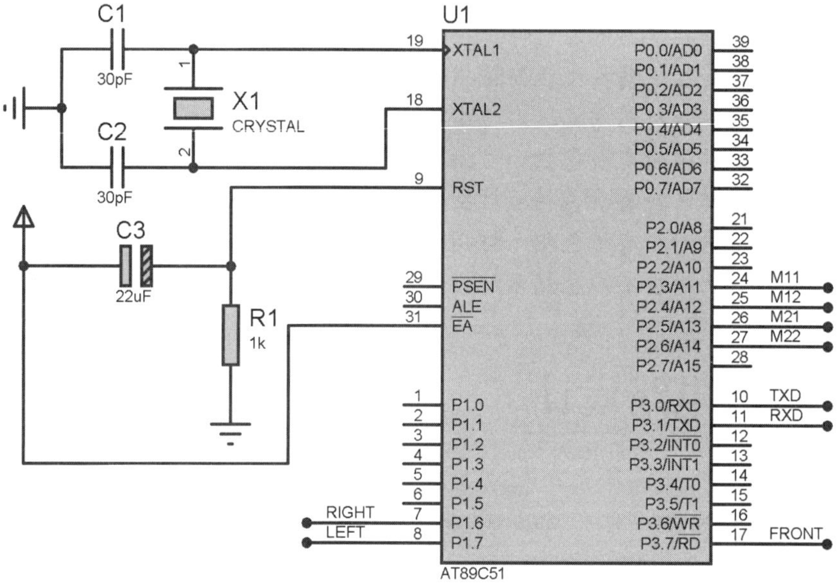

图 5-2-2　单片机最小系统电路

小提示

◎ AT89C51 单片机中的网络标号在后续章节具体讲解。

◎ 在元件库中搜索“89C51”关键字，即可找到 AT89C51 单片机。

◎ 在元件库中搜索“CRY”关键字，即可找到晶振元件，双击晶振元件将频率设为 12MHz。

5.2.3　电源电路

遥控机器人的电源需要由两块锂电池串联组成，电压约为+7.4V。电源电路主要由 3 路稳压电源电路组成并且为不同的电源网络供电：第 1 路稳压电源电路由 7805 等元件组成，将+7.4V 电压转换为+5V 电压，为单片机及 LED 指示灯电路供电；第 2 路稳压电源电路由 7805 等元件组成，将+7.4V 电压转换为+5V 电压，为电动机 M1 供电；第 3 路稳压电源电路由 7805 等元件组成，将+7.4V 电压转换为+5V 电压，为电动机 M2 供电。

在 Proteus 软件中绘制出的第 1 路稳压电源电路如图 5-2-3 所示。将两个电压表分别放置在第 1 路稳压电源电路的输入端和输出端，分别命名为 V1 和 V2，如图 5-2-4 所示。执行 Debug→Run Simulation 命令，运行第 1 路稳压电源电路仿真，仿真结果如图 5-2-5 所示，输入端电压表 V1 示数为+7.4V，输出端电压表 V2 示数为+5V，与预期结果相差无几，第 1 路稳压电源电路可以将+7.4V 电压转换为+5V 左右电压。

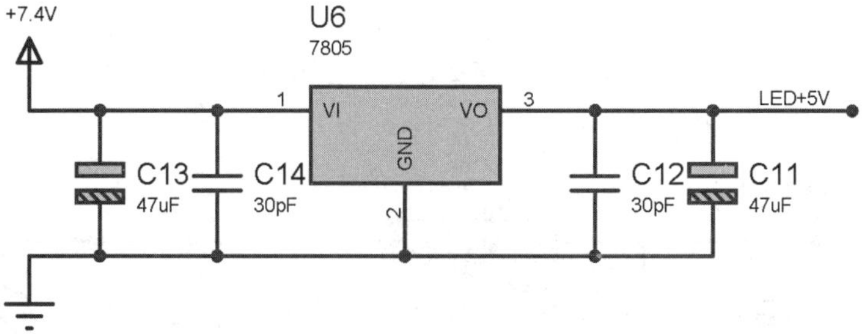

图 5-2-3　第 1 路稳压电源电路

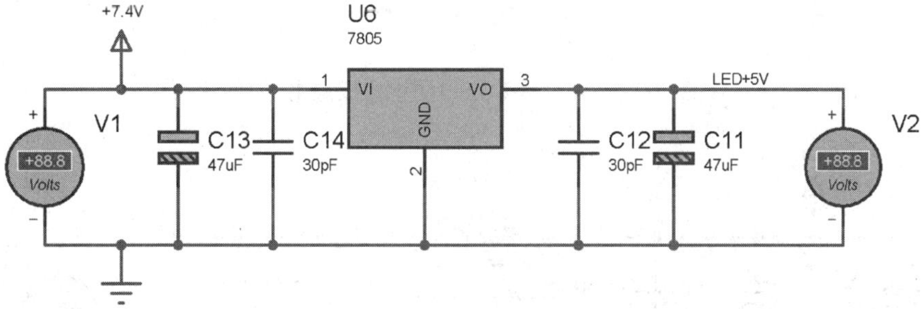

图 5-2-4　第 1 路稳压电源电路放置电压表

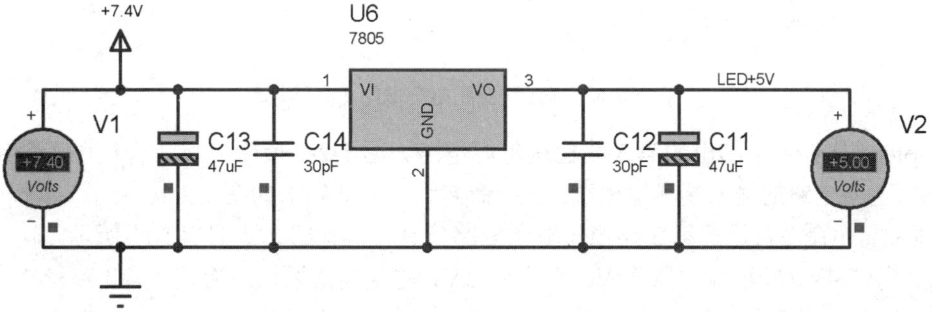

图 5-2-5　第 1 路稳压电源电路仿真结果

在 Proteus 软件中绘制出的第 2 路稳压电源电路如图 5-2-6 所示。将两个电压表分别放置在第 2 路稳压电源电路的输入端和输出端，分别命名为 V3 和 V4，如图 5-2-7 所示。执行 Debug→Run Simulation 命令，运行第 2 路稳压电源电路仿真，仿真结果如图 5-2-8 所示，输入端电压表 V3 示数为+7.4V，输出端电压表 V4 示数为+5V，与预期结果相差无几，第 2 路稳压电源电路可以将+7.4V 电压转换为+5V 左右电压。

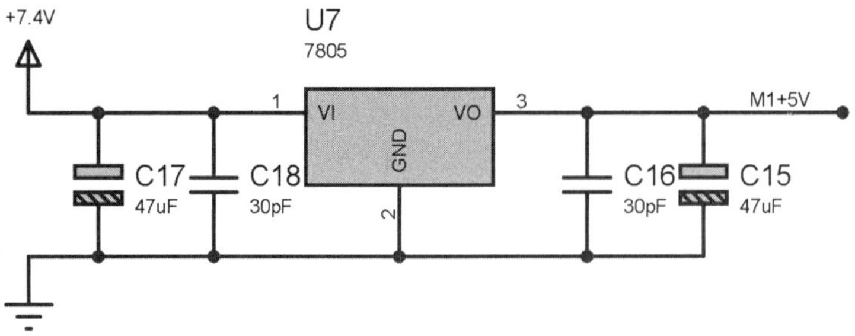

图 5-2-6　第 2 路稳压电源电路

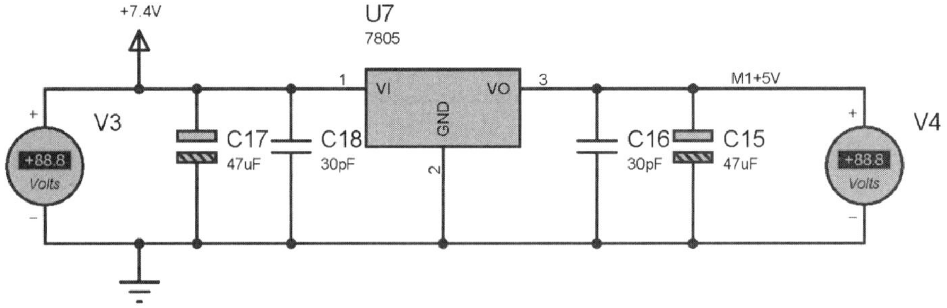

图 5-2-7　第 2 路稳压电源电路放置电压表

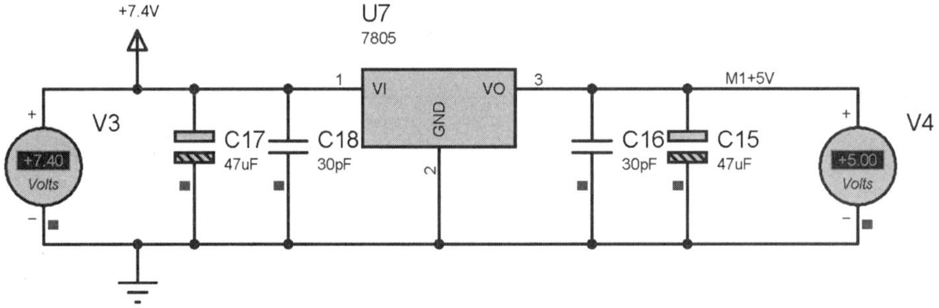

图 5-2-8　第 2 路稳压电源电路仿真结果

在 Proteus 软件中绘制出的第 3 路稳压电源电路如图 5-2-9 所示。将两个电压表分别放置在第 3 路稳压电源电路的输入端和输出端，分别命名为 V5 和 V6，如图 5-2-10 所示。执行 Debug→Run Simulation 命令，运行第 3 路稳压电源电路仿真，仿真结果如图 5-2-11 所示，输入端电压表 V5 示数为+7.4V，输出端电压表 V6 示数为+5V，与预期结果相差无几，第 3 路稳压电源电路可以将+7.4V 电压转换为+5V 左右电压。

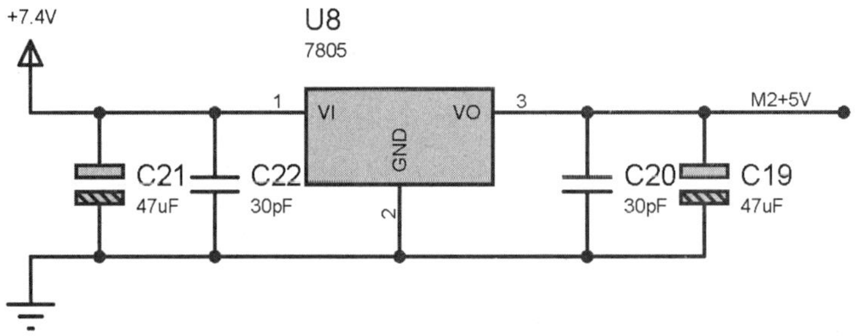

图 5-2-9　第 3 路稳压电源电路

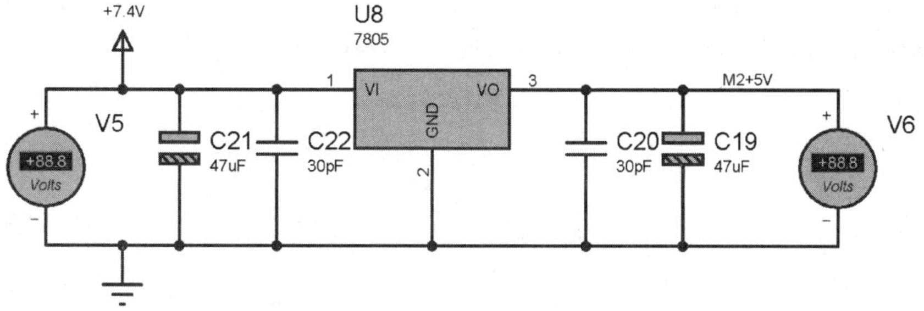

图 5-2-10　第 3 路稳压电源电路放置电压表

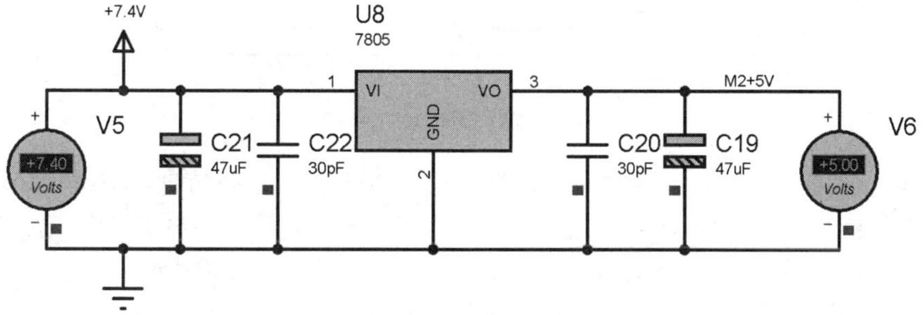

图 5-2-11　第 3 路稳压电源电路仿真结果

小提示

◎ 在元件库中搜索“7805”关键字，即可找到 7805 稳压芯片。

5.2.4　电动机驱动电路

遥控机器人以三轮智能小车为基础原型，因此遥控机器人拥有两个驱动电动机和 1 个万向轮。本例中的电动机驱动电路全部由分立元件组成，可以驱动两个电动机。在 Proteus 软件中绘制出的电动机 M1 驱动电路如图 5-2-12 所示，电动机 M1 驱动电路主要由三极管 PN4141、三极管 PN4143、二极管 1N4001、电阻和直流电动机等元件组成。

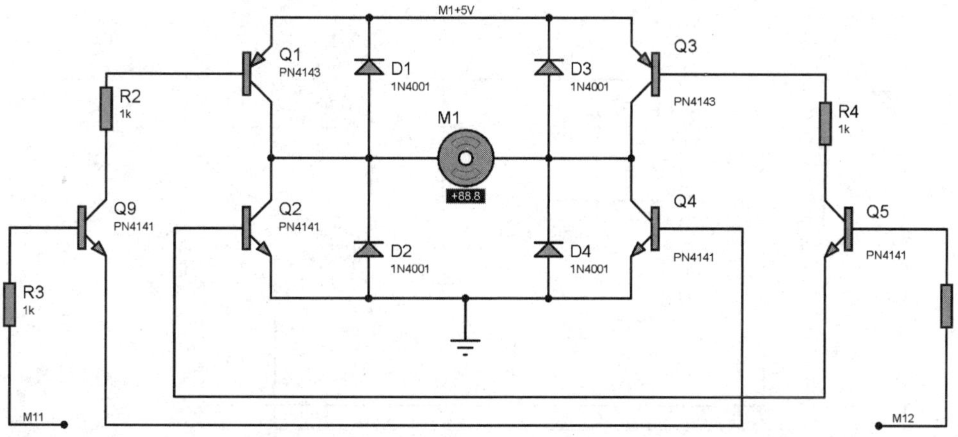

图 5-2-12　电动机 M1 驱动电路

在电路绘制界面放置两个 LOGICSTATE 元件，分别命名为 S1 和 S2，并与电动机 M1 驱动电路的输入端相连，如图 5-2-13 所示，用以模拟单片机输出高电平和低电平。

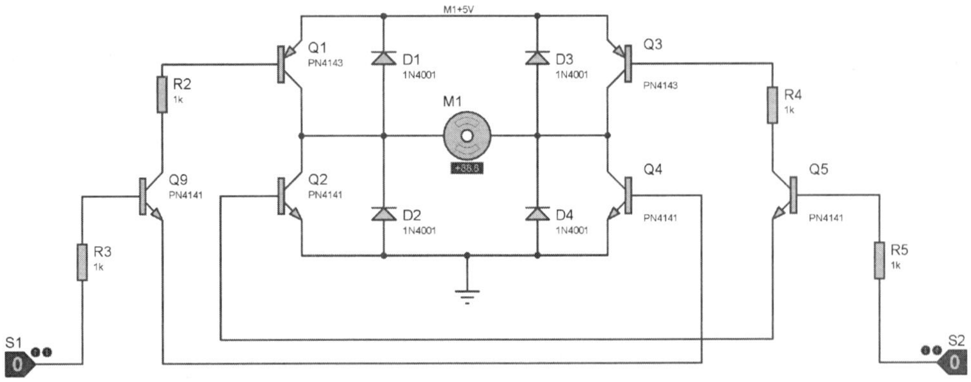

图 5-2-13　放置 LOGICSTATE 元件

执行 Debug→ Run Simulation 命令，运行电动机 M1 驱动电路仿真，S1 和 S2 均输入低电平，仿真结果如图 5-2-14 所示，可见电动机 M1 不转。将 S1 输入高电平，S2 输入低电平，仿真结果如图 5-2-15 所示，可见电动机 M1 正向转动。将 S1 输入高电平，S2 输入高电平，仿真结果如图 5-2-16 所示，可见电动机 M1 停止转动。将 S1 输入低电平，S2 输入高电平，仿真结果如图 5-2-17 所示，可见电动机 M1 反向转动。

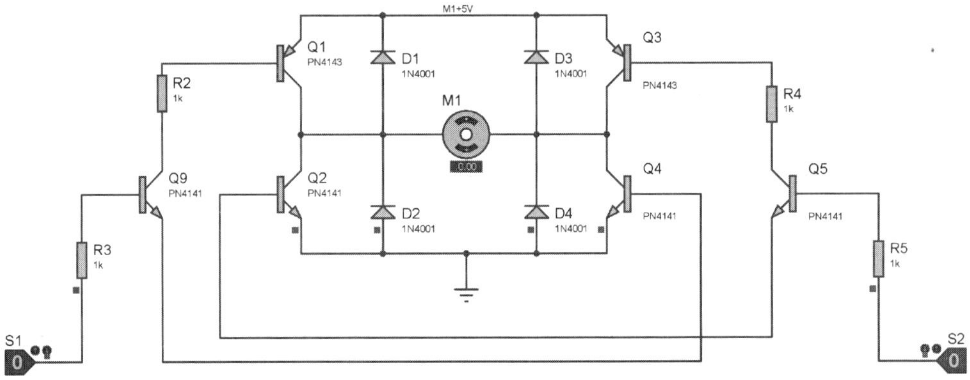

图 5-2-14　S1 和 S2 均输入低电平

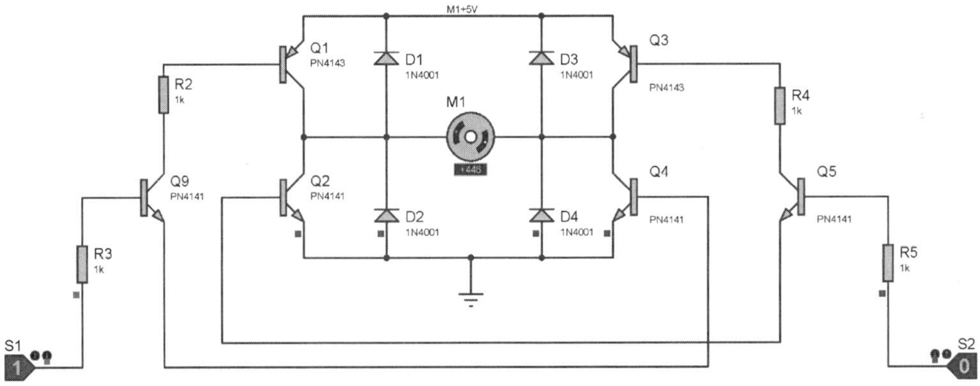

图 5-2-15　S1 输入高电平和 S2 输入低电平

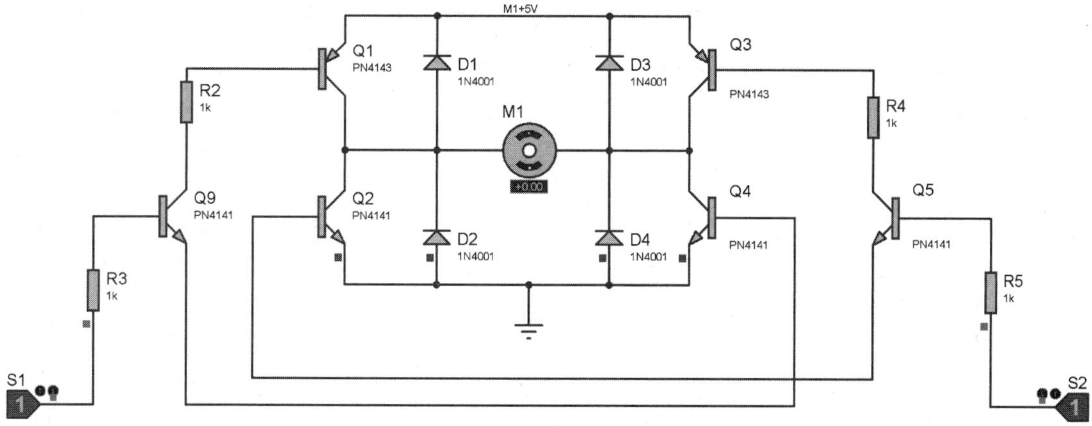

图 5-2-16　S1 和 S2 均输入高电平

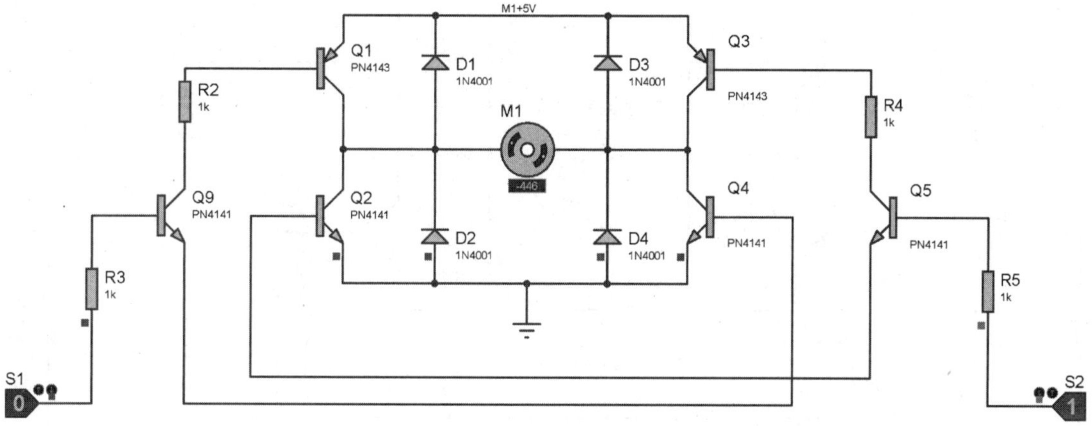

图 5-2-17　S1 输入低电平和 S2 输入高电平

可见，电动机 M1 驱动电路功能基本满足要求。电动机 M2 驱动电路与电动机 M1 驱动电路的绘制方法一致。在 Proteus 主界面绘制完毕后，电动机驱动电路如图 5-2-18 所示。电动机 M1 驱动电路通过网络标号“M11”与 AT89C51 单片机的 P2.3 引脚相连，通过网络标号“M12”与 AT89C51 单片机的 P2.4 引脚相连，通过网络标号“M1+5V”与+5V 电源网络相连。电动机 M2 驱动电路通过网络标号“M21”与 AT89C51 单片机的 P2.5 引脚相连，通过网络标号“M22”与 AT89C51 单片机的 P2.6 引脚相连，通过网络标号“M2+5V”与+5V 电源网络相连。

小提示

◎ 读者可以自行修改输入端的高低电平，观察直流电动机的转动情况。

◎ 在元件库中搜索“PN4”关键字，即可找到相关三极管。

◎ 在元件库中搜索“1N4001”关键字，即可找到相关二极管。

◎ 扫描右侧二维码可观看电动机 M1 驱动电路仿真视频。

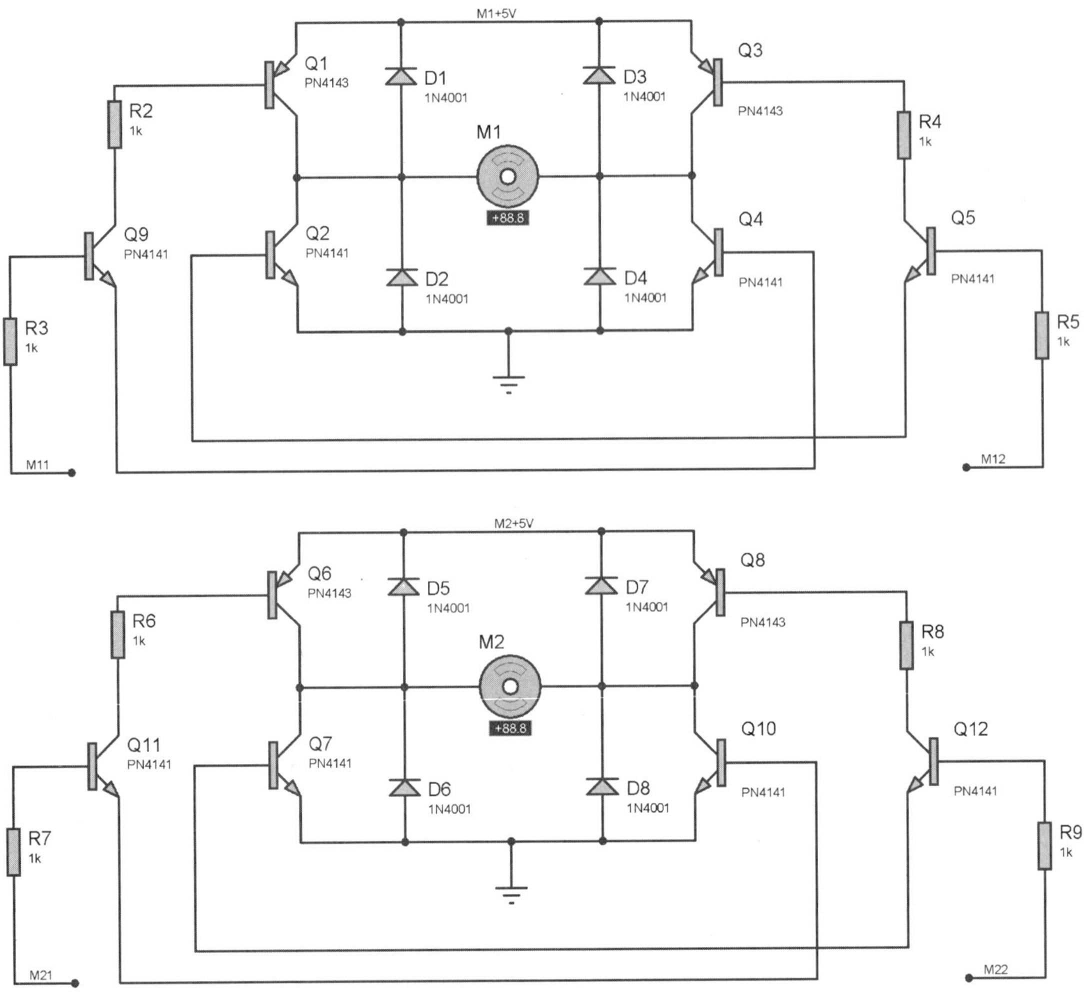

图 5-2-18　电动机驱动电路

5.2.5　指示灯电路

遥控机器人的指示灯电路包含光耦模块电路和发光二极管电路。在 Proteus 软件中绘制出的光耦模块电路如图 5-2-19 所示。光耦模块 U3 的引脚 1 通过网络标号“FRONT”与 AT89C51 单片机的 P3.7 引脚相连，引脚 2 连接“地”网络，引脚 4 通过网络标号“LED+5V”与+5V 电源网络相连，引脚 3 通过网络标号“GREEN”与直行指示灯电路相连；光耦模块 U4 的引脚 1 通过网络标号“RIGHT”与 AT89C51 单片机的 P1.6 引脚相连，引脚 2 连接“地”网络，引脚 4 通过网络标号“LED+5V”与+5V 电源网络相连，引脚 3 通过网络标号“RYELLOW”与右转指示灯电路相连；光耦模块 U5 的引脚 1 通过网络标号“LEFT”与 AT89C51 单片机的 P1.7 引脚相连，引脚 2 连接“地”网络，引脚 4 通过网络标号“LED+5V”与+5V 电源网络相连，引脚 3 通过网络标号“LYELLOW”与左转指示灯电路相连。

发光二极管电路包含直行指示灯电路、左转指示灯电路和右转指示灯电路。直行指示灯电路由 12 个绿色发光二极管组成一个向前的箭头，左转指示灯电路由 12 个黄色发光二极管组成一个向左的箭头，右转指示灯电路由 12 个黄色发光二极管组成一个向右的箭头，在 Proteus 软件中绘制出的发光二极管电路如图 5-2-20 所示。

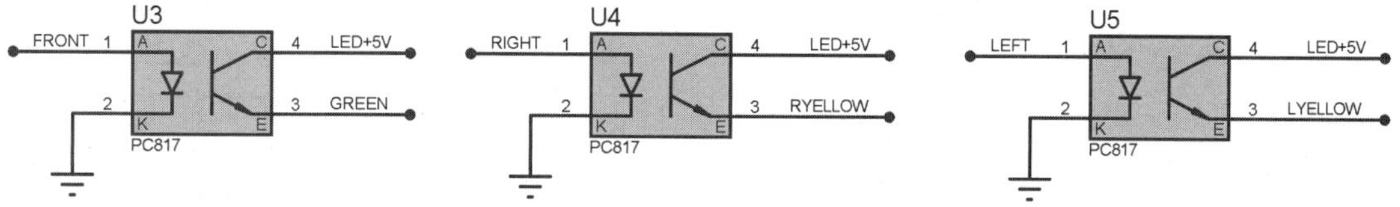

图 5-2-19　光耦模块电路

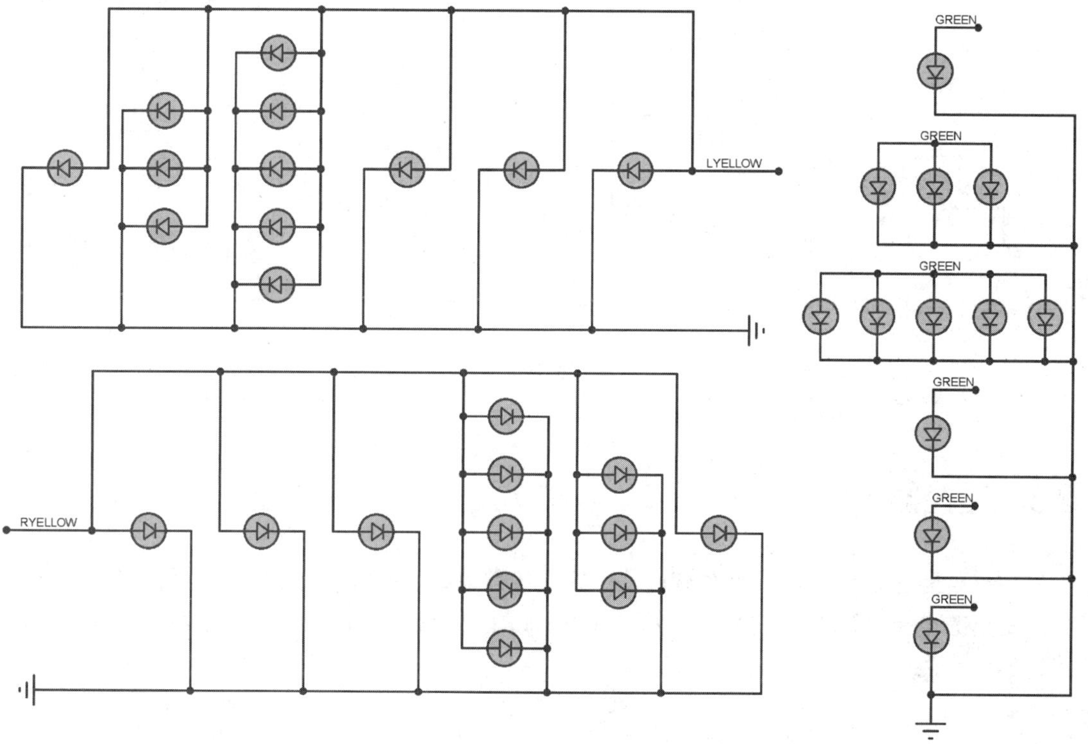

图 5-2-20　发光二极管电路

为了验证指示灯电路，将 LOGICSTATE 元件 S3 放置在图纸上，并连接到光耦模块 U3 的引脚 1，用以模拟单片机输入高电平或者低电平。执行 Debug→ Run Simulation 命令，运行修改后的直行指示灯电路仿真，使 S3 输入低电平，仿真结果如图 5-2-21 所示，可见直行指示灯电路不亮。使 S3 输入高电平，仿真结果如图 5-2-22 所示，可见直行指示灯电路点亮。直行指示灯电路功能基本满足要求。

小提示

◎ 在元件库中搜索“Optocouplers”关键字，即可找到光耦模块。

◎ 双击发光二极管元件即可选择显示或隐藏元件名称。

◎ 扫描右侧二维码可观看直行指示灯电路仿真视频。

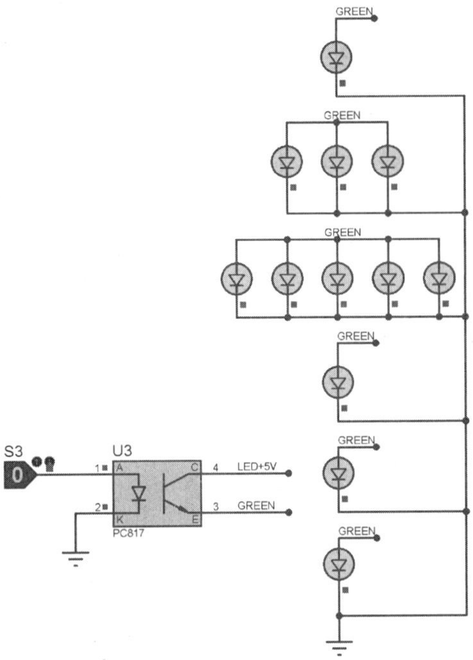

图 5-2-21　S3 输入低电平

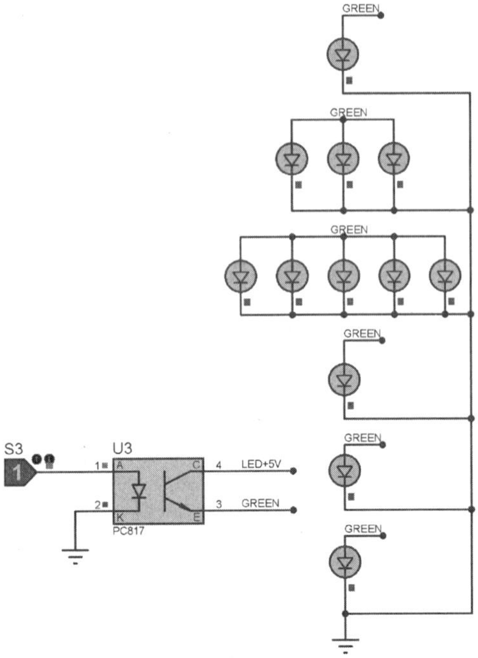

图 5-2-22　S3 输入高电平

5.2.6　遥控器电路

遥控器电路包含单片机最小系统电路、独立按键电路、电源电路和指示电路。在 Proteus 软件中绘制出的电源电路如图 5-2-23 所示，只需 1 路由 7805 元件构成的电源电路，其作用是为整个遥控器电路供电。

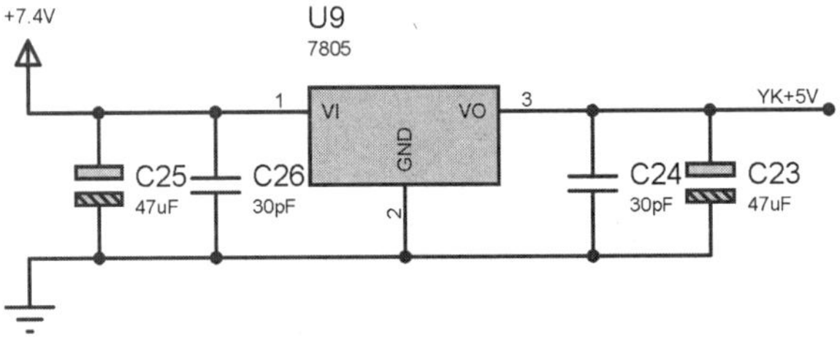

图 5-2-23　电源电路

单片机最小系统电路如图 5-2-24 所示。单片机 U2 的 P3.0 引脚通过网络标号“RXD”与单片机 U1 的 P3.1 引脚相连，P3.1 引脚通过网络标号“TXD”与单片机 U1 的 P3.0 引脚相连。单片机 U2 采集到的数据通过串口通信传送至单片机 U1。

独立按键电路如图 5-2-25 所示，主要由独立按键、电容和电阻组成。第 1 路独立按键电路通过网络标号“YK+5V”接入+5V 电源网络，通过网络标号“KEY1”与单片机 U2 的 P0.1 引脚相连；第 2 路独立按键电路通过网络标号“YK+5V”接入+5V 电源网络，通过网络标号“KEY2”与单片机 U2 的 P0.2 引脚相连；第 3 路独立按键电路通过网络标号“YK+5V”接入+5V 电源网络，通过网络标号“KEY3”与单片机 U2 的 P0.3 引脚相连；第 4 路独立按键电路通过网络标号“YK+5V”接入+5V 电源网络，通过网络标号“KEY4”与单片机 U2 的 P0.4 引脚相连。

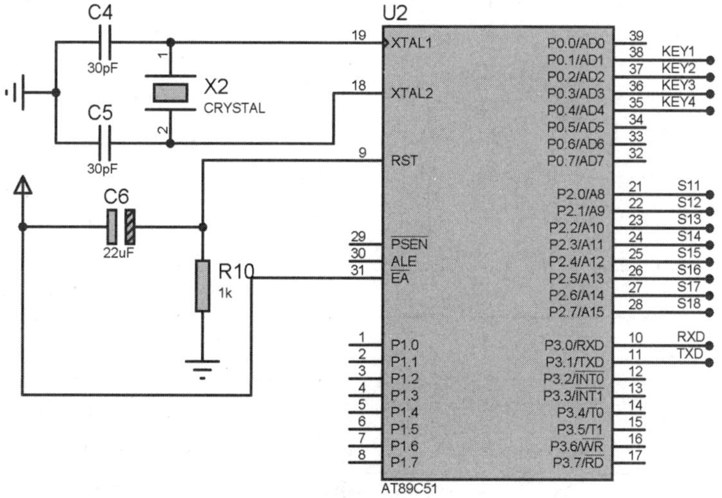

图 5-2-24 单片机最小系统电路

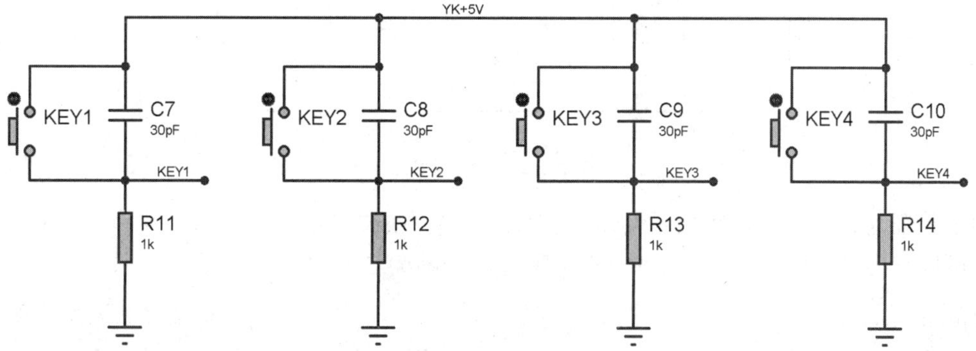

图 5-2-25 独立按键电路

指示电路如图 5-2-26 所示，主要由数码管、三极管和电阻构成。三极管 Q13 通过网络标号“S1”与数码管相连，电阻 R16 通过网络标号“S11”与单片机 U2 的 P2.0 引脚相连，电阻 R15 通过网络标号“YK+5V”接入+5V 电源网络；三极管 Q14 通过网络标号“S2”与数码管相连，电阻 R18 通过网络标号“S12”与单片机 U2 的 P2.1 引脚相连，电阻 R17 通过网络标号“YK+5V”接入+5V 电源网络；三极管 Q15 通过网络标号“S3”与数码管相连，电阻 R20 通过网络标号“S13”与单片机 U2 的 P2.2 引脚相连，电阻 R19 通过网络标号“YK+5V”接入+5V 电源网络；三极管 Q16 通过网络标号“S4”与数码管相连，电阻 R22 通过网络标号“S14”与单片机 U2 的 P2.3 引脚相连，电阻 R21 通过网络标号“YK+5V”接入+5V 电源网络；三极管 Q17 通过网络标号“S5”与数码管相连，电阻 R24 通过网络标号“S15”与单片机 U2 的 P2.4 引脚相连，电阻 R23 通过网络标号“YK+5V”接入+5V 电源网络；三极管 Q18 通过网络标号“S6”与数码管相连，电阻 R26 通过网络标号“S16”与单片机 U2 的 P2.5 引脚相连，电阻 R25 通过网络标号“YK+5V”接入+5V 电源网络；三极管 Q19 通过网络标号“S7”与数码管相连，电阻 R28 通过网络标号“S17”与单片机 U2 的 P2.6 引脚相连，电阻 R27 通过网络标号“YK+5V”接入+5V 电源网络；三极管 Q20 通过网络标号“S8”与数码管相连，电阻 R30 通过网络标号“S18”与单片机 U2 的 P2.7 引脚相连，电阻 R29 通过网络标号“YK+5V”接入+5V 电源网络。

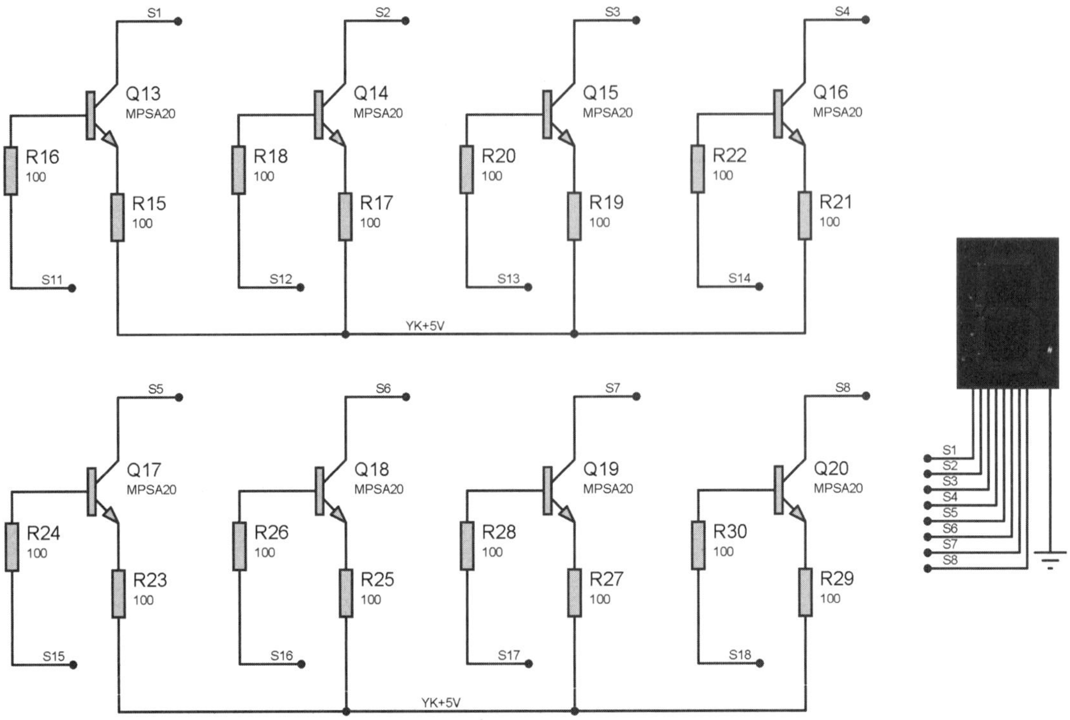

图 5-2-26　指示电路

为了验证遥控器电路，需要编写简易程序，并将生成的 HEX 文件加载到单片机 U2 中，具体方法可以参照 4.3 节和 4.4 节，本节不再赘述，简易验证程序如下。

```
    #include<reg52.h>

    unsigned char code DIG_CODE[17]={0x3f,0x06,0x5b,0x4f,0x66,0x6d,0x7d,0x07,0x7f,
0x6f,0x77,0x7c,0x39,0x5e,0x79,0x71};
    #define GPIO_DIG P2
    sbit Key1 = P0^1;
    sbit Key2 = P0^2;
    sbit Key3 = P0^3;
    sbit Key4 = P0^4;
    #define uchar unsigned char
    uchar rtemp,sflag;

    void Delay10ms(void)   //误差 0μs
    {
        unsigned char a,b,c;
        for(c=1;c>0;c--)
            for(b=38;b>0;b--)
                for(a=130;a>0;a--);
    }

    void main()
    {
        GPIO_DIG = DIG_CODE[0];

        while(1)
```

```
    {
        if(Key1 == 1)
        {
            Delay10ms();
            while(Key1 == 1)
            {
                Delay10ms();
            }

            GPIO_DIG = DIG_CODE[1];
        }

        if(Key2 == 1)
        {
            Delay10ms();
            while(Key2 == 1)
            {
                Delay10ms();
            }

            GPIO_DIG = DIG_CODE[2];
        }

        if(Key3 == 1)
        {
            Delay10ms();
            while(Key3 == 1)
            {
                Delay10ms();
            }

            GPIO_DIG = DIG_CODE[3];
        }

        if(Key4 == 1)
        {
            Delay10ms();
            while(Key4 == 1)
            {
                Delay10ms();
            }

            GPIO_DIG = DIG_CODE[4];

        }
    }
}
```

执行 Debug→ Run Simulation 命令，运行遥控器电路仿真，初始状态如图 5-2-27 所示，数码管显示数字“0”。单击 Key1 独立按键，代表向单片机 U2 输入切换到模式 1 的信号，此时仿真结果如图 5-2-28 所示，数码管显示数字“1”。单击 Key2 独立按键，代表向单片机 U2 输入切换到模式 2 的信号，此时仿真结果如图 5-2-29 所示，数码管显示数字“2”。单击 Key3 独立按键，代表向单片机 U2 输入切换到模式 3 的信号，此时仿真结果如图 5-2-30 所示，数码管显示数字“3”。单击 Key4 独立按键，代表向单片机 U2 输入切换到模式 4 的信号，此时仿真结果如图 5-2-31 所示，数码管显示数字“4”。

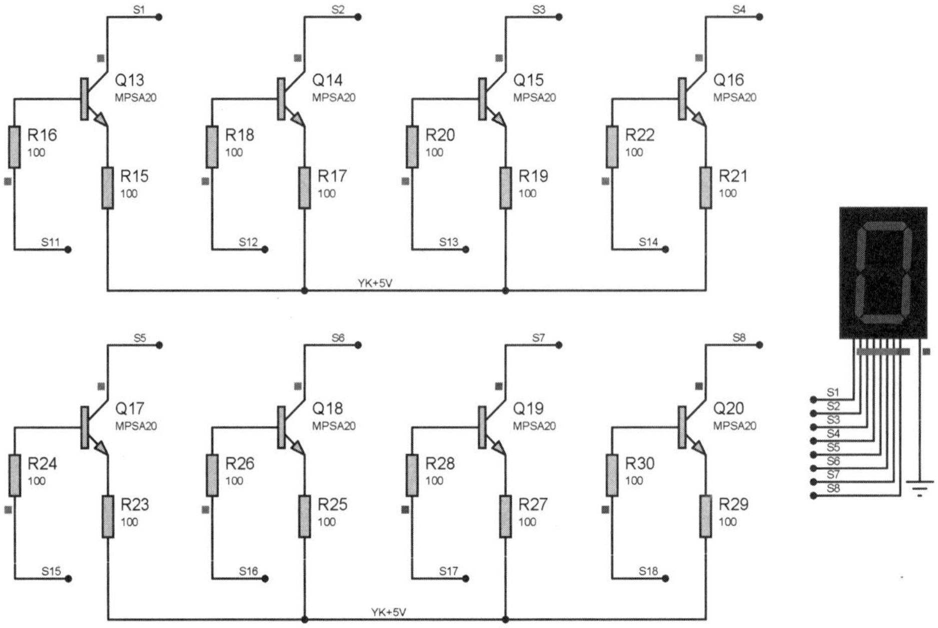

图 5-2-27　初始状态

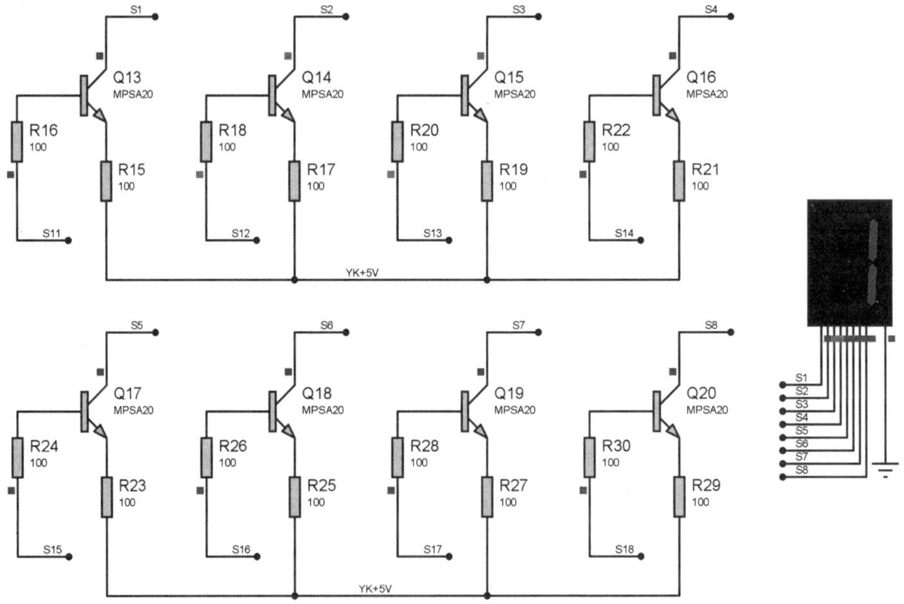

图 5-2-28　模式 1

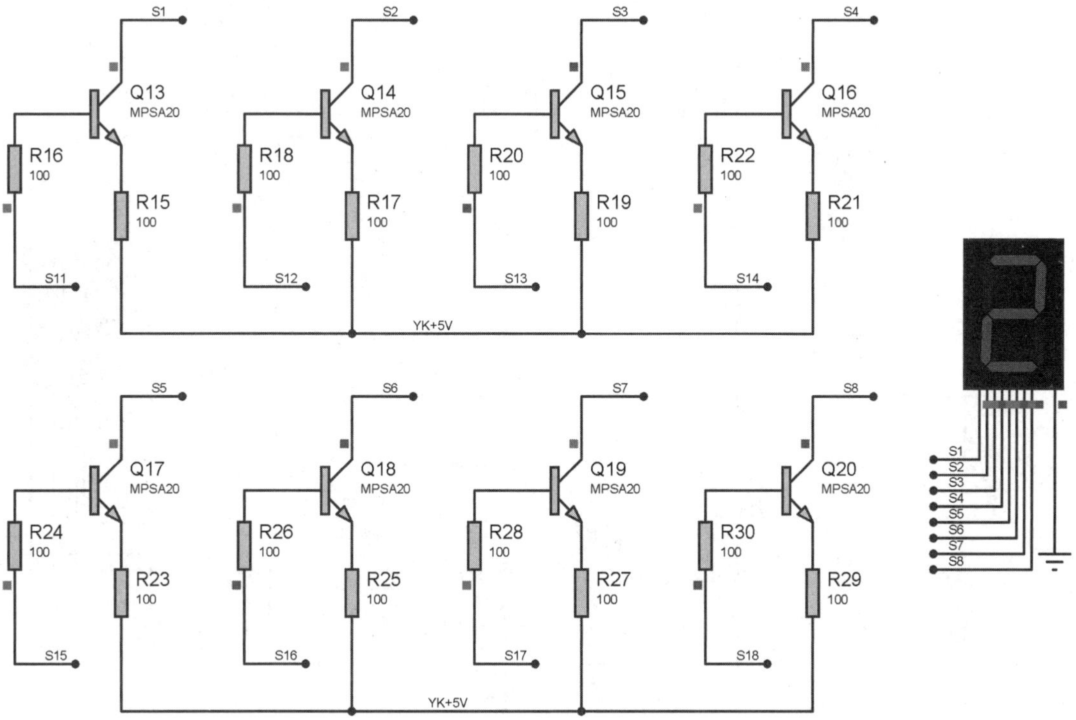

图 5-2-29　模式 2

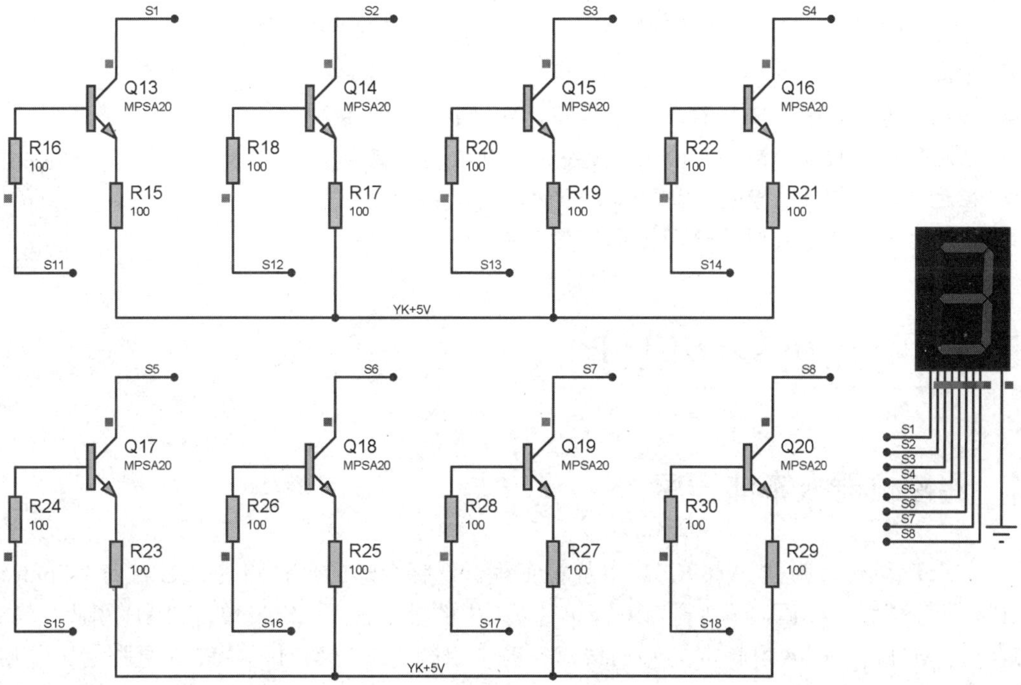

图 5-2-30　模式 3

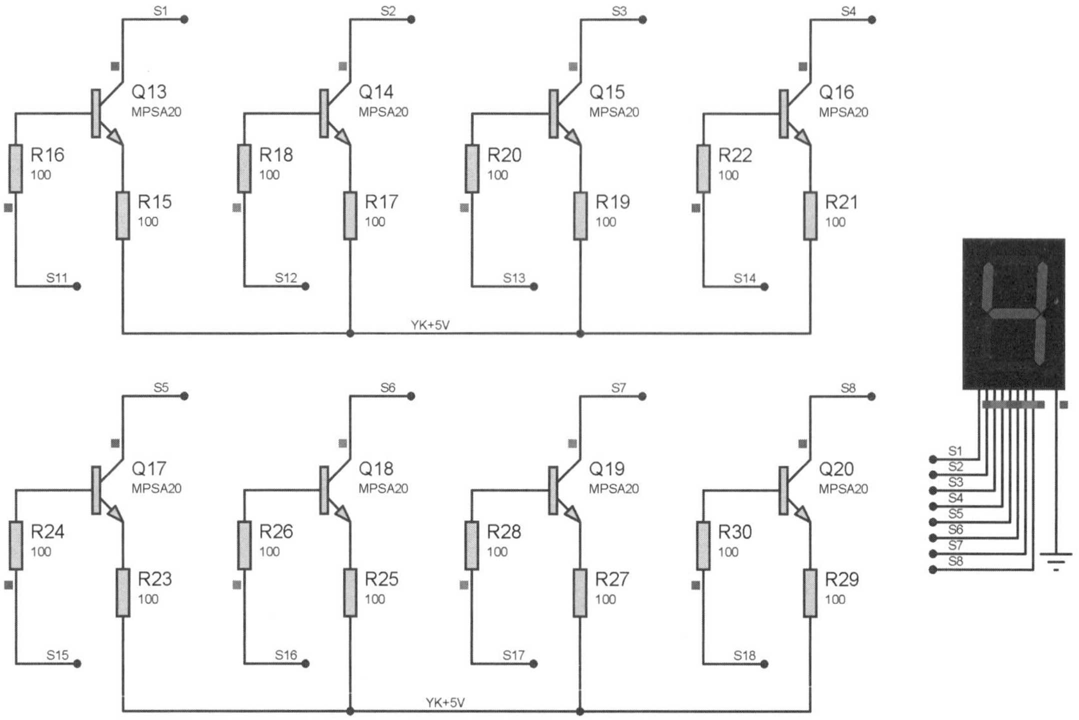

图 5-2-31　模式 4

至此，遥控器电路基本满足要求。

小提示

◎ 在元件库中搜索“BUTTON”关键字，即可找到独立按键。
◎ 在元件库中搜索“MPSA20”关键字，即可找到三极管。
◎ 在元件库中搜索“SEG”关键字，即可找到数码管。
◎ 扫描右侧二维码可观看遥控器电路仿真视频。

5.3　单片机程序设计

5.3.1　遥控机器人本体程序

启动 Keil 软件，新建 AT89C51 单片机工程，选择合适的保存路径并命名为“Control of Robot1”。新建工程完毕后，在主窗口编写单片机 U1 的控制程序。定义单片机 U1 引脚，将 P2.3 引脚定义为 M11，将 P2.4 引脚定义为 M12，将 P2.5 引脚定义为 M21，将 P2.6 引脚定义为 M22，将 P3.7 引脚定义为 FRONT，将 P1.6 引脚定义为 RIGHT，将 P1.7 引脚定义为 LEFT，具体程序如下。

```
sbit M11 = P2^3;
sbit M12 = P2^4;
sbit M21 = P2^5;
```

```
sbit M22 = P2^6;

sbit FRONT = P3^7;
sbit RIGHT = P1^6;
sbit LEFT = P1^7;
```

遥控机器人需要进行通信，因此加入串口通信程序。只有初始化串口通信程序后，单片机 U1 才可以接收由单片机 U2 发送的信号，具体程序如下。

```
void UsartConfiguration()
{
    SCON=0X50;
    TMOD=0X20;
    PCON=0X00;
    TH1=0XFd;
    TL1=0XFd;
    ES=1;
    EA=1;
    TR1=1;
}
```

遥控机器人本体主程序的主要功能是根据接收的信号来执行相应的动作，具体程序如下。

```
while(1)
{
        if (RI == 1)
        {
        UART_data1 = SBUF;
    //  P2 = UART_data1;
    //  if( UART_data1 == 1 )
         if(UART_data1 == 0x01)
           {
             M11 = 1;
             M12 = 0;
             M21 = 1;
             M22 = 0;
             FRONT = 1;
             RIGHT = 0;
             LEFT = 0;
           }

         if(UART_data1 == 0x02)
            {
             M11 = 1;
             M12 = 0;
             M21 = 0;
             M22 = 0;
             FRONT = 0;
             RIGHT = 1;
             LEFT = 0;
            }

         if(UART_data1 == 0x03)
            {
```

```
                M11 = 0;
                M12 = 0;
                M21 = 1;
                M22 = 0;
                FRONT = 0;
                RIGHT = 0;
                LEFT = 1;
            }

        if(UART_data1 == 0x04)
            {
                M11 = 0;
                M12 = 0;
                M21 = 0;
                M22 = 0;
                FRONT = 0;
                RIGHT = 1;
                LEFT = 1;
            }

            RI = 0;
            }
}
```

遥控机器人本体的整体程序如下。

```
#include<reg51.h>
#define Data P2
void UsartConfiguration();
sbit M11 = P2^3;
sbit M12 = P2^4;
sbit M21 = P2^5;
sbit M22 = P2^6;

sbit FRONT = P3^7;
sbit RIGHT = P1^6;
sbit LEFT = P1^7;

 void DELAY_MS (unsigned int a)
  {
  unsigned int i;
  while( a-- != 0){
       for(i = 0; i < 600; i++);
  }
}
void main()
{
    unsigned char UART_data1;

    DELAY_MS(1000);
    UsartConfiguration();

    M11 = 0;
    M12 = 0;
```

```
    M21 = 0;
    M22 = 0;
    FRONT = 0;
    RIGHT = 0;
    LEFT = 0;
    while(1)
    {
            if (RI == 1)
            {
            UART_data1 = SBUF;
        //  P2 = UART_data1;
        //  if( UART_data1 == 1 )
             if(UART_data1 == 0x01)
               {
                 M11 = 1;
                 M12 = 0;
                 M21 = 1;
                 M22 = 0;
                 FRONT = 1;
                 RIGHT = 0;
                 LEFT = 0;
               }

             if(UART_data1 == 0x02)
               {
                 M11 = 1;
                 M12 = 0;
                 M21 = 0;
                 M22 = 0;
                 FRONT = 0;
                 RIGHT = 1;
                 LEFT = 0;
               }

             if(UART_data1 == 0x03)
               {
                 M11 = 0;
                 M12 = 0;
                 M21 = 1;
                 M22 = 0;
                 FRONT = 0;
                 RIGHT = 0;
                 LEFT = 1;
               }

             if(UART_data1 == 0x04)
               {
                 M11 = 0;
                 M12 = 0;
                 M21 = 0;
                 M22 = 0;
                 FRONT = 0;
                 RIGHT = 1;
```

```
                    LEFT = 1;
                }

            RI = 0;
            }
        }
}

void UsartConfiguration()
{
    SCON=0X50;
    TMOD=0X20;
    PCON=0X00;
    TH1=0XFd;
    TL1=0XFd;
    ES=1;
    EA=1;
    TR1=1;
}
```

遥控机器人本体的整体程序全部编写完毕后，执行 Project → Rebuild all target files 命令，编译成功后将输出 HEX 文件。

5.3.2　遥控机器人遥控器程序

启动 Keil 软件，新建 AT89C51 单片机工程，选择合适的保存路径并命名为“Control of Robot2”。新建工程完毕后，在主窗口编写单片机 U2 的控制程序。定义单片机 U2 引脚，将 P2 系列引脚整体定义为 GPIO_DIG，将 P0.1 引脚定义为 Key1，将 P0.2 引脚定义为 Key2，将 P0.3 引脚定义为 Key3，将 P0.4 引脚定义为 Key4，具体程序如下。

```
#define GPIO_DIG P2
sbit Key1 = P0^1;
sbit Key2 = P0^2;
sbit Key3 = P0^3;
sbit Key4 = P0^4;
```

遥控机器人遥控器程序也应该加入串口通信程序，以便单片机 U2 向单片机 U1 发送信号，具体程序如下。

```
void SerialInit()
{
   //SCON=0X50;
   TMOD=0x20;
   TH1=0xfd;
   TL1=0xfd;
   TR1=1;

   SM0=0;
   SM1=1;
   REN=1;
   PCON=0x00;
   ES=1;
```

```
    EA=1;
}
```

遥控机器人遥控器的整体程序如下。

```
#include<reg52.h>
unsigned char code DIG_CODE[17]={
0x3f,0x06,0x5b,0x4f,0x66,0x6d,0x7d,0x07,
0x7f,0x6f,0x77,0x7c,0x39,0x5e,0x79,0x71};
#define GPIO_DIG P2

sbit Key1 = P0^1;
sbit Key2 = P0^2;
sbit Key3 = P0^3;
sbit Key4 = P0^4;
#define uchar unsigned char
uchar rtemp,sflag;
void SerialInit()
{
    //SCON=0X50;
    TMOD=0x20;
    TH1=0xfd;
    TL1=0xfd;
    TR1=1;

    SM0=0;
    SM1=1;
    REN=1;
    PCON=0x00;
    ES=1;
    EA=1;
}

void Delay10ms(void)   //误差 0μs
{
    unsigned char a,b,c;
    for(c=1;c>0;c--)
        for(b=38;b>0;b--)
            for(a=130;a>0;a--);
}

void main()
{
    GPIO_DIG = DIG_CODE[0];
    SerialInit();
    rtemp = 0x00;
    while(1)
    {
        if(Key1 == 1)
            {
              Delay10ms();
              while(Key1 == 1)
              {
                Delay10ms();
```

```
            }
            rtemp = 0x01;
            GPIO_DIG = DIG_CODE[1];
          }

        if(Key2 == 1)
          {
            Delay10ms();
            while(Key2 == 1)
            {
              Delay10ms();
            }
            rtemp = 0x02;
            GPIO_DIG = DIG_CODE[2];
          }

      if(Key3 == 1)
          {
            Delay10ms();
            while(Key3 == 1)
            {
              Delay10ms();
            }
            rtemp = 0x03;
            GPIO_DIG = DIG_CODE[3];
          }

        if(Key4 == 1)
          {
            Delay10ms();
            while(Key4 == 1)
            {
              Delay10ms();
            }
            rtemp = 0x04;
            GPIO_DIG = DIG_CODE[4];

          }

        {
         // ES=0;              //发送期间关闭串口中断
          sflag=0;
          SBUF=rtemp;
          while(!TI);
          TI=0;
         // ES=1;              //发送完成打开串口中断
        }
    }
}
```

遥控机器人遥控器的整体程序全部编写完毕后，执行 Project → Rebuild all target files 命令，编译成功后将输出 HEX 文件。

5.4　整体仿真测试

双击 AT89C51 单片机 U1，弹出“Edit Component”对话框，将 5.3.1 节创建的 HEX 文件加载到 AT89C51 单片机 U1 中。双击 AT89C51 单片机 U2，弹出“Edit Component”对话框，将 5.3.2 节创建的 HEX 文件加载到 AT89C51 单片机 U2 中。

执行 Debug→ Run Simulation 命令，运行遥控机器人仿真。单击遥控器电路中的独立按键 KEY1，使遥控器向遥控机器人本体发送模式 1 信号，如图 5-4-1 所示，遥控机器人本体接收到模式 1 信号后，遥控机器人本体指示灯电路的绿色直行指示灯点亮，黄色左转指示灯、黄色右转指示灯不亮，如图 5-4-2 所示。电动机驱动电路中直流电动机 M1 和直流电动机 M2 同时转动，如图 5-4-3 所示，代表遥控机器人接收到模式 1 信号后，开始直行。

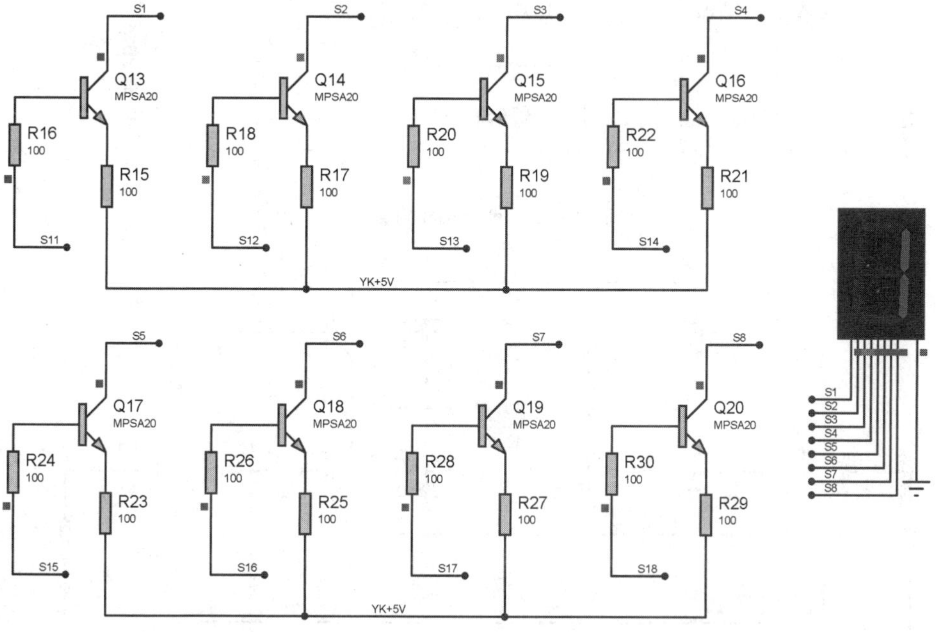

图 5-4-1　模式 1

单击遥控器电路中的独立按键 KEY2，使遥控器向遥控机器人本体发送模式 2 信号，如图 5-4-4 所示，遥控机器人本体接收到模式 2 信号后，遥控机器人本体指示灯电路的绿色直行指示灯、黄色左转指示灯不亮，黄色右转指示灯点亮，如图 5-4-5 所示。电动机驱动电路中直流电动机 M1 转动，直流电动机 M2 逐渐停止转动，如图 5-4-6 所示，代表遥控机器人接收到模式 2 信号后，开始右转。

单击遥控器电路中的独立按键 KEY3，使遥控器向遥控机器人本体发送模式 3 信号，如图 5-4-7 所示，遥控机器人本体接收到模式 3 信号后，遥控机器人本体指示灯电路的绿色直行指示灯不亮，黄色左转指示灯点亮，黄色右转指示灯不亮，如图 5-4-8 所示。电动机驱动电路中直流电动机 M2 转动，直流电动机 M1 逐渐停止转动，如图 5-4-9 所示，代表遥控机器人接收到模式 3 信号后，开始左转。

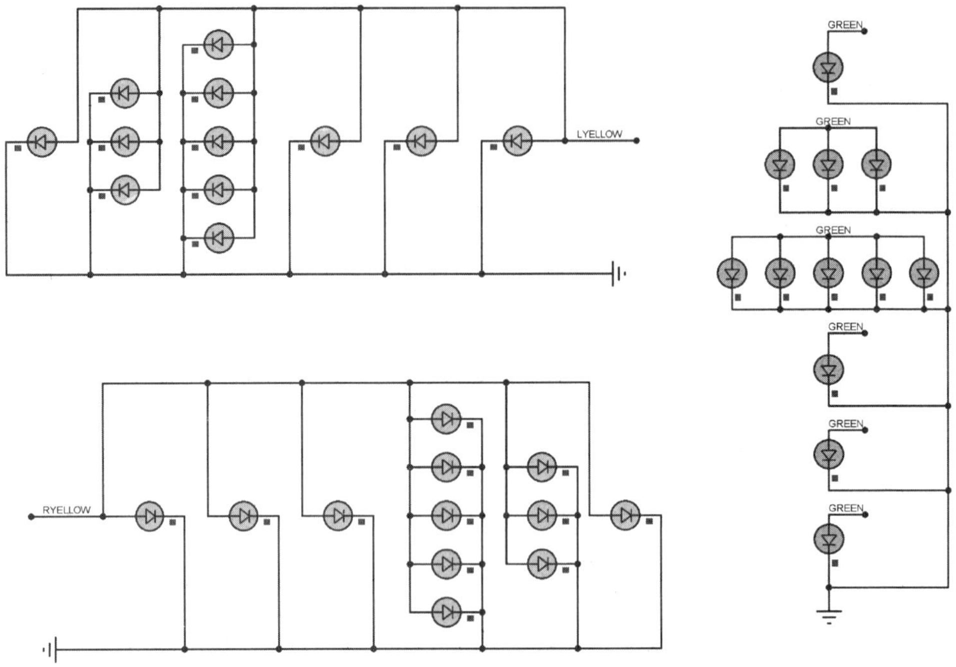

图 5-4-2　直行指示灯点亮

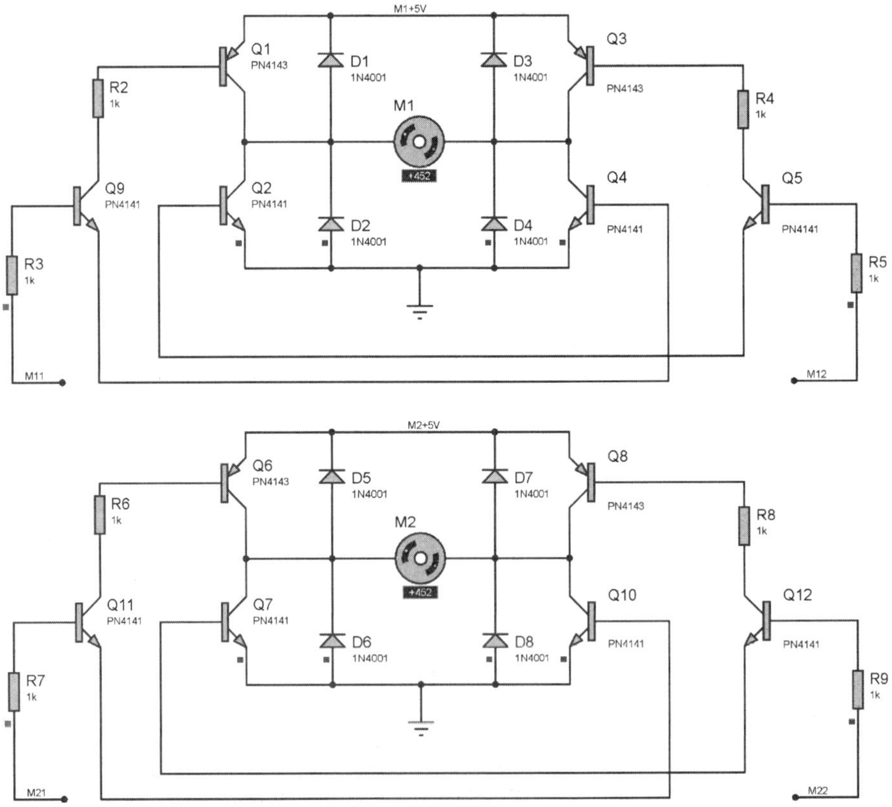

图 5-4-3　电动机驱动电路 1

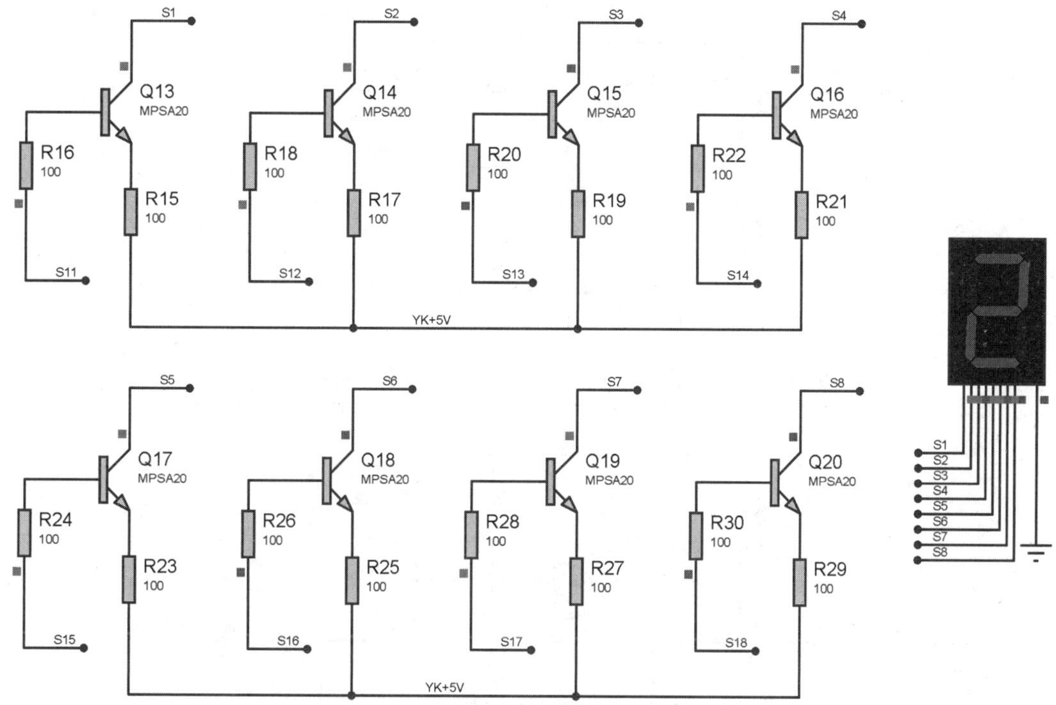

图 5-4-4　模式 2

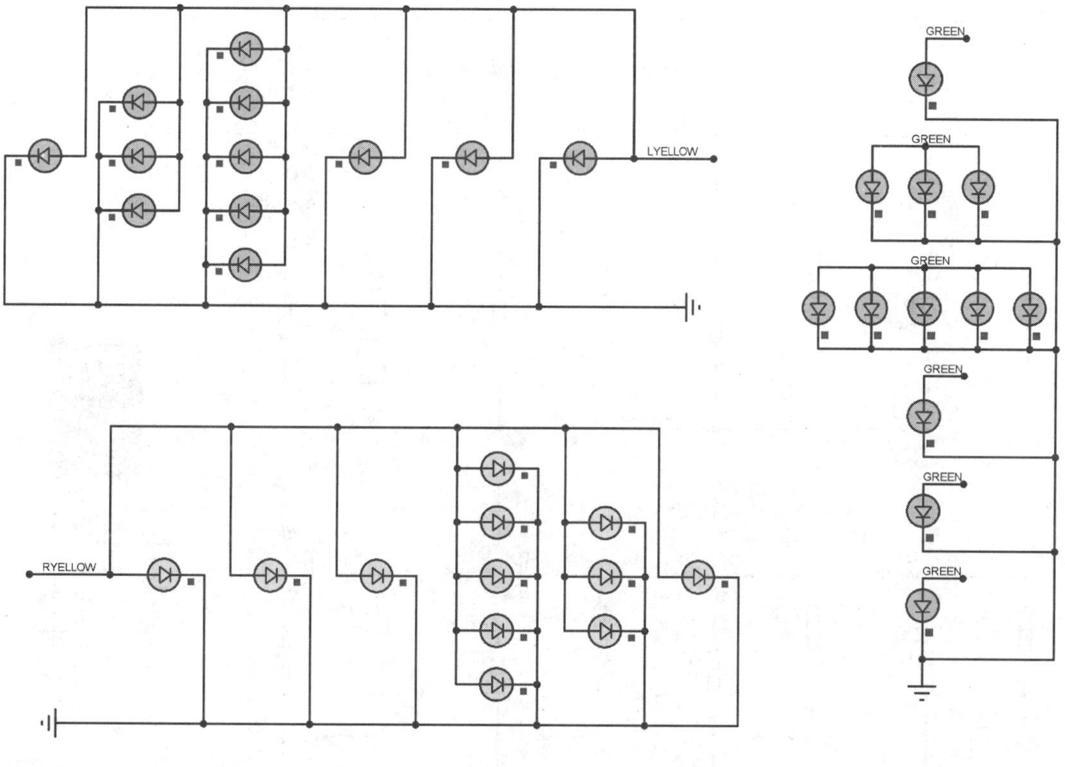

图 5-4-5　右转指示灯点亮

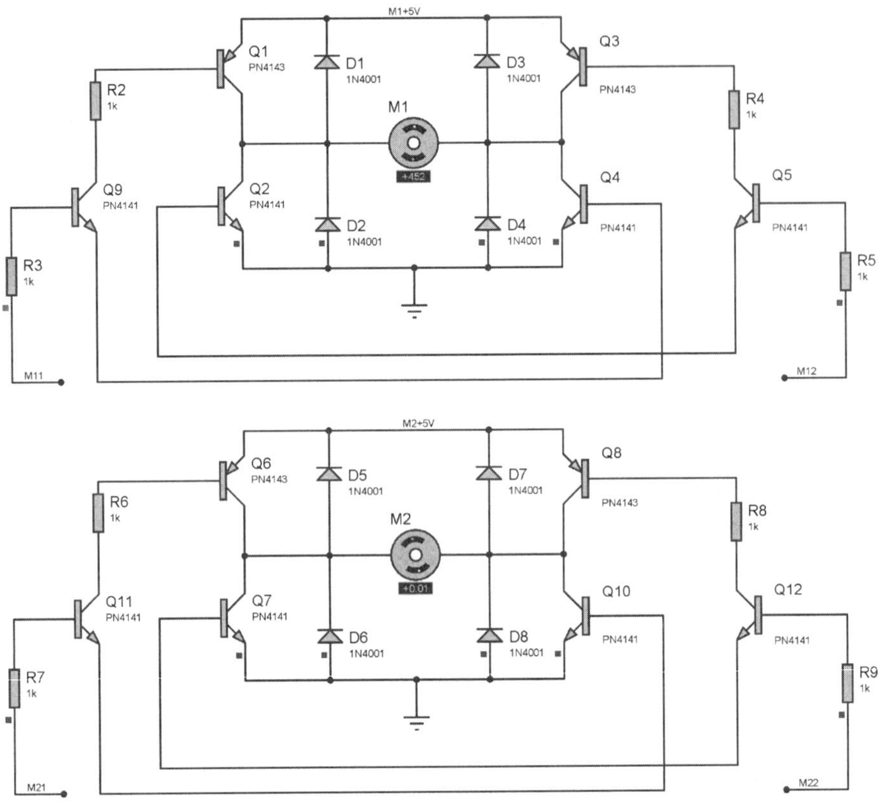

图 5-4-6　电动机驱动电路 2

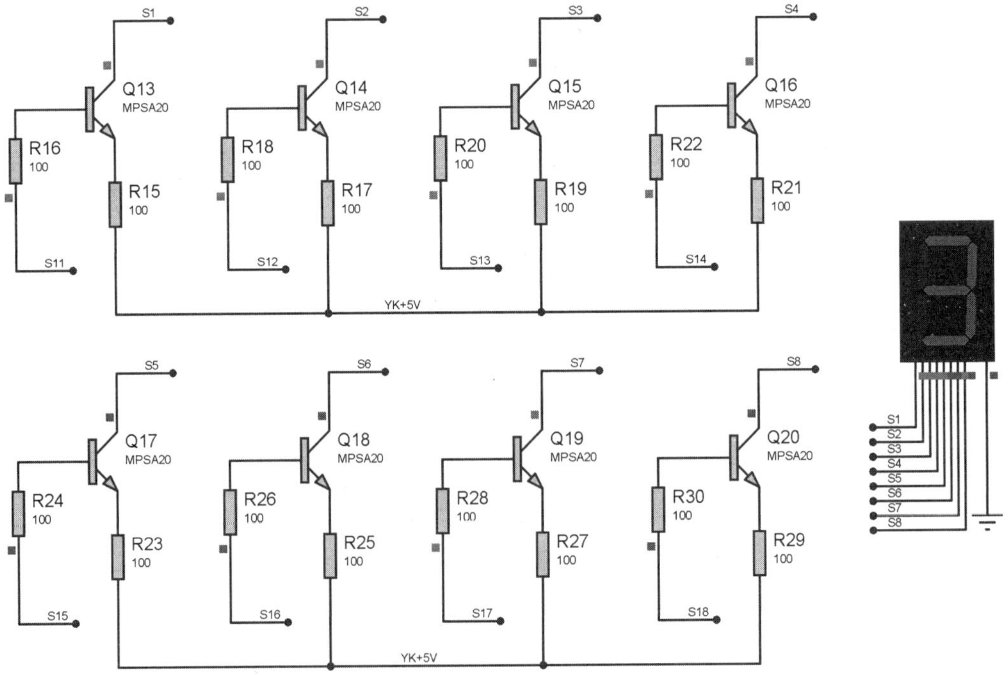

图 5-4-7　模式 3

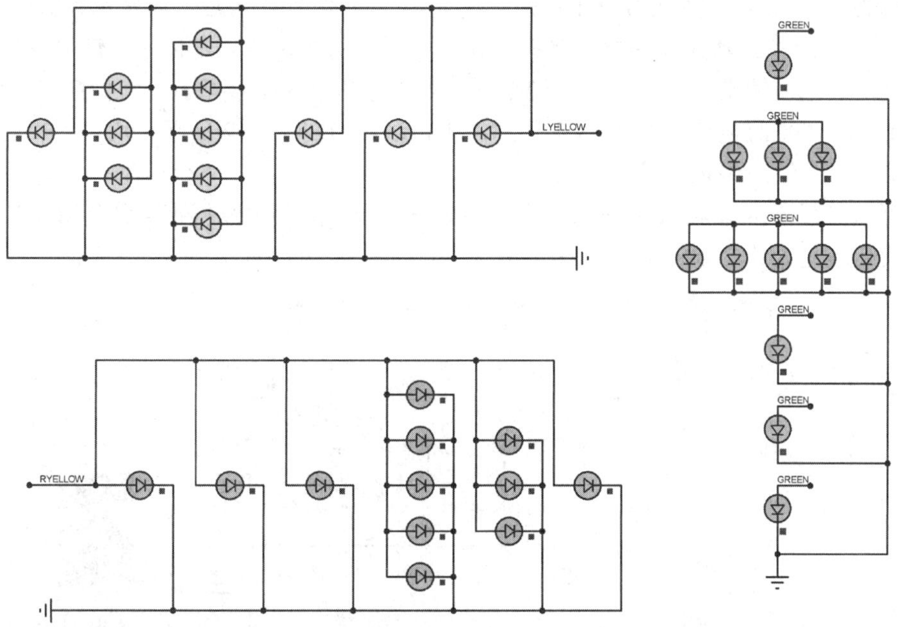

图 5-4-8　左转指示灯点亮

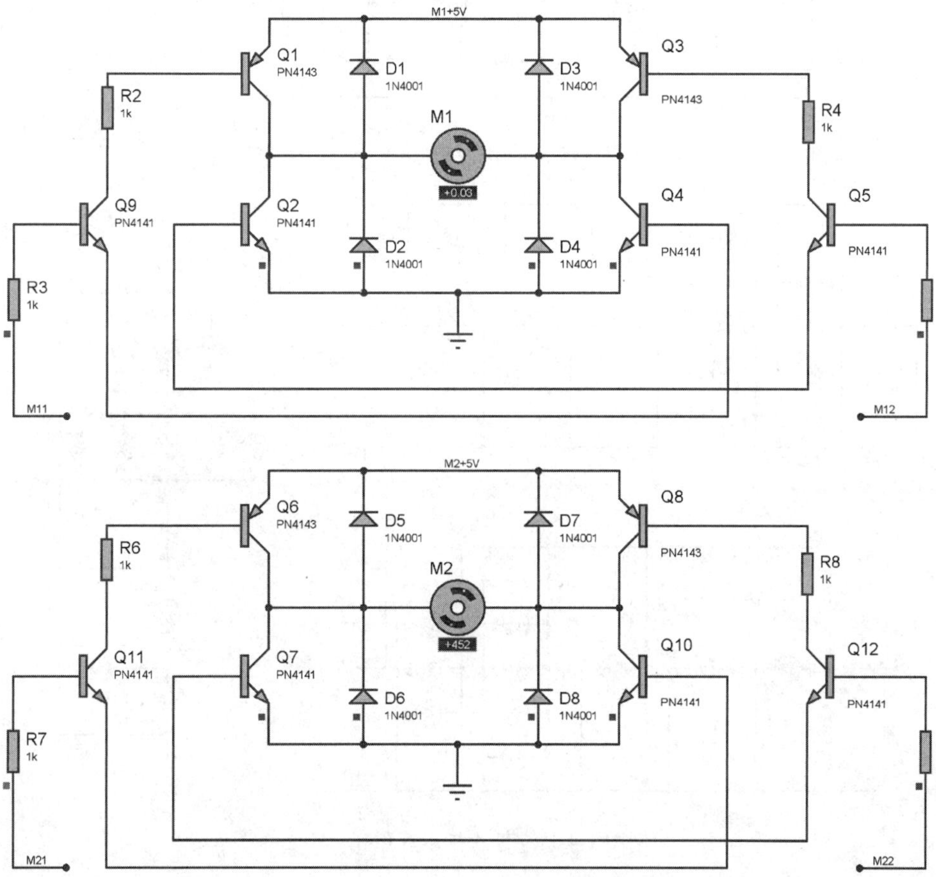

图 5-4-9　电动机驱动电路 3

单击遥控器电路中的独立按键 KEY4，使遥控器向遥控机器人本体发送模式 4 信号，如图 5-4-10 所示，遥控机器人本体接收到模式 4 信号后，遥控机器人本体指示灯电路的绿色直行指示灯不亮，黄色左转指示灯、黄色右转指示灯点亮，即停止指示灯点亮，如图 5-4-11 所示。电动机驱动电路中直流电动机 M2、M1 逐渐停止转动，如图 5-4-12 所示，代表遥控机器人接收到模式 4 信号后，逐渐停止运动。

读者可以自行在 4 个模式下任意切换，不必遵循一定的顺序。根据整体仿真结果，遥控机器人电路基本满足设计要求。

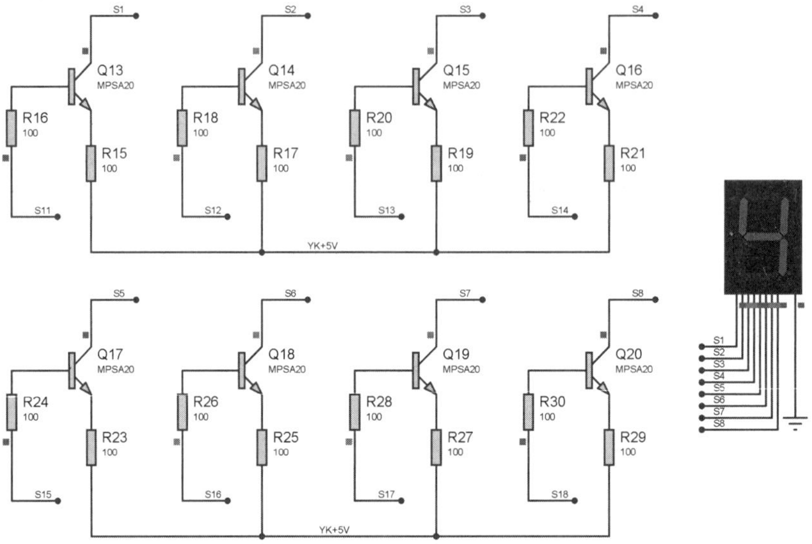

图 5-4-10　模式 4

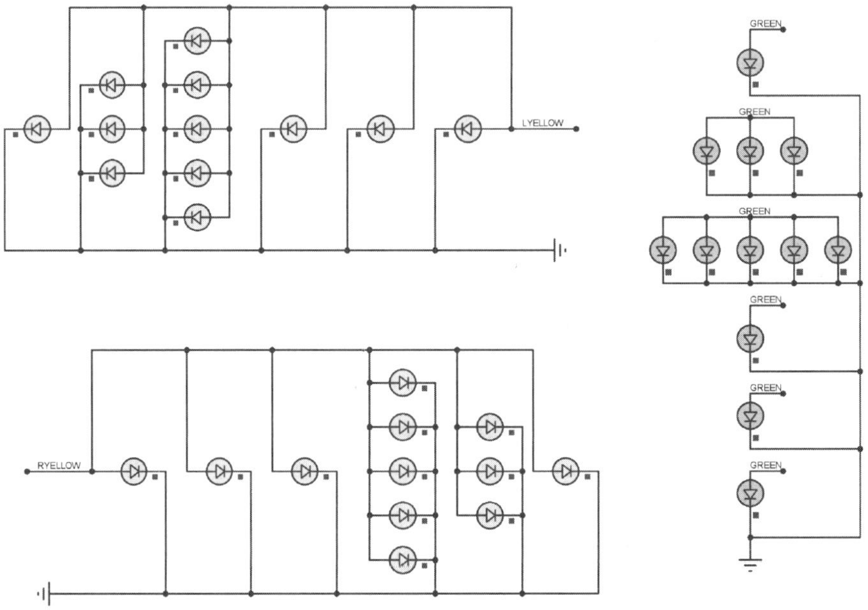

图 5-4-11　停止指示灯点亮

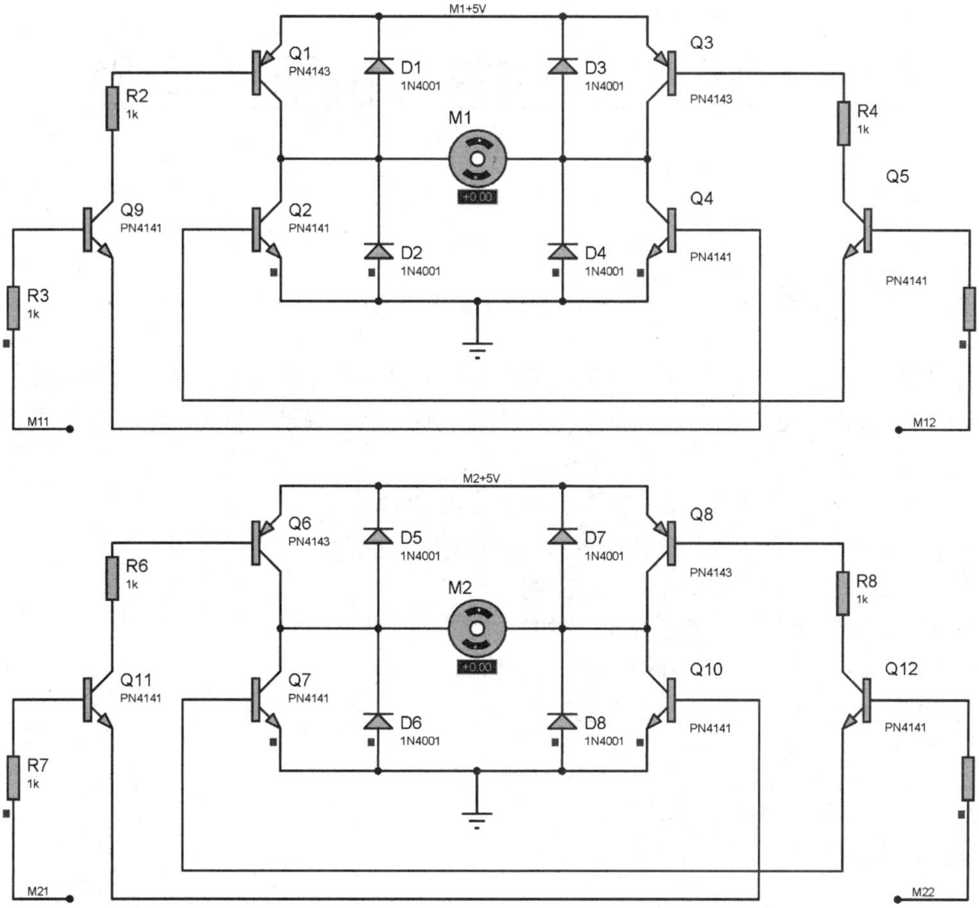

图 5-4-12　电动机驱动电路 4

小提示

◎ 读者可以自行设置遥控机器人的其他状态。

◎ 遥控机器人状态切换时需要一定的时间。

◎ 扫描右侧二维码可观看遥控机器人电路仿真视频。

5.5　设计总结

遥控机器人电路由电源电路、单片机最小系统电路、指示灯电路、电动机驱动电路和遥控器电路组成，基本满足要求。本实例共设置了 4 个模式且较为简单，读者可以以本实例为基础，适当增加模式种类和单片机外设。独立按键电路包含 4 个独立按键，读者可以通过修改遥控器电路单片机程序，适当减少独立按键个数。在实际应用中，在遥控机器人本体电路中加入红外线接收头，并搭配红外线遥控器，即可实现遥控机器人的基本功能。

第6章　多自由度机器人电路

6.1　总体要求

多自由度机器人包括人形机器人和双足机器人等。多自由度机器人也是大学生科技竞赛的重点项目之一，人形机器人多用于参加机器人舞蹈系列比赛，双足机器人多用于参加机器人竞步。本章多自由度机器人电路主要设计要求如下。

☺ 单片机最小系统可以同时输出 6 路甚至更多路 PWM。
☺ 电源电路包括单片机最小系统电源电路和舵机电源电路。
☺ 单片机最小系统工作时应有指示灯点亮。
☺ 每一路舵机转动角度范围为-90° ～90° 。
☺ 设置独立按键用以启动多自由度机器人动作。
☺ 设置独立按键用以停止多自由度机器人动作。

6.2　硬件电路设计

6.2.1　硬件系统框图

多自由度机器人电路硬件系统主要包括单片机最小系统电路、电源电路、PWM 电路、独立按键电路、指示灯电路和舵机电路等。多自由度机器人电路硬件系统框图如图 6-2-1 所示。

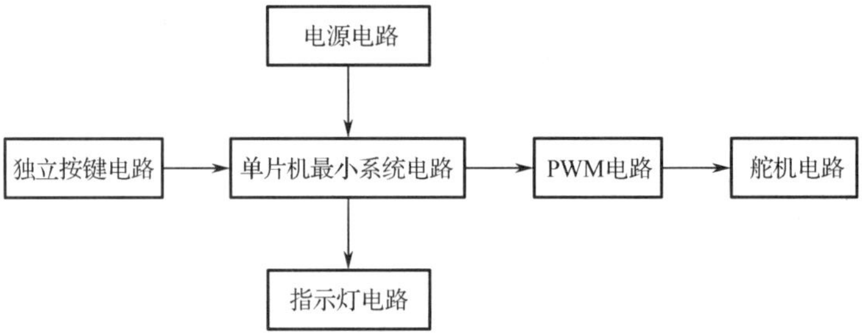

图 6-2-1　多自由度机器人电路硬件系统框图

6.2.2　单片机最小系统电路

本例中使用的单片机为 arduino328，因此新建项目工程的方式与前两章相比略有不同。依次选择“开始”→“所有程序”→“Proteus 8 Professional”，单击 Proteus 8 Professional 图标，如图 6-2-2 所示，启动 Proteus 8 Professional 软件，进入 Proteus 主窗口，如图 6-2-3 所示。由于操作系统不同，快捷方式位置可能会略有变化。

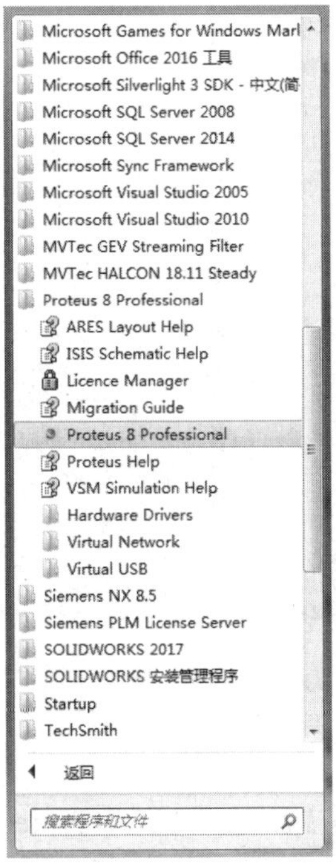

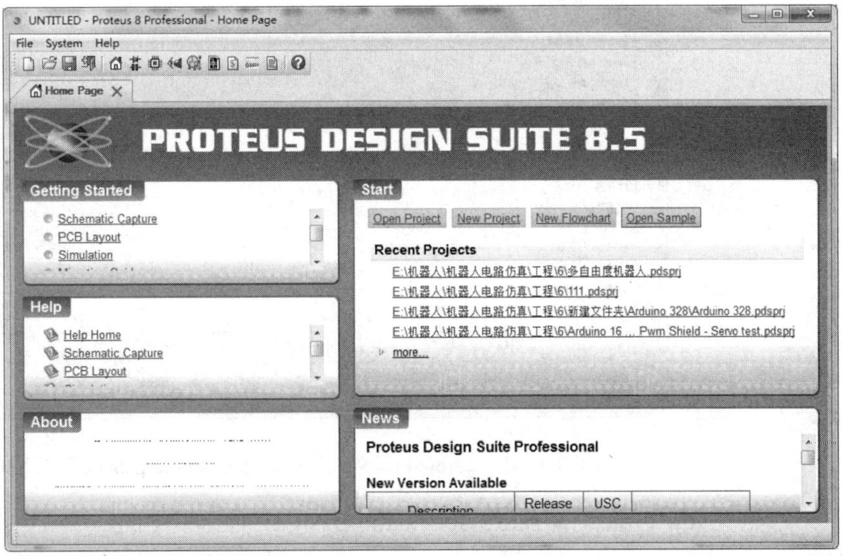

图 6-2-2　快捷方式所在位置　　　　图 6-2-3　Proteus 主窗口

执行 File → New Project 命令，弹出“New Project Wizard：Start”对话框，在“Name”栏输入“多自由度机器人电路.pdsprj”作为工程名，在“Path”栏选择存储路径“E:\机器人\机器人电路仿真\工程\6”，并选择“New Project”选项，如图 6-2-4 所示。

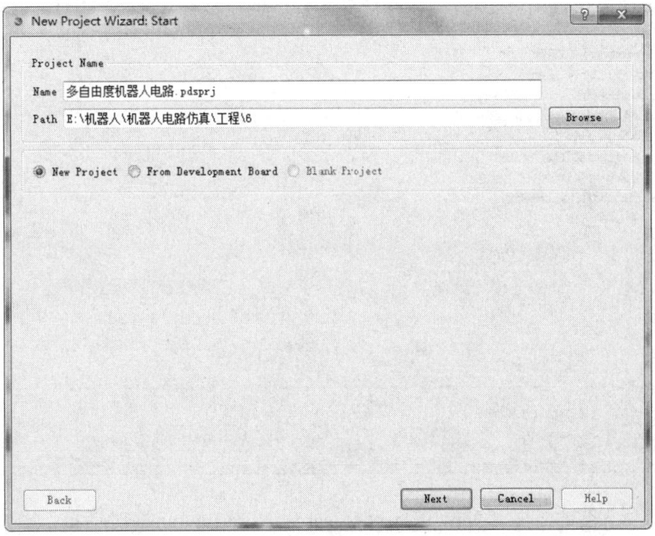

图 6-2-4　“New Project Wizard：Start”对话框

单击“New Project Wizard：Start”对话框中的 Next 按钮，进入“New Project Wizard：Schematic Design”对话框，由于本例中使用的元件数量较多，应尽量选择较大的图纸，可在“Design Templates”栏中选择“Landscape A2”，如图 6-2-5 所示。

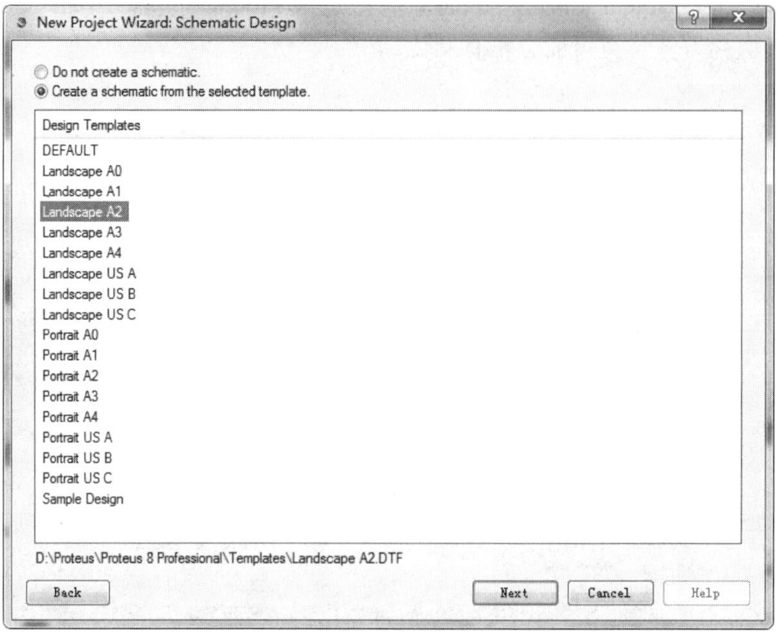

图 6-2-5　“New Project Wizard：Schematic Design”对话框

单击“New Project Wizard：Schematic Design”对话框中的 Next 按钮，进入“New Project Wizard：PCB Layout”对话框，选择“Do not create a PCB layout”选项，如图 6-2-6 所示。

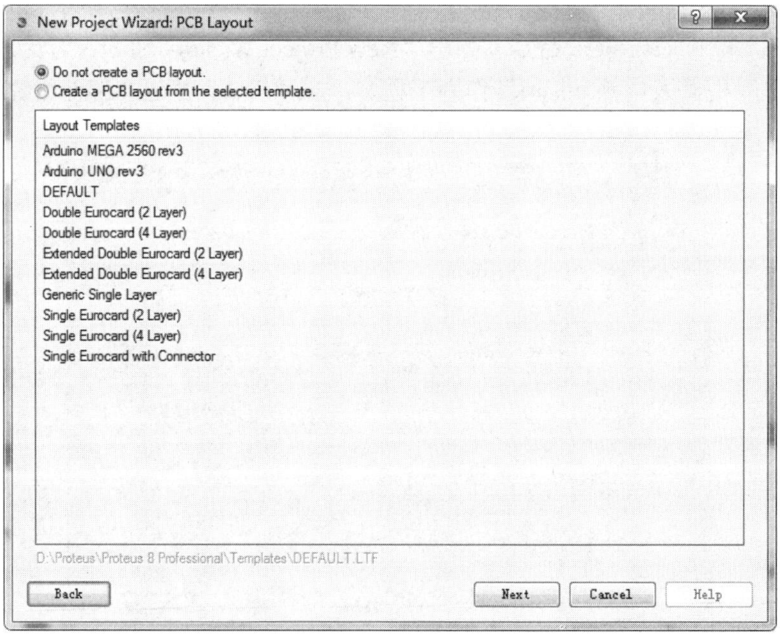

图 6-2-6　“New Project Wizard：PCB Layout”对话框

单击“New Project Wizard：PCB Layout”对话框中的 Next 按钮，进入“New Project Wizard：Firmware”对话框，选择“Create Firmware Project”选项，“Family”选择“ARDUINO”，“Controller”选择“Arduino Uno”，“Compiler”选择“Arduino AVR（Proteus）”，如图 6-2-7 所示。

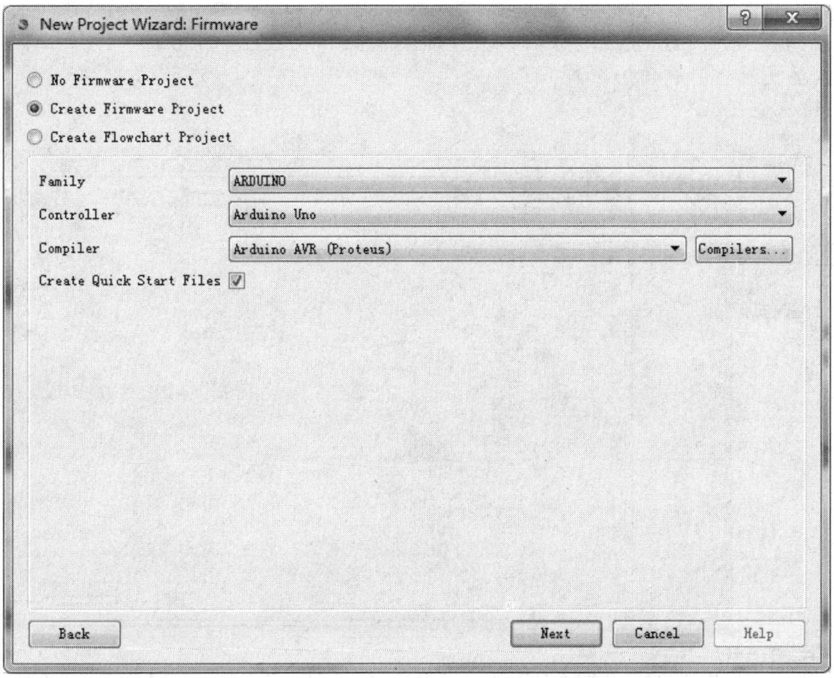

图 6-2-7　“New Project Wizard：Firmware”对话框

单击“New Project Wizard：Firmware”对话框中的 Next 按钮，进入“New Project Wizard：Summary”对话框，如图 6-2-8 所示。

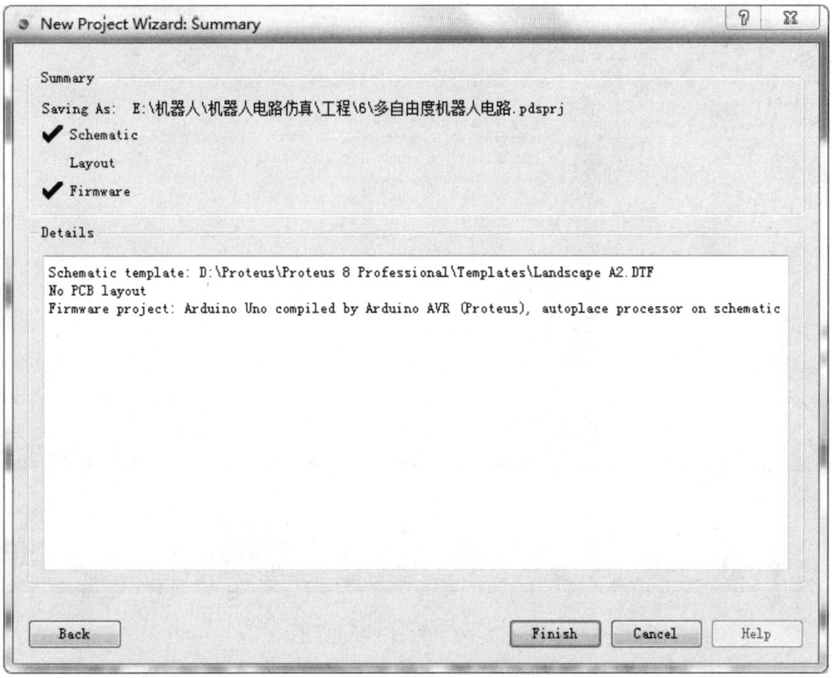

图 6-2-8　“New Project Wizard：Summary”对话框

单击该对话框中的 Finish 按钮，即可完成新工程的创建，进入 Proteus 软件界面后会出现两个工作区域，分别为电路绘制区域和程序编写区域，其界面如图 6-2-9 和图 6-2-10 所示。

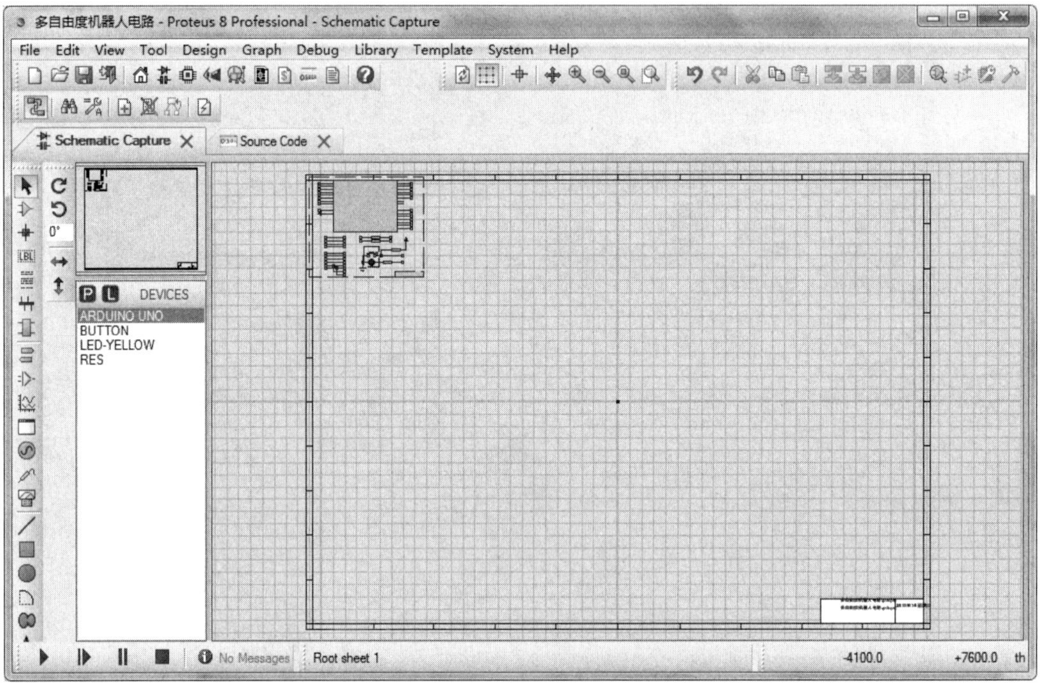

图 6-2-9　电路绘制界面

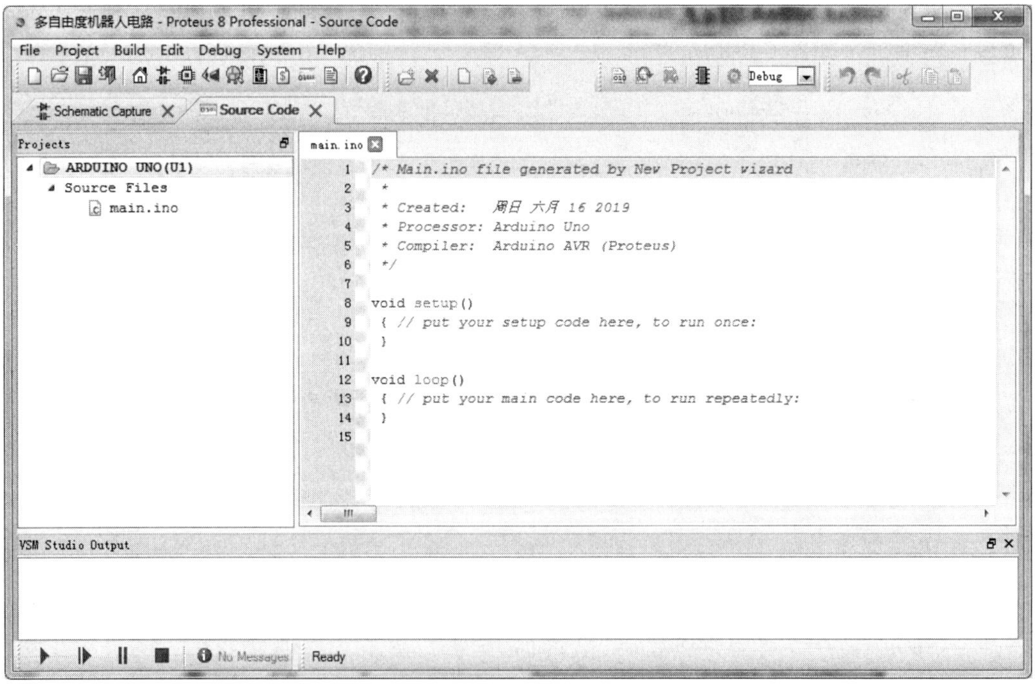

图 6-2-10　程序编写界面

单片机最小系统电路基本不用读者自行绘制，新建工程时已经自动绘制完毕。单片机最小系统电路包括单片机电路和复位电路等，其主要作用是通过 IIC 协议来驱动多个舵机。单片机最小系统电路如图 6-2-11 所示。

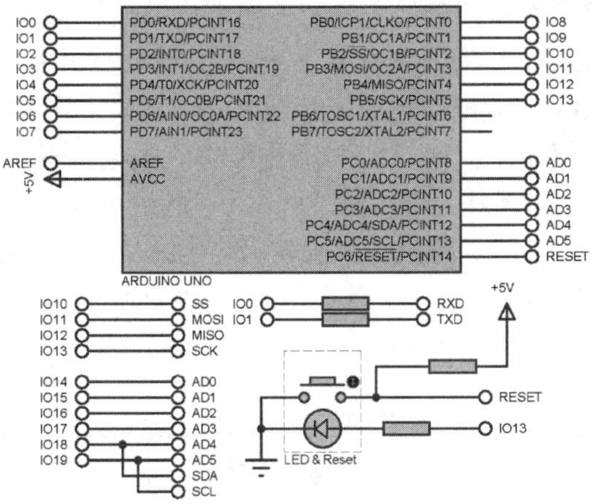

图 6-2-11　单片机最小系统电路

小提示

◎ Arduino 单片机中的网络标号在后续章节具体讲解。

◎ 双击元件即可观察到元件的详细信息。

6.2.3　电源电路

常用锂电池的电压约为 3.7V，而多自由度机器人的电源通常需要由 3 块锂电池串联而成，既能满足电压要求，又能满足体积和重量要求。电源电路主要由 3 路稳压电源电路组成：第 1 路稳压电源电路由 7805 等元件组成，将+11.1V 电压转换为+5V 电压，为单片机最小系统电路、独立按键电路和 PWM 电路供电；第 2 路稳压电源电路由 7806 等元件组成，将+11.1V 电压转换为+6V 电压，为舵机 0、舵机 1 和舵机 2 供电；第 3 路稳压电源电路由 7806 等元件组成，将+11.1V 电压转换为+6V 电压，为舵机 3、舵机 4 和舵机 5 供电。绘制出的电源电路如图 6-2-12 所示。

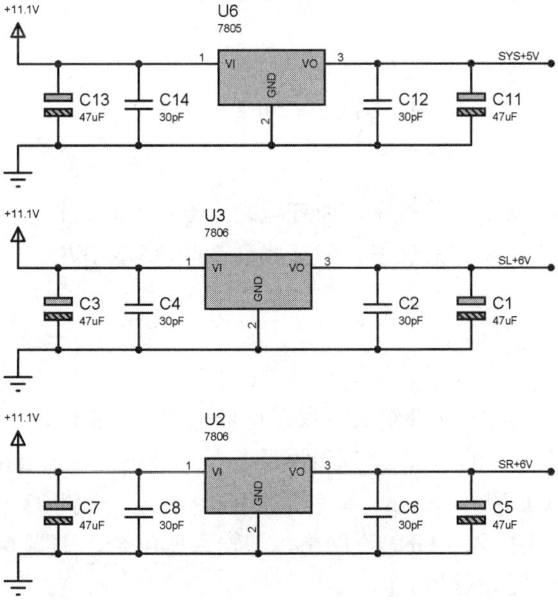

图 6-2-12　电源电路

将电压表放置在每一路电源电路的输入端和输出端，共放置 6 块电压表。放置完毕，执行 Debug→ Run Simulation 命令，运行电源电路仿真，仿真结果如图 6-2-13 所示，第 1 路电源电路输入端电压表示数为+11.1V，输出端电压表示数为+5.01V，与预期结果相差无几，可以满足单片机最小系统等电路的使用要求；第 2 路电源电路输入端电压表示数为+11.1V，输出端电压表示数为+6V，与预期结果相差无几，可以满足舵机 0、舵机 1 和舵机 2 的使用要求；第 3 路电源电路输入端电压表示数为+11.1V，输出端电压表示数为+6V，与预期结果相差无几，可以满足舵机 3、舵机 4 和舵机 5 的使用要求。

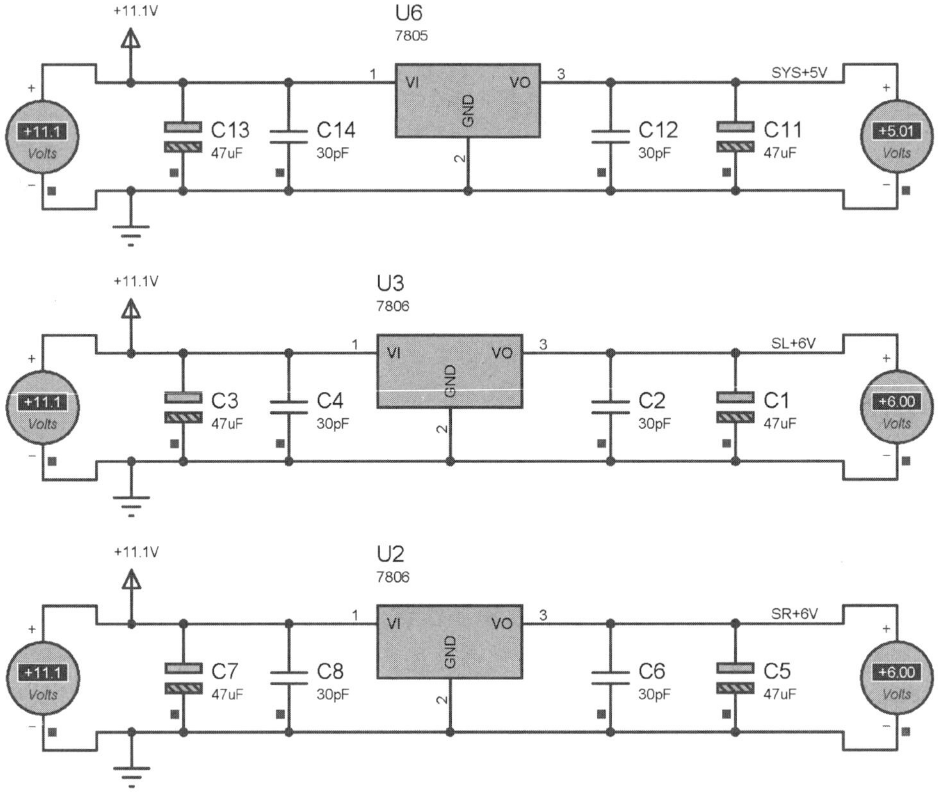

图 6-2-13　电源电路仿真结果

小提示

◎ 在元件库中搜索“7805”关键字，即可找到 7805 稳压芯片。

◎ 在元件库中搜索“7806”关键字，即可找到 7806 稳压芯片。

6.2.4　PWM 电路

PWM 电路主要由 PCA9685 元件组成，最多可以输出 16 路 PWM，绘制出的 PWM 电路如图 6-2-14 所示。PCA9685 元件的引脚 27 通过网络标号“SDA”与 Arduino 单片机的 IO18 相连，引脚 26 通过网络标号“SCL”与 Arduino 单片机的 IO19 相连，引脚 23 和引脚 25 均接入“GND”网络，引脚 1～5 和引脚 24 接入“GND”网络，即输入低电平，引脚 6～13、引脚 15～22 可以通过不同的网络标号与不同的舵机相连。

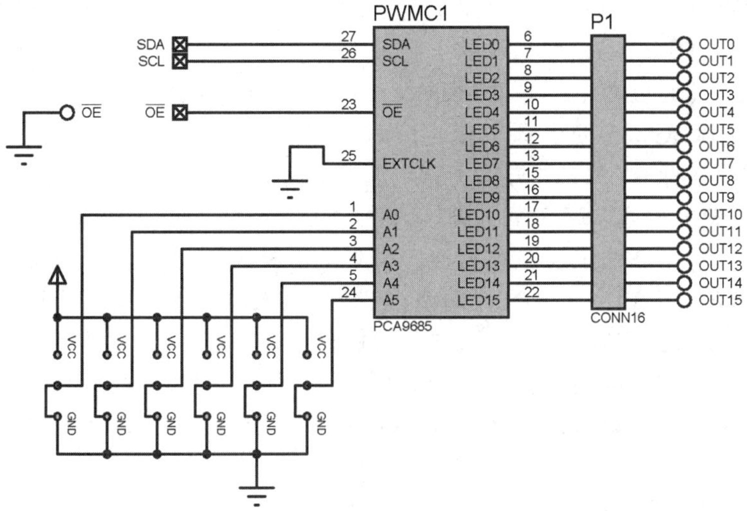

图 6-2-14　PWM 电路

小提示

◎ 在元件库中搜索“PCA9685”关键字，即可找到 PCA9685 芯片。

6.2.5　舵机电路

舵机电路中的舵机个数由实际项目决定，若是双足竞步机器人，可能 6～8 个舵机就足以满足要求；若是舞蹈机器人，可能至少需要 10 个舵机才能完成基本舞蹈动作。本节中舵机电路主要由 6 个舵机组成，如图 6-2-15 所示。双击舵机 0，弹出“Edit Component”对话框，将“Part Reference”设置为“SERVO0”，“Minimum Angle”设置为“-90.0”，“Maximum Angle”设置为“+90.0”，“Rotional Speed”设置为“60”，“Minimum Control Pulse”设置为“0.5m”，“Maximum Control Pulse”设置为“2.5m”，如图 6-2-16 所示。其他舵机仿照此方法进行设置。

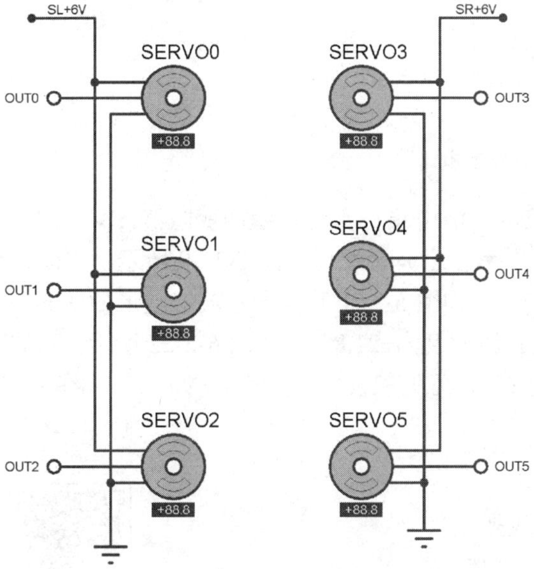

图 6-2-15　舵机电路

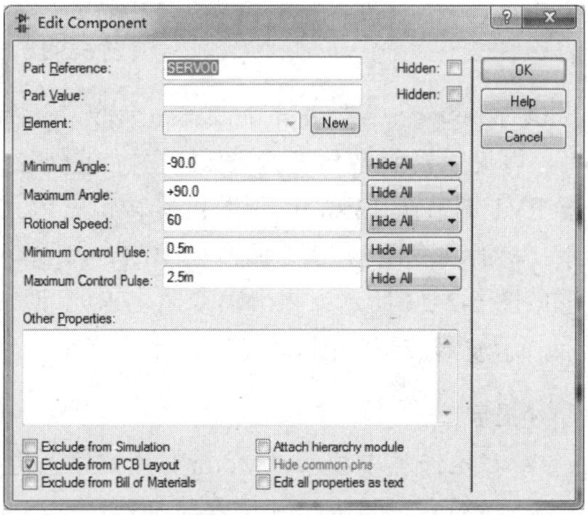

图 6-2-16　舵机参数设置

舵机 SERVO0 第 1 个引脚通过网络标号“+12V”与第 1 路电源电路相连，第 2 个引脚通过网络标号“OUT0”与 PCA9685 的引脚 6 相连，第 3 个引脚接入“GND”网络；舵机 SERVO1 第 1 个引脚通过网络标号“+12V”与第 1 路电源电路相连，第 2 个引脚通过网络标号“OUT1”与 PCA9685 的引脚 7 相连，第 3 个引脚接入“GND”网络；舵机 SERVO2 第 1 个引脚通过网络标号“+12V”与第 1 路电源电路相连，第 2 个引脚通过网络标号“OUT2”与 PCA9685 的引脚 8 相连，第 3 个引脚接入“GND”网络；舵机 SERVO3 第 1 个引脚通过网络标号“+12V”与第 2 路电源电路相连，第 2 个引脚通过网络标号“OUT3”与 PCA9685 的引脚 9 相连，第 3 个引脚接入“GND”网络；舵机 SERVO4 第 1 个引脚通过网络标号“+12V”与第 2 路电源电路相连，第 2 个引脚通过网络标号“OUT4”与 PCA9685 的引脚 10 相连，第 3 个引脚接入“GND”网络；舵机 SERVO5 第 1 个引脚通过网络标号“+12V”与第 2 路电源电路相连，第 2 个引脚通过网络标号“OUT5”与 PCA9685 的引脚 11 相连，第 3 个引脚接入“GND”网络。

本章中舵机电路和 PWM 电路均无法单独进行仿真，因此需要绘制舵机验证电路，但并不用加入多自由度机器人整体电路中。绘制出的舵机验证电路如图 6-2-17 所示。

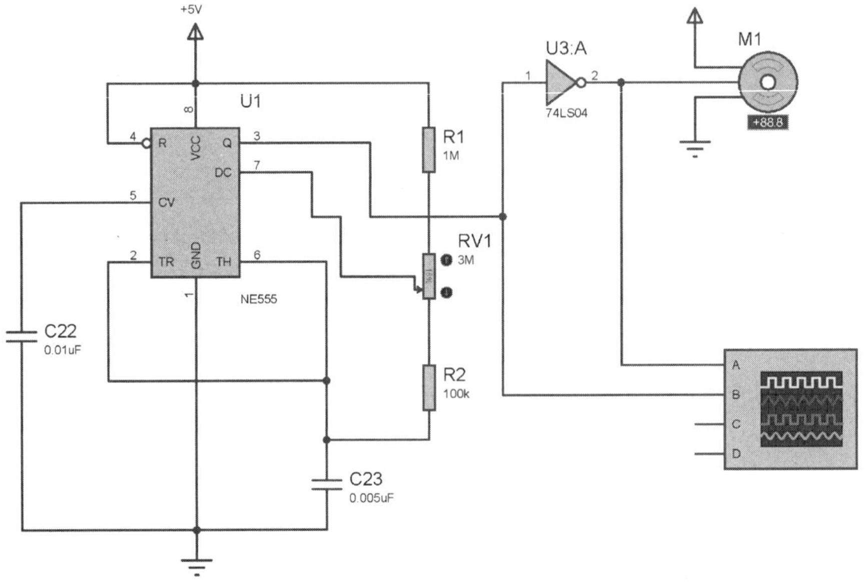

图 6-2-17　舵机验证电路

执行 Debug→ Run Simulation 命令，运行舵机验证电路仿真，将滑动变阻器 RV1 调节至 16%，可见舵机旋转角度为+89.8°，如图 6-2-18 所示，示波器波形如图 6-2-19 所示；将滑动变阻器 RV1 调节至 13%，可见舵机旋转角度为+34.6°，如图 6-2-20 所示，示波器波形如图 6-2-21 所示；将滑动变阻器 RV1 调节至 10%，可见舵机旋转角度为−21.8°，如图 6-2-22 所示，示波器波形如图 6-2-23 所示；将滑动变阻器 RV1 调节至 6%，可见舵机旋转角度为−90°，如图 6-2-24 所示，示波器波形如图 6-2-25 所示。

小提示

◎ 在元件库中搜索“Motor”关键字，即可找到舵机。

◎ 扫描右侧二维码可观看舵机验证电路仿真视频。

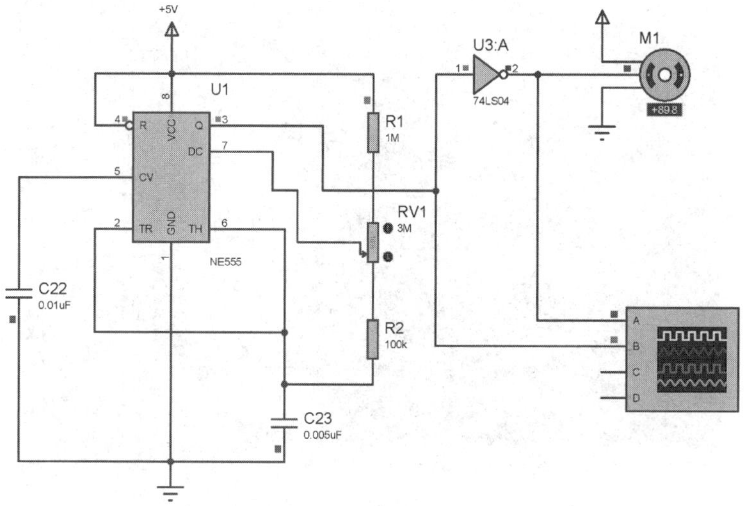

图 6-2-18　RV1 调节至 16%

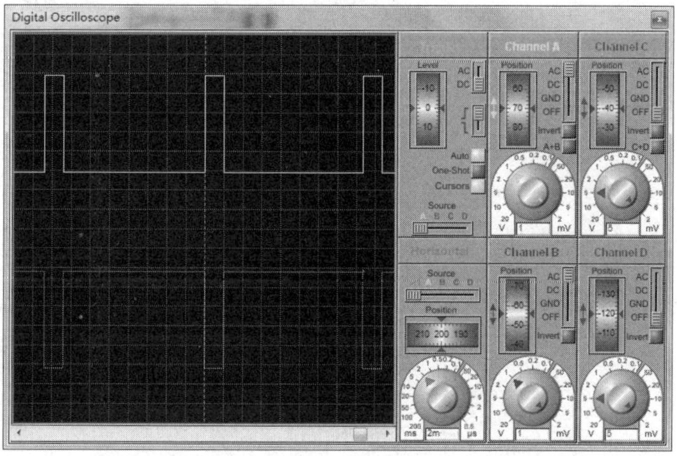

图 6-2-19　RV1 调节至 16%后的示波器波形

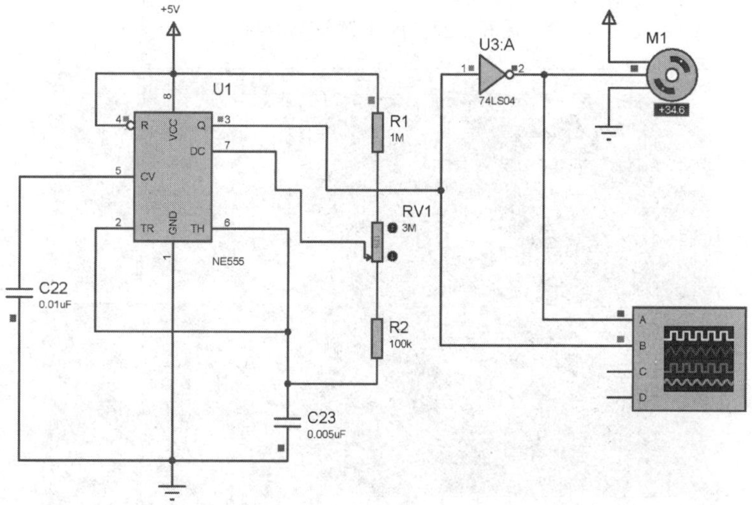

图 6-2-20　RV1 调节至 13%

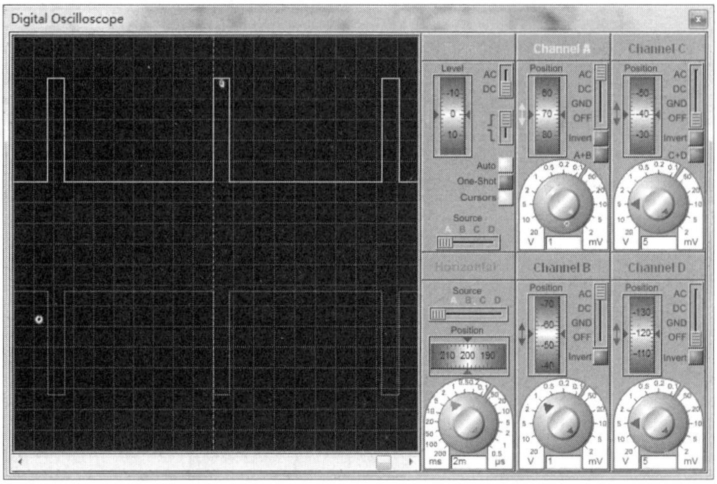

图 6-2-21　RV1 调节至 13%后的示波器波形

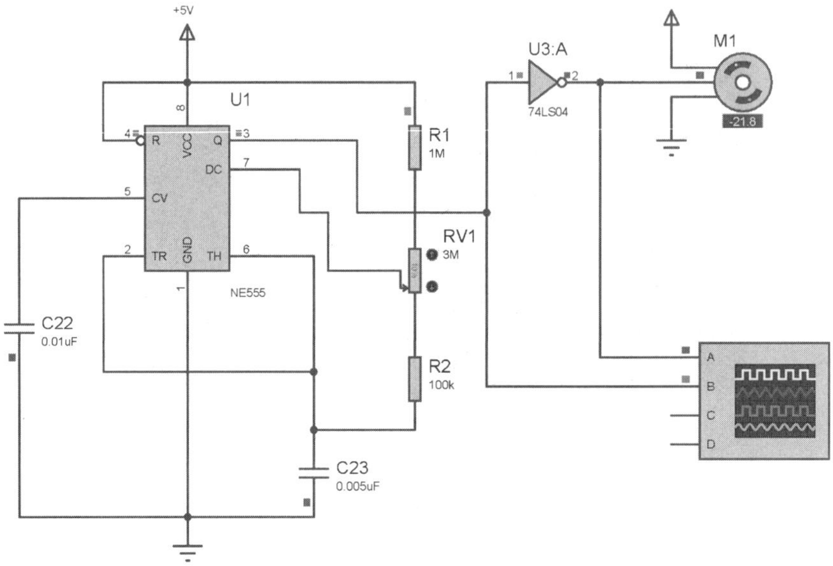

图 6-2-22　RV1 调节至 10%

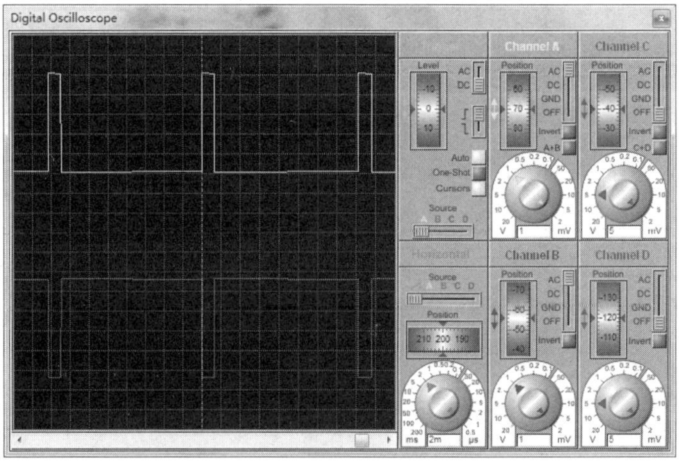

图 6-2-23　RV1 调节至 10%后的示波器波形

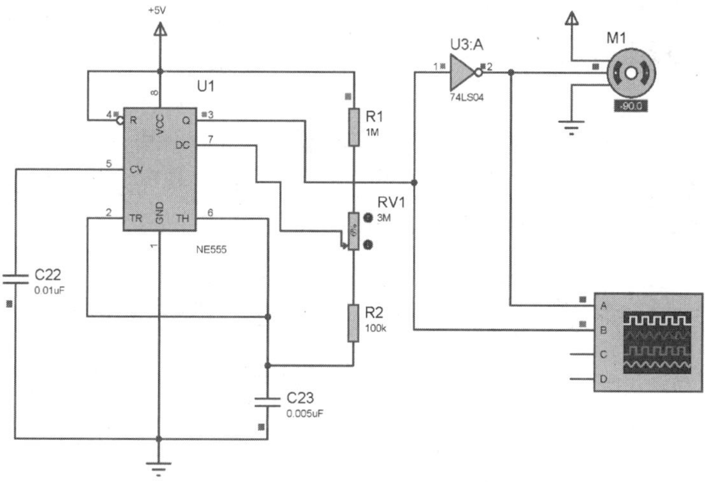

图 6-2-24　RV1 调节至 6%

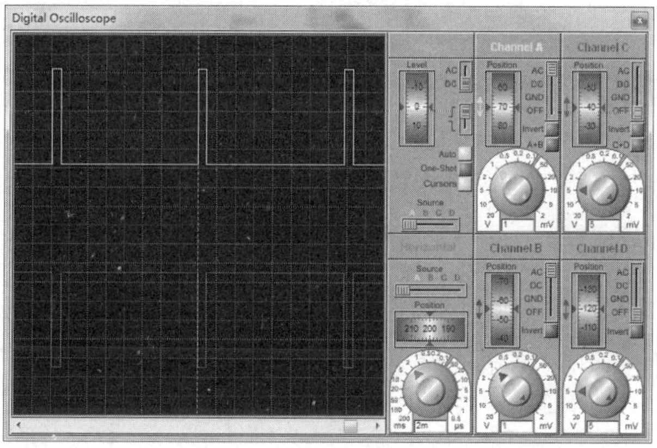

图 6-2-25　RV1 调节至 6%后的示波器波形

6.2.6　独立按键电路

多自由度机器人的独立按键电路主要由独立按键、电容和电阻等元件组成，如图 6-2-26 所示。独立按键电路通过网络标号“SYS+5V”接入第 1 路电源电路，独立按键 KEY1 通过网络标号“IO6”与 Arduino 单片机的 IO6 相连，独立按键 KEY2 通过网络标号“IO7”与 Arduino 单片机的 IO7 相连。

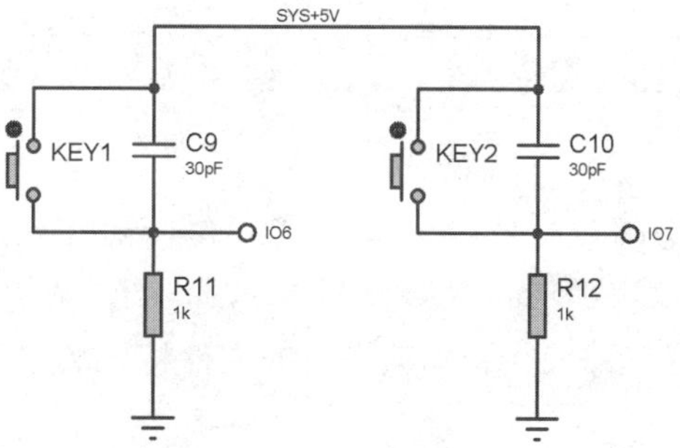

图 6-2-26　独立按键电路

6.2.7 指示灯电路

多自由度机器人的指示灯电路主要由发光二极管和电阻等元件组成，如图 6-2-27 所示。发光二极管 D2 通过网络标号“IO11”与 Arduino 单片机的 IO11 相连，发光二极管 D3 通过网络标号“IO12”与 Arduino 单片机的 IO12 相连。

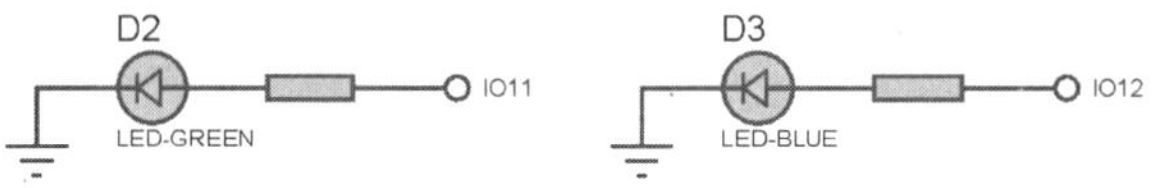

图 6-2-27 指示灯电路

6.3 单片机程序设计

6.3.1 主要程序功能

打开多自由度机器人电路工程，进入程序编写界面，如图 6-3-1 所示。

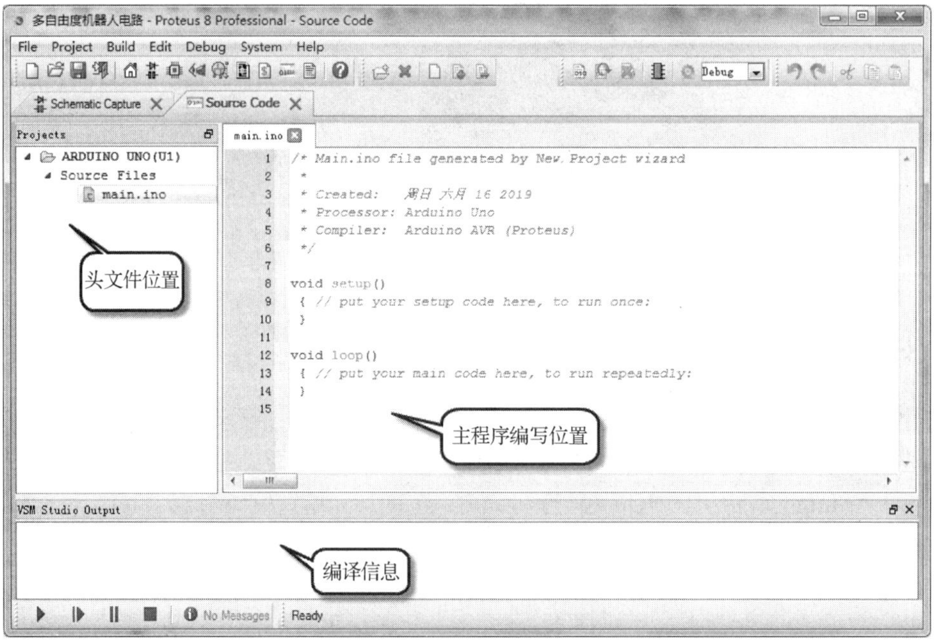

图 6-3-1 程序编写界面

Arduino 单片机具有较多函数库和头文件。右击 ARDUINO UNO(U1)，弹出添加文件菜单栏，如图 6-3-2 所示。单击 Add New File Ctrl+Alt+N，弹出“Add New File”对话框，如图 6-3-3 所示，不要改动存储路径，否则编译后的文件将无法加载到 Arduino 单片机中。

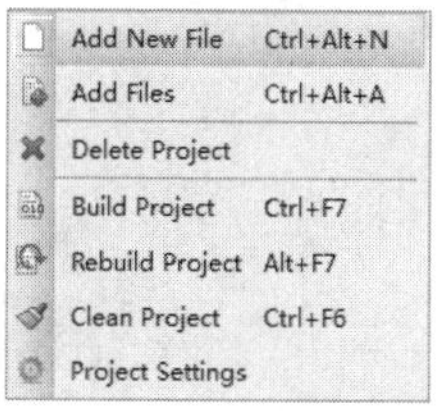

图 6-3-2　添加文件菜单栏

图 6-3-3　“Add New File”对话框

右击“Add New File”对话框空白处，新建两个 txt 文件，并随机写入几个字符，新建完毕并不会立即在“Add New File”对话框中显示出来，需将对话框中的保存类型更改为“All Files”，才可以显示在“Add New File”对话框中，如图 6-3-4 所示。将“新建文本文档.txt”重命名为“Adafruit_PWMServoDriver.cpp”，将“新建文本文档（2）.txt”重命名为“Adafruit_PWMServoDriver.h”，如图 6-3-5 所示。

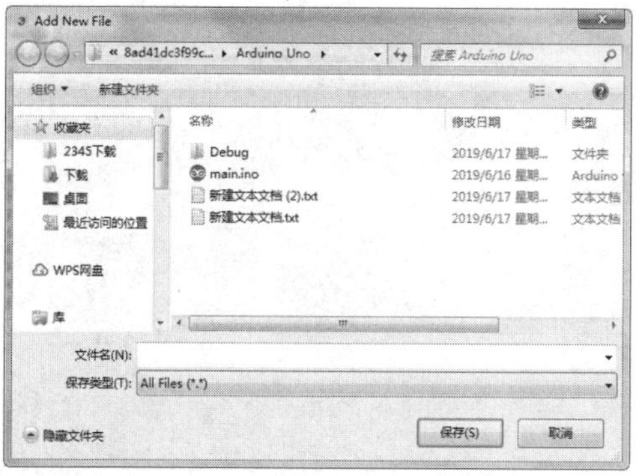

图 6-3-4　新建 txt 文件后

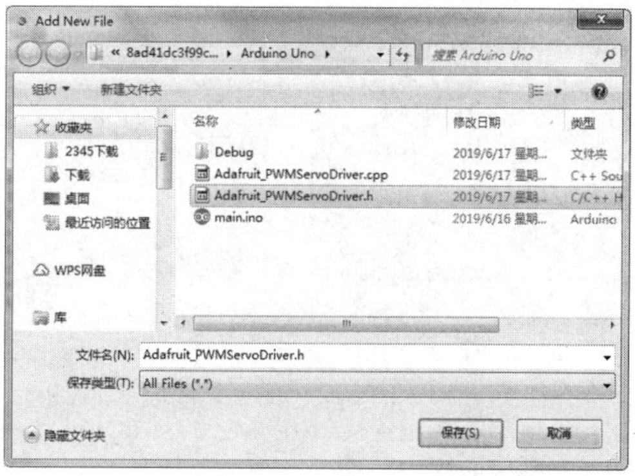

图 6-3-5　重命名后

选中“Adafruit_PWMServoDriver.h”文件后，单击“Add New File”对话框中的按钮，即可将该文件添加到工程中。仿照此方法，将“Adafruit_PWMServoDriver.cpp”文件也添加到工程中，如图 6-3-6 所示。

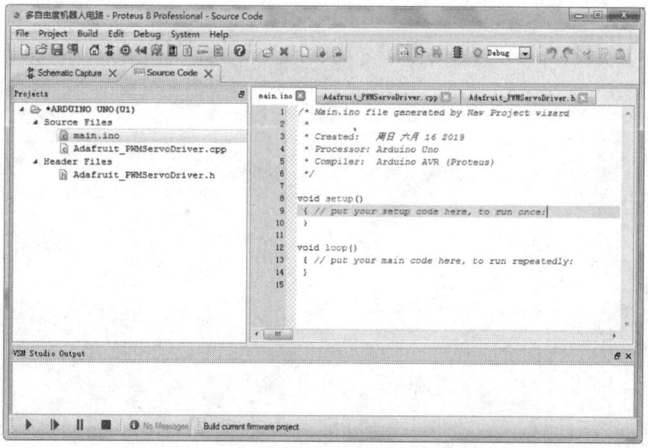

图 6-3-6　添加文件后

在主函数程序中需定义单片机引脚功能，将 Arduino 单片机引脚 13、引脚 12 和引脚 11 设置为输出模式，将引脚 6 和引脚 7 设置为输入模式，具体程序如下。

```
//int LED = 13;
 pinMode(13, OUTPUT);
 //int LED1 = 11;
 pinMode(11, OUTPUT);
 //int LED2 = 12;
 pinMode(12, OUTPUT);
 pinMode(6, INPUT);
// int key1 = digitalRead(6);
 pinMode(7, INPUT);
// int key2 = digitalRead(7);
```

在 Loop()函数中可以设置多自由度机器人的动作，但本节中未设置多自由度机器人的动作，此函数中的程序只是为了验证电路功能。未有独立按键按下时，6 个舵机停在 0° 位置；独立按键 KEY1 按下时，6 个舵机停在-90° 位置；独立按键 KEY2 按下时，6 个舵机停在+90° 位置，具体程序如下。

```
void loop()
{
  // Drive each servo one at a time
  Serial.println(servonum);
  digitalWrite(13,HIGH);
  if(digitalRead(6))
   {
      delay(50);
      if(digitalRead(6))
     mm = 1;
      while(digitalRead(6))
      {
      }
   }

   if(digitalRead(7))
   {
      delay(50);
      if(digitalRead(7))
     mm = 2;
      while(digitalRead(7))
      {
      }
   }
  if(mm == 0)
  {
  pwm.setPWM(0, 0, 276);
  pwm.setPWM(1, 0, 276);
  pwm.setPWM(2, 0, 276);
  pwm.setPWM(3, 0, 276);
  pwm.setPWM(4, 0, 276);
  pwm.setPWM(5, 0, 276);
  digitalWrite(11,LOW);
  digitalWrite(12,LOW);
```

```
  }
  if(mm == 1)
  {
  pwm.setPWM(0, 0, 90);
  pwm.setPWM(1, 0, 90);
  pwm.setPWM(2, 0, 90);
  pwm.setPWM(3, 0, 90);
  pwm.setPWM(4, 0, 90);
  pwm.setPWM(5, 0, 90);
  digitalWrite(12,HIGH);
  digitalWrite(11,LOW);
  }
  if(mm == 2)
  {
  pwm.setPWM(0, 0, 480);
  pwm.setPWM(1, 0, 480);
  pwm.setPWM(2, 0, 480);
  pwm.setPWM(3, 0, 480);
  pwm.setPWM(4, 0, 480);
  pwm.setPWM(5, 0, 480);
  digitalWrite(11,HIGH);
  digitalWrite(12,LOW);
  }
}
```

6.3.2　整体程序

多自由度机器人的 main.ino 整体程序如下。

```
/* Main.ino file generated by New Project wizard
 *
 * Created:   周日 六月 16 2019
 * Processor: Arduino Uno
 * Compiler:  Arduino AVR (Proteus)
 */
#include <Wire.h>
#include <Adafruit_PWMServoDriver.h>

// called this way, it uses the default address 0x40
Adafruit_PWMServoDriver pwm = Adafruit_PWMServoDriver();

#define SERVOMIN  150 // this is the 'minimum' pulse length count (out of 4096)
#define SERVOMAX  600 // this is the 'maximum' pulse length count (out of 4096)

// our servo # counter
uint8_t servonum = 0;
uint8_t mm = 0;

void setup()
{
  Serial.begin(9600);
  Serial.println("16 channel Servo test!");
```

```
  pwm.begin();

  pwm.setPWMFreq(50);  // Analog servos run at ~60 Hz updates

  //int LED = 13;
  pinMode(13, OUTPUT);
  //int LED1 = 11;
  pinMode(11, OUTPUT);
  //int LED2 = 12;
  pinMode(12, OUTPUT);
  pinMode(6, INPUT);
 // int key1 = digitalRead(6);
  pinMode(7, INPUT);
 // int key2 = digitalRead(7);


}

// you can use this function if you'd like to set the pulse length in seconds
// e.g. setServoPulse(0, 0.001) is a ~1 millisecond pulse width. its not precise!
void setServoPulse(uint8_t n, double pulse) {
  double pulselength;

  pulselength = 1000000;   // 1,000,000 us per second
  pulselength /= 60;
  Serial.print(pulselength); Serial.println(" us per period");
  pulselength /= 4096;  // 12 bits of resolution
  Serial.print(pulselength); Serial.println(" us per bit");
  pulse *= 1000;
  pulse /= pulselength;
  Serial.println(pulse);
  pwm.setPWM(n, 0, pulse);
  digitalWrite(13,HIGH);
}

void loop()
{
  // Drive each servo one at a time
  Serial.println(servonum);
  digitalWrite(13,HIGH);
  if(digitalRead(6))
   {
     delay(50);
     if(digitalRead(6))
     mm = 1;
     while(digitalRead(6))
     {
     }
   }

   if(digitalRead(7))
   {
```

```
        delay(50);
        if(digitalRead(7))
        mm = 2;
        while(digitalRead(7))
        {
        }
    }
  if(mm == 0)
  {
  pwm.setPWM(0, 0, 276);
  pwm.setPWM(1, 0, 276);
  pwm.setPWM(2, 0, 276);
  pwm.setPWM(3, 0, 276);
  pwm.setPWM(4, 0, 276);
  pwm.setPWM(5, 0, 276);
  digitalWrite(11,LOW);
  digitalWrite(12,LOW);
  }
  if(mm == 1)
  {
  pwm.setPWM(0, 0, 90);
  pwm.setPWM(1, 0, 90);
  pwm.setPWM(2, 0, 90);
  pwm.setPWM(3, 0, 90);
  pwm.setPWM(4, 0, 90);
  pwm.setPWM(5, 0, 90);
  digitalWrite(12,HIGH);
  digitalWrite(11,LOW);
  }
  if(mm == 2)
  {
  pwm.setPWM(0, 0, 480);
  pwm.setPWM(1, 0, 480);
  pwm.setPWM(2, 0, 480);
  pwm.setPWM(3, 0, 480);
  pwm.setPWM(4, 0, 480);
  pwm.setPWM(5, 0, 480);
  digitalWrite(11,HIGH);
  digitalWrite(12,LOW);
  }
}
```

多自由度机器人的 Adafruit_PWMServoDriver.cpp 整体程序如下。

```
#include <Adafruit_PWMServoDriver.h>
#include <Wire.h>
#if defined(__AVR__)
 #define WIRE Wire
#elif defined(CORE_TEENSY) // Teensy boards
 #define WIRE Wire
#else // Arduino Due
 #define WIRE Wire1
#endif
```

```
// Set to true to print some debug messages, or false to disable them.
#define ENABLE_DEBUG_OUTPUT true

Adafruit_PWMServoDriver::Adafruit_PWMServoDriver(uint8_t addr) {
  _i2caddr = addr;
}

void Adafruit_PWMServoDriver::begin(void) {
 WIRE.begin();
 reset();
}


void Adafruit_PWMServoDriver::reset(void) {
 write8(PCA9685_MODE1, 0x0);
}

void Adafruit_PWMServoDriver::setPWMFreq(float freq) {
  //Serial.print("Attempting to set freq ");
  //Serial.println(freq);
  freq *= 0.9;
  prescaleval /= 4096;
  prescaleval /= freq;
  prescaleval -= 1;
  if (ENABLE_DEBUG_OUTPUT) {
    Serial.print("Estimated pre-scale: "); Serial.println(prescaleval);
  }
  uint8_t prescale = floor(prescaleval + 0.5);
  if (ENABLE_DEBUG_OUTPUT) {
    Serial.print("Final pre-scale: "); Serial.println(prescale);
  }

  uint8_t oldmode = read8(PCA9685_MODE1);
  uint8_t newmode = (oldmode&0x7F) | 0x10; // sleep
  write8(PCA9685_MODE1, newmode); // go to sleep
  write8(PCA9685_PRESCALE, prescale); // set the prescaler
  write8(PCA9685_MODE1, oldmode);
  delay(5);
  write8(PCA9685_MODE1, oldmode | 0xa1);
}

void Adafruit_PWMServoDriver::setPWM(uint8_t num, uint16_t on, uint16_t off) {

  WIRE.beginTransmission(_i2caddr);
  WIRE.write(LED0_ON_L+4*num);
  WIRE.write(on);
  WIRE.write(on>>8);
  WIRE.write(off);
  WIRE.write(off>>8);
  WIRE.endTransmission();
}

void Adafruit_PWMServoDriver::setPin(uint8_t num, uint16_t val, bool invert)
```

```
{
  // Clamp value between 0 and 4095 inclusive.
  val = min(val, 4095);
  if (invert) {
    if (val == 0) {
      // Special value for signal fully on.
      setPWM(num, 4096, 0);
    }
    else if (val == 4095) {
      // Special value for signal fully off.
      setPWM(num, 0, 4096);
    }
    else {
      setPWM(num, 0, 4095-val);
    }
  }
  else {
    if (val == 4095) {
      // Special value for signal fully on.
      setPWM(num, 4096, 0);
    }
    else if (val == 0) {
      // Special value for signal fully off.
      setPWM(num, 0, 4096);
    }
    else {
      setPWM(num, 0, val);
    }
  }
}

uint8_t Adafruit_PWMServoDriver::read8(uint8_t addr) {
  WIRE.beginTransmission(_i2caddr);
  WIRE.write(addr);
  WIRE.endTransmission();

  WIRE.requestFrom((uint8_t)_i2caddr, (uint8_t)1);
  return WIRE.read();
}

void Adafruit_PWMServoDriver::write8(uint8_t addr, uint8_t d) {
  WIRE.beginTransmission(_i2caddr);
  WIRE.write(addr);
  WIRE.write(d);
  WIRE.endTransmission();
}
```

多自由度机器人的 Adafruit_PWMServoDriver.h 整体程序如下。

```
#ifndef _ADAFRUIT_PWMServoDriver_H
#define _ADAFRUIT_PWMServoDriver_H

#if ARDUINO >= 100
 #include "Arduino.h"
```

```
#else
 #include "WProgram.h"
#endif

#define PCA9685_SUBADR1 0x2
#define PCA9685_SUBADR2 0x3
#define PCA9685_SUBADR3 0x4

#define PCA9685_MODE1 0x0
#define PCA9685_PRESCALE 0xFE

#define LED0_ON_L 0x6
#define LED0_ON_H 0x7
#define LED0_OFF_L 0x8
#define LED0_OFF_H 0x9

#define ALLLED_ON_L 0xFA
#define ALLLED_ON_H 0xFB
#define ALLLED_OFF_L 0xFC
#define ALLLED_OFF_H 0xFD

class Adafruit_PWMServoDriver {
 public:
  Adafruit_PWMServoDriver(uint8_t addr = 0x40);
  void begin(void);
  void reset(void);
  void setPWMFreq(float freq);
  void setPWM(uint8_t num, uint16_t on, uint16_t off);
  void setPin(uint8_t num, uint16_t val, bool invert=false);

 private:
  uint8_t _i2caddr;

  uint8_t read8(uint8_t addr);
  void write8(uint8_t addr, uint8_t d);
};

#endif
```

执行 Build → Build Project Ctrl+F7 命令，编译成功后，“VSM Studio Output”栏如图 6-3-7 所示。

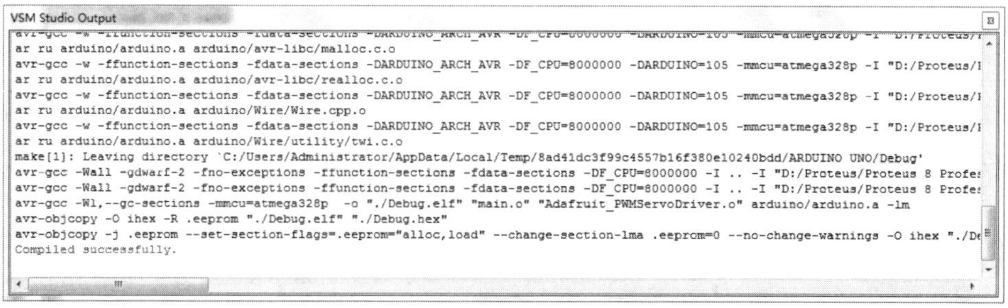
VSM Studio Output
ar ru arduino/arduino.a arduino/avr-libc/malloc.c.o
avr-gcc -w -ffunction-sections -fdata-sections -DARDUINO_ARCH_AVR -DF_CPU=8000000 -DARDUINO=105 -mmcu=atmega328p -I "D:/Proteus/
ar ru arduino/arduino.a arduino/avr-libc/realloc.c.o
avr-gcc -w -ffunction-sections -fdata-sections -DARDUINO_ARCH_AVR -DF_CPU=8000000 -DARDUINO=105 -mmcu=atmega328p -I "D:/Proteus/
ar ru arduino/arduino.a arduino/Wire/Wire.cpp.o
avr-gcc -w -ffunction-sections -fdata-sections -DARDUINO_ARCH_AVR -DF_CPU=8000000 -DARDUINO=105 -mmcu=atmega328p -I "D:/Proteus/
ar ru arduino/arduino.a arduino/Wire/utility/twi.c.o
make[1]: Leaving directory `C:/Users/Administrator/AppData/Local/Temp/8ad41dc3f99c4557b16f380e10240bdd/ARDUINO UNO/Debug'
avr-gcc -Wall -gdwarf-2 -fno-exceptions -ffunction-sections -fdata-sections -DF_CPU=8000000 -I .. -I "D:/Proteus/Proteus 8 Profes
avr-gcc -Wall -gdwarf-2 -fno-exceptions -ffunction-sections -fdata-sections -DF_CPU=8000000 -I .. -I "D:/Proteus/Proteus 8 Profes
avr-gcc -Wl,--gc-sections -mmcu=atmega328p -o "./Debug.elf" "main.o" "Adafruit_PWMServoDriver.o" arduino/arduino.a -lm
avr-objcopy -O ihex -R .eeprom "./Debug.elf" "./Debug.hex"
avr-objcopy -j .eeprom --set-section-flags=.eeprom="alloc,load" --change-section-lma .eeprom=0 --no-change-warnings -O ihex "./De
Compiled successfully.

图 6-3-7 “VSM Studio Output”栏

6.4　整体仿真测试

双击 Arduino 单片机，弹出“Edit Component”对话框，可见“Program File”中出现了编译文件的路径，如图 6-4-1 所示。

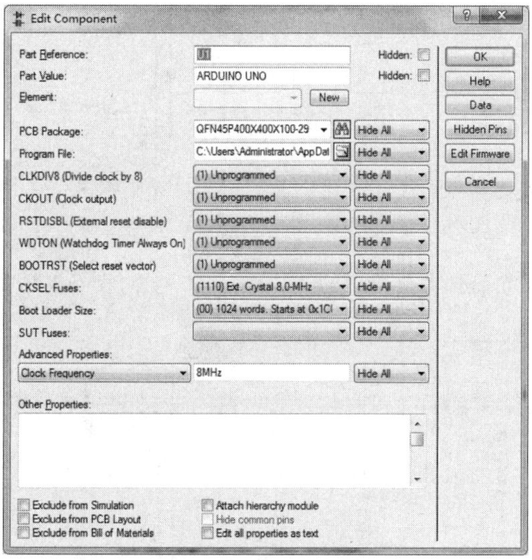

图 6-4-1　“Edit Component”对话框

执行 Debug → Run Simulation 命令，运行多自由度机器人电路仿真。初始状态时，Arduino 单片机指示灯点亮，如图 6-4-2 所示，代表 Arduino 单片机已经开始正常工作。指示灯电路中没有发光二极管点亮，如图 6-4-3 所示。舵机电路中的 6 个舵机均处在 0° 位置左右，如图 6-4-4 所示。

单击多自由度机器人电路中的独立按键 KEY1，指示灯电路中的蓝色发光二极管点亮，如图 6-4-5 所示。舵机电路中的 6 个舵机均处在−90° 位置左右，如图 6-4-6 所示。单击多自由度机器人电路中的独立按键 KEY2，指示灯电路中的绿色发光二极管点亮，如图 6-4-7 所示。舵机电路中的 6 个舵机均处在+90° 位置左右，如图 6-4-8 所示。

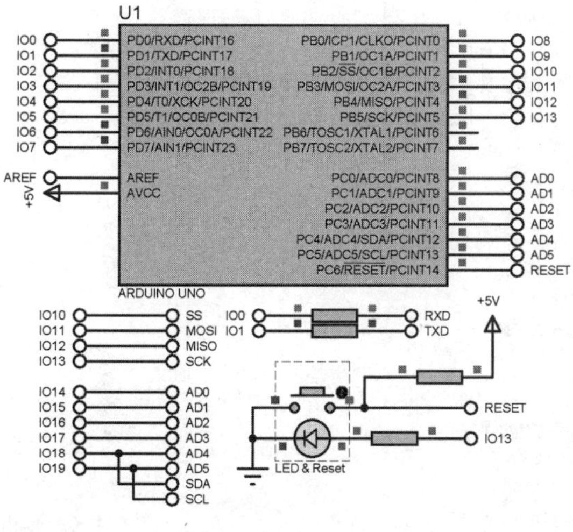

图 6-4-2　单片机指示灯点亮

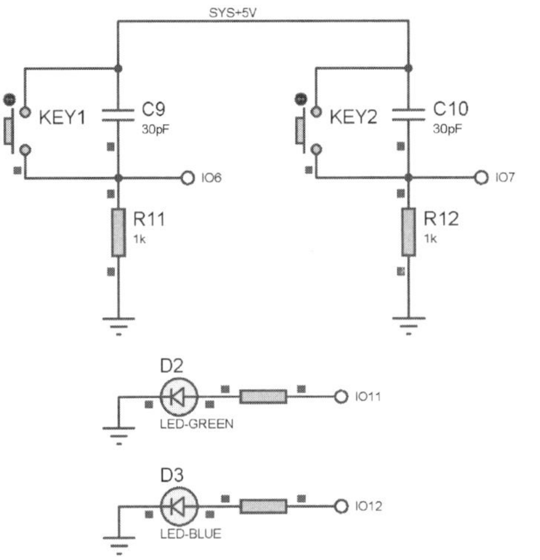

图 6-4-3　发光二极管不亮

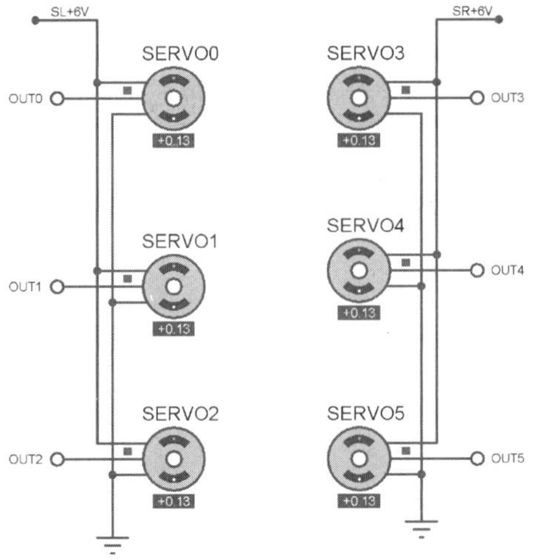

图 6-4-4　舵机电路 1

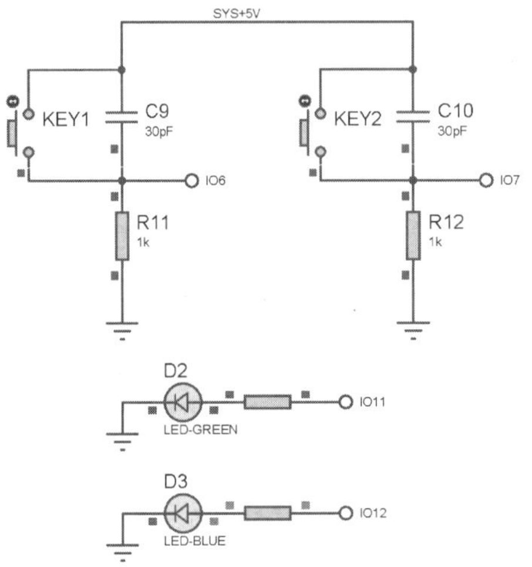

图 6-4-5　蓝色发光二极管点亮

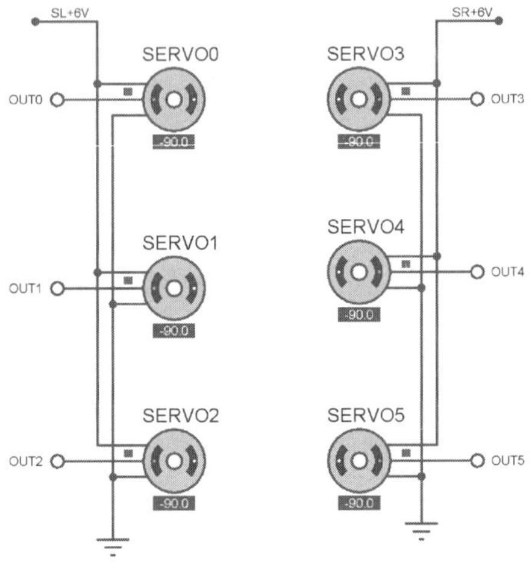

图 6-4-6　舵机电路 2

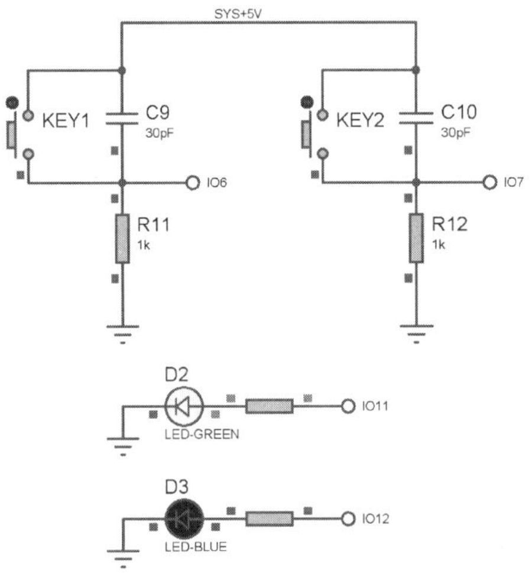

图 6-4-7　绿色发光二极管点亮

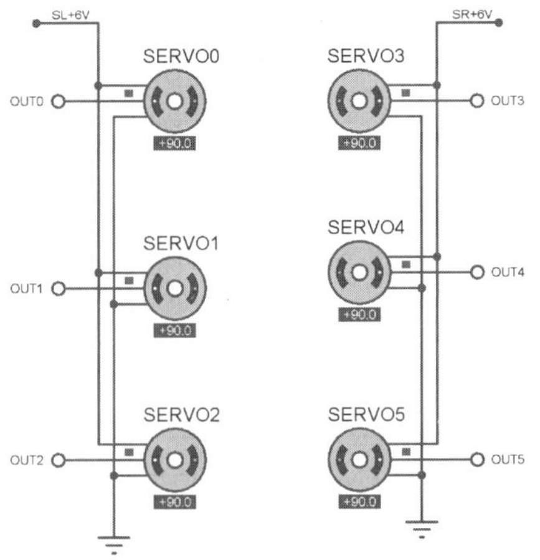

图 6-4-8　舵机电路 3

小提示

◎ 扫描右侧二维码可观看多自由度机器人电路仿真视频。

至此，多自由度机器人电路仿真已经完成，并且符合基本要求。但为了使读者加深印象，本节将讲解如何实现多自由度机器人向前翻滚的动作。将 SERVO0 定义为多自由度机器人左髋关节驱动电动机，SERVO1 定义为多自由度机器人左膝关节驱动电动机，SERVO2 定义为多自由度机器人左踝关节驱动电动机；将 SERVO3 定义为多自由度机器人右髋关节驱动电动机，SERVO4 定义为多自由度机器人右膝关节驱动电动机，SERVO5 定义为多自由度机器人右踝关节驱动电动机。

多自由度机器人向前翻滚的动作需要 6 个舵机相互配合，并需将其分解为 10 个姿势。第 1 个姿势，6 个舵机同时转动到 0° 位置，表示多自由度机器人处于站立的姿势，具体程序如下。

```
    delay(500);
    pwm.setPWM(0, 0, 276);
    pwm.setPWM(1, 0, 276);
    pwm.setPWM(2, 0, 276);
    pwm.setPWM(3, 0, 276);
    pwm.setPWM(4, 0, 276);
    pwm.setPWM(5, 0, 276);
    delay(500);
```

第 2 个姿势，SERVO0 转动到-90° 位置，SERVO3 转动到+90° 位置；SERVO1 转动到 0° 位置，SERVO4 转动到 0° 位置；SERVO2 转动到 0° 位置，SERVO5 转动到 0° 位置，具体程序如下。

```
    pwm.setPWM(0, 0, 90);
    pwm.setPWM(1, 0, 276);
    pwm.setPWM(2, 0, 276);
    pwm.setPWM(3, 0, 480);
    pwm.setPWM(4, 0, 276);
    pwm.setPWM(5, 0, 276);
    delay(500);
```

第 3 个姿势，SERVO0 转动到-90° 位置，SERVO3 转动到+90° 位置；SERVO1 转动到 0° 位置，SERVO4 转动到 0° 位置；SERVO2 转动到-90° 位置，SERVO5 转动到+90° 位置，具体程序如下。

```
    pwm.setPWM(0, 0, 90);
    pwm.setPWM(1, 0, 276);
    pwm.setPWM(2, 0, 90);
    pwm.setPWM(3, 0, 480);
    pwm.setPWM(4, 0, 276);
    pwm.setPWM(5, 0, 480);
    delay(500);
```

第 4 个姿势，SERVO0 转动到 0° 位置，SERVO3 转动到+90° 位置；SERVO1 转动到 0° 位置，SERVO4 转动到 0° 位置；SERVO2 转动到-90° 位置，SERVO5 转动到+90° 位置，具体程序如下。

```
    pwm.setPWM(0, 0, 276);
    pwm.setPWM(1, 0, 276);
```

```
    pwm.setPWM(2, 0, 90);
    pwm.setPWM(3, 0, 480);
    pwm.setPWM(4, 0, 276);
    pwm.setPWM(5, 0, 480);
    delay(500);
```

第 5 个姿势，SERVO0 转动到 0°位置，SERVO3 转动到+90°位置；SERVO1 转动到 0°位置，SERVO4 转动到 0°位置；SERVO2 转动到+90°位置，SERVO5 转动到+90°位置，具体程序如下。

```
    pwm.setPWM(0, 0, 276);
    pwm.setPWM(1, 0, 276);
    pwm.setPWM(2, 0, 480);
    pwm.setPWM(3, 0, 480);
    pwm.setPWM(4, 0, 276);
    pwm.setPWM(5, 0, 480);
    delay(500);
```

第 6 个姿势，SERVO0 转动到+90°位置，SERVO3 转动到+90°位置；SERVO1 转动到 0°位置，SERVO4 转动到 0°位置；SERVO2 转动到+90°位置，SERVO5 转动到+90°位置，具体程序如下。

```
    pwm.setPWM(0, 0, 480); //6
    pwm.setPWM(1, 0, 276);
    pwm.setPWM(2, 0, 480);
    pwm.setPWM(3, 0, 480);
    pwm.setPWM(4, 0, 276);
    pwm.setPWM(5, 0, 480);
    delay(500);
```

第 7 个姿势，SERVO0 转动到+90°位置，SERVO3 转动到 0°位置；SERVO1 转动到 0°位置，SERVO4 转动到 0°位置；SERVO2 转动到+90°位置，SERVO5 转动到+90°位置，具体程序如下。

```
    pwm.setPWM(0, 0, 480); //7
    pwm.setPWM(1, 0, 276);
    pwm.setPWM(2, 0, 480);
    pwm.setPWM(3, 0, 276);
    pwm.setPWM(4, 0, 276);
    pwm.setPWM(5, 0, 480);
    delay(500);
```

第 8 个姿势，SERVO0 转动到+90°位置，SERVO3 转动到 0°位置；SERVO1 转动到 0°位置，SERVO4 转动到 0°位置；SERVO2 转动到+90°位置，SERVO5 转动到−90°位置，具体程序如下。

```
    pwm.setPWM(0, 0, 480); //8
    pwm.setPWM(1, 0, 276);
    pwm.setPWM(2, 0, 480);
    pwm.setPWM(3, 0, 276);
    pwm.setPWM(4, 0, 276);
    pwm.setPWM(5, 0, 90);
    delay(500);
```

第 9 个姿势，SERVO0 转动到+90° 位置，SERVO3 转动到-90° 位置；SERVO1 转动到 0° 位置，SERVO4 转动到 0° 位置；SERVO2 转动到+90° 位置，SERVO5 转动到-90° 位置，具体程序如下。

```
pwm.setPWM(0, 0, 480); //9
pwm.setPWM(1, 0, 276);
pwm.setPWM(2, 0, 480);
pwm.setPWM(3, 0, 90);
pwm.setPWM(4, 0, 276);
pwm.setPWM(5, 0, 90);
delay(500);
```

第 10 个姿势，SERVO0 转动到 0° 位置，SERVO3 转动到 0° 位置；SERVO1 转动到 0° 位置，SERVO4 转动到 0° 位置；SERVO2 转动到 0° 位置，SERVO5 转动到 0° 位置，具体程序如下。

```
pwm.setPWM(0, 0, 480); //10
pwm.setPWM(1, 0, 276);
pwm.setPWM(2, 0, 480);
pwm.setPWM(3, 0, 90);
pwm.setPWM(4, 0, 276);
pwm.setPWM(5, 0, 90);
delay(500);
```

10 个姿势依次循环即可完成多自由度机器人向前翻滚动作。本节所编写的多自由度机器人向前翻滚动作不一定具有普遍性，读者要根据多自由度机器人实际舵机装配情况来编写姿势程序，所要遵循的原则就是将动作转化为若干个静态姿势。本节编写的 main.ino 程序如下。

```
/* Main.ino file generated by New Project wizard
 *
 * Created:   周日 六月 16 2019
 * Processor: Arduino Uno
 * Compiler:  Arduino AVR (Proteus)
 */

#include <Wire.h>
#include <Adafruit_PWMServoDriver.h>

// called this way, it uses the default address 0x40
Adafruit_PWMServoDriver pwm = Adafruit_PWMServoDriver();

#define SERVOMIN  150 // this is the 'minimum' pulse length count (out of 4096)
#define SERVOMAX  600 // this is the 'maximum' pulse length count (out of 4096)

// our servo # counter
uint8_t servonum = 0;
uint8_t mm = 0;

void setup()
{
  Serial.begin(9600);
  Serial.println("16 channel Servo test!");

  pwm.begin();
```

```
  pwm.setPWMFreq(50);  // Analog servos run at ~60 Hz updates

  //int LED = 13;
  pinMode(13, OUTPUT);
  //int LED1 = 11;
  pinMode(11, OUTPUT);
  //int LED2 = 12;
  pinMode(12, OUTPUT);
  pinMode(6, INPUT);
 // int key1 = digitalRead(6);
  pinMode(7, INPUT);
 // int key2 = digitalRead(7);


}

// you can use this function if you'd like to set the pulse length in seconds
// e.g. setServoPulse(0, 0.001) is a ~1 millisecond pulse width. its not precise!
void setServoPulse(uint8_t n, double pulse) {
  double pulselength;

  pulselength = 1000000;   // 1,000,000 us per second
  pulselength /= 60;
  Serial.print(pulselength); Serial.println(" us per period");
  pulselength /= 4096;  // 12 bits of resolution
  Serial.print(pulselength); Serial.println(" us per bit");
  pulse *= 1000;
  pulse /= pulselength;
  Serial.println(pulse);
  pwm.setPWM(n, 0, pulse);
  digitalWrite(13,HIGH);
}

void loop()
{
  // Drive each servo one at a time
  Serial.println(servonum);
  digitalWrite(13,HIGH);
/*
 if(digitalRead(6))
   {
     delay(50);
     if(digitalRead(6))
     mm = 1;
     while(digitalRead(6))
     {
     }
   }

   if(digitalRead(7))
   {
     delay(50);
     if(digitalRead(7))
     mm = 2;
```

```
    while(digitalRead(7))
    {
    }
 }
if(mm == 0)
{
pwm.setPWM(0, 0, 276);
pwm.setPWM(1, 0, 276);
pwm.setPWM(2, 0, 276);
pwm.setPWM(3, 0, 276);
pwm.setPWM(4, 0, 276);
pwm.setPWM(5, 0, 276);
digitalWrite(11,LOW);
digitalWrite(12,LOW);
}
if(mm == 1)
{
pwm.setPWM(0, 0, 90);
pwm.setPWM(1, 0, 90);
pwm.setPWM(2, 0, 90);
pwm.setPWM(3, 0, 90);
pwm.setPWM(4, 0, 90);
pwm.setPWM(5, 0, 90);
digitalWrite(12,HIGH);
digitalWrite(11,LOW);
}
if(mm == 2)
{
pwm.setPWM(0, 0, 480);
pwm.setPWM(1, 0, 480);
pwm.setPWM(2, 0, 480);
pwm.setPWM(3, 0, 480);
pwm.setPWM(4, 0, 480);
pwm.setPWM(5, 0, 480);
digitalWrite(11,HIGH);
digitalWrite(12,LOW);
}
*/
if(digitalRead(7))
 {
    delay(50);
    if(digitalRead(7))
   mm = 2;
    while(digitalRead(7))
    {
    }
 }

if(mm == 2)
{
delay(500);
pwm.setPWM(0, 0, 276);
pwm.setPWM(1, 0, 276);
pwm.setPWM(2, 0, 276);
pwm.setPWM(3, 0, 276);
```

```
    pwm.setPWM(4, 0, 276);
    pwm.setPWM(5, 0, 276);
    delay(500);

    pwm.setPWM(0, 0, 90);
    pwm.setPWM(1, 0, 276);
    pwm.setPWM(2, 0, 276);
    pwm.setPWM(3, 0, 480);
    pwm.setPWM(4, 0, 276);
    pwm.setPWM(5, 0, 276);
    delay(500);

    pwm.setPWM(0, 0, 90);
    pwm.setPWM(1, 0, 276);
    pwm.setPWM(2, 0, 90);
    pwm.setPWM(3, 0, 480);
    pwm.setPWM(4, 0, 276);
    pwm.setPWM(5, 0, 480);
    delay(500);

    pwm.setPWM(0, 0, 276);
    pwm.setPWM(1, 0, 276);
    pwm.setPWM(2, 0, 90);
    pwm.setPWM(3, 0, 480);
    pwm.setPWM(4, 0, 276);
    pwm.setPWM(5, 0, 480);
    delay(500);

    pwm.setPWM(0, 0, 276);
    pwm.setPWM(1, 0, 276);
    pwm.setPWM(2, 0, 480);
    pwm.setPWM(3, 0, 480);
    pwm.setPWM(4, 0, 276);
    pwm.setPWM(5, 0, 480);
    delay(500);

    pwm.setPWM(0, 0, 480); //6
    pwm.setPWM(1, 0, 276);
    pwm.setPWM(2, 0, 480);
    pwm.setPWM(3, 0, 480);
    pwm.setPWM(4, 0, 276);
    pwm.setPWM(5, 0, 480);
    delay(500);

    pwm.setPWM(0, 0, 480); //7
    pwm.setPWM(1, 0, 276);
    pwm.setPWM(2, 0, 480);
    pwm.setPWM(3, 0, 276);
    pwm.setPWM(4, 0, 276);
    pwm.setPWM(5, 0, 480);
    delay(500);

    pwm.setPWM(0, 0, 480); //8
```

```
    pwm.setPWM(1, 0, 276);
    pwm.setPWM(2, 0, 480);
    pwm.setPWM(3, 0, 276);
    pwm.setPWM(4, 0, 276);
    pwm.setPWM(5, 0, 90);
    delay(500);

    pwm.setPWM(0, 0, 480); //9
    pwm.setPWM(1, 0, 276);
    pwm.setPWM(2, 0, 480);
    pwm.setPWM(3, 0, 90);
    pwm.setPWM(4, 0, 276);
    pwm.setPWM(5, 0, 90);
    delay(500);

    pwm.setPWM(0, 0, 480); //10
    pwm.setPWM(1, 0, 276);
    pwm.setPWM(2, 0, 480);
    pwm.setPWM(3, 0, 90);
    pwm.setPWM(4, 0, 276);
    pwm.setPWM(5, 0, 90);
    delay(500);
  }
}
```

执行 Build → Build Project Ctrl+F7 命令，编译本节编写的程序，编译成功后，执行 Debug→ Run Simulation 命令，运行多自由度机器人电路仿真。单击独立按键 KEY2，方可使多自由度机器人执行向前翻滚动作，第 1 个姿势如图 6-4-9 所示，第 2 个姿势如图 6-4-10 所示，第 3 个姿势如图 6-4-11 所示，第 4 个姿势如图 6-4-12 所示，第 5 个姿势如图 6-4-13 所示，第 6 个姿势如图 6-4-14 所示，第 7 个姿势如图 6-4-15 所示，第 8 个姿势如图 6-4-16 所示，第 9 个姿势如图 6-4-17 所示，第 10 个姿势如图 6-4-18 所示。由于仿真时多自由度机器人向前翻滚是一个连贯的动作，各个舵机的转动也是连续的，详细过程可以观看仿真视频。

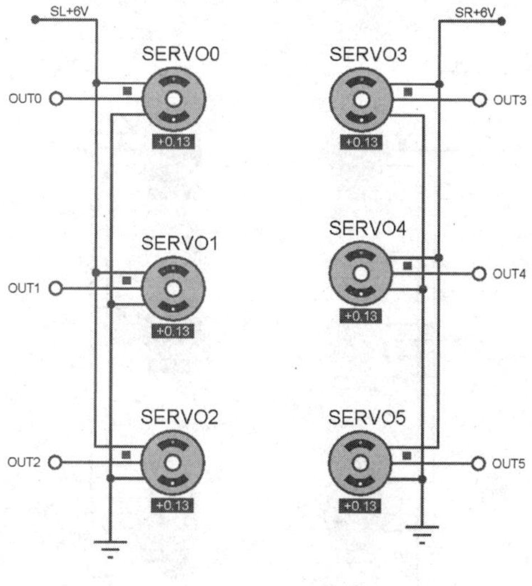

图 6-4-9　第 1 个姿势

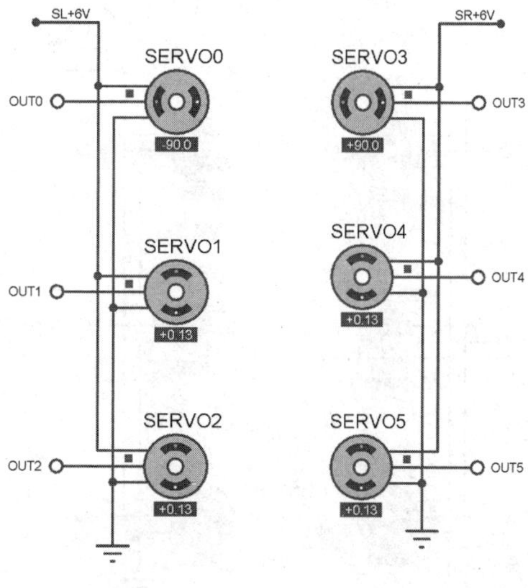

图 6-4-10　第 2 个姿势

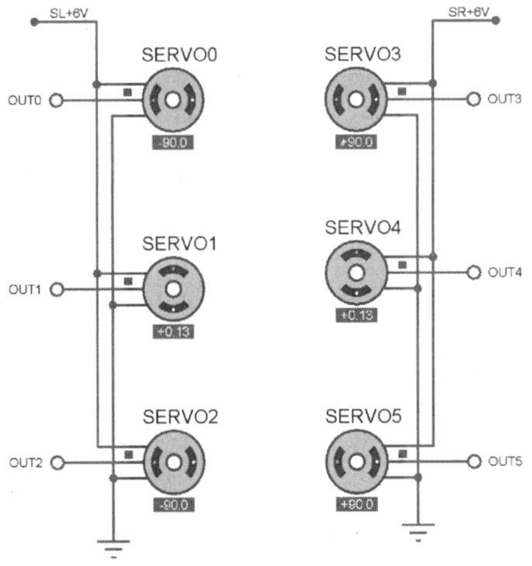

图 6-4-11　第 3 个姿势

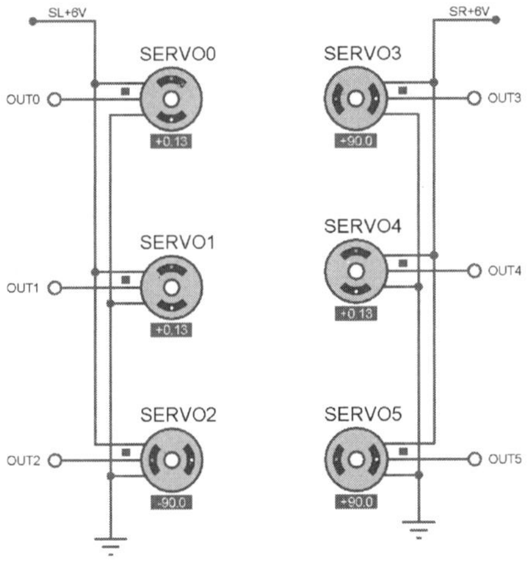

图 6-4-12　第 4 个姿势

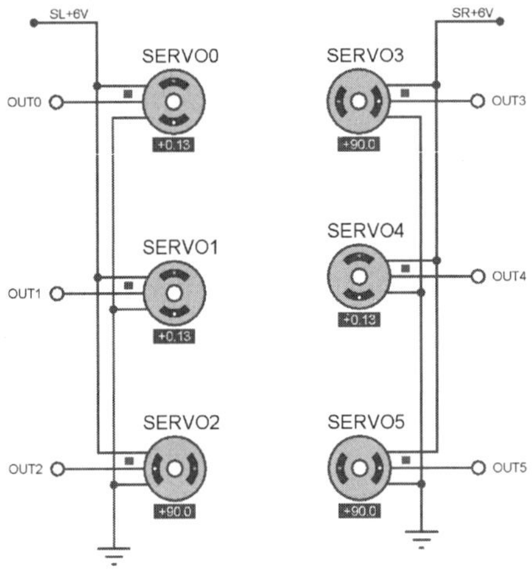

图 6-4-13　第 5 个姿势

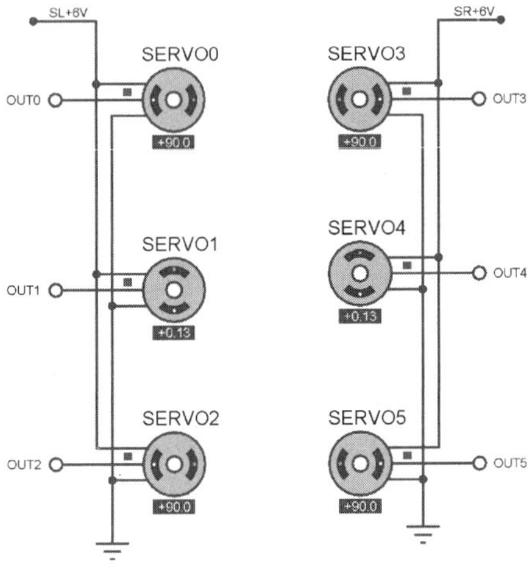

图 6-4-14　第 6 个姿势

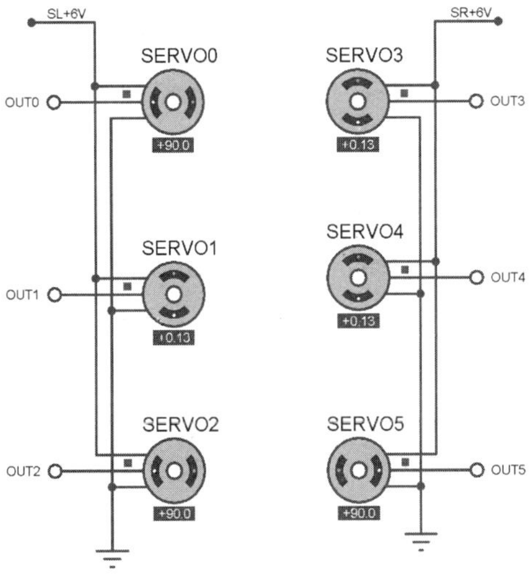

图 6-4-15　第 7 个姿势

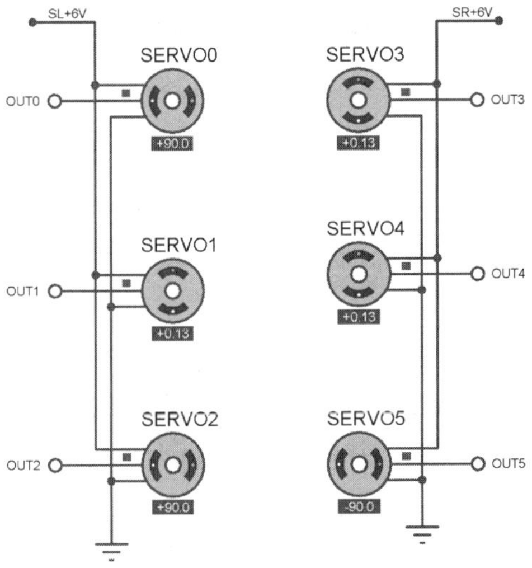

图 6-4-16　第 8 个姿势

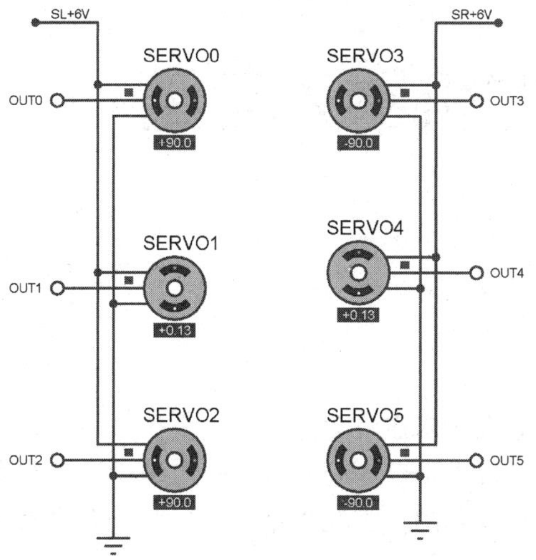

图 6-4-17　第 9 个姿势

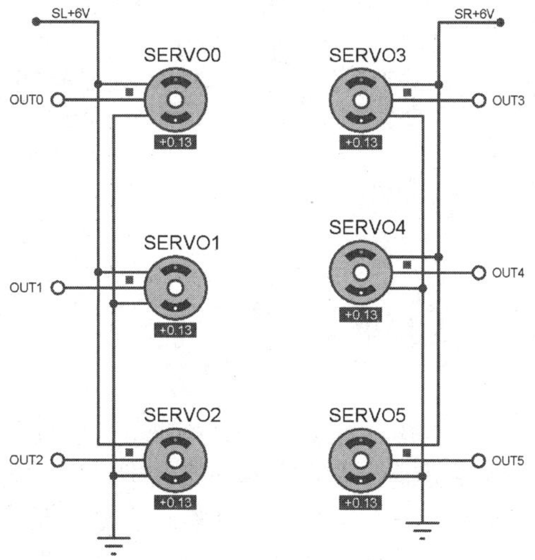

图 6-4-18　第 10 个姿势

小提示

◎ 读者可以自行编写多自由度机器人其他动作的程序。

◎ 读者可以增加舵机数量，最多可以控制 16 个舵机。

◎ 扫描右侧二维码可观看多自由度机器人向前翻滚动作仿真视频。

6.5　设计总结

多自由度机器人电路由电源电路、单片机最小系统电路、指示灯电路、舵机电路、独立按键电路和 PWM 电路组成，基本满足要求。读者可以根据本实例的设计方法来 DIY 舞蹈机器人。在实际应用中一路由 LM7806 组成的电源电路不宜为多个舵机供电，否则会造成 LM7806 损坏等不良后果。在编写多自由度机器人动作的程序时，应在姿势切换时加入一定的延时，因为舵机转动到指定角度需要一定的时间。

第 7 章　扫地机器人电路

7.1　总体要求

扫地机器人在近些年发展非常迅猛，也是机器人技术在日常生活中的具体体现。扫地机器人技术包括传感器技术、室内导航技术、电源管理技术、信号处理技术、电动机驱动技术及自动控制技术等。一个完整的扫地机器人电路是非常复杂的，因此本章扫地机器人电路为简化版电路。本章扫地机器人电路主要设计要求如下。

☺ 扫地机器人应具有液晶屏显示电路。
☺ 扫地机器人前进时，液晶屏显示电路显示前进。
☺ 扫地机器人后退时，液晶屏显示电路显示后退。
☺ 扫地机器人左转时，液晶屏显示电路显示左转。
☺ 扫地机器人右转时，液晶屏显示电路显示右转。
☺ 扫地机器人边刷转动时，液晶屏显示电路显示边刷已开启。
☺ 扫地机器人滚刷转动时，液晶屏显示电路显示滚刷已开启。
☺ 扫地机器人边刷停止转动时，液晶屏显示电路显示边刷已停止。
☺ 扫地机器人滚刷停止转动时，液晶屏显示电路显示滚刷已停止。
☺ 扫地机器人工作时，应可以躲避障碍物。

7.2　硬件电路设计

7.2.1　硬件系统框图

扫地机器人电路硬件系统主要包括单片机最小系统电路、避障传感器电路、电动机驱动电路、独立按键电路、液晶屏显示电路和电源电路等。扫地机器人电路硬件系统框图如图 7-2-1 所示。

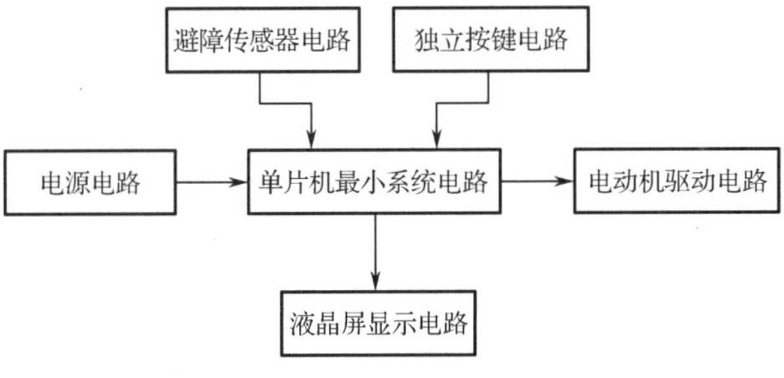

图 7-2-1　扫地机器人电路硬件系统框图

7.2.2　单片机最小系统电路

启动 Proteus 8 Professional 软件，执行 File → New Project 命令，弹出“New Project Wizard: Start”对话框，在“Name”栏输入“扫地机器人电路”作为工程名，在“Path”栏选择合适的存储路径。由于本例中使用的元件数量较多，可在“New Project Wizard: Schematic Design”对话框中选择 Landscape A1。在新建工程的其他对话框中参数均选择默认参数，设置完毕后，即可进入 Proteus 8 Professional 设计主窗口。

搭建 51 单片机最小系统电路和串口通信电路。执行 Library → Pick parts from libraries P 命令，弹出“Pick Devices”对话框，在“Keywords”栏中输入“89c52”，即可搜索到 51 系列单片机，选择“AT89C52”。单击“Pick Devices”对话框中的 OK 按钮，即可将 AT89C52 元件放置在图纸上，其他元件依照此方法进行放置。晶振频率选择 12MHz，晶振两端电容选择 30pF，复位电路采用上电复位的形式。单片机最小系统电路如图 7-2-2 所示。

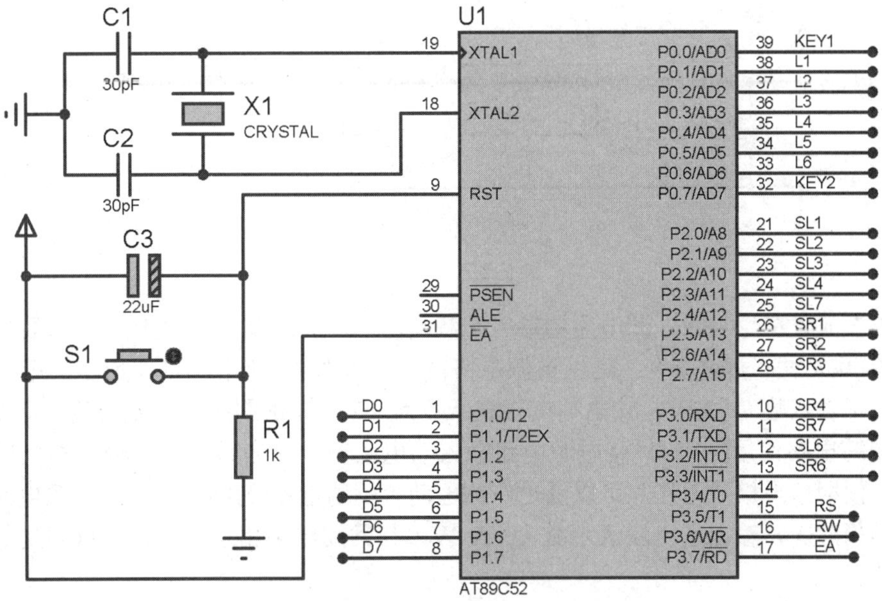

图 7-2-2　单片机最小系统电路

小提示

◎ AT89C52 单片机中的网络标号在后续章节具体讲解。

◎ 在元件库中搜索“89C52”关键字，即可找到 AT89C52 单片机。

◎ 在元件库中搜索“CRY”关键字，即可找到晶振元件，双击晶振元件将频率设为 12MHz。

7.2.3　电源电路

常用锂电池的电压约为 3.7V，而扫地机器人的电源通常需要由若干块锂电池串联而成。电源电路主要由 3 路稳压电源电路组成：第 1 路稳压电源电路由 7805 等元件组成，将+7.4V 电压转换为+5V 电压；第 2 路、第 3 路稳压电源电路由 7812 和二极管等元件组成，将+14.8V 电压转换为+12V 电压。在 Proteus 软件中绘制出的电源电路如图 7-2-3 所示。

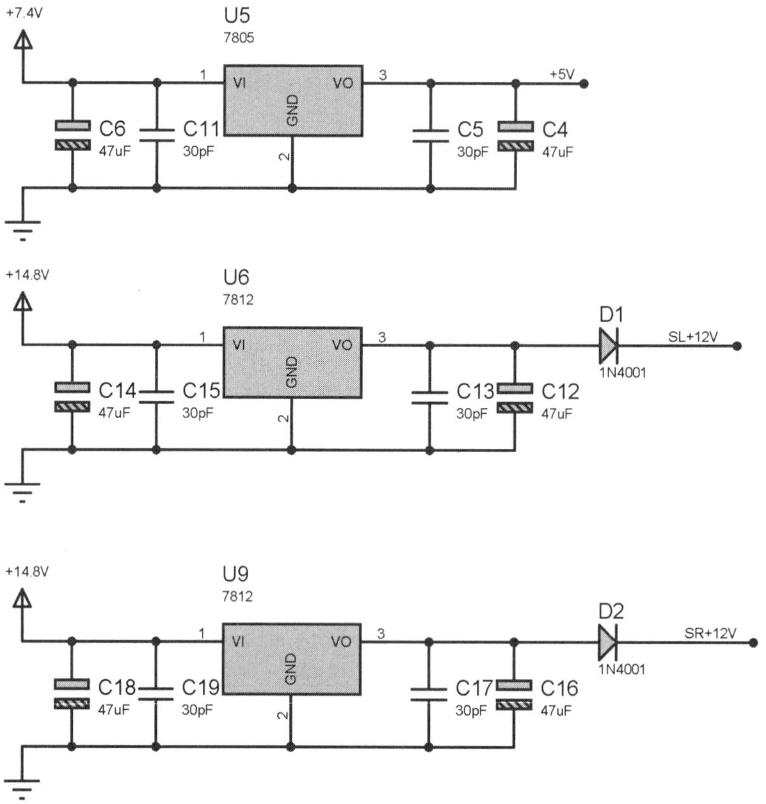

图 7-2-3 电源电路

将电压表放置在每一路电源电路的输入端和输出端，共放置 6 块电压表。放置完毕，执行 Debug→ Run Simulation 命令，运行电源电路仿真，仿真结果如图 7-2-4 所示，第 1 路电源电路输入端电压表示数为+7.4V，输出端电压表示数为+5V，与预期结果相差无几，可以满足单片机最小系统等电路使用；第 2 路电源电路输入端电压表示数为+14.8V，输出端电压表示数为+11.2V，与预期结果相差无几，可以满足左侧电动机驱动电路使用；第 3 路电源电路输入端电压表示数为+14.8V，输出端电压表示数为+11.2V，与预期结果相差无几，可以满足右侧电动机驱动电路使用。

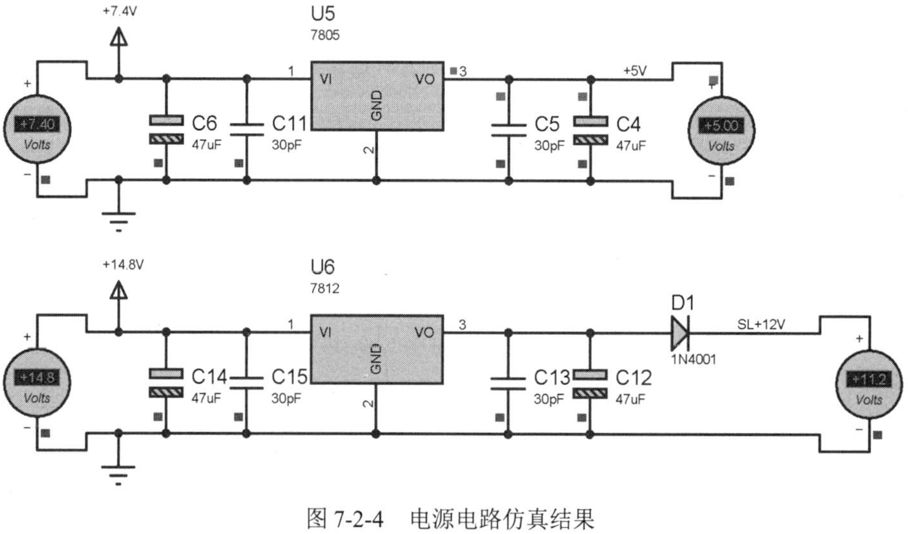

图 7-2-4 电源电路仿真结果

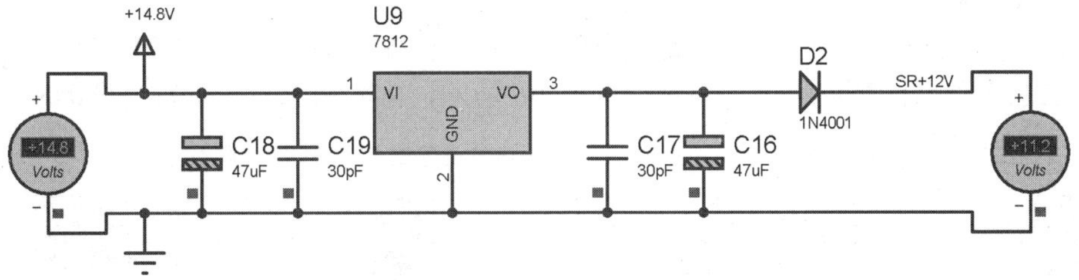

图 7-2-4　电源电路仿真结果（续）

小提示

◎ 在元件库中搜索“7805”关键字，即可找到 7805 稳压芯片。

◎ 在元件库中搜索“7812”关键字，即可找到 7812 稳压芯片。

7.2.4　电动机驱动电路

扫地机器人电动机驱动电路需要驱动 6 个电动机。在 Proteus 软件中绘制出的电动机驱动电路如图 7-2-5 所示，电动机驱动电路主要由 ULN2003A 芯片、直流电动机和步进电动机等元件组成。步进电动机 M1 为扫地机器人左侧车轮的驱动电动机，步进电动机 M2 为扫地机器人右侧车轮的驱动电动机，直流电动机 M3 和 M4 为扫地机器人滚刷的驱动电动机，直流电动机 M5 和 M6 为扫地机器人边刷的驱动电动机。

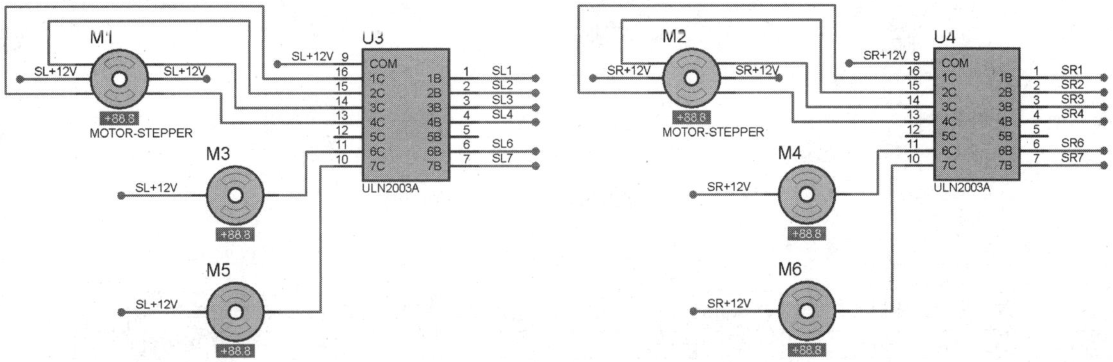

图 7-2-5　电动机驱动电路

元件 U3 的引脚 9 接入+12V 电源网络，引脚 1 通过网络标号“SL1”与 AT89C52 单片机的 P2.0 引脚相连，引脚 2 通过网络标号“SL2”与 AT89C52 单片机的 P2.1 引脚相连，引脚 3 通过网络标号“SL3”与 AT89C52 单片机的 P2.2 引脚相连，引脚 4 通过网络标号“SL4”与 AT89C52 单片机的 P2.3 引脚相连，引脚 6 通过网络标号“SL6”与 AT89C52 单片机的 P3.2 引脚相连，引脚 7 通过网络标号“SL7”与 AT89C52 单片机的 P2.4 引脚相连。元件 U4 的引脚 9 接入+12V 电源网络，引脚 1 通过网络标号“SR1”与 AT89C52 单片机的 P2.5 引脚相连，引脚 2 通过网络标号“SR2”与 AT89C52 单片机的 P2.6 引脚相连，引脚 3 通过网络标号“SR3”与 AT89C52 单片机的 P2.7 引脚相连，引脚 4 通过网络标号“SR4”与 AT89C52 单片机的 P3.0 引脚相连，引脚 6 通过网络标号“SR6”与 AT89C52 单片机的 P3.3 引脚相连，引脚 7 通过网络标号“SR7”与 AT89C52

单片机的 P3.1 引脚相连。

为了仿真电动机驱动电路，需要在电动机驱动电路中加入 LOGICSTATE 元件，放置 LOGICSTATE 元件后的电动机驱动电路如图 7-2-6 所示，本次仿真只仿真直流电动机。

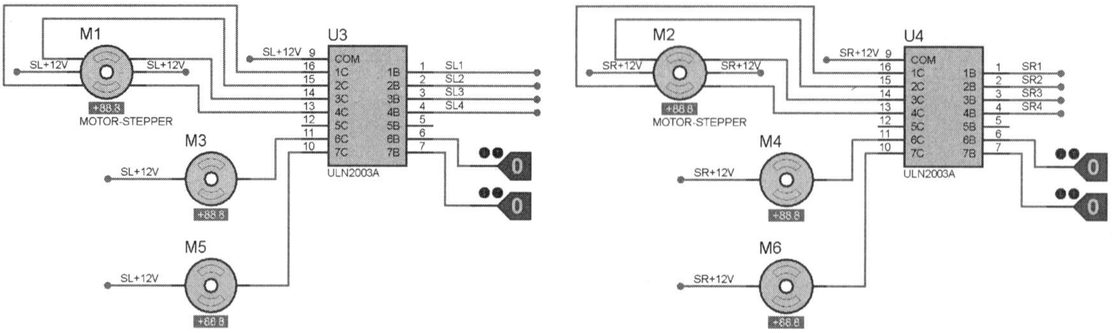

图 7-2-6　放置 LOGICSTATE 元件后的电动机驱动电路

执行 Debug→Run Simulation 命令，运行电动机驱动电路。将 4 个 LOGICSTATE 元件均设定为低电平，仿真结果如图 7-2-7 所示，可见直流电动机 M3～M6 均不转动。将 4 个 LOGICSTATE 元件均设定为高电平，仿真结果如图 7-2-8 所示，可见直流电动机 M3～M6 均转动。

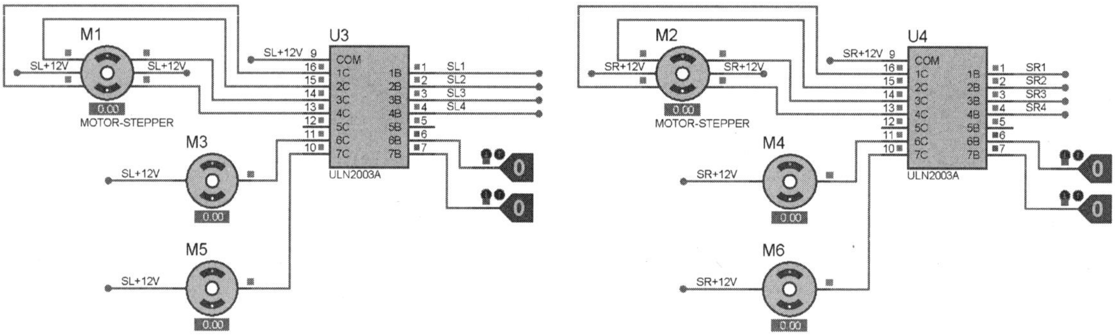

图 7-2-7　LOGICSTATE 元件均为低电平

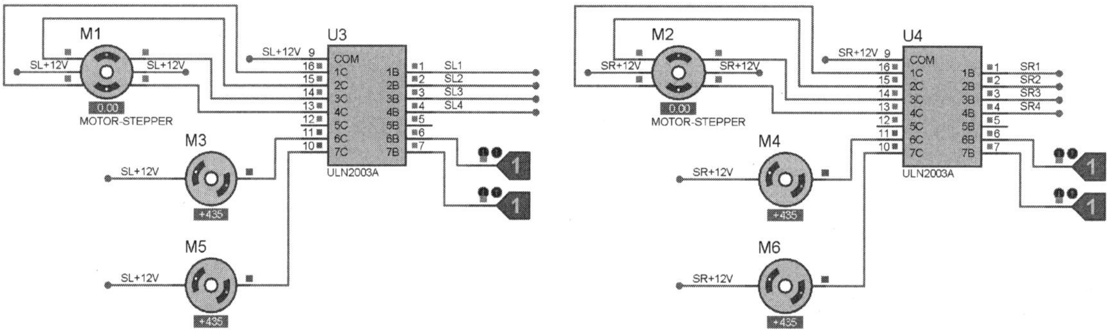

图 7-2-8　LOGICSTATE 元件均为高电平

小提示

◎ 在元件库中搜索“MOTOR-STEPPER”关键字，即可找到步进电动机。

◎ 在元件库中搜索“MOTOR-DC”关键字，即可找到直流电动机。

◎ 扫描右侧二维码可观看电动机驱动电路仿真视频。

7.2.5　避障传感器电路

扫地机器人的传感器电路包含 6 路避障传感器电路，每一路避障传感器电路均由光电传感器和电压比较器构成，由于 Proteus 中并没有光电传感器，本例中使用光敏电阻代替光电传感器。在 Proteus 软件中绘制出的 6 路避障传感器电路如图 7-2-9 所示。第 1 路避障传感器电路中元件 U7:A 的引脚 1 通过网络标号“L1”与 AT89C52 单片机的 P0.1 引脚相连，第 2 路避障传感器电路中元件 U7:B 的引脚 7 通过网络标号“L2”与 AT89C52 单片机的 P0.2 引脚相连，第 3 路避障传感器电路中元件 U8:B 的引脚 7 通过网络标号“L3”与 AT89C52 单片机的 P0.3 引脚相连，第 4 路避障传感器电路中元件 U8:A 的引脚 1 通过网络标号“L4”与 AT89C52 单片机的 P0.4 引脚相连，第 5 路避障传感器电路中元件 U2:A 的引脚 1 通过网络标号“L5”与 AT89C52 单片机的 P0.5 引脚相连，第 6 路避障传感器电路中元件 U2:B 的引脚 7 通过网络标号“L6”与 AT89C52 单片机的 P0.6 引脚相连。

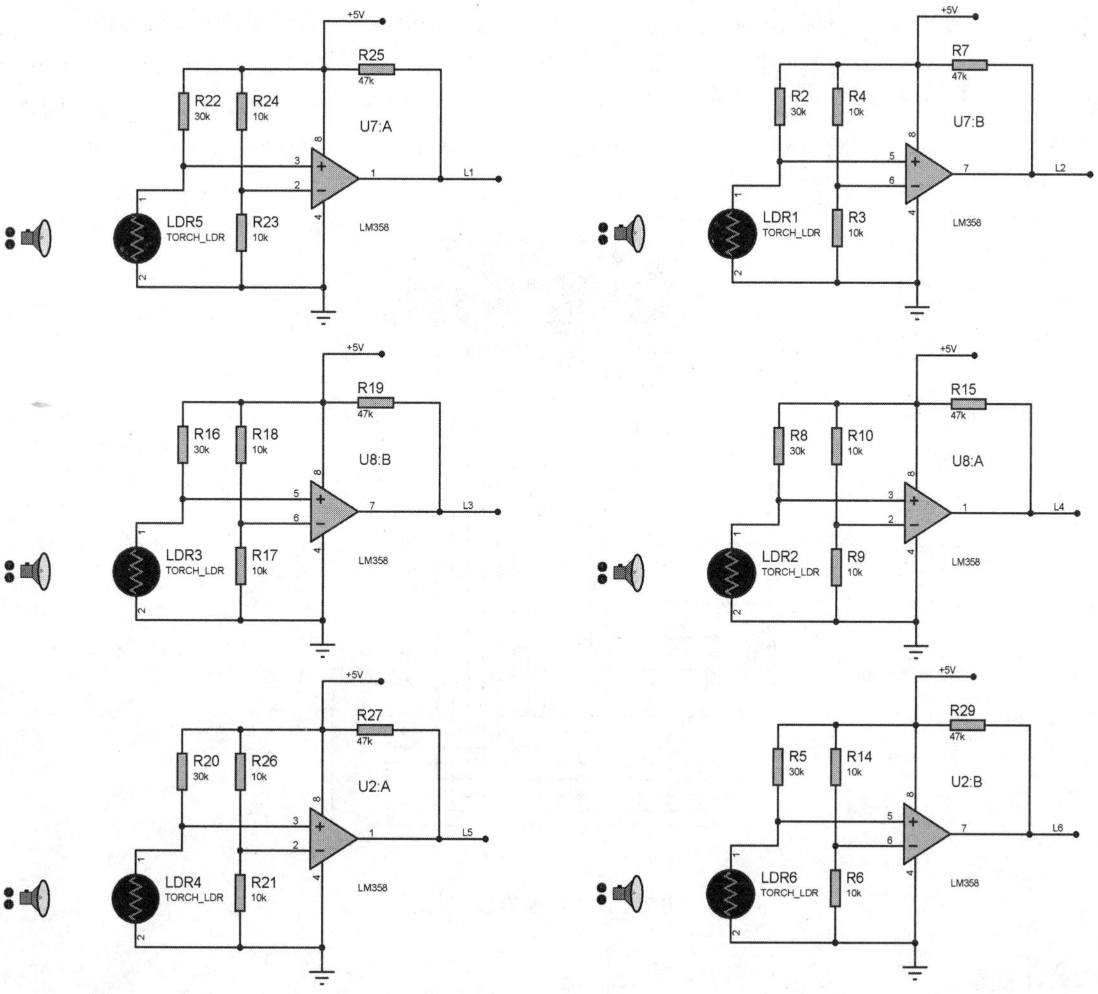

图 7-2-9　6 路避障传感器电路

小提示

◎ 在元件库中搜索“LM358”关键字，即可找到 LM358 电压比较器。

◎ 在元件库中搜索“LDR”关键字，即可找到光敏电阻。

7.2.6 液晶屏显示电路

扫地机器人的液晶屏显示电路主要由 LCD1602、排阻和电阻组成，用以显示扫地机器人的状态。在 Proteus 软件中绘制出的液晶屏显示电路如图 7-2-10 所示。元件 LCD1 的引脚 1 接入“GND”网络，引脚 2 与滑动变阻器 RV1 的引脚 2 相连，引脚 3 与滑动变阻器 RV1 的引脚 3 相连，引脚 4 通过网络标号“RS”与 AT89C52 单片机的 P3.5 引脚相连，引脚 5 通过网络标号“RW”与 AT89C52 单片机的 P3.6 引脚相连，引脚 6 通过网络标号“EA”与 AT89C52 单片机的 P3.7 引脚相连，引脚 7 通过网络标号“D0”与 AT89C52 单片机的 P1.0 引脚相连，引脚 8 通过网络标号“D1”与 AT89C52 单片机的 P1.1 引脚相连，引脚 9 通过网络标号“D2”与 AT89C52 单片机的 P1.2 引脚相连，引脚 10 通过网络标号“D3”与 AT89C52 单片机的 P1.3 引脚相连，引脚 11 通过网络标号“D4”与 AT89C52 单片机的 P1.4 引脚相连，引脚 12 通过网络标号“D5”与 AT89C52 单片机的 P1.5 引脚相连，引脚 13 通过网络标号“D6”与 AT89C52 单片机的 P1.6 引脚相连，引脚 14 通过网络标号“D7”与 AT89C52 单片机的 P1.7 引脚相连。

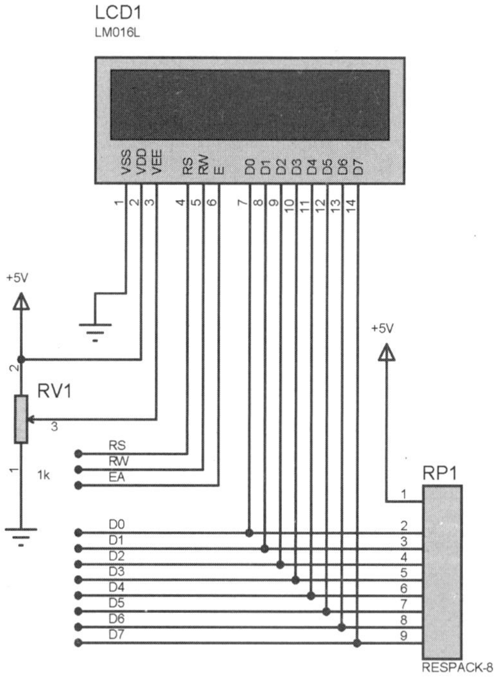

图 7-2-10 液晶屏显示电路

小提示

◎ 在元件库中搜索“RESPACK-8”关键字，即可找到排阻。

◎ 在元件库中搜索“LM016L”关键字，即可找到 LCD1602。

7.2.7　独立按键电路

扫地机器人的独立按键电路主要由独立按键、电容和电阻等元件组成，如图 7-2-11 所示。独立按键电路通过网络标号“+5V”接入+5V 电源网络，独立按键 KEY1 通过网络标号“KEY1”与 AT89C52 单片机的 P0.0 引脚相连，独立按键 KEY2 通过网络标号“KEY2”与 AT89C52 单片机的 P0.7 引脚相连。

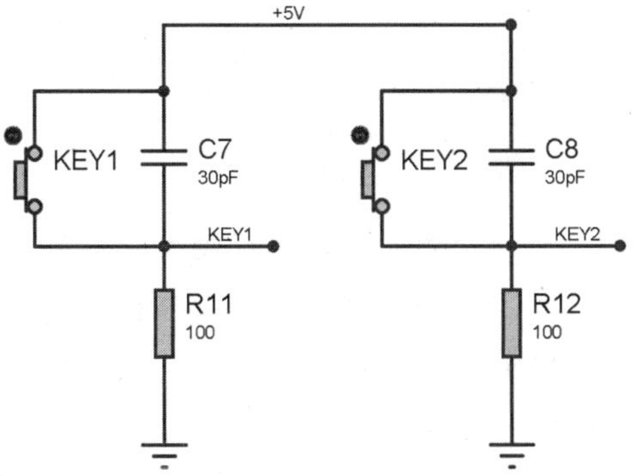

图 7-2-11　独立按键电路

7.3　单片机程序设计

7.3.1　主要程序功能

启动 Keil 软件，新建 AT89C51 单片机工程，选择合适的保存路径并命名为“扫地机器人”。新建工程完毕后，在主窗口编写单片机 U1 的控制程序。定义单片机 U1 引脚，将 P0.0 引脚定义为 KEY1，将 P0.7 引脚定义为 KEY2，将 P0.1 引脚定义为 L1，将 P0.2 引脚定义为 L2，将 P0.3 引脚定义为 L3，将 P0.4 引脚定义为 L4，将 P0.5 引脚定义为 L5，将 P0.6 引脚定义为 L6，将 P2.0 引脚定义为 LD，将 P2.1 引脚定义为 LA，将 P2.2 引脚定义为 LB，将 P2.3 引脚定义为 LC，将 P2.4 引脚定义为 LS，将 P2.5 引脚定义为 Rd，将 P2.6 引脚定义为 RA，将 P2.7 引脚定义为 RB，将 P3.0 引脚定义为 RC，将 P3.1 引脚定义为 RS，将 P3.2 引脚定义为 LT，将 P3.3 引脚定义为 RT，具体程序如下。

```
sbit KEY1 = P0^0;
sbit KEY2 = P0^7;

sbit L1 = P0^1;
sbit L2 = P0^2;
sbit L3 = P0^3;
sbit L4 = P0^4;
sbit L5 = P0^5;
sbit L6 = P0^6;
```

```
sbit LD = P2^0;
sbit LA = P2^1;
sbit LB = P2^2;
sbit LC = P2^3;
sbit LS = P2^4;

sbit Rd = P2^5;
sbit RA = P2^6;
sbit RB = P2^7;
sbit RC = P3^0;
sbit RS = P3^1;

sbit LT = P3^2;
sbit RT = P3^3;
```

独立按键程序用以检测独立按键 KEY1 和独立按键 KEY2 输入单片机的电平情况，若独立按键 KEY1 输入高电平，则开启滚刷，否则关闭滚刷；若独立按键 KEY2 输入高电平，则开启边刷，否则关闭边刷，并将结果显示在液晶屏上，具体程序如下。

```
        if(KEY1==1)
         {
            k1 = 1;
          }
          else
          {
            k1 = 2;
          }

          if(k11 != k1)
          {
            k11 = k1;
            if(k11 == 1)
                {
                    LcdWriteCom(0x80+0x49);
//BS
                    LcdWriteData(M[16]);
                    LcdWriteData(M[28]);
                    LcdWriteData(M[36]);
//ON
                    LcdWriteData(M[24]);
                    LcdWriteData(M[23]);
                    LcdWriteData(M[37]);
                    LT = 1;
                    RT = 1;
                }
            else
                {
                    LcdWriteCom(0x80+0x49);
//BS
                    LcdWriteData(M[16]);
                    LcdWriteData(M[28]);
                    LcdWriteData(M[36]);
//OFF
```

```
                    LcdWriteData(M[24]);
                    LcdWriteData(M[15]);
                    LcdWriteData(M[15]);
                    LT = 0;
                    RT = 0;
                }
           }


        if(KEY2==1)
           {
             k2 = 1;
           }
        else
           {
             k2 = 2;
           }

        if(k22 != k2)
           {
             k22 = k2;
             if(k22 == 1)
                {
                    LcdWriteCom(0x80+0x40);
//BS
                    LcdWriteData(M[11]);
                    LcdWriteData(M[28]);
                    LcdWriteData(M[36]);
//ON
                    LcdWriteData(M[24]);
                    LcdWriteData(M[23]);
                    LcdWriteData(M[37]);
                    LS = 1;
                    RS = 1;
                }
                else
                {
                    LcdWriteCom(0x80+0x40);
//BS
                    LcdWriteData(M[11]);
                    LcdWriteData(M[28]);
                    LcdWriteData(M[36]);
//OFF
                    LcdWriteData(M[24]);
                    LcdWriteData(M[15]);
                    LcdWriteData(M[15]);
                    LS = 0;
                    RS = 0;
                }
           }
```

根据避障传感器的反馈情况，扫地机器人执行不同的动作。若前方避障传感器触碰到障碍物，扫地机器人则开始后退；若后方避障传感器触碰到障碍物，扫地机器人则开始前进；若右侧避障传感器触碰到障碍物，扫地机器人则开始左转；若左侧避障传感器触碰到障碍物，扫地机器人则开始右转，具体程序如下。

```
if(L1==0 && L2==0 && L3==0 && L4==0 && L5==0 && L6==0)
    {
      MotorFront();
      a = 1;
    }

    if(L1==0 && L2==0 && L3==0 && L4==0 && L5==1 || L6==1)
    {
      MotorFront();
      a = 1;
    }

    if(L1==0 && L2==0 && L3==1 && L4==0 && L5==0 && L6==0)
    {
      MotorLeft();
      a = 2;
    }

    if(L1==0 && L2==0 && L3==0 && L4==1 && L5==0 && L6==0)
    {
      MotorRight();
      a = 3;
    }

    if(L1==1 || L2==1 && L3==0 && L4==0 && L5==0 && L6==0)
    {
      MotorBack();
      a = 4;
    }

    if(b != a)
    {
        b = a;
        switch(b)
        {
            case 1:
                {
                    LcdWriteCom(0x8A);
                    LcdWriteData(M[15]);
                    LcdWriteData(M[27]);
                    LcdWriteData(M[24]);
                    LcdWriteData(M[23]);
                    LcdWriteData(M[29]);
                } break;

            case 2:
                {
                    LcdWriteCom(0x8A);
                    LcdWriteData(M[21]);
                    LcdWriteData(M[14]);
```

```
                    LcdWriteData(M[15]);
                    LcdWriteData(M[29]);
                    LcdWriteData(M[37]);
                } break;

            case 3:
                {
                    LcdWriteCom(0x8A);
                    LcdWriteData(M[27]);
                    LcdWriteData(M[18]);
                    LcdWriteData(M[19]);
                    LcdWriteData(M[17]);
                    LcdWriteData(M[29]);
                } break;

            case 4:
                {
                    LcdWriteCom(0x8A);
                    LcdWriteData(M[11]);
                    LcdWriteData(M[10]);
                    LcdWriteData(M[12]);
                    LcdWriteData(M[20]);
                    LcdWriteData(M[37]);
                } break;

            default:break;
        }
    }
```

7.3.2 整体程序

扫地机器人的整体程序如下。

```
#include<reg51.h>
#include"lcd.h"

unsigned char M[]="0123456789ABCDEFGHIGKLMNOPQRSTUVWXYZ: ";

sbit KEY1 = P0^0;
sbit KEY2 = P0^7;

sbit L1 = P0^1;
sbit L2 = P0^2;
sbit L3 = P0^3;
sbit L4 = P0^4;
sbit L5 = P0^5;
sbit L6 = P0^6;

sbit LD = P2^0;
sbit LA = P2^1;
sbit LB = P2^2;
sbit LC = P2^3;
```

```
sbit LS = P2^4;

sbit Rd = P2^5;
sbit RA = P2^6;
sbit RB = P2^7;
sbit RC = P3^0;
sbit RS = P3^1;

sbit LT = P3^2;
sbit RT = P3^3;

void Delay(unsigned int t);
void Delay10ms();
void  MotorFront();
void  MotorRight();
void  MotorLeft();
void  MotorBack();

/*******************************************************************************
* 函 数 名       : main
* 函数功能       : 主函数
* 输    入       : 无
* 输    出       : 无
*******************************************************************************/
void main(void)
{
    unsigned int i;
    unsigned int k1;
    unsigned int k2;
    unsigned int k11;
    unsigned int k22;
    unsigned int a;
    unsigned int b;
    LS = 0;
    RS = 0;
    LT = 0;
    RT = 0;
    a = 0;
    b = 0;
    i = 0;
    k1 = 0;
    k2 = 0;
    k11 = 0;
    k22 = 0;
    LcdInit();

    LcdWriteCom(0x80);
    LcdWriteData(M[13]);
    LcdWriteData(M[18]);
    LcdWriteData(M[27]);
    LcdWriteData(M[14]);
    LcdWriteData(M[12]);
    LcdWriteData(M[29]);
```

```
    LcdWriteData(M[18]);
    LcdWriteData(M[24]);
    LcdWriteData(M[23]);
    LcdWriteData(M[36]);

    //FRONT
    LcdWriteData(M[15]);
    LcdWriteData(M[27]);
    LcdWriteData(M[24]);
    LcdWriteData(M[23]);
    LcdWriteData(M[29]);
/*
    //BACK
    LcdWriteData(M[11]);
    LcdWriteData(M[10]);
    LcdWriteData(M[12]);
    LcdWriteData(M[20]);
    LcdWriteData(M[37]);

    //LEFT
    LcdWriteData(M[21]);
    LcdWriteData(M[14]);
    LcdWriteData(M[15]);
    LcdWriteData(M[29]);
    LcdWriteData(M[37]);

    //RIGHT
    LcdWriteData(M[27]);
    LcdWriteData(M[18]);
    LcdWriteData(M[19]);
   LcdWriteData(M[17]);
    LcdWriteData(M[29]);
*/

    LcdWriteCom(0x80+0x40);
//BS
    LcdWriteData(M[11]);
    LcdWriteData(M[28]);
    LcdWriteData(M[36]);
   //ON
    LcdWriteData(M[24]);
    LcdWriteData(M[23]);
    LcdWriteData(M[37]);
   /*//OFF
    LcdWriteData(M[24]);
    LcdWriteData(M[15]);
    LcdWriteData(M[15]);
    */
//  LcdWriteData(M[37]);
//  LcdWriteData(M[37]);
//  LcdWriteData(M[37]);

    LcdWriteCom(0x80+0x49);
```

```
//GT
    LcdWriteData(M[16]);
    LcdWriteData(M[29]);
    LcdWriteData(M[36]);
   //ON
    LcdWriteData(M[24]);
    LcdWriteData(M[23]);
    LcdWriteData(M[37]);
   /*//OFF
    LcdWriteData(M[24]);
    LcdWriteData(M[15]);
    LcdWriteData(M[15]);
    */

    while(1)
    {
        if(KEY1==1)
          {
            k1 = 1;
          }
        else
          {
            k1 = 2;
          }

        if(k11 != k1)
          {
            k11 = k1;
            if(k11 == 1)
                {
                    LcdWriteCom(0x80+0x49);
//BS
                    LcdWriteData(M[16]);
                    LcdWriteData(M[28]);
                    LcdWriteData(M[36]);
//ON
                    LcdWriteData(M[24]);
                    LcdWriteData(M[23]);
                    LcdWriteData(M[37]);
                    LT = 1;
                    RT = 1;
                }
            else
                {
                    LcdWriteCom(0x80+0x49);
//BS
                    LcdWriteData(M[16]);
                    LcdWriteData(M[28]);
                    LcdWriteData(M[36]);
//OFF
                    LcdWriteData(M[24]);
                    LcdWriteData(M[15]);
                    LcdWriteData(M[15]);
```

```
                LT = 0;
                RT = 0;
            }
    }

        if(KEY2==1)
          {
            k2 = 1;
          }
        else
          {
            k2 = 2;
          }

        if(k22 != k2)
          {
            k22 = k2;
            if(k22 == 1)
              {
                LcdWriteCom(0x80+0x40);
//BS
                LcdWriteData(M[11]);
                LcdWriteData(M[28]);
                LcdWriteData(M[36]);
//ON
                LcdWriteData(M[24]);
                LcdWriteData(M[23]);
                LcdWriteData(M[37]);
                LS = 1;
                RS = 1;
              }
            else
              {
                LcdWriteCom(0x80+0x40);
//BS
                LcdWriteData(M[11]);
                LcdWriteData(M[28]);
                LcdWriteData(M[36]);
//OFF
                LcdWriteData(M[24]);
                LcdWriteData(M[15]);
                LcdWriteData(M[15]);
                LS = 0;
                RS = 0;
              }
          }



        if(L1==0 && L2==0 && L3==0 && L4==0 && L5==0 && L6==0)
        {
          MotorFront();
```

```
        a = 1;
    }

    if(L1==0 && L2==0 && L3==0 && L4==0 && L5==1 || L6==1)
    {
        MotorFront();
        a = 1;
    }

    if(L1==0 && L2==0 && L3==1 && L4==0 && L5==0 && L6==0)
    {
        MotorLeft();
        a = 2;
    }

    if(L1==0 && L2==0 && L3==0 && L4==1 && L5==0 && L6==0)
    {
        MotorRight();
        a = 3;
    }

    if(L1==1 || L2==1 && L3==0 && L4==0 && L5==0 && L6==0)
    {
        MotorBack();
        a = 4;
    }

    if(b != a)
    {
        b = a;
        switch(b)
        {
            case 1:
                {
                    LcdWriteCom(0x8A);
                    LcdWriteData(M[15]);
                    LcdWriteData(M[27]);
                    LcdWriteData(M[24]);
                    LcdWriteData(M[23]);
                    LcdWriteData(M[29]);
                } break;

            case 2:
                {
                    LcdWriteCom(0x8A);
                    LcdWriteData(M[21]);
                    LcdWriteData(M[14]);
                    LcdWriteData(M[15]);
                    LcdWriteData(M[29]);
                    LcdWriteData(M[37]);
                } break;

            case 3:
```

```
                    {
                        LcdWriteCom(0x8A);
                        LcdWriteData(M[27]);
                        LcdWriteData(M[18]);
                        LcdWriteData(M[19]);
                        LcdWriteData(M[17]);
                        LcdWriteData(M[29]);
                    } break;

                case 4:
                    {
                        LcdWriteCom(0x8A);
                        LcdWriteData(M[11]);
                        LcdWriteData(M[10]);
                        LcdWriteData(M[12]);
                        LcdWriteData(M[20]);
                        LcdWriteData(M[37]);
                    } break;

                default:break;
            }
        }


    }
}

 void Delay(unsigned int t)
{
    unsigned int k;
    while(t--)
    {
        for(k=0; k<80; k++)
        { }
    }
}

void  MotorFront()
{
    LA = 1;
    RA = 1;
    LB = 0;
    RB = 0;
    LC = 0;
    RC = 0;
    LD = 0;
    Rd = 0;
    Delay(40);          //调节转速 1

    LA = 1;
    RA = 1;
    LB = 1;
    RB = 1;
```

```
    LC = 0;
    RC = 0;
    LD = 0;
    Rd = 0;
    Delay(40);              //调节转速 2

    LA = 0;
    RA = 0;
    LB = 1;
    RB = 1;
    LC = 0;
    RC = 0;
    LD = 0;
    Rd = 0;
    Delay(40);              //调节转速 3

    LA = 0;
    RA = 0;
    LB = 1;
    RB = 1;
    LC = 1;
    RC = 1;
    LD = 0;
    Rd = 0;
    Delay(40);              //调节转速 4

    LA = 0;
    RA = 0;
    LB = 1;
    RB = 1;
    LC = 0;
    RC = 0;
    LD = 0;
    Rd = 0;
    Delay(40);              //调节转速 5

    LA = 1;
    RA = 1;
    LB = 1;
    RB = 1;
    LC = 0;
    RC = 0;
    LD = 0;
    Rd = 0;
    Delay(40);              //调节转速 6

    LA = 1;
    RA = 1;
    LB = 0;
    RB = 0;
    LC = 0;
    RC = 0;
    LD = 0;
```

```
    Rd = 0;
    Delay(40);              //调节转速 7

    LA = 1;
    RA = 1;
    LB = 0;
    RB = 0;
    LC = 0;
    RC = 0;
    LD = 1;
    Rd = 1;
    Delay(40);              //调节转速 8

}

void  MotorBack()
{
    LA = 1;
    RA = 1;
    LB = 0;
    RB = 0;
    LC = 0;
    RC = 0;
    LD = 1;
    Rd = 1;
    Delay(40);              //调节转速 1

    LA = 1;
    RA = 1;
    LB = 0;
    RB = 0;
    LC = 0;
    RC = 0;
    LD = 0;
    Rd = 0;
    Delay(40);              //调节转速 2

    LA = 1;
    RA = 1;
    LB = 1;
    RB = 1;
    LC = 0;
    RC = 0;
    LD = 0;
    Rd = 0;
    Delay(40);              //调节转速 3

    LA = 0;
    RA = 0;
    LB = 1;
    RB = 1;
    LC = 0;
    RC = 0;
```

```
    LD = 0;
    Rd = 0;
    Delay(40);              //调节转速 4

    LA = 0;
    RA = 0;
    LB = 1;
    RB = 1;
    LC = 1;
    RC = 1;
    LD = 0;
    Rd = 0;
    Delay(40);              //调节转速 5

    LA = 0;
    RA = 0;
    LB = 1;
    RB = 1;
    LC = 0;
    RC = 0;
    LD = 0;
    Rd = 0;
    Delay(40);              //调节转速 6

    LA = 1;
    RA = 1;
    LB = 1;
    RB = 1;
    LC = 0;
    RC = 0;
    LD = 0;
    Rd = 0;
    Delay(40);              //调节转速 7

    LA = 1;
    RA = 1;
    LB = 0;
    RB = 0;
    LC = 0;
    RC = 0;
    LD = 0;
    Rd = 0;
    Delay(40);              //调节转速 8
}

void  MotorLeft()
{
    LA = 0;
    RA = 1;
    LB = 0;
    RB = 0;
    LC = 0;
    RC = 0;
```

```
    LD = 0;
    Rd = 0;
    Delay(40);              //调节转速 1

    LA = 0;
    RA = 1;
    LB = 0;
    RB = 1;
    LC = 0;
    RC = 0;
    LD = 0;
    Rd = 0;
    Delay(40);              //调节转速 2

    LA = 0;
    RA = 0;
    LB = 0;
    RB = 1;
    LC = 0;
    RC = 0;
    LD = 0;
    Rd = 0;
    Delay(40);              //调节转速 3

    LA = 0;
    RA = 0;
    LB = 0;
    RB = 1;
    LC = 0;
    RC = 1;
    LD = 0;
    Rd = 0;
    Delay(40);              //调节转速 4

    LA = 0;
    RA = 0;
    LB = 0;
    RB = 1;
    LC = 0;
    RC = 0;
    LD = 0;
    Rd = 0;
    Delay(40);              //调节转速 5

    LA = 0;
    RA = 1;
    LB = 0;
    RB = 1;
    LC = 0;
    RC = 0;
    LD = 0;
    Rd = 0;
    Delay(40);              //调节转速 6
```

```
    LA = 0;
    RA = 1;
    LB = 0;
    RB = 0;
    LC = 0;
    RC = 0;
    LD = 0;
    Rd = 0;
    Delay(40);                //调节转速 7

    LA = 0;
    RA = 1;
    LB = 0;
    RB = 0;
    LC = 0;
    RC = 0;
    LD = 0;
    Rd = 1;
    Delay(40);                //调节转速 8

}

void  MotorRight()
{
    LA = 1;
    RA = 0;
    LB = 0;
    RB = 0;
    LC = 0;
    RC = 0;
    LD = 0;
    Rd = 0;
    Delay(40);                //调节转速 1

    LA = 1;
    RA = 0;
    LB = 1;
    RB = 0;
    LC = 0;
    RC = 0;
    LD = 0;
    Rd = 0;
    Delay(40);                //调节转速 2

    LA = 0;
    RA = 0;
    LB = 1;
    RB = 0;
    LC = 0;
    RC = 0;
    LD = 0;
    Rd = 0;
```

```
    Delay(40);              //调节转速 3

    LA = 0;
    RA = 0;
    LB = 1;
    RB = 0;
    LC = 1;
    RC = 0;
    LD = 0;
    Rd = 0;
    Delay(40);              //调节转速 4

    LA = 0;
    RA = 0;
    LB = 1;
    RB = 0;
    LC = 0;
    RC = 0;
    LD = 0;
    Rd = 0;
    Delay(40);              //调节转速 5

    LA = 1;
    RA = 0;
    LB = 1;
    RB = 0;
    LC = 0;
    RC = 0;
    LD = 0;
    Rd = 0;
    Delay(40);              //调节转速 6

    LA = 1;
    RA = 0;
    LB = 0;
    RB = 0;
    LC = 0;
    RC = 0;
    LD = 0;
    Rd = 0;
    Delay(40);              //调节转速 7

    LA = 1;
    RA = 0;
    LB = 0;
    RB = 0;
    LC = 0;
    RC = 0;
    LD = 1;
    Rd = 0;
    Delay(40);              //调节转速 8
}
void Delay10ms(void)        //误差 0μs
```

```
{
    unsigned char a,b,c;
    for(c=1;c>0;c--)
        for(b=38;b>0;b--)
            for(a=130;a>0;a--);
}
```

扫地机器人的 LCD.H 整体程序如下。

```
#ifndef __LCD_H_
#define __LCD_H_
/**********************************
当使用的是 4 位数据传输的时候定义，
使用 8 位取消这个定义
**********************************/
#define LCD1602_4PINS

/**********************************
包含头文件
**********************************/
#include<reg51.h>

//---重定义关键词---//
#ifndef uchar
#define uchar unsigned char
#endif

#ifndef uint
#define uint unsigned int
#endif

/**********************************
PIN 口定义
**********************************/
#define LCD1602_DATAPINS P1
sbit LCD1602_E=P3^7;
sbit LCD1602_RW=P3^6;
sbit LCD1602_RS=P3^5;

/**********************************
函数声明
**********************************/
/*在 51 单片机 12MHz 时钟下的延时函数*/
void Lcd1602_Delay1ms(uint c);      //误差 0μs
/*LCD1602 写入 8 位命令子函数*/
void LcdWriteCom(uchar com);
/*LCD1602 写入 8 位数据子函数*/
void LcdWriteData(uchar dat)    ;
/*LCD1602 初始化子程序*/
void LcdInit();
#endif
```

扫地机器人的 lcd.c 整体程序如下。

```
#include"lcd.h"
void Lcd1602_Delay1ms(uint c)          //误差 0μs
{
    uchar a,b;
    for (; c>0; c--)
    {
        for (b=199;b>0;b--)
        {
            for(a=1;a>0;a--);
        }
    }

}
#ifndef    LCD1602_4PINS               //当没有定义这个 LCD1602_4PINS 时
void LcdWriteCom(uchar com)            //写入命令
{
    LCD1602_E = 0;                     //使能
    LCD1602_RS = 0;                    //选择写入数据
    LCD1602_RW = 0;                    //选择写入

    LCD1602_DATAPINS = com;            //放入命令
    Lcd1602_Delay1ms(1);               //等待数据稳定

    LCD1602_E = 1;                     //写入时序
    Lcd1602_Delay1ms(5);               //保持时间
    LCD1602_E = 0;
}
#else
void LcdWriteCom(uchar com)            //写入命令
{
    LCD1602_E = 0;                     //使能
    LCD1602_RS = 0;                    //选择写入数据
    LCD1602_RW = 0;                    //选择写入

    LCD1602_DATAPINS = com;
    Lcd1602_Delay1ms(1);

    LCD1602_E = 1;                     //写入时序
    Lcd1602_Delay1ms(5);
    LCD1602_E = 0;

//  Lcd1602_Delay1ms(1);
    LCD1602_DATAPINS = com << 4;       //发送低 4 位
    Lcd1602_Delay1ms(1);

    LCD1602_E = 1;                     //写入时序
    Lcd1602_Delay1ms(5);
    LCD1602_E = 0;
}
#endif

#ifndef    LCD1602_4PINS
void LcdWriteData(uchar dat)           //写入数据
```

```
{
    LCD1602_E = 0;                  //使能
    LCD1602_RS = 1;                 //选择写入数据
    LCD1602_RW = 0;                 //选择写入

    LCD1602_DATAPINS = dat;         //写入数据
    Lcd1602_Delay1ms(1);

    LCD1602_E = 1;                  //写入时序
    Lcd1602_Delay1ms(5);            //保持时间
    LCD1602_E = 0;
}
#else
void LcdWriteData(uchar dat)        //写入数据
{
    LCD1602_E = 0;                  //使能
    LCD1602_RS = 1;                 //选择写入数据
    LCD1602_RW = 0;                 //选择写入

    LCD1602_DATAPINS = dat;
    Lcd1602_Delay1ms(1);

    LCD1602_E = 1;                  //写入时序
    Lcd1602_Delay1ms(5);
    LCD1602_E = 0;

    LCD1602_DATAPINS = dat << 4;    //写入低 4 位
    Lcd1602_Delay1ms(1);

    LCD1602_E = 1;                  //写入时序
    Lcd1602_Delay1ms(5);
    LCD1602_E = 0;
}
#endif
#ifndef     LCD1602_4PINS
void LcdInit()                      //LCD 初始化子程序
{
    LcdWriteCom(0x38);              //开显示
    LcdWriteCom(0x0c);              //开显示不显示光标
    LcdWriteCom(0x06);              //写一个指针加 1
    LcdWriteCom(0x01);              //清屏
    LcdWriteCom(0x80);              //设置数据指针起点
}
#else
void LcdInit()                      //LCD 初始化子程序
{
    LcdWriteCom(0x32);              //将 8 位总线转为 4 位总线
    LcdWriteCom(0x28);              //在 4 位总线下的初始化
    LcdWriteCom(0x0c);              //开显示不显示光标
    LcdWriteCom(0x06);              //写一个指针加 1
    LcdWriteCom(0x01);              //清屏
    LcdWriteCom(0x80);              //设置数据指针起点
```

```
}
#endif
```

执行 Project → Rebuild all target files 命令，编译成功后将输出 HEX 文件，“Build Output”栏如图 7-3-1 所示。

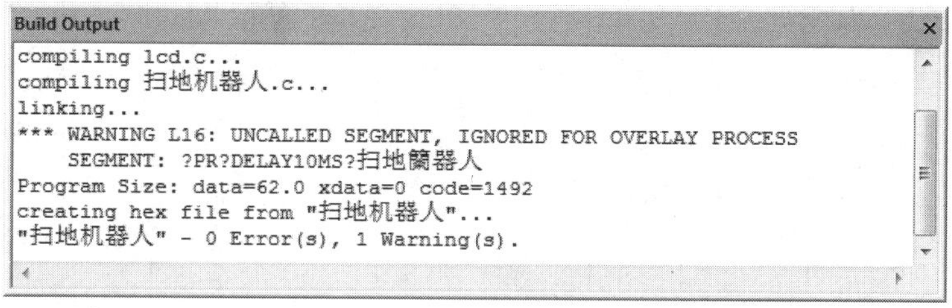
Build Output
compiling lcd.c...
compiling 扫地机器人.c...
linking...
*** WARNING L16: UNCALLED SEGMENT, IGNORED FOR OVERLAY PROCESS
    SEGMENT: ?PR?DELAY10MS?扫地觭器人
Program Size: data=62.0 xdata=0 code=1492
creating hex file from "扫地机器人"...
"扫地机器人" - 0 Error(s), 1 Warning(s).

图 7-3-1　“Build Output”栏

7.4　整体仿真测试

双击 AT89C52 单片机，弹出“Edit Component”对话框，将 7.3 节创建的 HEX 文件加载到 AT89C52 中，执行 Debug → Run Simulation 命令，运行扫地机器人仿真。初始状态时，独立按键电路如图 7-4-1 所示，均输入高电平，表示扫地机器人的边刷和滚刷应开始工作。避障传感器电路如图 7-4-2 所示，所有避障传感器均输入低电平，表示扫地机器人应处于前行的状态。液晶屏显示电路应显示出扫地机器人的前进状态、滚刷开启状态和边刷开启状态，如图 7-4-3 所示。电动机驱动电路中所有电动机均运转，如图 7-4-4 所示。

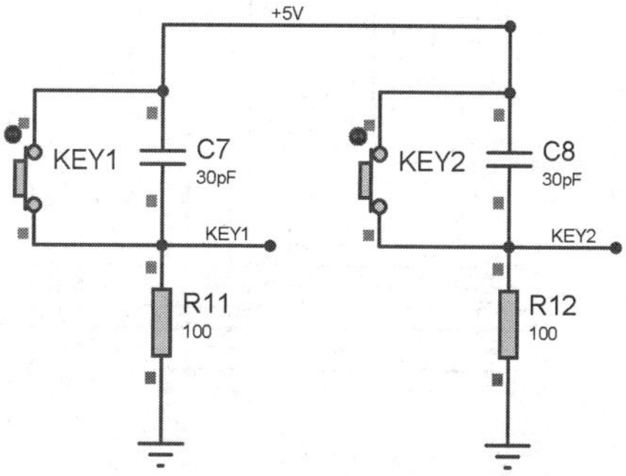

图 7-4-1　独立按键电路 1

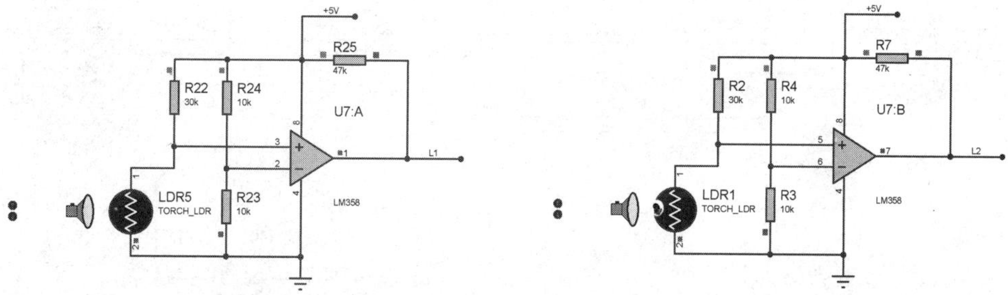

图 7-4-2　避障传感器电路 1

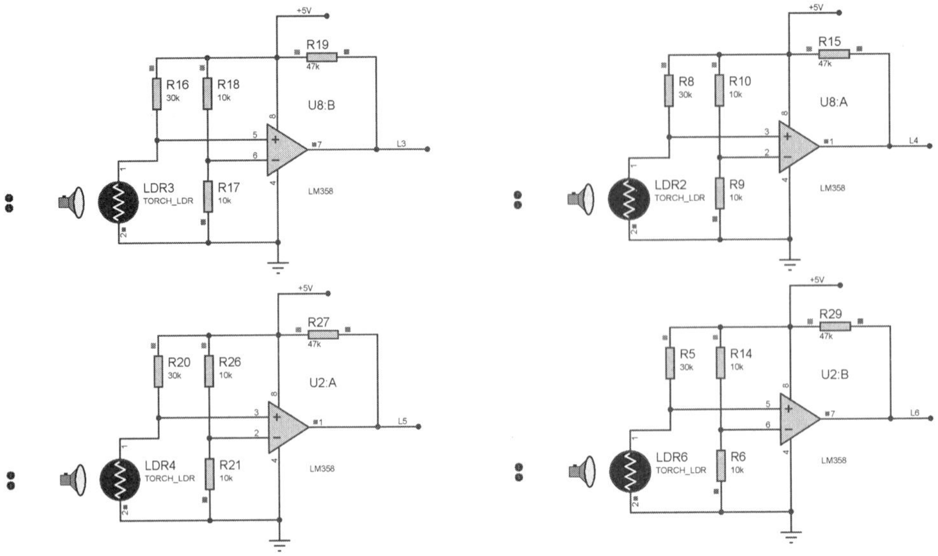

图 7-4-2　避障传感器电路 1（续）

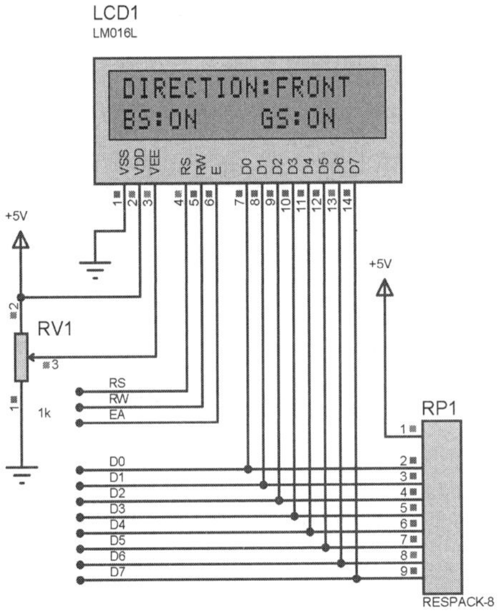

图 7-4-3　液晶屏显示电路 1

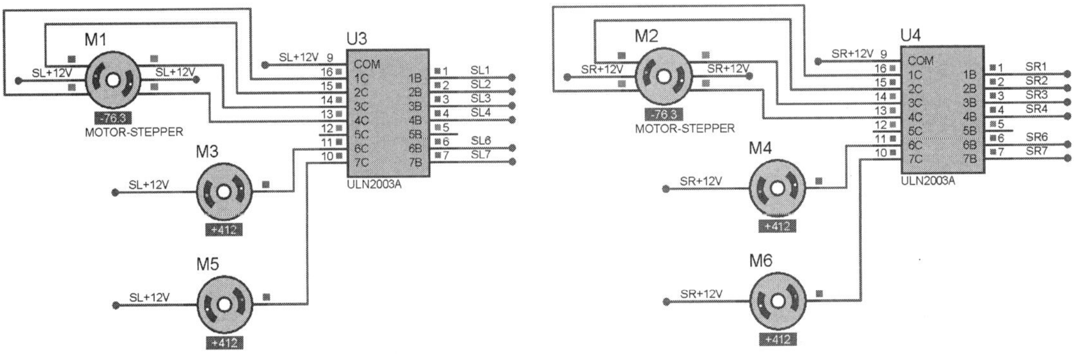

图 7-4-4　电动机驱动电路 1

分别单击独立按键 KEY1 和独立按键 KEY2，使独立按键电路均输入低电平，如图 7-4-5 所示。液晶屏显示电路应显示出滚刷关闭状态和边刷关闭状态，如图 7-4-6 所示。电动机驱动电路中直流电动机 M3～M6 均不转动，如图 7-4-7 所示。

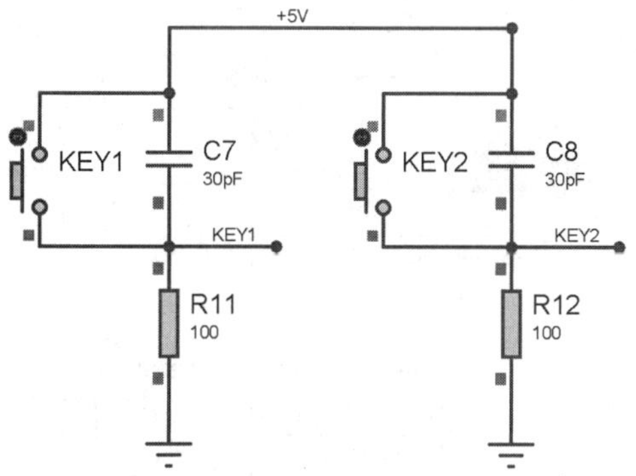

图 7-4-5　独立按键电路 2

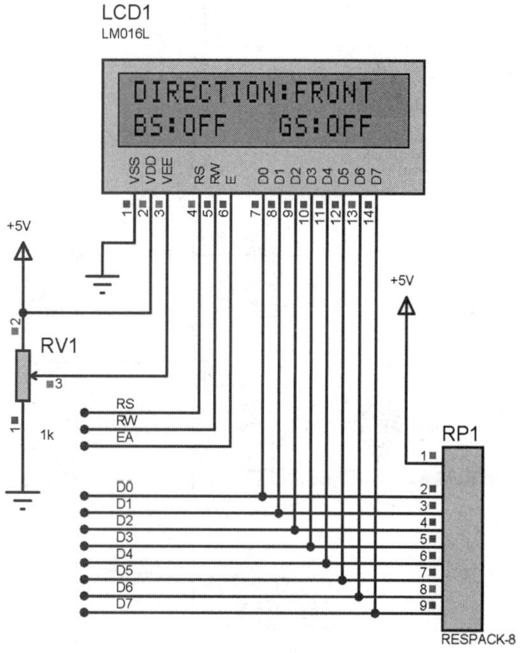

图 7-4-6　液晶屏显示电路 2

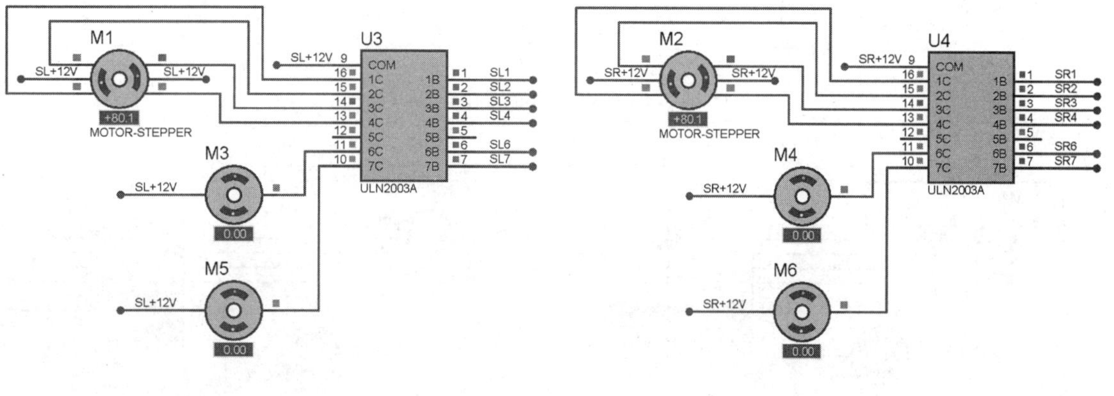

图 7-4-7　电动机驱动电路 2

使第 1 路避障传感器电路输出高电平，其余 5 路避障传感器电路均输入低电平，模拟扫地机器人前方遇到障碍物，需要后退，避障传感器电路如图 7-4-8 所示。电动机驱动电路中步进电动机 M1 和步进电动机 M2 反向转动，如图 7-4-9 所示。液晶屏显示电路应显示出扫地机器人处于后退状态，如图 7-4-10 所示。

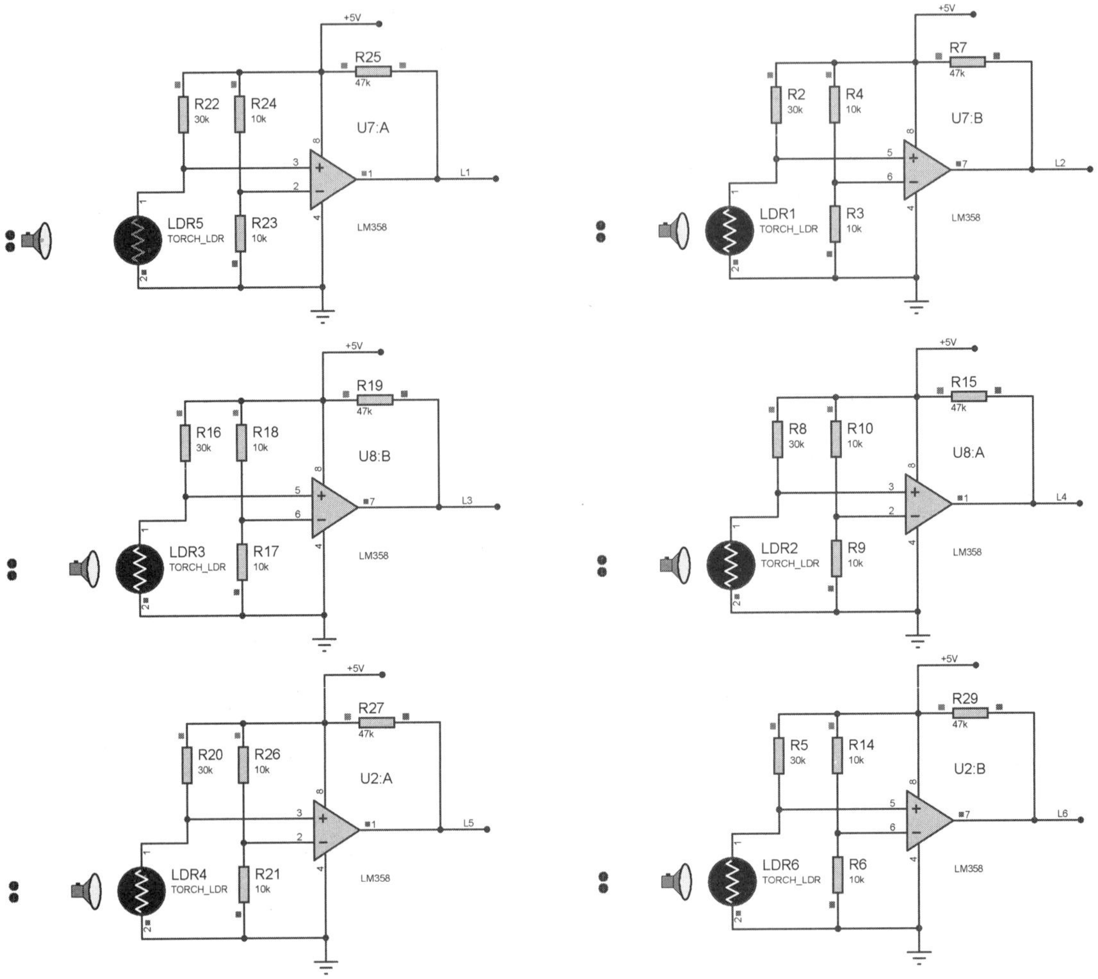

图 7-4-8　避障传感器电路 2

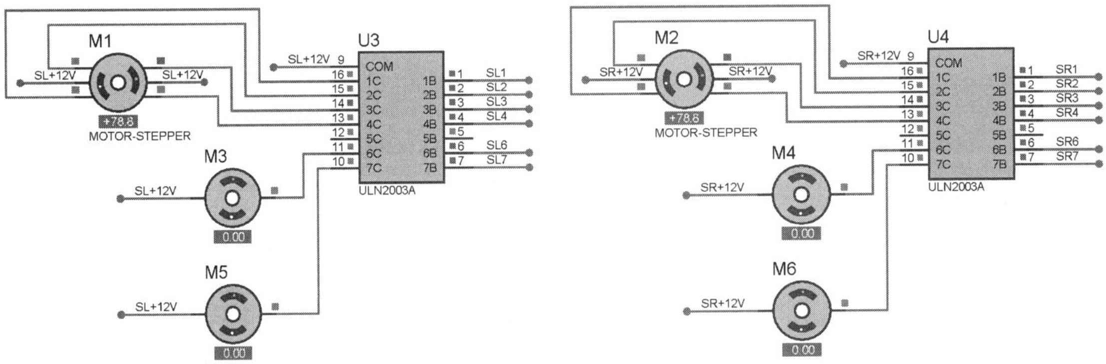

图 7-4-9　电动机驱动电路 3

使第 6 路避障传感器电路输出高电平，其余 5 路避障传感器电路均输入低电平，模拟扫地机器人后方遇到障碍物，需要前进，避障传感器电路如图 7-4-11 所示。电动机驱动电路中步进电动机 M1 和 M2 正向转动，如图 7-4-12 所示。液晶屏显示电路应显示出扫地机器人处于前进状态，如图 7-4-13 所示。

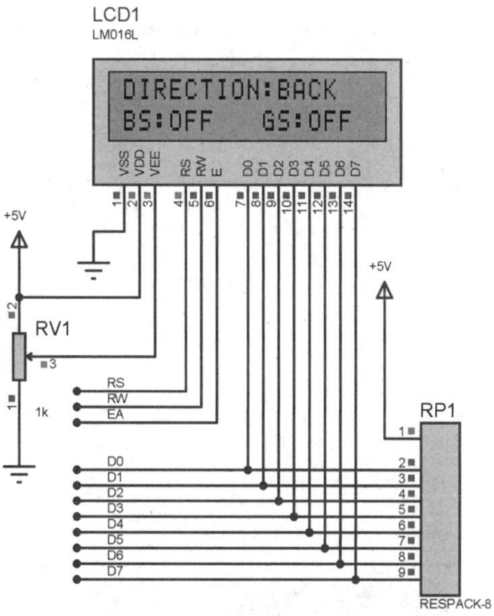

图 7-4-10　液晶屏显示电路 3

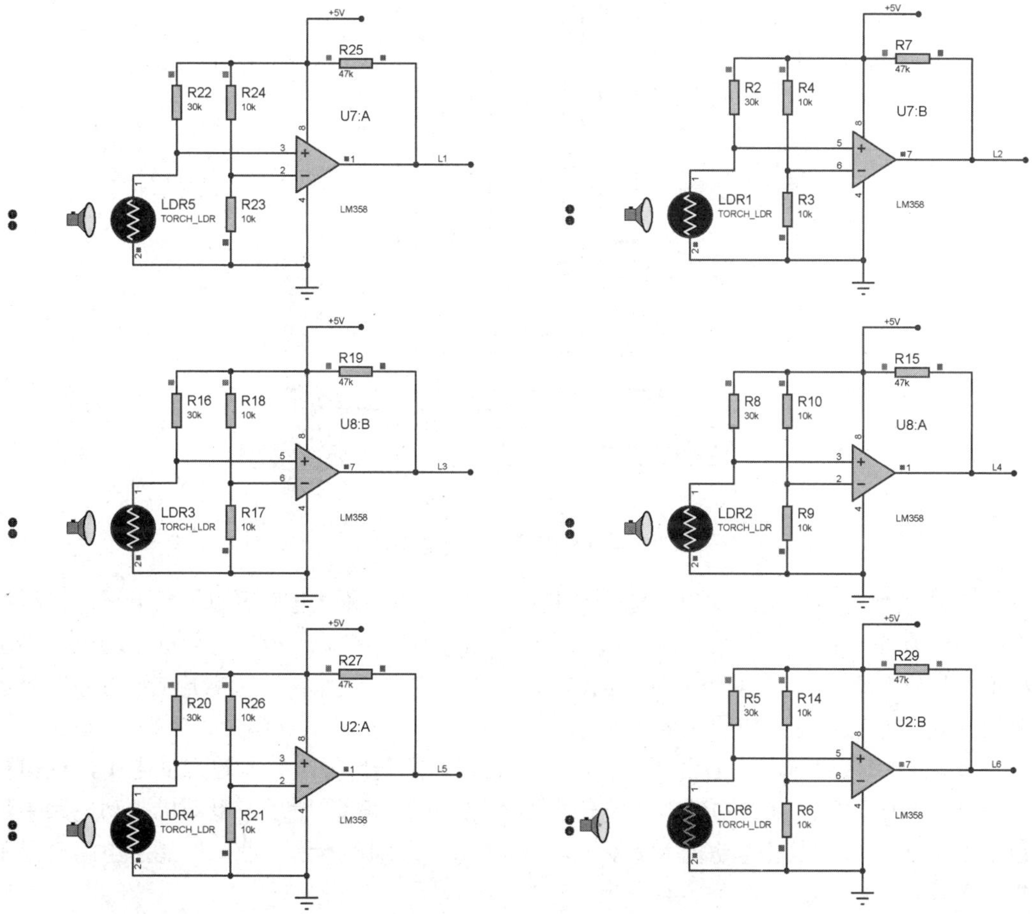

图 7-4-11　避障传感器电路 3

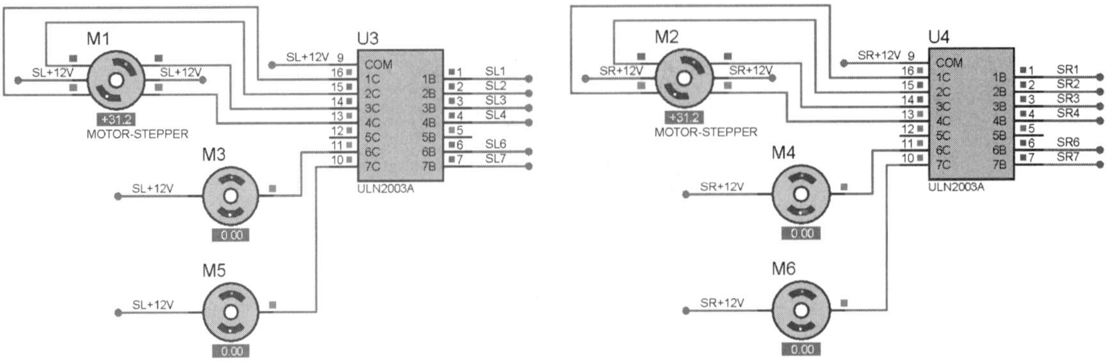

图 7-4-12 电动机驱动电路 4

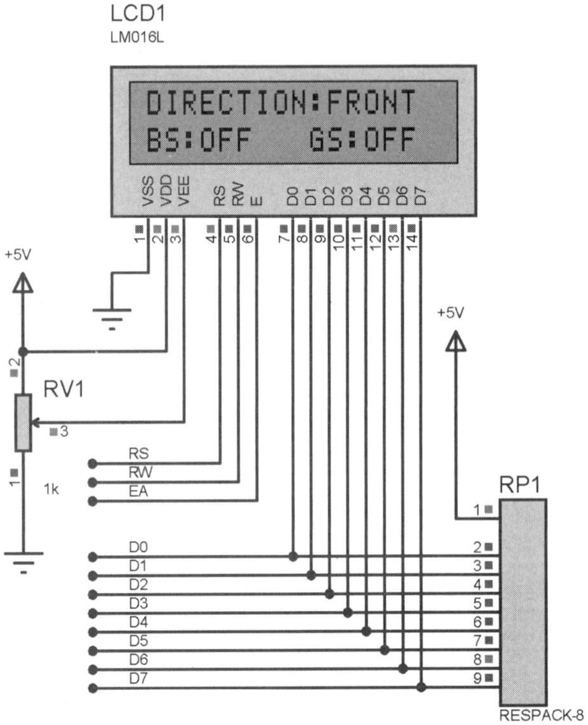

图 7-4-13 液晶屏显示电路 4

使第 3 路避障传感器电路输出高电平，其余 5 路避障传感器电路均输入低电平，模拟扫地机器人右侧遇到障碍物，需要左转，避障传感器电路如图 7-4-14 所示。电动机驱动电路中步进电动机 M1 反向转动，步进电动机 M2 正向转动，如图 7-4-15 所示。液晶屏显示电路应显示出扫地机器人处于左转状态，如图 7-4-16 所示。

使第 4 路避障传感器电路输出高电平，其余 5 路避障传感器电路均输入低电平，模拟扫地机器人左侧遇到障碍物，需要右转，避障传感器电路如图 7-4-17 所示。电动机驱动电路中步进电动机 M1 正向转动，步进电动机 M2 反向转动，如图 7-4-18 所示。液晶屏显示电路应显示出扫地机器人处于右转状态，如图 7-4-19 所示。

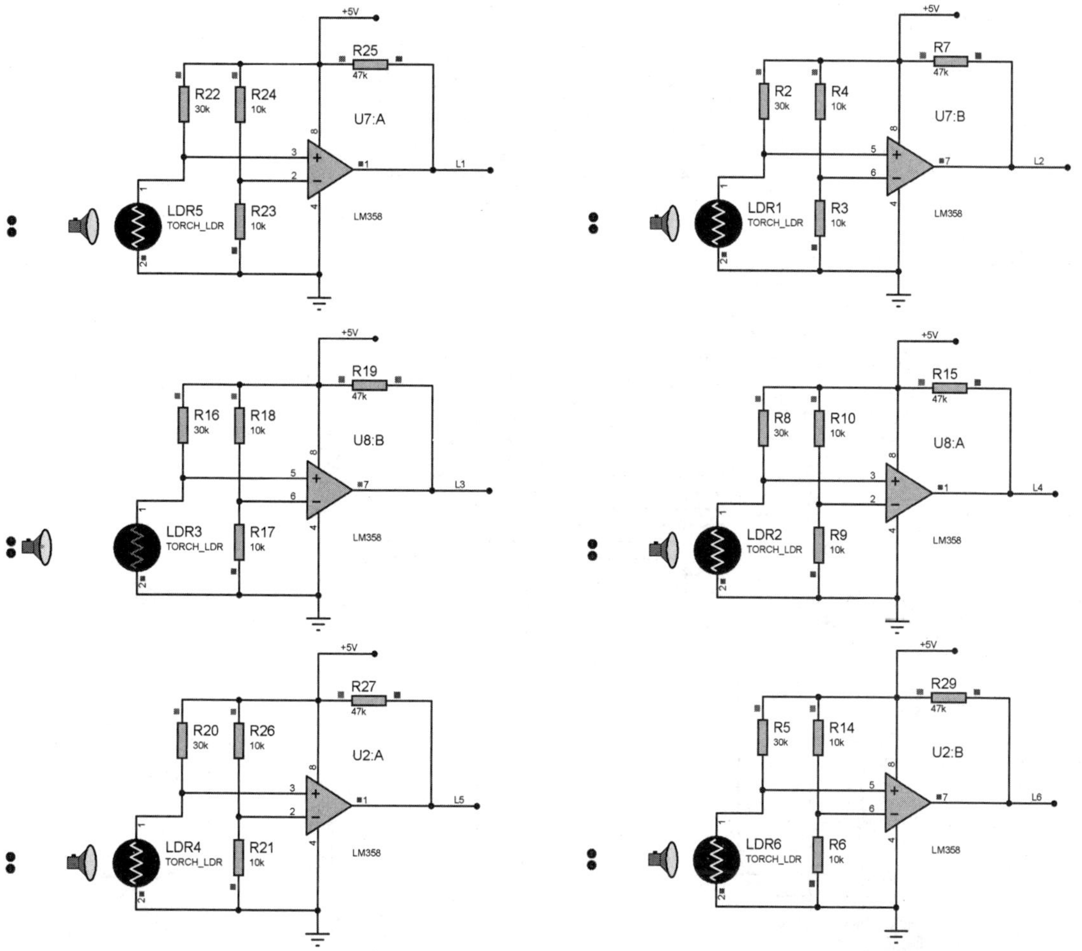

图 7-4-14　避障传感器电路 4

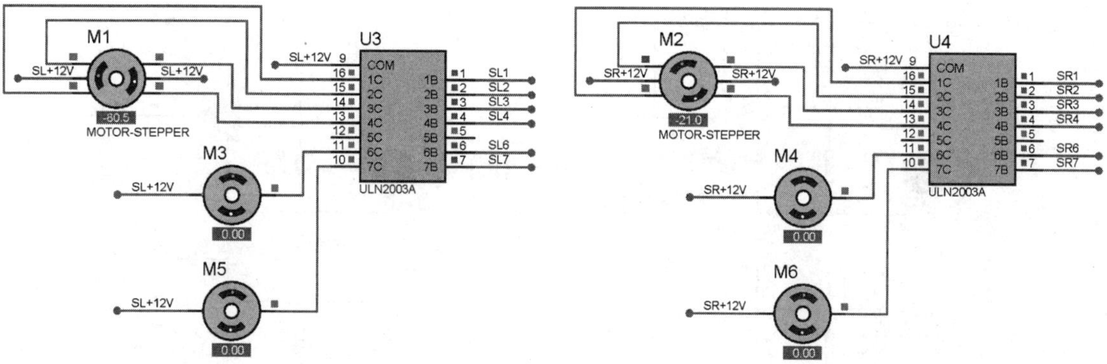

图 7-4-15　电动机驱动电路 5

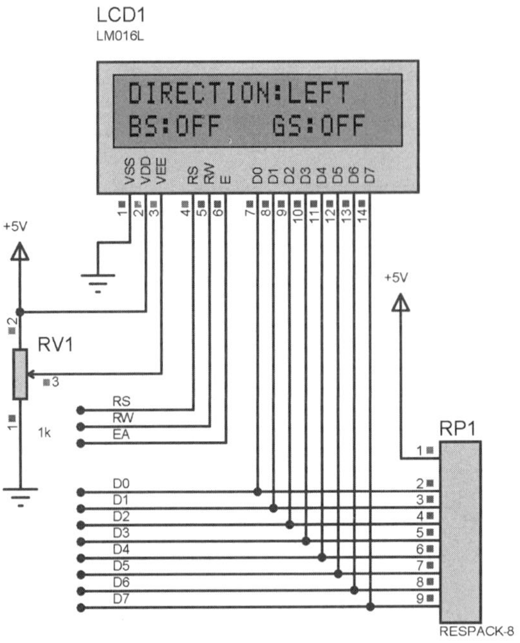

图 7-4-16　液晶屏显示电路 5

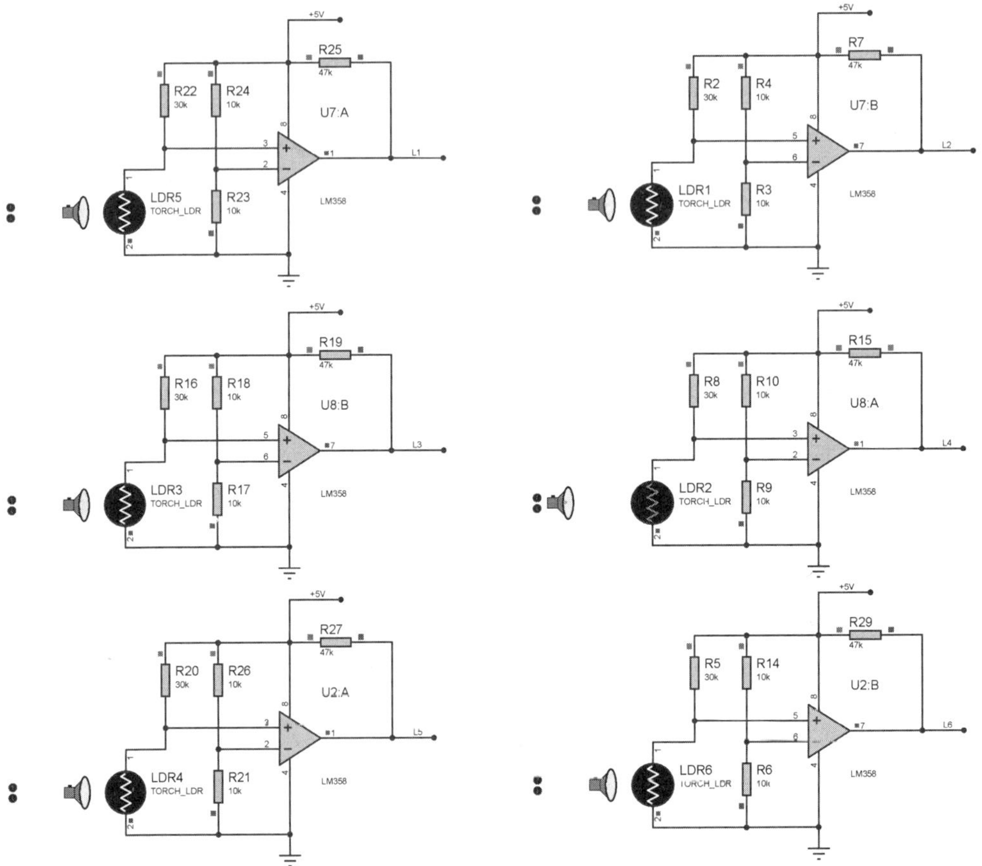

图 7-4-17　避障传感器电路 4

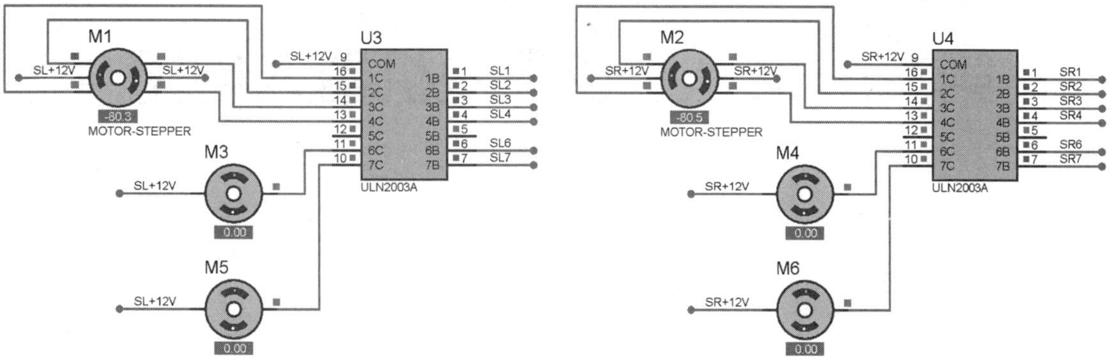

图 7-4-18　电动机驱动电路 6

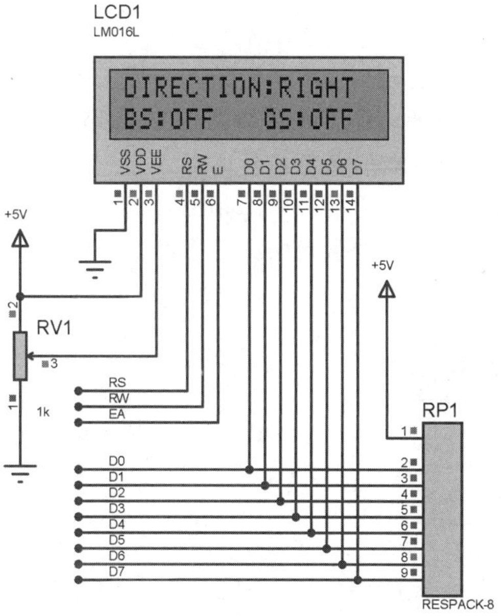

图 7-4-19　液晶屏显示电路 6

小提示

◎ 读者可以自行仿真扫地机器人的其他状态。

◎ 扫地机器人状态切换时需要一定的时间。

◎ 扫描右侧二维码可观看扫地机器人电路仿真视频。

7.5　设计总结

扫地机器人电路由电源电路、单片机最小系统电路、液晶屏显示电路、电动机驱动电路、独立按键电路和避障传感器电路组成，基本满足要求。本实例的程序中未加入任何算法，读者可以根据实际情况加入适当的算法，以便扫地机器人运行更为平稳。在实际应用中，避障传感器电路也可以用超声波传感器电路代替。

第8章　上肢康复机器人电路

8.1　总体要求

上肢康复机器人主要用于医疗领域，辅助恢复人体上肢功能。上肢康复机器人是将运动医学知识与电子技术相结合的产物，可以带动人体上肢自动执行一系列的康复动作。本章上肢康复机器人电路主要设计要求如下。

☺ 单片机最小系统可以同时输出 6 路 PWM。
☺ 上肢康复机器人执行不同的动作应有不同的指示灯点亮。
☺ 上肢康复机器人执行不同的动作，液晶屏应显示不同的字样。
☺ 上肢康复机器人可以单独执行肘关节屈伸运动。
☺ 上肢康复机器人可以单独执行手臂侧向上扬运动。
☺ 上肢康复机器人可以单独执行手臂前向上扬运动。

8.2　硬件电路设计

8.2.1　硬件系统框图

上肢康复机器人电路硬件系统主要包括单片机最小系统电路、PWM 电路、独立按键电路、指示灯电路、舵机电路和液晶屏显示电路等。可以选择独立的开关电源作为上肢康复机器人的电源，因此本例中不再介绍上肢康复机器人的电源电路。上肢康复机器人电路硬件系统框图如图 8-2-1 所示。

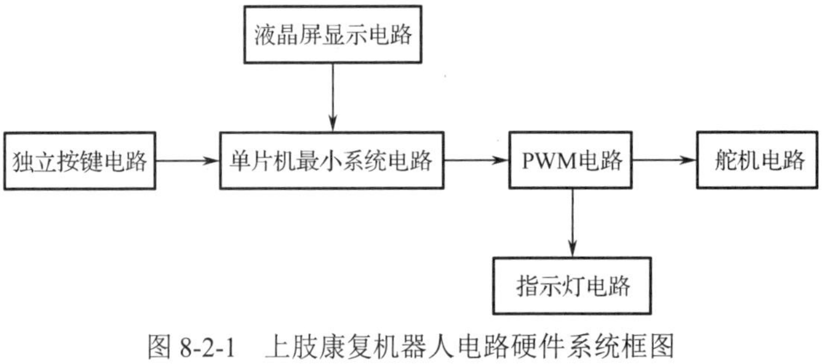

图 8-2-1　上肢康复机器人电路硬件系统框图

8.2.2　单片机最小系统电路

本例中使用的单片机为 Arduino328，仿照第 6 章新建工程的方法来新建本章上肢康复机器人的工程文件。启动 Proteus 8 Professional 软件，执行 File → New Project 命令，弹出“New Project Wizard：Start”对话框，在“Name”栏输入“上肢康复机器人电路”作为工程名，在“Path”栏选择合适的存储路径。由于本例中使用的元件数量较多，可在“New Project Wizard：Schematic Design”对话框中选择 Landscape A1。在新建工程的其他对话框中均选择默认参数，设置完毕后，即可进入 Proteus 8 Professional 设计主窗口。

单片机最小系统电路基本不用读者自行绘制，新建工程时已经自动绘制完毕。单片机最小系统电路包括单片机电路和复位电路等。单片机最小系统电路的主要作用是通过 IIC 协议来驱动 6 个舵机，如图 8-2-2 所示。

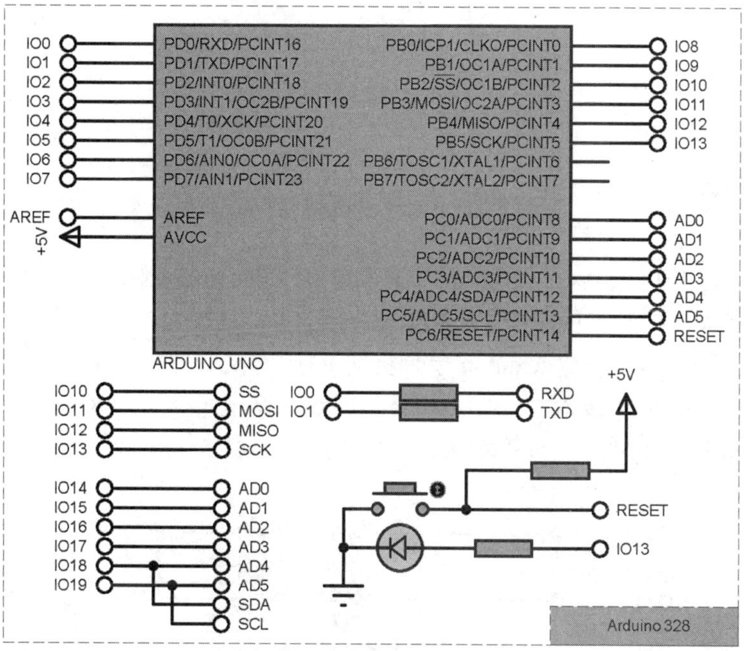

图 8-2-2　单片机最小系统电路

小提示

◎ Arduino 单片机中的网络标号在后续章节具体讲解。

◎ 双击元件即可观察到元件的详细信息。

8.2.3　液晶屏显示电路

液晶屏显示电路主要由 LCD1602 元件组成，最多可以显示出 32 个数据，绘制出的液晶屏显示电路如图 8-2-3 所示。元件 LCD1 的引脚 1、引脚 3 和引脚 5 接入“GND”网络，引脚 2 接入“+5V”电源网络，引脚 4 与 Arduino 单片机的 IO8 相连，引脚 6 与 Arduino 单片机的 IO9 相连，引脚 11 与 Arduino 单片机的 IO4 相连，引脚 12 与 Arduino 单片机的 IO5 相连，引脚 13 与 Arduino 单片机的 IO6 相连，引脚 14 与 Arduino 单片机的 IO7 相连。

小提示

◎ 在元件库中搜索“LCD”关键字，即可找到 LCD1602 液晶屏。

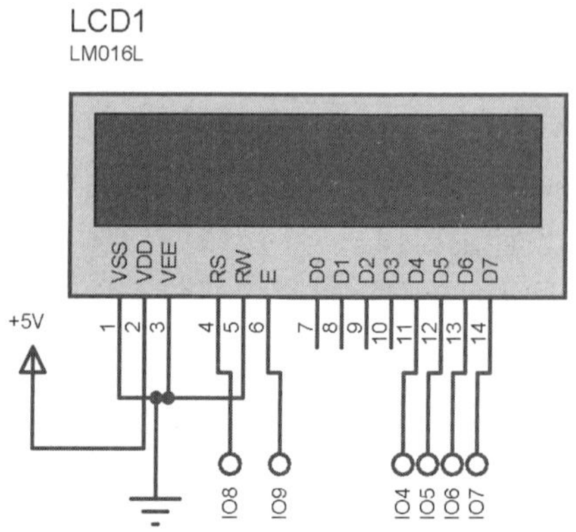

图 8-2-3　液晶屏显示电路

8.2.4　PWM 电路

PWM 电路主要由 PCA9685 元件组成，最多可以输出 16 路 PWM，绘制出的 PWM 电路如图 8-2-4 所示。PCA9685 元件的引脚 27 通过网络标号“SDA”与 Arduino 单片机的 IO18 相连，引脚 26 通过网络标号“SCL”与 Arduino 单片机的 IO19 相连，引脚 23 和引脚 25 均接入“GND”网络，引脚 1～5 和引脚 24 接入“GND”网络，即输入低电平，引脚 6～13、引脚 15～22 可以通过不同的网络标号与不同的舵机相连。

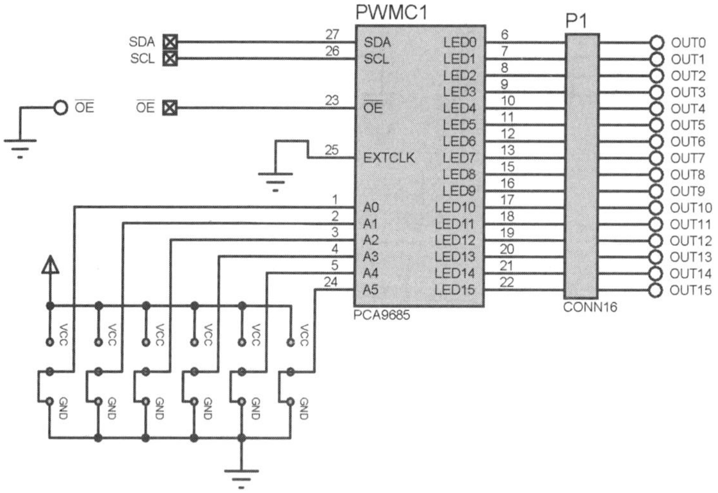

图 8-2-4　PWM 电路

小提示

◎ 在元件库中搜索“PCA9685”关键字，即可找 PCA9685 芯片。

8.2.5　舵机电路

上肢康复机器人舵机电路中共有 6 个舵机，在 Proteus 中绘制出的舵机电路如图 8-2-5 所示。双击舵机 SERVO0，弹出“Edit Component”对话框，将“Part Reference”设置为 SERVO0，“Minimum

Angle”设置为-90.0，“Maximum Angle”设置为+90.0，“Rotional Speed”设置为 60，“Minimum Control Pulse”设置为 0.5m，“Maximum Control Pulse”设置为 2.5m，如图 8-2-6 所示。其他舵机仿照此方法进行设置。

舵机 SERVO0 第 1 个引脚通过网络标号“+12V”与第 1 路电源电路相连，第 2 个引脚通过网络标号“OUT0”与 PCA9685 的引脚 6 相连，第 3 个引脚接入“GND”网络；舵机 SERVO1 第 1 个引脚通过网络标号“+12V”与第 1 路电源电路相连，第 2 个引脚通过网络标号“OUT1”与 PCA9685 的引脚 7 相连，第 3 个引脚接入“GND”网络；舵机 SERVO2 第 1 个引脚通过网络标号“+12V”与第 1 路电源电路相连，第 2 个引脚通过网络标号“OUT2”与 PCA9685 的引脚 8 相连，第 3 个引脚接入“GND”网络；舵机 SERVO3 第 1 个引脚通过网络标号“+12V”与第 2 路电源电路相连，第 2 个引脚通过网络标号“OUT3”与 PCA9685 的引脚 9 相连，第 3 个引脚接入“GND”网络；舵机 SERVO4 第 1 个引脚通过网络标号“+12V”与第 2 路电源电路相连，第 2 个引脚通过网络标号“OUT4”与 PCA9685 的引脚 10 相连，第 3 个引脚接入“GND”网络；舵机 SERVO5 第 1 个引脚通过网络标号“+12V”与第 2 路电源电路相连，第 2 个引脚通过网络标号“OUT5”与 PCA9685 的引脚 11 相连，第 3 个引脚接入“GND”网络。

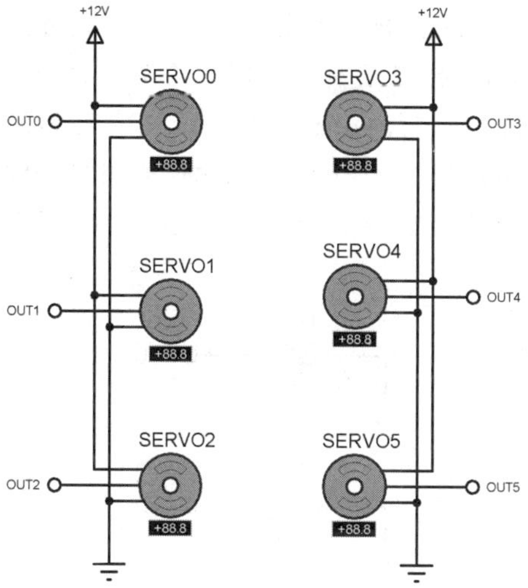

图 8-2-5　舵机电路

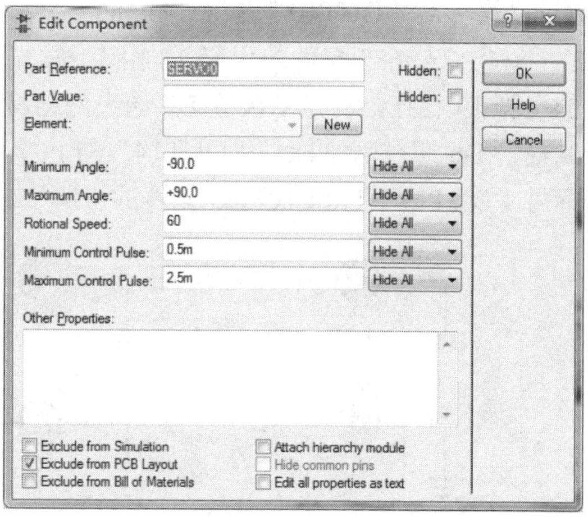

图 8-2-6　舵机参数设置

小提示

◎ 在元件库中搜索“Motor”关键字，即可找到舵机。

8.2.6　独立按键电路

上肢康复机器人的独立按键电路主要由独立按键、电容和电阻等元件组成，如图 8-2-7 所示。独立按键电路需要接入“+5V”电源网络，独立按键 KEY1 通过网络标号“IO0”与 Arduino 单片机的 IO0 相连，独立按键 KEY2 通过网络标号“IO2”与 Arduino 单片机的 IO2 相连，独立按键 KEY3 通过网络标号“IO3”与 Arduino 单片机的 IO3 相连，独立按键 KEY4 通过网络标号“IO4”与 Arduino 单片机的 IO4 相连。

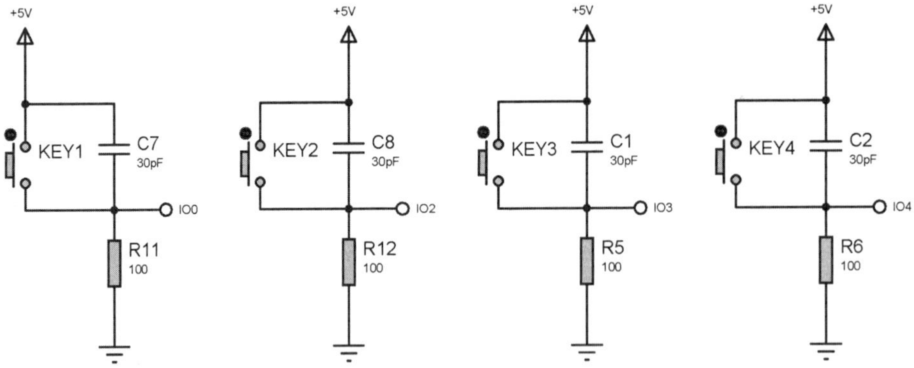

图 8-2-7　独立按键电路

8.2.7　指示灯电路

多自由度机器人的指示灯电路主要由发光二极管等元件组成，如图 8-2-8 所示。发光二极管 D2 通过网络标号“OUT10”与 PCA9685 元件的引脚 17 相连，发光二极管 D3 通过网络标号“OUT11”与 PCA9685 元件的引脚 18 相连，发光二极管 D4 通过网络标号“OUT12”与 PCA9685 元件的引脚 19 相连，发光二极管 D5 通过网络标号“OUT13”与 PCA9685 元件的引脚 20 相连，发光二极管 D6 通过网络标号“OUT14”与 PCA9685 元件的引脚 21 相连，发光二极管 D7 通过网络标号“OUT15”与 PCA9685 元件的引脚 22 相连。

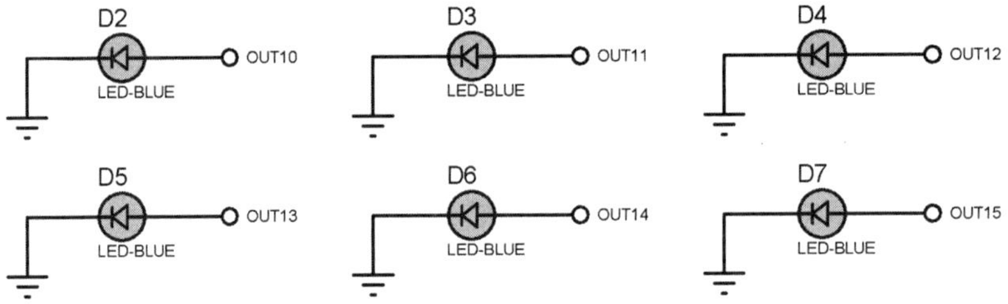

图 8-2-8　指示灯电路

8.3　单片机程序设计

8.3.1　主要程序功能

打开上肢康复机器人电路工程，进入程序编写界面。初始化 LCD1602，将 Arduino 单片机的引脚 13 设置为输出模式，将引脚 0、引脚 2、引脚 3 和引脚 4 设置为输入模式，具体程序如下。

```
lcd.setCursor(0, 0);
lcd.print("Welcome!");
lcd.setCursor(0, 1);
lcd.print("    Starting...");
```

```
pinMode(13, OUTPUT);
pinMode(0, INPUT);
pinMode(2, INPUT);
pinMode(3, INPUT);
pinMode(4, INPUT);
delay(8000);
```

独立按键程序的主要功能是改变 mm（mm 为程序中的变量，用以记录独立按键的状态）的值，以便 Arduino 单片机根据 mm 的值来执行不同的程序。具体程序如下。

```
if(digitalRead(0))
  {
     delay(50);
     if(digitalRead(0))
    mm = 1;
     while(digitalRead(0))
     {
     }
  }

  if(digitalRead(2))
  {
     delay(50);
     if(digitalRead(2))
    mm = 2;
     while(digitalRead(2))
     {
     }
  }

  if(digitalRead(3))
  {
     delay(50);
     if(digitalRead(3))
    mm = 3;
     while(digitalRead(3))
     {
     }
  }

  if(digitalRead(4))
  {
     delay(50);
     if(digitalRead(4))
    mm = 4;
     while(digitalRead(4))
     {
     }
  }
```

在 Loop()函数中可以设置上肢康复机器人的动作，主要可以分为 4 个模式，模式 1 为手臂侧向上扬模式，模式 2 为手臂前向上扬模式，模式 3 为肘关节屈伸模式，模式 4 为肘综合模式，具体程序如下。

```
switch(mm)
  {
  case 1:
    {
      lcd.setCursor(0, 1);
      lcd.print("   Side Sport...");
      pwm.setPWM(10, 0, 4000);
      pwm.setPWM(11, 0, 0);
      pwm.setPWM(12, 0, 0);
      pwm.setPWM(13, 0, 4000);
      pwm.setPWM(14, 0, 0);
      pwm.setPWM(15, 0, 0);
      for(i=0; i<10; i++)
      {
         pwm.setPWM(0, 0, 276);
         pwm.setPWM(1, 0, 276);
         pwm.setPWM(2, 0, 276);
         pwm.setPWM(3, 0, 276);
         pwm.setPWM(4, 0, 276);
         pwm.setPWM(5, 0, 276);
         delay(2000);
         pwm.setPWM(0, 0, 90);
         pwm.setPWM(1, 0, 276);
         pwm.setPWM(2, 0, 276);
         pwm.setPWM(3, 0, 480);
         pwm.setPWM(4, 0, 276);
         pwm.setPWM(5, 0, 276);
         delay(2000);
      }
      mm = 0;
    }break;

  case 2:
    {
      lcd.setCursor(0, 1);
      lcd.print("  Front Sport...");
      pwm.setPWM(10, 0, 0);
      pwm.setPWM(11, 0, 4000);
      pwm.setPWM(12, 0, 0);
      pwm.setPWM(13, 0, 0);
      pwm.setPWM(14, 0, 4000);
      pwm.setPWM(15, 0, 0);
      for(i=0; i<10; i++)
      {
         pwm.setPWM(0, 0, 276);
         pwm.setPWM(1, 0, 276);
         pwm.setPWM(2, 0, 276);
         pwm.setPWM(3, 0, 276);
         pwm.setPWM(4, 0, 276);
         pwm.setPWM(5, 0, 276);
         delay(2000);
         pwm.setPWM(0, 0, 276);
         pwm.setPWM(1, 0, 90);
```

```
            pwm.setPWM(2, 0, 276);
            pwm.setPWM(3, 0, 276);
            pwm.setPWM(4, 0, 480);
            pwm.setPWM(5, 0, 276);
            delay(2000);
        }
        mm = 0;

      }break;

    case 3:
      {
        lcd.setCursor(0, 1);
        cd.print("  Elbow Sport...");
        pwm.setPWM(10, 0, 0);
        pwm.setPWM(11, 0, 0);
        pwm.setPWM(12, 0, 4000);
        pwm.setPWM(13, 0, 0);
        pwm.setPWM(14, 0, 0);
        pwm.setPWM(15, 0, 4000);
        for(i=0; i<10; i++)
        {
            pwm.setPWM(0, 0, 276);
            pwm.setPWM(1, 0, 276);
            pwm.setPWM(2, 0, 276);
            pwm.setPWM(3, 0, 276);
            pwm.setPWM(4, 0, 276);
            pwm.setPWM(5, 0, 276);
            delay(2000);
            pwm.setPWM(0, 0, 276);
            pwm.setPWM(1, 0, 276);
            pwm.setPWM(2, 0, 90);
            pwm.setPWM(3, 0, 276);
            pwm.setPWM(4, 0, 276);
            pwm.setPWM(5, 0, 480);
            delay(2000);
        }
        mm = 0;

      }break;
    case 4:
      {
        lcd.setCursor(0, 1);
        lcd.print("  ALL Sport...");
        pwm.setPWM(10, 0, 4000);
        pwm.setPWM(11, 0, 4000);
        pwm.setPWM(12, 0, 4000);
        pwm.setPWM(13, 0, 4000);
        pwm.setPWM(14, 0, 4000);
        pwm.setPWM(15, 0, 4000);
        for(i=0; i<10; i++)
        {
            pwm.setPWM(0, 0, 276);
```

```
            pwm.setPWM(1, 0, 276);
            pwm.setPWM(2, 0, 276);
            pwm.setPWM(3, 0, 276);
            pwm.setPWM(4, 0, 276);
            pwm.setPWM(5, 0, 276);
            delay(2000);
            pwm.setPWM(0, 0, 276);
            pwm.setPWM(1, 0, 276);
            pwm.setPWM(2, 0, 90);
            pwm.setPWM(3, 0, 276);
            pwm.setPWM(4, 0, 276);
            pwm.setPWM(5, 0, 480);

            pwm.setPWM(0, 0, 276);
            pwm.setPWM(1, 0, 276);
            pwm.setPWM(2, 0, 276);
            pwm.setPWM(3, 0, 276);
            pwm.setPWM(4, 0, 276);
            pwm.setPWM(5, 0, 276);
            delay(2000);
            pwm.setPWM(0, 0, 90);
            pwm.setPWM(1, 0, 276);
            pwm.setPWM(2, 0, 276);
            pwm.setPWM(3, 0, 480);
            pwm.setPWM(4, 0, 276);
            pwm.setPWM(5, 0, 276);
            delay(2000);

            pwm.setPWM(0, 0, 276);
            pwm.setPWM(1, 0, 276);
            pwm.setPWM(2, 0, 276);
            pwm.setPWM(3, 0, 276);
            pwm.setPWM(4, 0, 276);
            pwm.setPWM(5, 0, 276);
            delay(2000);
            pwm.setPWM(0, 0, 276);
            pwm.setPWM(1, 0, 90);
            pwm.setPWM(2, 0, 276);
            pwm.setPWM(3, 0, 276);
            pwm.setPWM(4, 0, 480);
            pwm.setPWM(5, 0, 276);
            delay(2000);
        }

        mm = 0;

      }break;

    default:
      {
        lcd.setCursor(0, 1);
        lcd.print("Sport Ending...");
        pwm.setPWM(10, 0, 0);
```

```
            pwm.setPWM(11, 0, 0);
            pwm.setPWM(12, 0, 0);
            pwm.setPWM(13, 0, 0);
            pwm.setPWM(14, 0, 0);
            pwm.setPWM(15, 0, 0);
            delay(300);
            pwm.setPWM(10, 0, 4000);
            pwm.setPWM(11, 0, 4000);
            pwm.setPWM(12, 0, 4000);
            pwm.setPWM(13, 0, 4000);
            pwm.setPWM(14, 0, 4000);
            pwm.setPWM(15, 0, 4000);
            delay(300);
          }break;
        }
```

8.3.2 整体程序

上肢康复机器人的 main.ino 整体程序如下。

```
#include <LiquidCrystal.h>
#include "CyrillicLiquidCrystal.hpp"
#include <Wire.h>
#include <Adafruit_PWMServoDriver.h>
CyrillicLiquidCrystal lcd(8, 9, 4, 5, 6, 7);
Adafruit_PWMServoDriver pwm = Adafruit_PWMServoDriver();
// you can also call it with a different address you want
//Adafruit_PWMServoDriver pwm = Adafruit_PWMServoDriver(0x41);

// Depending on your servo make, the pulse width min and max may vary, you
// want these to be as small/large as possible without hitting the hard stop
// for max range. You'll have to tweak them as necessary to match the servos you
// have!
#define SERVOMIN  150 // this is the 'minimum' pulse length count (out of 4096)
#define SERVOMAX  600 // this is the 'maximum' pulse length count (out of 4096)

// our servo # counter
uint8_t servonum = 0;
uint8_t mm = 0;
uint8_t i = 0;


void setup()
 { // put your setup code here, to run once:
  lcd.begin(16, 2);
  Serial.begin(9600);
  Serial.println("16 channel Servo test!");
  pwm.begin();
  pwm.setPWMFreq(50);
  pwm.setPWM(15, 0, 4000);

  lcd.setCursor(0, 0);
```

```
    lcd.print("Welcome!");
    lcd.setCursor(0, 1);
    lcd.print("    Starting...");

    pinMode(13, OUTPUT);
    pinMode(0, INPUT);
    pinMode(2, INPUT);
    pinMode(3, INPUT);
    pinMode(4, INPUT);
    delay(8000);
  }

void setServoPulse(uint8_t n, double pulse)
{
  double pulselength;

  pulselength = 1000000;   // 1000000 µs per second
  pulselength /= 60;   // 60 Hz
  Serial.print(pulselength); Serial.println("µs per period");
  pulselength /= 4096;  // 12 bits of resolution
  Serial.print(pulselength); Serial.println("µs per bit");
  pulse *= 1000;
  pulse /= pulselength;
  Serial.println(pulse);
  pwm.setPWM(n, 0, pulse);
  digitalWrite(13,HIGH);
}


void loop()
 { // put your main code here, to run repeatedly:

  pwm.setPWM(0, 0, 276);
  pwm.setPWM(1, 0, 276);
  pwm.setPWM(2, 0, 276);
  pwm.setPWM(3, 0, 276);
  pwm.setPWM(4, 0, 276);
  pwm.setPWM(5, 0, 276);
  //pwm.setPWM(15, 0, 4000);
  delay(50);

   if(digitalRead(0))
   {
      delay(50);
      if(digitalRead(0))
     mm = 1;
      while(digitalRead(0))
      {
      }
   }

   if(digitalRead(2))
   {
```

```
    delay(50);
    if(digitalRead(2))
   mm = 2;
    while(digitalRead(2))
    {
    }
}

if(digitalRead(3))
{
    delay(50);
    if(digitalRead(3))
   mm = 3;
    while(digitalRead(3))
    {
    }
}

if(digitalRead(4))
{
    delay(50);
    if(digitalRead(4))
   mm = 4;
    while(digitalRead(4))
    {
    }
}

switch(mm)
   {
   case 1:
      {
            lcd.setCursor(0, 1);
               lcd.print("  Side Sport...");
        pwm.setPWM(10, 0, 4000);
        pwm.setPWM(11, 0, 0);
        pwm.setPWM(12, 0, 0);
        pwm.setPWM(13, 0, 4000);
        pwm.setPWM(14, 0, 0);
        pwm.setPWM(15, 0, 0);
            for(i=0; i<10; i++)
        {
            pwm.setPWM(0, 0, 276);
            pwm.setPWM(1, 0, 276);
            pwm.setPWM(2, 0, 276);
            pwm.setPWM(3, 0, 276);
            pwm.setPWM(4, 0, 276);
            pwm.setPWM(5, 0, 276);
            delay(2000);
            pwm.setPWM(0, 0, 90);
            pwm.setPWM(1, 0, 276);
            pwm.setPWM(2, 0, 276);
            pwm.setPWM(3, 0, 480);
```

```
            pwm.setPWM(4, 0, 276);
            pwm.setPWM(5, 0, 276);
            delay(2000);
        }
        mm = 0;
      }break;

    case 2:
      {
           lcd.setCursor(0, 1);
              lcd.print(" Front Sport...");
        pwm.setPWM(10, 0, 0);
        pwm.setPWM(11, 0, 4000);
        pwm.setPWM(12, 0, 0);
        pwm.setPWM(13, 0, 0);
        pwm.setPWM(14, 0, 4000);
        pwm.setPWM(15, 0, 0);
           for(i=0; i<10; i++)
        {
            pwm.setPWM(0, 0, 276);
            pwm.setPWM(1, 0, 276);
            pwm.setPWM(2, 0, 276);
            pwm.setPWM(3, 0, 276);
            pwm.setPWM(4, 0, 276);
            pwm.setPWM(5, 0, 276);
            delay(2000);
            pwm.setPWM(0, 0, 276);
            pwm.setPWM(1, 0, 90);
            pwm.setPWM(2, 0, 276);
            pwm.setPWM(3, 0, 276);
            pwm.setPWM(4, 0, 480);
            pwm.setPWM(5, 0, 276);
            delay(2000);
        }
        mm = 0;

      }break;

      case 3:
      {
           lcd.setCursor(0, 1);
              lcd.print(" Elbow Sport...");
        pwm.setPWM(10, 0, 0);
        pwm.setPWM(11, 0, 0);
        pwm.setPWM(12, 0, 4000);
        pwm.setPWM(13, 0, 0);
        pwm.setPWM(14, 0, 0);
        pwm.setPWM(15, 0, 4000);
           for(i=0; i<10; i++)
        {
            pwm.setPWM(0, 0, 276);
            pwm.setPWM(1, 0, 276);
            pwm.setPWM(2, 0, 276);
```

```
            pwm.setPWM(3, 0, 276);
            pwm.setPWM(4, 0, 276);
            pwm.setPWM(5, 0, 276);
            delay(2000);
            pwm.setPWM(0, 0, 276);
            pwm.setPWM(1, 0, 276);
            pwm.setPWM(2, 0, 90);
            pwm.setPWM(3, 0, 276);
            pwm.setPWM(4, 0, 276);
            pwm.setPWM(5, 0, 480);
            delay(2000);
        }
        mm = 0;

      }break;
   case 4:
      {
           lcd.setCursor(0, 1);
              lcd.print("  ALL Sport...");
        pwm.setPWM(10, 0, 4000);
        pwm.setPWM(11, 0, 4000);
        pwm.setPWM(12, 0, 4000);
        pwm.setPWM(13, 0, 4000);
        pwm.setPWM(14, 0, 4000);
        pwm.setPWM(15, 0, 4000);
           for(i=0; i<10; i++)
        {
            pwm.setPWM(0, 0, 276);
            pwm.setPWM(1, 0, 276);
            pwm.setPWM(2, 0, 276);
            pwm.setPWM(3, 0, 276);
            pwm.setPWM(4, 0, 276);
            pwm.setPWM(5, 0, 276);
            delay(2000);
            pwm.setPWM(0, 0, 276);
            pwm.setPWM(1, 0, 276);
            pwm.setPWM(2, 0, 90);
            pwm.setPWM(3, 0, 276);
            pwm.setPWM(4, 0, 276);
            pwm.setPWM(5, 0, 480);

            pwm.setPWM(0, 0, 276);
            pwm.setPWM(1, 0, 276);
            pwm.setPWM(2, 0, 276);
            pwm.setPWM(3, 0, 276);
            pwm.setPWM(4, 0, 276);
            pwm.setPWM(5, 0, 276);
            delay(2000);
            pwm.setPWM(0, 0, 90);
            pwm.setPWM(1, 0, 276);
            pwm.setPWM(2, 0, 276);
            pwm.setPWM(3, 0, 480);
            pwm.setPWM(4, 0, 276);
```

```
            pwm.setPWM(5, 0, 276);
            delay(2000);

            pwm.setPWM(0, 0, 276);
            pwm.setPWM(1, 0, 276);
            pwm.setPWM(2, 0, 276);
            pwm.setPWM(3, 0, 276);
            pwm.setPWM(4, 0, 276);
            pwm.setPWM(5, 0, 276);
            delay(2000);
            pwm.setPWM(0, 0, 276);
            pwm.setPWM(1, 0, 90);
            pwm.setPWM(2, 0, 276);
            pwm.setPWM(3, 0, 276);
            pwm.setPWM(4, 0, 480);
            pwm.setPWM(5, 0, 276);
            delay(2000);
        }

        mm = 0;

      }break;

    default:
      {
          lcd.setCursor(0, 1);
            lcd.print("Sport Ending...");
        pwm.setPWM(10, 0, 0);
        pwm.setPWM(11, 0, 0);
        pwm.setPWM(12, 0, 0);
        pwm.setPWM(13, 0, 0);
        pwm.setPWM(14, 0, 0);
        pwm.setPWM(15, 0, 0);
        delay(300);
        pwm.setPWM(10, 0, 4000);
        pwm.setPWM(11, 0, 4000);
        pwm.setPWM(12, 0, 4000);
        pwm.setPWM(13, 0, 4000);
        pwm.setPWM(14, 0, 4000);
        pwm.setPWM(15, 0, 4000);
        delay(300);
      }break;
    }
}
```

上肢康复机器人的 Adafruit_PWMServoDriver.cpp 整体程序如下。

```
#include <Adafruit_PWMServoDriver.h>
#include <Wire.h>
#if defined(__AVR__)
 #define WIRE Wire
#elif defined(CORE_TEENSY) // Teensy boards
 #define WIRE Wire
#else // Arduino Due
```

```
 #define WIRE Wire1
#endif

// Set to true to print some debug messages, or false to disable them.
#define ENABLE_DEBUG_OUTPUT true

Adafruit_PWMServoDriver::Adafruit_PWMServoDriver(uint8_t addr) {
  _i2caddr = addr;
}

void Adafruit_PWMServoDriver::begin(void) {
 WIRE.begin();
 reset();
}


void Adafruit_PWMServoDriver::reset(void) {
 write8(PCA9685_MODE1, 0x0);
}

void Adafruit_PWMServoDriver::setPWMFreq(float freq) {
  //Serial.print("Attempting to set freq ");
  //Serial.println(freq);
  freq *= 0.9;
  prescaleval /= 4096;
  prescaleval /= freq;
  prescaleval -= 1;
  if (ENABLE_DEBUG_OUTPUT) {
    Serial.print("Estimated pre-scale: "); Serial.println(prescaleval);
  }
  uint8_t prescale = floor(prescaleval + 0.5);
  if (ENABLE_DEBUG_OUTPUT) {
    Serial.print("Final pre-scale: "); Serial.println(prescale);
  }

  uint8_t oldmode = read8(PCA9685_MODE1);
  uint8_t newmode = (oldmode&0x7F) | 0x10; // sleep
  write8(PCA9685_MODE1, newmode); // go to sleep
  write8(PCA9685_PRESCALE, prescale); // set the prescaler
  write8(PCA9685_MODE1, oldmode);
  delay(5);
  write8(PCA9685_MODE1, oldmode | 0xa1);
}

void Adafruit_PWMServoDriver::setPWM(uint8_t num, uint16_t on, uint16_t off) {

  WIRE.beginTransmission(_i2caddr);
  WIRE.write(LED0_ON_L+4*num);
  WIRE.write(on);
  WIRE.write(on>>8);
  WIRE.write(off);
  WIRE.write(off>>8);
  WIRE.endTransmission();
```

```
}

void Adafruit_PWMServoDriver::setPin(uint8_t num, uint16_t val, bool invert)
{
  // Clamp value between 0 and 4095 inclusive.
  val = min(val, 4095);
  if (invert) {
    if (val == 0) {
      // Special value for signal fully on.
      setPWM(num, 4096, 0);
    }
    else if (val == 4095) {
      // Special value for signal fully off.
      setPWM(num, 0, 4096);
    }
    else {
      setPWM(num, 0, 4095-val);
    }
  }
  else {
    if (val == 4095) {
      // Special value for signal fully on.
      setPWM(num, 4096, 0);
    }
    else if (val == 0) {
      // Special value for signal fully off.
      setPWM(num, 0, 4096);
    }
    else {
      setPWM(num, 0, val);
    }
  }
}

uint8_t Adafruit_PWMServoDriver::read8(uint8_t addr) {
  WIRE.beginTransmission(_i2caddr);
  WIRE.write(addr);
  WIRE.endTransmission();

  WIRE.requestFrom((uint8_t)_i2caddr, (uint8_t)1);
  return WIRE.read();
}

void Adafruit_PWMServoDriver::write8(uint8_t addr, uint8_t d) {
  WIRE.beginTransmission(_i2caddr);
  WIRE.write(addr);
  WIRE.write(d);
  WIRE.endTransmission();
}
```

上肢康复机器人的 Adafruit_PWMServoDriver.h 整体程序如下。

```
#ifndef _ADAFRUIT_PWMServoDriver_H
#define _ADAFRUIT_PWMServoDriver_H
```

```
#if ARDUINO >= 100
 #include "Arduino.h"
#else
 #include "WProgram.h"
#endif

#define PCA9685_SUBADR1 0x2
#define PCA9685_SUBADR2 0x3
#define PCA9685_SUBADR3 0x4

#define PCA9685_MODE1 0x0
#define PCA9685_PRESCALE 0xFE

#define LED0_ON_L 0x6
#define LED0_ON_H 0x7
#define LED0_OFF_L 0x8
#define LED0_OFF_H 0x9

#define ALLLED_ON_L 0xFA
#define ALLLED_ON_H 0xFB
#define ALLLED_OFF_L 0xFC
#define ALLLED_OFF_H 0xFD


class Adafruit_PWMServoDriver {
 public:
  Adafruit_PWMServoDriver(uint8_t addr = 0x40);
  void begin(void);
  void reset(void);
  void setPWMFreq(float freq);
  void setPWM(uint8_t num, uint16_t on, uint16_t off);
  void setPin(uint8_t num, uint16_t val, bool invert=false);

 private:
  uint8_t _i2caddr;

  uint8_t read8(uint8_t addr);
  void write8(uint8_t addr, uint8_t d);
};
#endif
```

上肢康复机器人的 CyrillicLiquidCrystal.cpp 整体程序如下。

```
#include <Arduino.h>
#include "CyrillicLiquidCrystal.hpp"

CyrillicLiquidCrystal::CyrillicLiquidCrystal(uint8_t  rs,  uint8_t  enable,
uint8_t d0, uint8_t d1, uint8_t d2, uint8_t d3,    uint8_t d4, uint8_t d5, uint8_t
d6, uint8_t d7)
  : LiquidCrystal(rs, enable, d0, d1, d2, d3,  d4, d5, d6, d7)
  { recodeEnabled = true;
  }
```

```
CyrillicLiquidCrystal::CyrillicLiquidCrystal(uint8_t rs, uint8_t rw, uint8_t
enable, uint8_t d0, uint8_t d1, uint8_t d2, uint8_t d3, uint8_t d4, uint8_t d5, uint8_t
d6, uint8_t d7)
  : LiquidCrystal(rs, rw, enable, d0, d1, d2, d3, d4, d5, d6, d7)
 { recodeEnabled = true;
 }

CyrillicLiquidCrystal::CyrillicLiquidCrystal(uint8_t rs, uint8_t rw, uint8_t
enable, uint8_t d0, uint8_t d1, uint8_t d2, uint8_t d3)
  : LiquidCrystal(rs, rw, enable, d0, d1, d2, d3)
 { recodeEnabled = true;
 }

CyrillicLiquidCrystal::CyrillicLiquidCrystal(uint8_t  rs,  uint8_t  enable,
uint8_t d0, uint8_t d1, uint8_t d2, uint8_t d3)
  : LiquidCrystal(rs, enable, d0, d1, d2, d3)
 { recodeEnabled = true;
 }

// Recode table
const uint8_t CyrillicLiquidCrystal::recode[] =
 { // See cyrillic.bmp
//                        0x41, 0xA0, 0x42, 0xA1, 0xE0, 0x45, 0xA3, 0xA4,
//                        0xA5, 0xA6, 0x4B, 0xA7, 0x4D, 0x48, 0x4F, 0xA8,
//                        0x50, 0x43, 0x54, 0xA9, 0xAA, 0x58, 0xE1, 0xAB,
//                        0xAC, 0xE2, 0xAD, 0xAE, 0x62, 0xAF, 0xB0, 0xB1,
//                        0x61, 0xB2, 0xB3, 0xB4, 0xE3, 0x65, 0xB6, 0xB7,
//                        0xB8, 0xB9, 0xBA, 0xBB, 0xBC, 0xBD, 0x6F, 0xBE,
//                        0x70, 0x63, 0xBF, 0x79, 0xE4, 0x78, 0xE5, 0xC0,
//
0xC1, 0xE6, 0xC2, 0xC3, 0xC4, 0xC5, 0xC6, 0xC7
 };

inline size_t CyrillicLiquidCrystal::write(uint8_t value)
 { // Decode symbols from Win1251 to Cyrillic LCD charset
   if (recodeEnabled)
    { if (value == 0xA8) //       value = 0xA2;
      else if (value == 0xB8) //       value = 0xB5;
      else if (value >= 0xC0) //       value = recode[value - 0xC0];
    }
   return LiquidCrystal::write(value);
 }
```

上肢康复机器人的 CyrillicLiquidCrystal.hpp 整体程序如下。

```
#ifndef CyrillicLiquidCrystal_hpp
#define CyrillicLiquidCrystal_hpp

#include <LiquidCrystal.h>

class CyrillicLiquidCrystal: public LiquidCrystal
 {
public:
   CyrillicLiquidCrystal(uint8_t rs, uint8_t enable,
```

```
        uint8_t d0, uint8_t d1, uint8_t d2, uint8_t d3,
        uint8_t d4, uint8_t d5, uint8_t d6, uint8_t d7);
    CyrillicLiquidCrystal(uint8_t rs, uint8_t rw, uint8_t enable,
        uint8_t d0, uint8_t d1, uint8_t d2, uint8_t d3,
        uint8_t d4, uint8_t d5, uint8_t d6, uint8_t d7);
    CyrillicLiquidCrystal(uint8_t rs, uint8_t rw, uint8_t enable,
        uint8_t d0, uint8_t d1, uint8_t d2, uint8_t d3);
    CyrillicLiquidCrystal(uint8_t rs, uint8_t enable,
        uint8_t d0, uint8_t d1, uint8_t d2, uint8_t d3);
    virtual size_t write(uint8_t c);
    void enableRecode(bool enable) { recodeEnabled = enable; }
    using Print::write;
private:
    bool recodeEnabled;
    static const uint8_t recode[];
};
#endif
```

执行 Build → Build Project Ctrl+F7 命令，编译成功后，“VSM Studio Output”栏如图 8-3-1 所示。

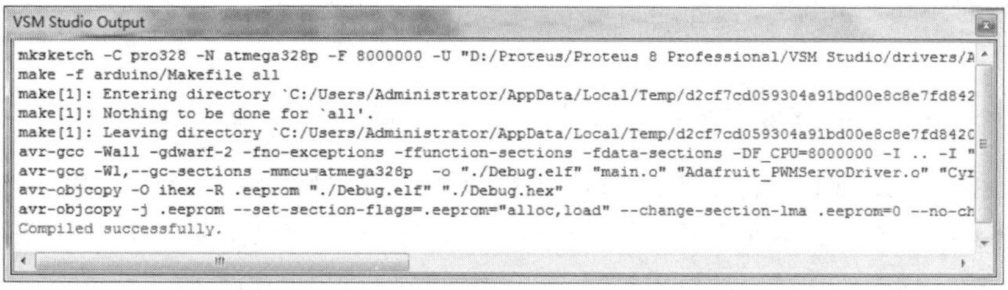

图 8-3-1　“VSM Studio Output”栏

8.4　整体仿真测试

双击 Arduino 单片机，弹出“Edit Component”对话框，可见“Program File”中出现了编译文件的路径，如图 8-4-1 所示。

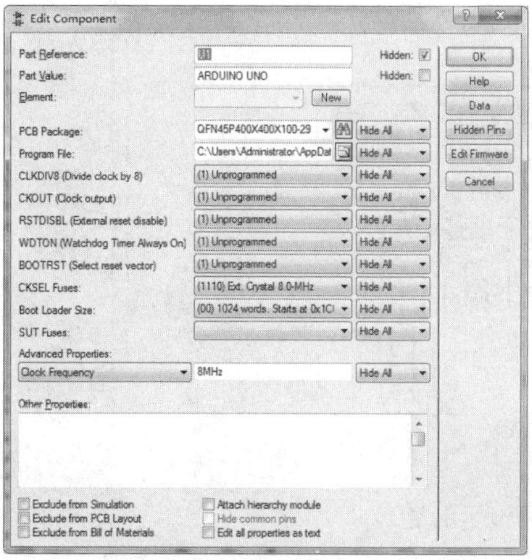

图 8-4-1　“Edit Component”对话框

执行 Debug→ Run Simulation 命令，运行上肢康复机器人电路仿真。初始状态时，液晶屏显示电路显示“Welcome！Starting...”，如图 8-4-2 所示，舵机电路中的 6 个舵机均处于 0° 位置，如图 8-4-3 所示。

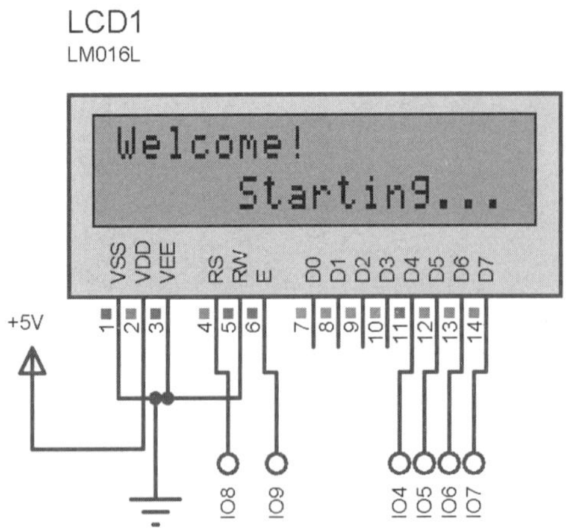

图 8-4-2　液晶屏显示电路 1

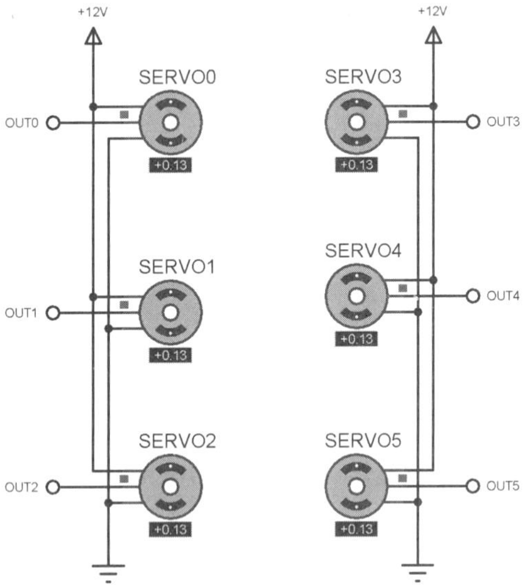

图 8-4-3　舵机电路 1

单击独立按键 KEY1，上肢康复机器人执行手臂侧向伸展运动，液晶屏显示电路显示“Welcome！Side Sport...”，如图 8-4-4 所示。舵机电路中的 SERVO1、SERVO2、SERVO4 和 SERVO5 均处于 0° 位置；SERVO0 从 0° 位置转动到-90° 位置，再从-90° 位置转动到 0° 位置，反复 10 次；SERVO3 从 0° 位置转动到+90° 位置，再从+90° 位置转动到 0° 位置，反复 10 次，如图 8-4-5 所示。指示灯电路中发光二极管 D2 和发光二极管 D5 点亮，其余发光二极管不亮，如图 8-4-6 所示。等待一段时间后，上肢康复机器人执行完手臂侧向伸展运动后，液晶屏显示电路显示“Welcome！Sport Ending...”，如图 8-4-7 所示。舵机电路中的 6 个舵机均处于 0° 位置，指示灯电路中的 6 个发光二极管开始闪烁。

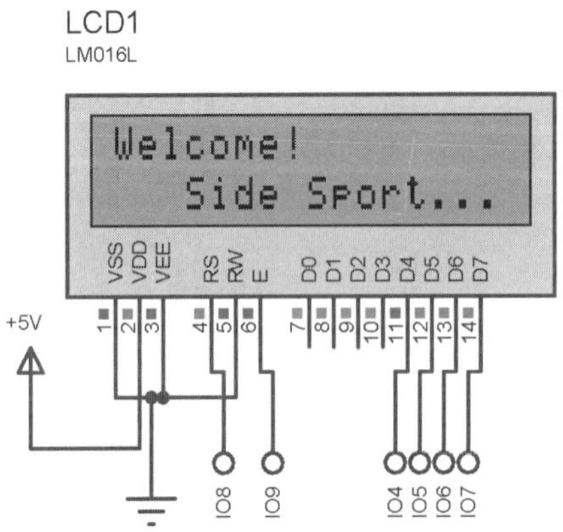

图 8-4-4　液晶屏显示电路 2

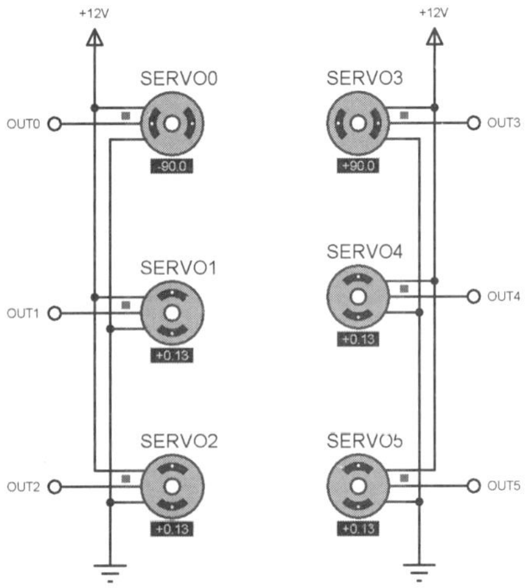

图 8-4-5　舵机电路 2

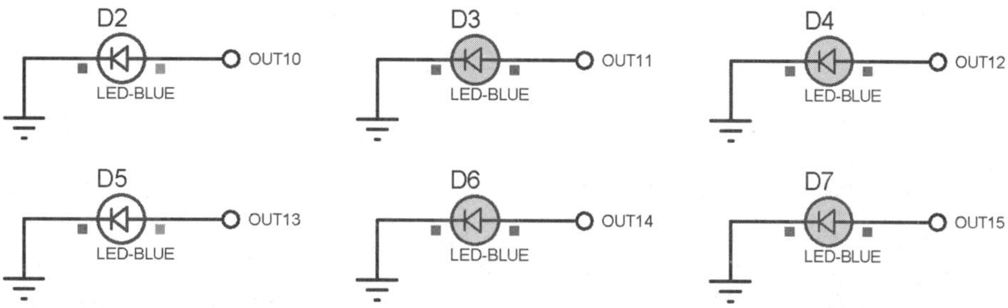

图 8-4-6　指示灯电路 1

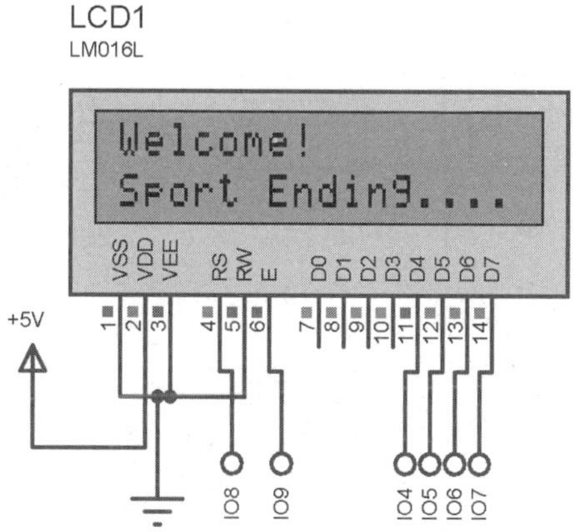

图 8-4-7　液晶屏显示电路 3

单击独立按键 KEY2，上肢康复机器人执行手臂前向伸展运动，液晶屏显示电路显示“Welcome！Front Sport...”，如图 8-4-8 所示。舵机电路中的 SERVO0、SERVO2、SERVO3 和 SERVO5 均处于 0° 位置；SERVO1 从 0° 位置转动到-90° 位置，再从-90° 位置转动到 0° 位置，反复 10 次；SERVO4 从 0° 位置转动到+90° 位置，再从+90° 位置转动到 0° 位置，反复 10 次，如图 8-4-9 所示。指示灯电路中发光二极管 D3 和发光二极管 D6 点亮，其余发光二极管不亮，如图 8-4-10 所示。等待一段时间后，上肢康复机器人执行完手臂前向伸展运动后，液晶屏显示电路显示“Welcome！Sport Ending...”，舵机电路中的 6 个舵机均处于 0° 位置，指示灯电路中的 6 个发光二极管开始闪烁。

单击独立按键 KEY3，上肢康复机器人执行肘关节屈伸运动，液晶屏显示电路显示“Welcome！Elbow Sport...”，如图 8-4-11 所示。舵机电路中的 SERVO0、SERVO1、SERVO3 和 SERVO4 均处于 0° 位置；SERVO2 从 0° 位置转动到-90° 位置，再从-90° 位置转动到 0° 位置，反复 10 次；SERVO5 从 0° 位置转动到+90° 位置，再从+90° 位置转动到 0° 位置，反复 10 次，如图 8-4-12 所示。指示灯电路中发光二极管 D4 和发光二极管 D7 点亮，其余发光二极管不亮，如图 8-4-13 所示。等待一段时间后，上肢康复机器人执行完肘关节屈伸运动后，液晶屏显示电路显示“Welcome！Sport Ending...”，舵机电路中的 6 个舵机均处于 0° 位置，指示灯电路中的 6 个发光二极管开始闪烁。

单击独立按键 KEY4，上肢康复机器人执行肘关节屈伸运动，液晶屏显示电路显示“Welcome！ALL Sport...”，如图 8-4-14 所示。舵机电路变化较多，不再以图片的形式进行展示。指示灯电路中 6 个发光二极管均点亮，如图 8-4-15 所示。等待一段时间后，上肢康复机器人执行完肘关节屈伸运动后，液晶屏显示电路显示“Welcome！Sport Ending...”，舵机电路中的 6 个舵机均处于 0° 位置，指示灯电路中的 6 个发光二极管开始闪烁。

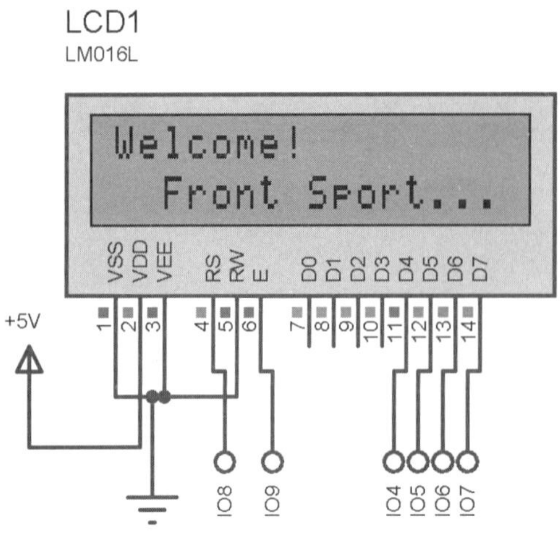

图 8-4-8 液晶屏显示电路 4

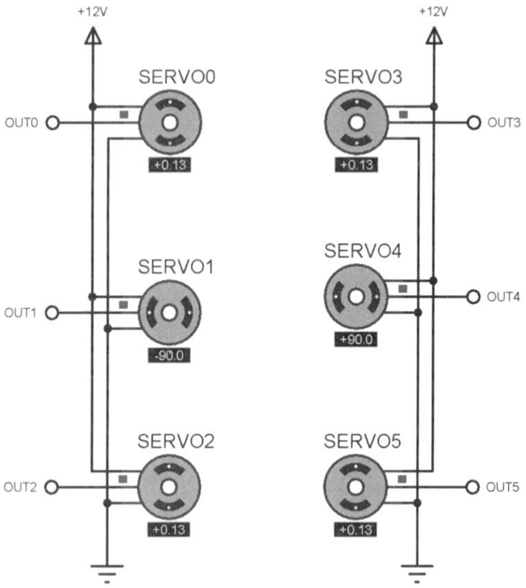

图 8-4-9 舵机电路 3

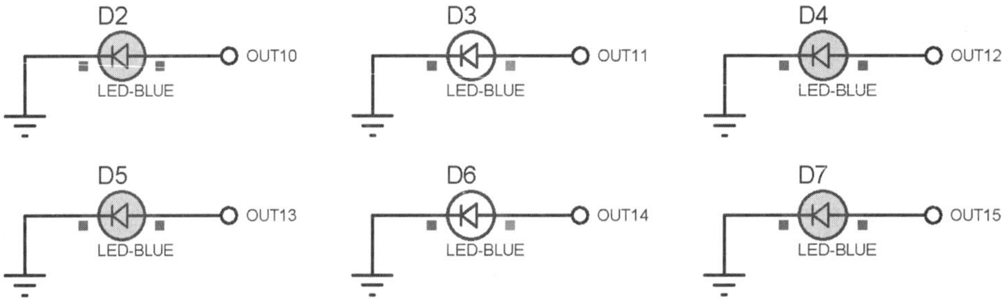

图 8-4-10 指示灯电路 2

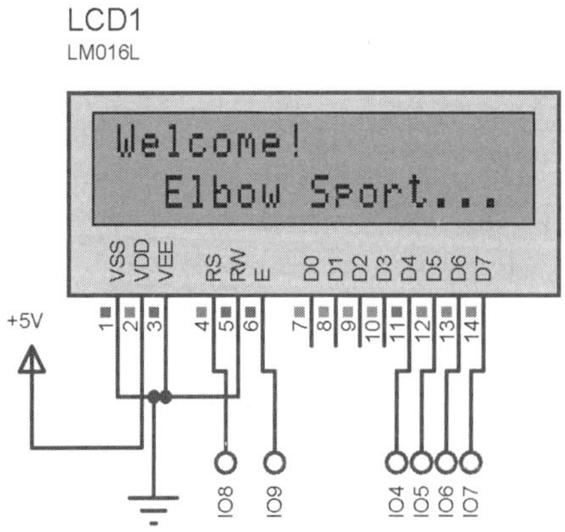

图 8-4-11 液晶屏显示电路 5

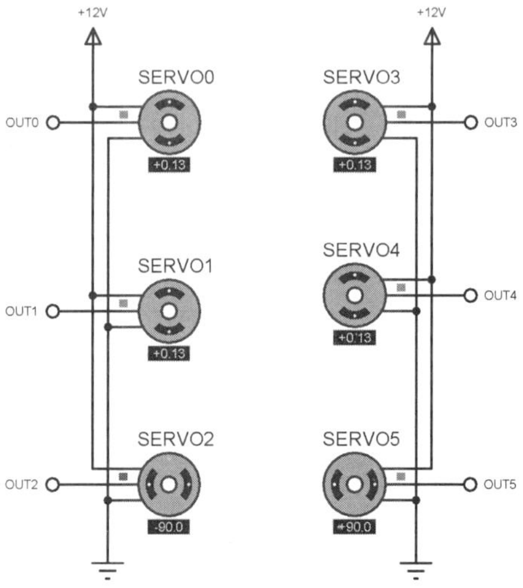

图 8-4-12 舵机电路 4

小提示

◎ 读者可以自行编写上肢康复机器人其他动作的程序。

◎ 扫描右侧二维码可观看上肢康复机器人电路仿真视频。

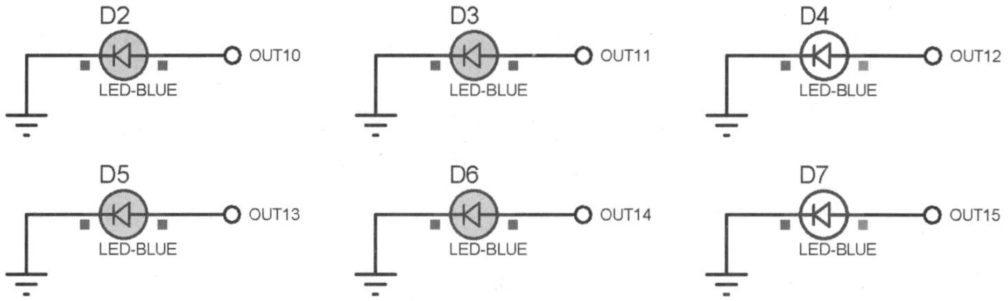

图 8-4-13　指示灯电路 3

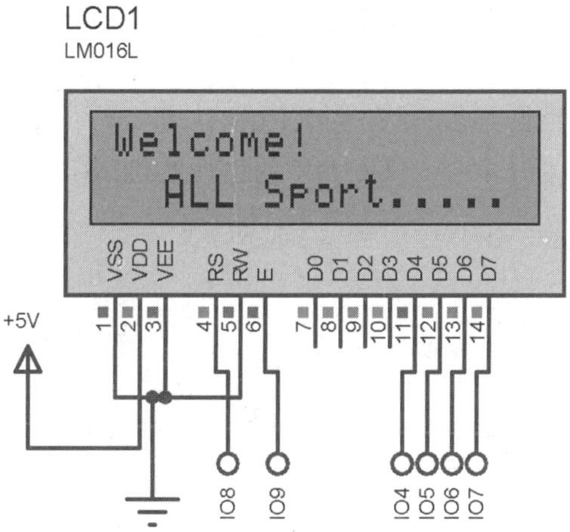

图 8-4-14　液晶屏显示电路 6

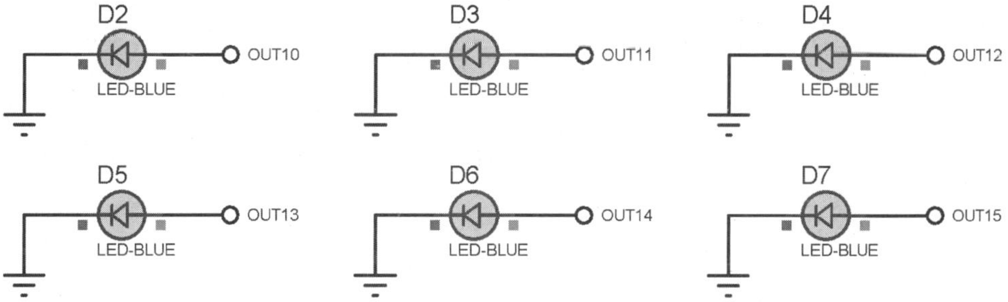

图 8-4-15　指示灯电路 4

8.5　设计总结

上肢康复机器人电路由单片机最小系统电路、指示灯电路、舵机电路、PWM 电路、独立按键电路和液晶屏显示电路组成，基本满足要求。读者可以根据相关康复医学知识来设计上肢康复机器人的动作；也可以在本例的基础上进一步扩展功能，例如，可以加入遥控模式，以便实现远程控制。另外，本例所设计的上肢康复机器人电路并不包含电源电路，读者可以自行设计电源电路，满足使用要求即可。

参 考 文 献

[1] 戴凤智，刘波，岳远里. 机器人设计与制作[M]. 北京：化学工业出版社，2016.

[2] 童诗白，华成英. 模拟电子技术基础. 第三版[M]. 北京：高等教育出版社，2001.

[3] 康华光. 电子技术基础 模拟部分. 第四版[M]. 北京：高等教育出版社，2001.

[4] 刘波，夏初蕾. 零基础入门智能家居设计——基于 C#语言与 Proteus 的实例应用[M]. 北京：电子工业出版社，2019.

[5] 戴凤智，海玉，秦柱伟. Arduino 轻松入门[M]. 北京：化学工业出版社，2015.

[6] 刘波，韩涛. 玩转机器人：基于 UG NX 的设计实例[M]. 北京：电子工业出版社，2018.